全国高等学校建筑学学科专业指导委员会推荐教学参考书
北京市高等教育精品教材

建筑构造原理与设计

The Principle and Design of Building Construction

(第 5 版)

樊振和　编著

天津大学出版社
TIANJIN UNIVERSITY PRESS

图书在版编目（CIP）数据

建筑构造原理与设计 / 樊振和编著 . – 天津:天津大学
出版社,2004.10（2022.8 重印）
全国高等学校建筑学学科专业指导委员会推荐教学参考书
ISBN 978-7-5618-2040-7

Ⅰ. 建⋯　　Ⅱ. 樊⋯　　Ⅲ. 建筑构造-高等学校-教学参考资料
Ⅳ. TU22

中国版本图书馆 CIP 数据核字（2004）第 098130 号

出版发行	天津大学出版社	
地　　址	天津市卫津路 92 号天津大学内（邮编:300072）	
电　　话	发行部:022 – 27403647　　邮购部:022 – 27402742	
网　　址	www.tjupress.com.cn	
印　　刷	廊坊市海涛印刷有限公司	
发　　行	全国各地新华书店	
开　　本	210mm × 285mm	
印　　张	18.25	
字　　数	583 千	
版　　次	2004 年 10 月第 1 版　2006 年 7 月第 2 版　2009 年 7 月第 3 版	
	2011 年 4 月第 4 版　2016 年 10 月第 5 版	
印　　次	2022 年 8 月第 13 次	
印　　数	36 001 – 39 000	
定　　价	78.00 元	

总　　序

改革开放以来，我国城市化进程加快，城市建设飞速发展。在这一大背景下，我国建筑学教育也取得了长足的进步。建筑院系从原先的"老四校"、"老八校"发展到今天的一百多个建筑院校。在建筑学教育取得重大发展的同时，教材建设也受到各方面的普遍重视。近年来，国家教育部提出了新世纪重点教材建设、"十一五"重点教材建设等计划，国家建设部也做出了相应的部署，抓紧教材建设工作。在建设部的领导下，全国高等学校建筑学学科专业指导委员会与全国各出版社合作，进行了建筑学科各类教材的选题征集和撰稿人遴选等工作。目前由六大类数十种教材构成的教材体系业已建立，不少教材已在撰写之中。

众所周知，建筑学是一个具有特色的学科。它既是一门技术学科，同时又涉及文化、艺术、社会、历史和人文领域等诸多方面。即使在技术领域，它也涉及许多其他相关学科，这就要求建筑系的学生知识面要十分广阔。博览群书增进自身修养，是成就一个优秀建筑师的必要条件。然而，许多建筑专业学生不知道课外应该读哪些书，看哪些资料。许多建筑学教师也深感教学参考书的匮乏。因此，除了课内教材，课外的教学参考书就显得十分重要。

针对这一现象，全国高等学校建筑学学科专业指导委员会与天津大学出版社决定合作出版一套建筑学教学参考丛书，供建筑院系的学生和教师参考使用。丛书的内容覆盖建筑学的几个二级学科，即建筑历史与理论、建筑设计及其理论、城市规划及其理论和建筑技术科学，同时也囊括建筑学的各相关学科，包括文化艺术和历史人文诸方面。参考丛书的形式不限，专著、译著、资料集、评论集均可。在这里我们郑重地向全国的建筑院系学生和教师推荐这套建筑学教学参考丛书，它们都是对建筑设计教学具有重要价值的参考书。

建筑学教学参考丛书将陆续与广大读者见面。同时，我们呼吁全国的建筑学教师能关心和重视这套丛书。希望大家积极为出版社和编审委员会出谋划策，提供选题，推荐作者，使这套丛书更加丰满，更加适用，能为发展中国的建筑教育和中国的建筑事业作出贡献。

全国高等学校建筑学学科专业指导委员会

五版前言

　　《建筑构造原理与设计》终于迎来了第 5 版的发行。本次再版，更新了涉及近几年来重新修订并实施的《屋面工程技术规范（GB50345-2012)》、《建筑模数协调标准（GB/T50002-2013)》和《建筑设计防火规范（GB50016-2014)》等相关内容，并对新发现的书中个别错漏文字做了更正。

　　《建筑构造原理与设计》从 2004 年 10 月第一版正式发行以来，到今天为止，已经过了近 12 年。这 12 年中 4 次再版，每一次再版不仅仅是相关新修订设计规范内容的更新和调整，还有很多热心的读者经常发来邮件，指出书中的一些错漏之处，有的还提出了很多非常好的意见和建议，我都细心研读，并于再版时做了改正和完善，以使本书更能满足读者的需要。是广大读者的厚爱和殷殷期望，使这本书得以不断再版发行，这既是对我的肯定，更是对我的更高的要求。我将不断努力，为广大读者奉献更好的成果。

　　再次公布我的电子邮箱，fanzhenhe@sina.com。每一封电子邮件都是一颗读者火热的心，我每封邮件都认真拜读，并及时回复。期待与广大读者朋友的真诚交流。

樊振和

2016 年 10 月

于北京建筑大学

四版前言

从 2009 年 7 月第 3 版发行以来，《建筑构造原理与设计》在一年多的时间里两次印刷，而且很快又要售罄了。广大读者对本书的喜爱，对我是一种巨大的激励，使我更深刻地感受到要把这本书做得更好。

在林林总总的建筑构造书籍中，本书的独特之处在于：从实现建筑的两大基本功能（承载功能和围护功能）的角度着眼，强调要在搞清楚基本原理的基础上认识建筑构造，进而掌握建筑构造的设计方法，提高建筑设计的能力。

本次修订主要有以下两个方面的内容：一是根据截止到 2010 年底的各项建筑新规范对书中的相关内容作了修改增补；二是根据读者来信所反馈的问题，更正了书中一些插图的不完善之处以及个别数据的疏漏。在此向这些读者朋友们表示衷心的感谢。

我在上一版前言中留下了我的电子邮箱，并在之后收到了很多读者朋友的来信，我都一一地作了认真、及时的回复。再次感谢读者朋友们对本书的肯定并诚挚地期待同大家进行更多的探讨。

樊振和

2011 年 2 月

于北京建筑工程学院

三版前言

这本书能在四年多的时间里三次重印，既是对我的鼓励和肯定，也是给我的压力和鞭策。责任编辑赵宏志先生邀我再写几句话，为了喜欢这本书的读者朋友，也为了说明修订的情况，我很乐意为之。

要想做好一名建筑师，掌握建筑构造专业知识的重要性不言而喻。对于这一点，已经有过较多建筑设计经历的建筑师比在校建筑学专业的学生会有更深刻的认识。但是，建筑构造难学、难教，也是一个不争的事实。在校学生学习建筑构造的现状和注册建筑师资格考试中建筑技术作图（建筑构造）的通过率，都是很难令人满意的。作为一个有二十多年建筑构造教学和研究经历的教师来说，我很愿意把自己长期研究的成果奉献给有志做好建筑师的朋友们，这本书正是这一成果的总结。

学好建筑构造有没有捷径？有，就是要掌握建筑构造的原理。什么是原理？复杂吗？不复杂。

建筑物都具有两大基本功能：承载功能与围护（保温、隔热、防水、防潮、隔声、防火）功能。建筑任何一个细部的构造都或多或少具有其中的部分或全部功能。搞清楚建筑每个细部的基本功能（即要解决什么问题），建筑构造设计（即用什么方法解决问题）的过程其实就是正确地选用材料、合理地解决其构造与连接。

建筑构造其实就是这么简单。

建筑构造的学习和掌握是一个慢功夫。首先要有一个意识：每一次接触建筑构造，都要养成分析其原理的习惯，搞清楚为什么会这样设计。这本书会带着你把建筑每一个基本功能的实现原理和设计方法一一搞清楚。不要死记硬背，不要囫囵吞枣，不要不屑一顾，长期坚持，日积月累，功夫下到，水到渠成。尤其是对建筑设计工作岗位上的建筑师们，已经具备了良好的专业基础和丰富的工程设计实践经历，需要加强的只是一个建筑构造知识梳理的过程，掌握了一个好的方法，建筑构造设计能力的提高并不难。

多年来，我在每一个机会和场合，在建筑构造教学的学术研讨会上、学校的课堂上、一级注册建筑师培训班上，反复讲我的这些观点。很高兴能使很多的朋友认同和接受我的观点，很多建筑师朋友因此受益，顺利通过了注册建筑师资格考试。

关于本书第 3 版的修订，主要是根据截止到 2008 年底各项建筑新规范对书中的相关内容作了修改增补；另外，有细心的读者朋友发现了第2版中的3处错别字，也一并作了更正。

我的联系方式：fanzhenhe@sina.com，殷切地期望同广大读者朋友进行更多的交流。

樊振和

2009 年 5 月

于北京建筑工程学院

二版前言

本书自 2004 年 10 月出版以来，经各方读者使用，反映良好。不仅在建筑学及其相关专业本科教学和研究生教学中被使用，也在国家一级注册建筑师考试的备考中得到了很多学员的认同，认为该书"很系统，易理解"。有学员说："一注'建筑技术设计'考试的知识准备包括建筑结构和建筑构造的相关知识。但这部分内容枯燥繁杂，且涉及面广，不易掌握，复习难度大，尤其在时间有限的条件下。该书最可取之处在于，将建筑构造的全部内容做了系统化的优化整合(以建筑承载系统、建筑围护系统、建筑装修、建筑变形缝划分)，并特别强调'以建筑构造原理为基础掌握庞杂的建筑构造内容'的指导思想。由于该书特殊的编写体系和方式，对于在原有建筑学专业基础上复习建筑结构与构造相关知识作用显著。该书达到了启发、总结、概括、提高的作用。"此外，本书也可作为工程设计、施工等技术人员及成人教育师生参考用书。这次借第二版重印的机会，对本书进行了修订。

这次修订的主要内容有 3 个方面。第一，按截止到 2005 年底各项建筑新规范对书中的内容做了全面的修订，以适应新形势的需要。第二，增加了"复习思考题要点分析"的内容，该部分内容在第一版的附书光盘中曾经刊录，本版将这部分内容增印在书后附录中，以便于读者阅读。需要说明的一点是，该"要点分析"不完全是对各章后的"复习思考题"的直接答案，而是更强调对问题的核心内容和理论原理的一种提示，期望读者自己通过对本书内容的学习之后，能够有自己的思考和分析，从而达到理解和掌握建筑构造原理和做法的目的。第三，将第一版中发现的个别错漏和不完善之处进行了更正和补充，包括书的文字内容、部分插图以及文字和标点等，以使本书能够更趋完善。

感谢曹一兰同志为本书编写中的资料搜集工作付出的辛勤劳动，感谢所有认识的和不认识的朋友对本书提出的建议和意见，谢谢你们！

限于本人的水平和资料的不足，书中仍然会有许多有待改进之处，殷切地期望广大读者批评指正。

樊振和
2006 年 5 月
于北京建筑工程学院

前　言

在电脑前敲完最后一个键,我的心里有一种释然的感觉。

这本书能够出版,是我多年来的一个心愿。自 20 世纪 80 年代初开始在高校从教以来,二十多年里,我每每从学生豁然的表情中感受自己成就的同时,也积累着我的这本书。

关于这本书,它与传统的建筑构造教材有着很大的不同。最明显的一点是,它看建筑的角度的不同。它从一个全新的、整体的、系统的视角来阐述建筑构造的原理与设计。传统的建筑构造教材是按建筑构造的六大组成部分(基础、墙、楼地层、楼梯、屋顶、门窗)进行介绍,而本书是按建筑为完成其基本功能的两大系统即承载系统、围护系统以及建筑装修和建筑变形缝来介绍建筑的。

建筑构造的教学一直是一个令建筑专业教师头疼的问题。建筑构造以至所有建筑技术方面的专业知识,对一个建筑师来说是十分重要的。但是,如何在大学期间使学生能最大程度地掌握这方面的知识,却不是很容易解决的问题。多年来,很多人做了很多的尝试并取得了一定的成果。本书也是这些尝试中的一个组成部分,我希望它能给大家带来一些新的感受。

本书是在《建筑构造》课程教学改革的基础上编写的。本书适用于建筑学专业、城市规划专业以及相关专业本科教学,同时也可作为建筑设计及其理论、建筑技术科学专业研究生课程的教学参考书。全书共包括绪论及建筑承载系统、建筑围护系统、建筑装修、建筑变形缝 4 章。本书的编写注意了建筑新技术内容的吸收,并按最新施行的新规范进行编写。同时,在各章之后给出了一些复习思考题,以使读者更好地复习掌握书中的内容。

本书在编写过程中得到了学院和系各级领导的大力支持。曹一兰同志为本书绘制了部分插图并协助做了许多案头的工作,黄莉、房志勇、林川、陈岚等同志审看了绪论及第 1 章的初稿并提出了宝贵的意见,在此一并表示衷心的感谢。

书后列出了有关的参考书目。除此之外,在本书的编写过程中,还参考并选用了许多建筑设计规范、建筑设计资料和图集。由于篇幅有限,不再一一列出,因此同样表示由衷的谢意。

由于本人学识有限,不当之处在所难免,恳请读者批评指正。

樊振和

2004 年 6 月

于北京建筑工程学院

目 录

以下重点摘录的是读者购买本书后发表的网评和阅读感受：

● 建筑师考试推荐用书，看后很有启发！

● 对初学者有用，对建筑设计人员一样是有启发的！

● 编者是用了心思的！用心细细地阅读后，你会觉得有收获的。

● 构造原理说得很详细，与一般的构造书籍不同。

● 我就是担心这个构造，现在有了这本书，我就放心了。

● 我们学校老师写的，书籍的编目方式非常到位，涵盖的知识也相当全面，适合准备研究生入学考试的同学，或者考注册建筑师的广大同仁参考复习。

● 翻遍了图书馆的构造书，只有这本的结构和思路是最适于学习应用和理解的。

● 我刚刚看完了樊振和的《建筑构造原理与设计》，确实道理讲得很透，但尾声部分收得有点草，讲得不够细致。

● 非常感谢，我找此书快一年了，谢谢！

● 防潮层的设置推荐看：《建筑构造原理与设计》，都是樊振和写的，概念分析得相当清楚。

● [建议]：未通过"建筑技术设计"作图题的考生，看看《建筑构造原理与设计》。

● 以一贯之。执一为天下式。好书，不会让你失望。谢！

● 《建筑构造原理与设计》对技术设计和材料构造考试都有参考价值。

● 请大家推荐关于建筑材料、建筑力学、建筑设备，比较通俗易懂的教材，最好是图文并茂的那种，这几科都是考试的难点，特别都渗透到作图考试中。（个人推荐一本构造方面的教材《建筑构造原理与设计》，这个倒比以前学校发的 XXXX 出版社的教材讲得通俗易懂，而且很多图例，大家可以有空看看）。

● 此书不错，举一反三，强调能力的培养。

● 此书有利于技术、材料、结构等系统知识的复习，优势在于系统知识的拓扑化梳理，最好结合其他教材，更能发挥此书的系统化优势。

● 由于之前阅读过第 3 版，觉得不错，才决定买下第 4 版，虽然价格比价高，但物有所值，值得收藏！

● 若是当年上学时就能有这样一本书当辅导就好了，真是相见恨晚。

● 考研必读书，就买了看复习，质量不错，纸张很好，讲得也很详细，尤其是图解方面！

● 算得上是目前看到的构造书里编写的最好的，比 XX 的教材逻辑性更强，构造讲得比较清楚。

● 书很好！用很多配图来解释一些概念性的知识！

● 收到书的时候就惊了，第 4 版的，太激动了，好久之前就一直想买的，别的网都一直断货，京东太给力了。

● 参考书，拿来整理建筑知识。此书对建筑设计的分类不错，可以借鉴。

● 已经考过一注的前辈也说这个书的质量非常好，而且送货速度非常快，满分！

● 作为建筑师从这本书入手了解构造非常棒。

● 图文并茂、浅显易懂。缺点就是有点简单了。

● 之前看的是 XXX 出版社的版本，相对于那个版本，这个更容易理解，而且里面的图纸绘制的比较清楚。挺满意的。

● 这本书感觉还不错，系统地把很多杂、乱的知识串联了起来。考研同学可以看看这本书。

● 本来以为是第 3 版，没想到现在第 4 版都出来了。

● 准备考试用的，里面涵盖知识很广，图也比较详细，是建筑构造类图书经典版本。

● 感觉这本比之前买的很多书要讲解得更详细，书的设计也很人性化，在侧边都留出了做笔记的空白处，是本不错的书，推荐（考研用书）。

● 樊老师这本书的分类方式及图片易于理解和掌握，对一注考试中技术作图这一门的快速复习较为有利，值得阅读。

● 很喜欢的书，建筑学专业的你们懂得！不看，那是学建筑的遗憾！

● 为了考注册建筑师翻了一下，比当年上学的时候用的教材要好很多。同样是建筑学老八校，这本书做基础教学明显好过其他版本。

● 老一套的东西，就基础学习来说是比其他版本的要好就是。

● 去年裸考 56，今年复习充分，5 小时答完，79。剖面历年真题 2 遍，构造看樊振和的《建筑构造原理与设计》，结构和设备看建设部视频，多跟考友们交流。

● 樊振和的建筑构造原理 我看过构造类书最好的一本，倒不是说最全或细节最多，而是他编写得比较有逻辑，看起来不那么枯燥。

● 特意看了之后才评论，这本书排版有别于以往的教科书，页面大，质量好，看得出是经过精心设计的。内容就不多说了，条理清晰，循序渐进，是很好的学习教程。

● 和以往的关于建筑构造书籍不同，刚要清晰简洁，论述精辟，深入浅出，非常适合建筑师来阅读。

绪　论

0.1　建筑构造课程的内容、任务和学习方法

　　建筑构造是研究建筑物的构成、各组成部分的组合原理和方法的学科。

　　建筑构造课程的主要任务是，根据建筑物的基本功能、技术经济和艺术造型要求，提供合理的构造方案，作为建筑设计的依据，在建筑方案和建筑初步设计的基础上，通过建筑构造设计，形成完整的建筑设计。

　　建筑构造课程具有实践性强和综合性强的特点，其内容庞杂、涉及面广。在内容上，是对人类土木建筑工程实践的活动和经验的高度总结和概括，并且涉及建筑材料、建筑物理、建筑力学、建筑结构、建筑施工以及建筑经济等方面的知识。

　　学习建筑构造，就要抓住以上这些特点，理解和掌握建筑构造的原理，理论联系实际，多观察，勤思考，多接触工程实际，了解和熟悉相关课程的更多的内容，以使建筑构造课程的学习取得事半功倍的效果。

　　在这里，我们特别强调学习和掌握建筑构造原理的必要性和重要性。随着人类科学技术水平的不断发展，建筑技术科学也日新月异，各种新技术、新材料、新工艺不断涌现，推动着建筑设计（包括建筑构造设计）水平的不断发展和提高。如要跟上建筑技术科学前进的步伐，始终站在建筑技术科学发展的最前沿，只靠在学院里、课堂上、书本中的有限知识，是永远也做不到的。解决这个难题的最有效的方法，就是一定要下功夫学习、理解和掌握建筑构造的原理，真正做到了这点，至少会有3个好处：第一，对于内容庞杂、枯燥难记的建筑构造做法，掌握了建筑构造原理，不但能知道怎么做，还能知道为什么这么做，并能举一反三、融会贯通、事半功倍；第二，对于不断出现（在教材和教学参考书上还暂时无法出现）的建筑新技术，掌握了建筑构造原理，就能很快地理解、接受和掌握，变成自己的东西；第三，掌握了建筑构造原理，就可以进行建筑构造的设计和创作，以致在建筑新技术发明者的名单上，写上你的名字。这三点好处也可以说是建筑师学好建筑构造的三层境界：第一层境界就是要全面学好前人的经验和精华；第二层境界则是要尽快接受今人的发展和成果；第三层境界应该是每一个建筑师所追求的目标境界，就是要做一个不平庸的、创新型的建筑师。而欲达到这三层境界，掌握好建筑构造的原理是一个必要的基础。

0.2 建筑物的分类、分级及其与建筑构造的关系

0.2.1 建筑物分类

随着人类文明的不断发展,人们建造了和正在建造着许许多多的建筑物。在这些建筑物中,人们采用了多种多样的建筑材料,形成了大小高低不同、内部空间和外部造型千差万别、能满足人们生产及生活各个方面不同使用要求的建筑环境空间。这里,我们主要从对建筑构造具有较多影响的几个方面,对建筑物的类型做一些介绍。

0.2.1.1 按建筑物的使用功能分

首先,按建筑物的用途和使用功能的不同,可把建筑物分为生产性建筑和非生产性建筑。生产性建筑指的是为满足人们进行各种产品的生产活动而建造的建筑物。生产性建筑主要包括各种类型的工业厂房、车间等,一般称为工业建筑;也包括进行农副业生产活动的建筑物,如温室、粮仓、畜禽饲养场、水产品养殖场、农副业产品加工厂等,称为农业建筑。非生产性建筑又称民用建筑。非生产性建筑主要包括居住建筑,如住宅、公寓、宿舍等;还包括各类不同用途的公共建筑,如行政办公建筑、文教建筑、科研建筑、托幼建筑、医疗建筑、商业建筑、生活服务建筑、旅游建筑、观演建筑、体育建筑、展览建筑、交通建筑、通讯建筑、园林建筑、纪念建筑、娱乐建筑等等。

0.2.1.2 按建筑物的高度(或层数)分

人们经常根据建筑物高度的不同,对建筑物进行分类,如高层建筑、多层建筑和单层建筑等。目前采用的分类方法如下。

①住宅建筑(包括设置商业服务网点的住宅建筑):建筑高度大于54m的住宅建筑为一类高层民用建筑,建筑高度大于27m但不大于54m的住宅建筑为二类高层民用建筑,建筑高度不大于27m的住宅建筑为单、多层民用建筑。

②公共建筑:1层为单层民用建筑。2层和2层以上按建筑物高度等因素分为:不大于24m者为多层民用建筑;大于24m者分为一类和二类。一类高层民用建筑包括:a)建筑高度大于54m的公共建筑;b)任一楼层建筑面积大于1 000m²的商店、展览、电信、邮政、财贸金融建筑和其他多种功能组合的建筑;c)医疗建筑、重要公共建筑;d)省级及以上的广播电视和防灾指挥调度建筑、网局级和省级电力调度建筑;e)藏书超过100万册的图书馆、书库。除一类高层公共建筑外的其他高层公共建筑都属于二类高层公共建筑。

③工业建筑(厂房):一般分为单层厂房、多层厂房、高层厂房及混合层数的厂房。其分类方法与公共建筑基本相同。

0.2.1.3 按建筑结构的材料分

建筑物要承受各种各样的荷载作用,我们把建筑物中起承载作用的系统称为结构。建筑结构常采用的材料有砖石材料、木材、钢筋混凝土材料、钢材等。各种结构材料的物理力学性能不尽相同,有的结构材料抗拉强度和抗压强度都很高(例如钢材和木材等),有的结构材料抗压强度比较高,而抗拉强度则很低,几乎没有结构价值(例如砖石材料、素混凝土材料等)。根据建筑结构各个部位受力特征的不同,在结构材料的选择上就要有所侧重。按结构的材料分,比较常见的结构类型有以下几种。

①砖混结构,也称混合结构。这种结构的墙体采用砖石材料(黏土砖、石材等),楼板采用钢筋混凝土材料;屋顶结构层采用钢筋混凝土板或钢、木、钢筋混凝土屋架等。近年来,为了减少烧制黏土砖对耕地资源的消耗,我国许多地区已开始逐渐以非黏土材料的空心承重砌块取代黏土砖的使用。因此,也把包括采用黏土砖、石材以及各类空心承重砌块建造墙体的结构统称为砌体结构。一般情况下,砌体结构只适合于建造高度为多层及以下的建筑物。

②钢筋混凝土结构。这种结构的特点是,整个结构系统的全部构件(如:基础、柱、墙、楼板结构层、屋顶结构层、楼梯构件等)均采用钢筋混凝土材料。由于钢筋混凝土结构的承载能力及结构整体性均高于砌体结构,所以比砌体结构能建造更高的建筑物。

③钢—钢筋混凝土结构。钢筋混凝土结构相比砌体结构的结构优势,在超高层建筑和大跨度建筑中就会逐渐消失了。这时,采用结构优势更明显的钢材来制作超高层建筑中的结构骨架或大跨度建筑中的屋顶结构,就形成了钢—钢筋混凝土结构。钢结构的造价一般要高于钢筋混凝土结构。

另外还有砖木结构、木结构等,只是相对来说采用比较少而已。

0.2.1.4 按建筑结构的承载方式分

根据建筑物使用功能的不同,建筑物的室内空间会有完全不同的空间特征。例如,居住建筑可用墙体分隔成不大的使用空间;大型商业建筑则靠规则排列的柱子支承起宽敞的购物空间;体育馆、影剧院建筑中,高大宽敞的观众大厅中间

则不允许出现柱子等等。这些完全迥异的室内空间特征就需要不同承载方式的结构才能得以实现。建筑结构的承载方式主要有如下几种。

①墙承载结构。墙承载结构(含砌体结构、砖木结构、剪力墙结构等)适合建造居住建筑、一般办公楼、教学楼、托幼建筑等等。

②柱承载结构。例如框架结构、排架结构、刚架结构等都属于柱承载结构。柱承载结构适合建造各类大型公共建筑,如大型商场、旅馆建筑、展览建筑、交通建筑、生活服务建筑以及车间、厂房、库房等工业建筑等等。

③特殊类型结构,这里主要指不宜归入前两种类型的结构。例如落地拱型结构、屋顶与墙体合为一体的金字塔式结构等;又例如各种类型的大跨度空间结构等。特殊类型结构将在其他课程中做更详细的介绍。

这里请读者注意的一个问题是,我们是把建筑结构的材料不同和承载方式的不同分开介绍的,也就是说,建筑结构的材料类型和承载方式类型是相对独立的,分别去学习和掌握它们,更具有科学性和合理性。例如,框架结构,我们首先学习它的组成、结构特征、构造类型、与墙承载结构相比较的优缺点等;再进一步,我们了解、掌握框架结构可以采用钢筋混凝土材料建造,也可以采用木材、钢材等材料建造,而且它们都具有框架结构的组成、结构特征、构造类型、与墙承载结构相比较的优缺点等共同的基本特征,所不同的只是结构材料的不同带来的材料性能方面的一些差异以及对结构产生的相应影响。

0.2.2 建筑物分级

不同用途、不同规模的建筑物,其重要性程度以及若发生问题可能会出现的潜在后果的影响面和严重程度也就不同。考虑到经济性、安全性等诸多因素,有必要对建筑物按耐久年限和耐火程度进行分级。

0.2.2.1 建筑物的设计使用年限(耐久等级)

建筑物的设计使用年限(耐久等级)共分为四类,是根据建筑物的使用性质、规模、建筑等级和重要程度来划分的。耐久等级确定之后,其主体结构的设计使用年限应满足下列要求。

一类:设计使用年限 5 年,适用于临时性建筑。

二类:设计使用年限 25 年,适用于易于替换结构构件的建筑。

三类:设计使用年限 50 年,适用于普通建筑和构筑物。

四类:设计使用年限 100 年,适用于纪念性建筑和特别重要的建筑。

0.2.2.2 建筑物的耐火等级

建筑物的耐火等级共分为四级,耐火等级的确定,主要取决于建筑物的重要性和其在使用中的火灾危险性以及由建筑物的规模(主要指建筑物的层数)导致的一旦发生火灾时人员疏散及扑救火灾的难易程度上的差别。当建筑物的耐火等级确定之后,其构件的燃烧性能和耐火极限就应满足下列规定。

①不同耐火等级建筑相应构件的燃烧性能和耐火极限,不应低于表 0-1 的规定。

②住宅建筑构件的耐火极限和燃烧性能可按现行国家标准《住宅建筑规范》GB 50368 的规定执行,其构件的燃烧性能和耐火极限,不应低于表 0-2 的规定。

构件的燃烧性能分为 3 类,即不燃性、难燃性、可燃性。

不燃性:用不燃烧材料做成的建筑构件。不燃烧材料是指在空气中受到火烧或高温作用时不起火、不微燃、不炭化的材料,如金属材料和天然或人工的无机矿物材料等,包括砖、石材、混凝土、钢材等等。

难燃性:用难燃烧材料做成的建筑构件或用燃烧材料做成而用不燃烧材料做保护层的建筑构件。难燃烧材料是指在空气中受到火烧或高温作用时难起火、难燃烧、难炭化,当火源移走后燃烧或微燃立即停止的材料,如沥青混凝土、水泥刨花板、经过防火处理的木材和用有机物填充的混凝土等等。

可燃性:用燃烧材料做成的建筑构件。燃烧材料是指在空气中受到火烧或高温作用时立即起火或燃烧,且火源移走后仍继续燃烧或微燃的材料,如木材。

构件的耐火极限是建筑构件对火灾的耐受能力的时间表达。其定义为:在标准耐火试验条件下,建筑构件、配件或结构从受到火的作用时起,至失去承载能力、完整性或隔热性时止所用时间,用小时表示。

表 0-1 建筑物构件的燃烧性能和耐火极限(h)

构件名称		耐火等级			
		一级	二级	三级	四级
墙	防火墙	不燃性 3.00	不燃性 3.00	不燃性 3.00	不燃性 3.00
	承重墙	不燃性 3.00	不燃性 2.50	不燃性 2.00	难燃性 0.50
	非承重外墙	不燃性 1.00	不燃性 1.00	不燃性 0.50	可燃性
	楼梯间和前室的墙 电梯井的墙 住宅建筑单元之间 的墙和分户墙	不燃性 2.00	不燃性 2.00	不燃性 1.50	难燃性 0.50
	疏散走道两侧的隔墙	不燃性 1.00	不燃性 1.00	不燃性 0.50	难燃性 0.25
	房间隔墙	不燃性 0.75	不燃性 0.50	难燃性 0.50	难燃性 0.25
柱		不燃性 3.00	不燃性 2.50	不燃性 2.00	难燃性 0.50
梁		不燃性 2.00	不燃性 1.50	不燃性 1.00	难燃性 0.50
楼板		不燃性 1.50	不燃性 1.00	不燃性 0.50	可燃性
屋顶承重构件		不燃性 1.50	不燃性 1.00	可燃性 0.50	可燃性
疏散楼梯		不燃性 1.50	不燃性 1.00	不燃性 0.50	可燃性
吊顶(包括吊顶搁栅)		不燃性 0.25	难燃性 0.25	难燃性 0.15	可燃性

注:①除本规范另有规定者外,以木柱承重且以不燃烧材料作为墙体的建筑,其耐火等级应按四级确定;

②住宅建筑构件的耐火极限和燃烧性能可按现行国家标准《住宅建筑规范》GB 50368 的规定执行。

表 0-2 住宅建筑构件的燃烧性能和耐火极限(h)

构件名称		耐火等级			
		一级	二级	三级	四级
墙	防火墙	不燃性 3.00	不燃性 3.00	不燃性 3.00	不燃性 3.00
	非承重外墙、疏散走 道两侧的隔墙	不燃性 1.00	不燃性 1.00	不燃性 0.75	难燃性 0.75
	楼梯间的墙、电梯井 的墙、住宅单元之间 的墙、住宅分户墙、承 重墙	不燃性 2.00	不燃性 2.00	不燃性 1.50	难燃性 1.00
	房间隔墙	不燃性 0.75	不燃性 0.50	难燃性 0.50	难燃性 0.25
柱		不燃性 3.00	不燃性 2.50	不燃性 2.00	难燃性 1.00
梁		不燃性 2.00	不燃性 1.50	不燃性 1.00	难燃性 1.00
楼板		不燃性 1.50	不燃性 1.00	不燃性 0.75	难燃性 0.50
屋顶承重构件		不燃性 1.50	不燃性 1.00	难燃性 0.50	难燃性 0.25
疏散楼梯		不燃性 1.50	不燃性 1.00	不燃性 0.75	难燃性 0.50

注:表中的外墙指除外保温层外的主体构件。

表 0-3　部分建筑构件的燃烧性能和耐火极限

序号	构 件 名 称	结构厚度或截面最小尺寸(cm)	耐火极限(h)	不燃性
一	承重墙			
1	普通黏土砖、混凝土、钢筋混凝土实心墙	12.0	2.50	不燃性
		18.0	3.50	
		24.0	5.50	
		37.0	10.50	
2	加气混凝土砌块墙	10.0	2.00	不燃性
3	轻质混凝土砌块、天然石料的墙	12.0	1.50	不燃性
		24.0	3.50	
		37.0	5.50	
二	非承重墙			
1	普通黏土砖墙 (1)不包括双面抹灰 (2)不包括双面抹灰 (3)包括双面抹灰 (4)包括双面抹灰	6.0 12.0 18.0 24.0	1.50 3.00 5.00 8.00	不燃性
2	粉煤灰硅酸盐砌块墙	20.0	4.00	不燃性
3	轻质混凝土墙 (1)加气混凝土砌块墙 (2)粉煤灰加气混凝土砌块墙	7.5 10.0 20.0 10.0	2.50 6.00 8.00 3.40	不燃性
4	木龙骨两面钉下列材料的隔墙 (1)钢丝(板)网抹灰,其构造厚度(cm)为: 　1.5+5.0(空)+1.5 (2)石膏板,其构造厚度(cm)为: 　1.2+5.0(空)+1.2 (3)板条抹灰,其构造厚度(cm)为: 　1.5+5.0(空)+1.5	—— —— ——	0.85 0.30 0.85	难燃性
5	石膏板隔墙 (1)钢龙骨纸面石膏板,其构造厚度(cm)为: 　1.2+4.6(空)×1.2 　2×1.2+7.0(空)+3×1.2 (2)钢龙骨双层普通石膏板隔墙,其构造厚度(cm)为: 　2×1.2+7.5(空)+2×1.2 (3)石膏龙骨纸面石膏板隔墙,其构造厚度(cm)为: 　1.1+2.8(空)+1.1+6.5(空)+1.1+2.8(空)+1.1 　1.2+8.0(空)+1.2+8.0(空)+1.2 　1.2+8.0(空)+1.2	 —— —— —— —— —— ——	 0.23 1.25 1.10 1.50 1.00 0.33	不燃性
6	碳化石灰圆孔空心条板隔墙	9.0	1.75	不燃性
7	钢筋混凝土大板隔墙(200#)	6.0	1.00	不燃性
		12.0	2.60	
三	柱			
1	钢筋混凝土柱	20×20	1.40	不燃性
		30×30	3.00	
		37×37	5.00	
2	普通黏土砖柱	37×37	5.00	不燃性

序号	构 件 名 称	结构厚度或截面最小尺寸(cm)	耐火极限(h)	燃烧性能
3	无保护层的钢柱	——	0.25	不燃性
四	梁			
1	简支钢筋混凝土梁			
	(1)非预应力钢筋,保护层厚(cm)为:			
	1.0	——	1.20	
	2.0	——	1.75	
	2.5	——	2.00	不燃性
	(2)预应力钢筋,保护层厚(cm)为:			
	2.5	——	1.00	
	3.0	——	1.20	
	4.0	——	1.50	
五	板和屋顶承重构件			
1	简支钢筋混凝土圆孔空心楼板			
	(1)非预应力钢筋,保护层厚(cm)为:			
	1.0	——	0.90	
	2.0	——	1.25	不燃性
	(2)预应力钢筋,保护层厚(cm)为:			
	1.0	——	0.40	
	2.0	——	0.70	
2	四边简支钢筋混凝土楼板,保护层厚(cm)为:			
	1.0	7.0	1.40	不燃性
	2.0	8.0	1.50	
3	现浇整体式梁板,保护层厚(cm)为:			
	1.0	8.0	1.40	
	2.0	8.0	1.50	不燃性
	1.0	10.0	2.00	
	2.0	10.0	2.10	
4	屋面板			
	(1)钢筋加气混凝土,保护层厚(cm)为:			
	1.0	——	1.25	不燃性
	(2)预应力钢筋混凝土槽形屋面板,保护层厚(cm)为			
	1.0	——	0.50	
六	吊顶			
1	木吊顶搁栅			
	(1)钢丝(板)网抹灰(厚1.5 cm)		0.25	难燃性
	(2)板条抹灰(厚1.5 cm)		0.25	
2	钢吊顶搁栅			
	(1)钢丝(板)网抹灰(厚1.5 cm)	——	0.25	
	(2)钉石棉板(厚1.0 cm)	——	0.85	不燃性
	(3)钉双层石膏板(单层厚1.0 cm)	——	0.30	

表 0-3 是部分建筑构件的燃烧性能和耐火极限。

0.2.3 建筑物的分类、分级与建筑构造的关系

建筑物类型不同、设计使用年限(耐久等级)和耐火等级的不同,都直接影响和决定着不同的建筑构造方式。例如,当建筑物的用途不同、高度和层数不同时,建筑物就会采用不同的结构体系和不同的结构材料建造,建筑物的抗震构造措施也会有明显的不同;当建筑物的耐火等级不同时,就会相应地采用不同的燃烧性能和耐火极限的建筑材料,其构造方法也就会有所差异。因此,建筑物的分类和分级及其相应的标准,是建筑设计从方案构思直至构造设计整个过程中非常重要的设计依据。

0.3　建筑物的基本功能和建筑物的系统组成

有各种不同用途的建筑物，我们把建筑物在这方面的特征称为建筑物的使用功能，如居住建筑、公共建筑、工业建筑等等。下面**我们抛开建筑物的使用功能上的这种差异不谈，仅仅从建筑物本身这个角度来分析一下它所应具有的功能，我们称其为建筑物的基本功能。建筑物的基本功能主要有两个，即承载功能和围护功能。**建筑物要承受作用在它上面的各种荷载，包括建筑物的全部自重、人和家具设备等使用荷载、雪荷载、风荷载、地震作用等等，这是建筑物的承载功能；为了给在建筑物中从事各种生产、生活活动的人们提供一个舒适、方便、安全的空间环境，避免或减少各种自然气候条件和各种人为因素的不利影响，建筑物还应具有良好的保温、隔热、防水、防潮、隔声、防火等功能，这些就是建筑物的围护功能。

针对建筑物的承载和围护两大基本功能，建筑物的系统组成也就相应地形成了建筑承载系统和建筑围护系统两大组成部分。建筑承载系统是由基础、结构墙体、柱、楼板结构层、屋顶结构层、楼梯结构构件等组成的一个空间整体结构，用以承受作用在建筑物上的全部荷载，满足承载功能；建筑围护系统则主要通过各种非结构的构造做法、建筑物的内外装修以及门窗的设置等，形成一个有机的整体，用以承受各种自然气候条件和各种人为因素的作用，满足保温、隔热、防水、防潮、隔声、防火等围护功能。

0.4 建筑物的施工建造方法和建筑工业化

0.4.1 建筑物的施工建造方法

由于建筑材料的不同、施工机械和各种建筑构配件的供应情况的差异、施工场地条件的限制及经济因素等各方面的影响和制约，建筑物的施工建造方法也有很大的不同。

0.4.1.1 砌体结构的施工建造方法

砌体结构建筑物中的砌体部分，是由黏土砖或各种空心承重砌块按一定的排列方式，通过砂浆的粘结，组砌形成墙、柱等结构。这种施工建造方法主要靠手工劳动，工人劳动强度高，一般情况下建造成本较低。**砌体结构由于黏土砖和砌块的规格小、数量多，砌筑砂浆的粘结强度不高，因而其结构整体性较差、抗震能力不强，在设计上常常采用设置圈梁和构造柱（或芯柱）等能够加强结构整体性的构造措施。**

0.4.1.2 钢筋混凝土结构的施工建造方法

钢筋混凝土结构的建筑物，其承载能力和结构整体性均大大强于砌体结构，而且十分有利于采用各种施工机械进行建造活动，当然其建造成本也就相应的高一些。钢筋混凝土结构是由主要承受拉力、制成一定形状的钢筋骨架和主要承受压力并由水泥、砂子、石子、水等混合成为混凝土而共同形成的，其施工建造方法又可分为 3 种。

1）现浇整体式

现浇整体式是一种主要的施工作业全部在现场进行的施工方法。首先根据结构构件的受力特点（按设计要求）绑扎钢筋骨架，然后支撑模板（构件的底模一般应在绑扎钢筋骨架之前支搭），接着浇筑混凝土并进行混凝土的养护，待混凝土的强度达到要求之后，再将模板拆除。一个施工程序就此完成。这种施工方法，由于可以将整个建筑物的结构系统浇筑成一个整体，因而其结构整体性非常好，抗震能力强，但也具有现场湿作业量大、劳动强度高、施工周期长等方面的不足。目前，有一种被逐步得到推广采用的、主要应用于楼板和屋面板的施工建造新方法——压型钢板组合楼板，这种方法比传统的现浇整体式的施工建造方法有了明显的改善。

压型钢板组合楼板实际上是以压型钢板为衬板与混凝土浇筑在一起构成的现浇整体式楼板结构。钢衬板起到现浇混凝土的永久性模板作用，同时，由于在钢衬板上加肋条或压出凹槽，使其能与混凝土共同工作，压型钢板还起到配筋作用。压型钢板组合楼板已在一些大跨度空间建筑和高层建筑中采用，它简化了施工程序，加快了施工速度，并且具有现浇整体式钢筋混凝土楼板整体性好的优点。此外，还可以利用压型钢板的肋间空间敷设电力或通讯管线等。

压型钢板组合楼板的基本构造形式如图 0-1 所示，它由钢梁（双向设置以形成支承骨架）、压型钢板和现浇混凝土三部分组成。压型钢板双面镀锌，板的厚度很薄，截面一般为梯形，因而刚度也很大。压型钢衬板有单层梯形、梯形加平板、双层梯形等几种不同形式，如图 0-2 所示。

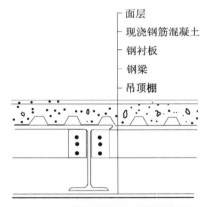

面层
现浇钢筋混凝土
钢衬板
钢梁
吊顶棚

图 0-1 压型钢板组合楼板基本组成

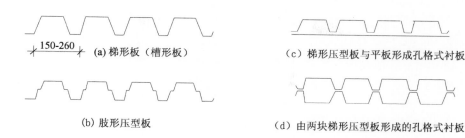

图 0-2 压型钢衬板的形式

2)预制装配式

预制装配式的施工建造方法是,首先将建筑物的整体结构划分成若干个单元构件,并预先在构件工厂的流水线上进行大批量的生产(即把支模板、绑钢筋、浇筑混凝土并养护、脱模等一系列工序都转移到工厂车间里进行),然后运到建筑施工现场进行组装。这种施工方法的优点是现场湿作业量小、劳动强度低、施工周期大大缩短、预制构件的质量有保障,但其结构整体性则比现场浇筑的方式要差一些。图 0-3 为某预制装配式钢筋混凝土楼盖结构布置示意图。

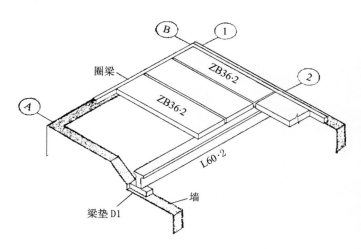

图 0-3 预制装配式钢筋混凝土楼盖结构布置示意图

3)装配整体式

装配整体式的称谓是由前述两种施工方式的称谓组合而来的,实际上就是一种现浇与预制相结合的施工方法,因而也就综合了两种施工方法的优点。具体方法是,将建筑物整个结构中的部分构件或某些构件的一部分在工厂预制,然后运到施工现场安装,再以整体浇筑其余部分而形成完整的结构。

0.4.2　建筑工业化

回顾人类建造建筑物的历史,我们发现,其中相当长的时期内,人们都是采用手工的、分散的、落后的生产方式来建造建筑物,其建造速度慢、工人劳动强度高、人工及材料等资源消耗大、建筑施工质量低,建筑业的这种落后状态亟待改变,建筑业的工业化水平亟待提高。

所谓建筑工业化,就是通过现代化的制造、运输、安装和科学管理的大工业生产方式,来代替传统的、分散的手工业生产方式。这主要意味着要尽量利用先进的技术,在保证质量的前提下,用尽可能少的工时,在比较短的时间内,用最合理的价格来建造符合各种使用要求的建筑。

实现建筑工业化,必须使之形成工业化的生产体系。也就是说,针对大量性建造的建筑物及其产品实现建筑部件的系列化开发、集约化生产和商品化供应,使之成为定型的工业产品或生产方式,以提高建筑物的建造速度和质量。建筑工业化的特征可以概括为设计标准化、构配件生产工厂化、施工机械化、管理科学化。

工业化建筑体系,一般分为专用体系和通用体系。专用体系是以建筑物整体作为标准化和定型化的研究对象,针对某一种使用功能的建筑物使用的专用构配件和生产方式所形成的成套建筑体系。它有一定的设计专用性和技术上的先进性，但缺少与其他类型建筑配合的通用性和互换性。通用体系是以建筑构配件和建筑制品作为标准化和定型化的研究对象，重点研究各种预制构配件、配套建筑制品及其连接技术的标准化和通用化，是使各种类型的建筑物所需的构配件和节点构造做法可互换通用的商品化建筑体系。

1974 年，联合国经济社会事务部在《关于逐步实现建筑工业化的政府政策和措施指南》的报告中指出："工业化是本世纪不可逆转的潮流，它最终必将推行到地球上最不发达的地区。……拒绝工业化可能导致更加不发达。"由此可见，建筑工业化是大势所趋，这是发展建筑业的根本出路。但是，在这同时，建筑工业化的实现又需要许多外界条件的支持。例如资金问题，建造预制构件工厂需要大量资金的一次性投入；市场问题，预制构件生产出来后是否有稳定的市场需求；大型施工机械的配套问题，以及施工技术力量和施工人员的技术素质等问题。在这里，除了人的因素之外，还有一个重要的问题就是一个国家的经济实力。世界各国在建筑业的工业化发展过程中，结合各自国情实力，采取了不尽相同的方式和途径。归纳起来，主要有两种。

①走全部预制装配化的发展道路。其代表性的建筑类型有：大板建筑、盒子建筑、装配式框架建筑、装配式排架建筑等。

②走全现浇（工具式模板机械化浇筑）或现浇与预制相结合的发展道路。其代表性的建筑类型有：大模建筑、滑模建筑、升板（层）建筑、非装配式框架建筑等。

图 0-4 至图 0-14 是上述各种类型的工业化建筑的示意图。

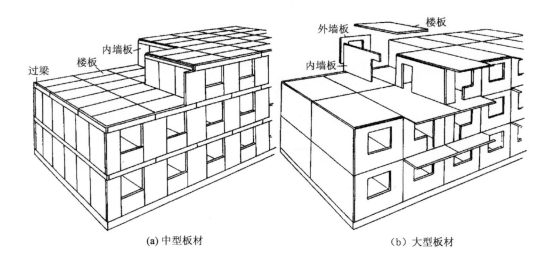

(a) 中型板材　　　　　　　　(b) 大型板材

图 0-4　大板建筑（即大型装配式板材建筑）

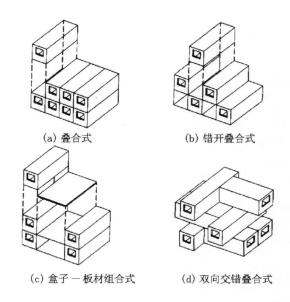

(a) 叠合式　　　　　(b) 错开叠合式

(c) 盒子－板材组合式　　(d) 双向交错叠合式

图 0-5　不同组装方式的盒子建筑(盒子在工厂预制)

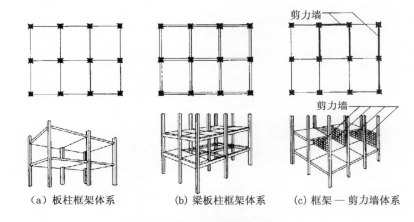

（a）板柱框架体系　　（b）梁板柱框架体系　　（c）框架－剪力墙体系

图 0-6　不同类型的框架结构

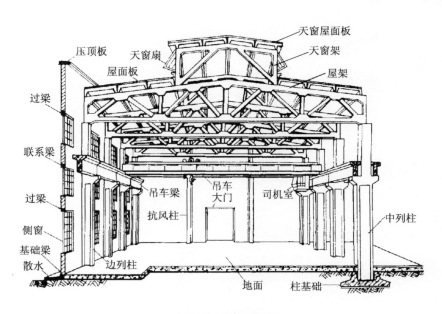

图 0-7　装配式排架结构厂房

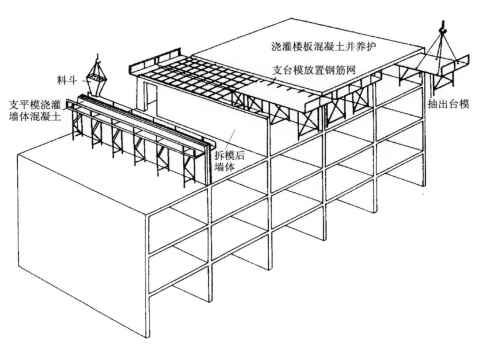

浇灌楼板混凝土并养护

支台模放置钢筋网

料斗

抽出台模

支平模浇灌
墙体混凝土

拆模后
墙体

（a）墙体用平模、楼板用台模流水作业示意图

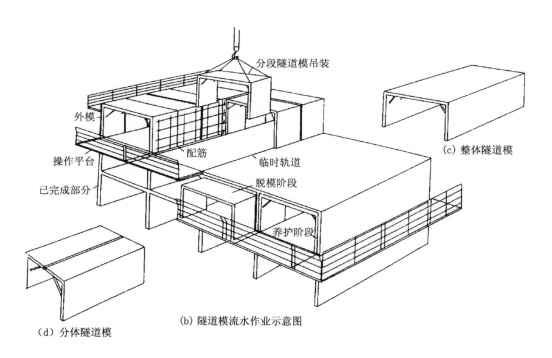

分段隧道模吊装

外模

（c）整体隧道模

操作平台

配筋

临时轨道

已完成部分

脱模阶段

养护阶段

（d）分体隧道模

（b）隧道模流水作业示意图

图 0-8　不同施工方式的大模建筑

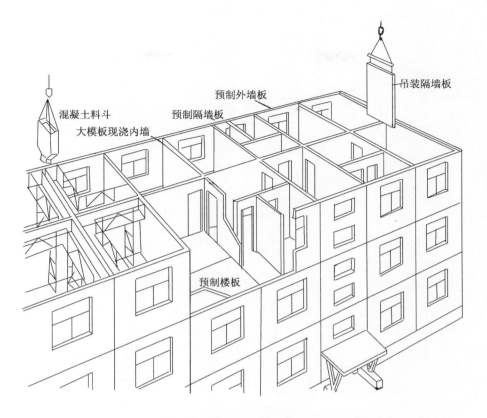

图 0－9 "内浇外挂"法施工的大模建筑

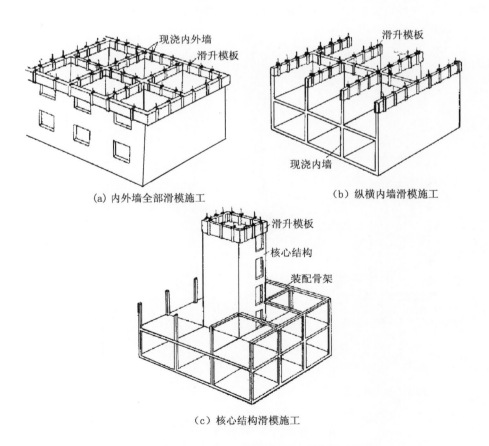

（a）内外墙全部滑模施工   （b）纵横内墙滑模施工

（c）核心结构滑模施工

图 0－10 滑模法施工的建筑物

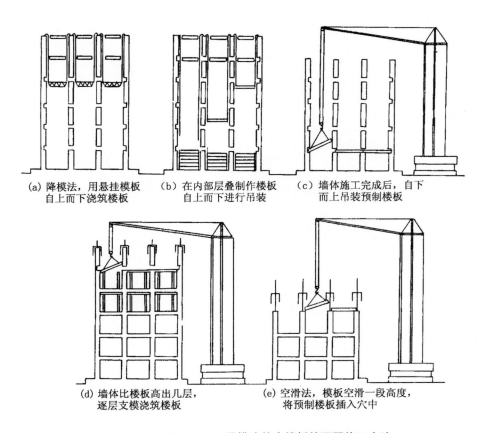

(a) 降模法,用悬挂模板　　(b) 在内部层叠制作楼板　　(c) 墙体施工完成后,自下
　　自上而下浇筑楼板　　　　　自上而下进行吊装　　　　　而上吊装预制楼板

(d) 墙体比楼板高出几层,　　(e) 空滑法,模板空滑一段高度,
　　逐层支模浇筑楼板　　　　　将预制楼板插入穴中

图 0 – 11　滑模建筑中楼板的不同施工方法

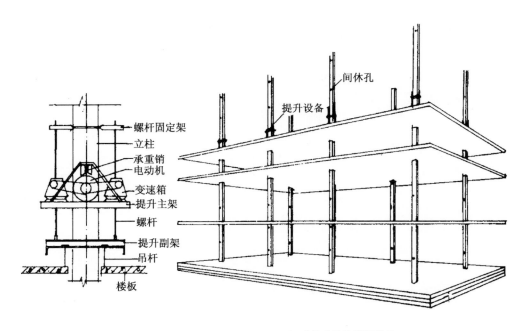

螺杆固定架
立柱
承重销
电动机
变速箱
提升主架
螺杆
提升副架
吊杆
楼板

间休孔

提升设备

(a) 升板提升装置　　　　　　　　(b) 升板建筑的楼板提升

图 0 – 12　升板建筑施工示意图

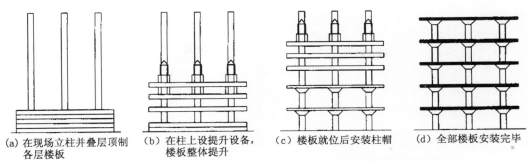

(a) 在现场立柱并叠层顶制 　(b) 在柱上设提升设备，　(c) 楼板就位后安装柱帽　(d) 全部楼板安装完毕
　　各层楼板 　　　　　　　楼板整体提升

图 0-13　升板建筑的提升过程

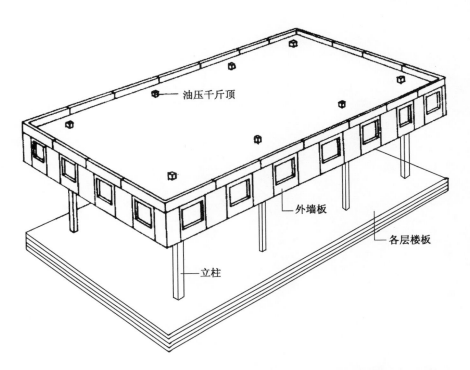

油压千斤顶

外墙板

各层楼板

立柱

图 0-14　升层建筑施工示意图

　　这里需要指出的是，以上提到的工业化建筑类型与传统的建筑类型相比较，更多的是施工方法和工艺上的变化和差异，这显然会影响到许多建筑构造具体做法上的改变，但是，从满足建筑物的承载和围护两大基本功能的角度来看，它们在构造做法的原理上是完全相同的。

　　为了使在建筑设计、建筑部件和分部件生产以及建筑施工等方面做到尺寸协调，从而提高建筑工业化的水平，使不同材料、不同形式和不同制造方法的建筑部件、分部件符合模数并具有较大的通用性和互换性，以降低造价并提高建筑设计和建造的速度、质量和效率，建筑设计应采用国家规定的各类建筑模数协调的规范和标准进行。这些规范和标准主要有：《建筑模数协调标准(GB/T50002—2013)》、《厂房建筑模

数协调标准(GB/T50006—2010)》等。这里主要介绍《建筑模数协调标准(GB/T50002—2013)》的有关内容。

　　建筑模数是选定的尺寸单位，作为尺度协调中的增值单位，是建筑物、建筑部件、建筑分部件以及建筑设备尺寸间互相协调的基础。

　　建筑模数协调标准采用的基本模数的数值为 100 mm，其符号为 M。即 1M=100 mm。整个建筑物和建筑物的一部分以及建筑部件的模数化尺寸，应是基本模数的倍数。

　　导出模数应分为扩大模数和分模数，其基数应符合下列规定：

　　扩大模数基数应为 2M、3M、6M、9M、12M……；

　　分模数基数应为 M/10、M/5、M/2。

模数数列应根据功能性和经济性原则确定。

建筑物的开间或柱距,进深或跨度,梁、板、隔墙和门窗洞口宽度等分部件的截面尺寸宜采用水平基本模数和水平扩大模数数列,且水平扩大模数数列宜采用2nM、3nM(n 为自然数)。

建筑物的高度、层高和门窗洞口高度等宜采用竖向基本模数和竖向扩大模数数列,且竖向扩大模数数列宜采用 nM。

构造节点和分部件的接口尺寸等宜采用分模数数列,且分模数数列宜采用 M/10、M/5、M/2。

在建筑设计和建筑模数协调中,涉及一些尺寸概念,见表 0-4 所示。

表 0-4　建筑模数协调中的一些尺寸概念

尺 寸 名 称	尺 寸 概 念
标志尺寸	符合模数数列的规定，用以标注建筑物定位线或基准面之间的垂直距离以及建筑部件、建筑分部件、有关设备安装基准面之间的尺寸
制作尺寸	制作部件或分部件所依据的设计尺寸
实际尺寸	部件、分部件等生产制作后的实际测得的尺寸
技术尺寸	模数尺寸条件下，非模数尺寸或生产过程中出现误差时所需的技术处理尺寸

0.5 建筑构造的影响因素和设计原则

0.5.1 建筑构造的影响因素

建筑物处于自然环境和人为环境之中,受到各种自然因素和人为因素的作用。为了提高建筑物的使用质量和耐久年限,在建筑构造设计时,必须充分考虑各种因素的影响,尽量利用其有利因素,避免或减轻不利因素的影响,提高建筑物对各种外界环境影响的抵御能力,并根据各种因素的影响程度,采取相应的、合理的构造方案和措施。影响建筑构造的因素很多,归纳起来主要有以下几个方面。

0.5.1.1 各种荷载作用的影响

建筑物要承受各种荷载作用的影响,一般把荷载分为永久荷载(也称恒载,例如建筑物自重等)和可变荷载(也称活载,例如人、家具、设备、风、雪的荷载等);另外,根据荷载的作用方向,又可分为竖向荷载(所有由地球引力而发生的荷载)和水平荷载(例如风荷载和地震作用等)。**荷载的大小和作用方式是建筑结构设计的主要依据,也是结构选型的重要基础。它决定着建筑结构的形式,构件的材料、形状和尺寸,而构件的选择、形状和尺寸与建筑构造设计有着密切的关系,是建筑构造设计的重要依据。**

0.5.1.2 自然环境因素的影响

建筑物处于不同的地理环境,各地的自然条件有很大的差异。我国幅员辽阔,南北东西气候差别悬殊,**建筑构造设计必须与各地的气候特点相适应,建筑构造做法必然具有明显的地域特征。**大气温度、太阳热辐射以及风霜雨雪等均构成了影响建筑物使用质量和建筑物寿命的重要因素。若对自然环境因素的影响估计不足的话,就会造成由于构造设计失误形成的建筑物渗水、漏水、冷空气渗透、室内过热或过冷、构件开裂,甚至遭受到严重的破坏,影响建筑物的正常使用。为了防止和减轻自然环境因素对建筑物的不利影响,保证建筑物的正常使用,达到良好的耐久性要求,在构造设计时,必须掌握建筑物所在地区的自然环境条件,针对所受影响的性质和程度,对建筑物各个部位采取相应的防范措施,如保温、隔热、防水、防潮等等,以防患于未然。

在建筑构造设计时,也应充分利用自然环境的有利因素。例如,利用自然风通风降温、利用太阳辐射改善室内热环境等。

0.5.1.3 各种人为因素的影响

人类的各种生产和生活活动往往会造成对建筑物的影响,如机械振动、化学腐蚀、噪声、生产和生活中的用水、各种因素引起的火灾和爆炸等等,都属于人为因素的影响。因此,在进行建筑构造设计时,必须针对各种可能的因素,采取相应的防范措施,如隔振、防腐、防爆、防火、防水、隔声等,以保证建筑物的正常使用。

以上影响建筑构造的诸种因素,见图0-15所示。

图 0-15 自然环境与人为环境对建筑的影响

0.5.2 建筑构造的设计原则

如前所述，建筑构造的影响因素非常多，这些影响因素涉及的学科也非常多，这给建筑构造设计的合理、经济和完美带来了很大的难度。设计者必须全面深入地了解和掌握影响建筑构造的各种因素，掌握建筑构造的原理和方法，做出最优化的构造方案和设计。在建筑构造设计的过程中，以下设计原则应给予充分注意。

0.5.2.1 满足建筑的基本功能要求

建筑构造设计的目的就是要满足各类建筑物的承载和围护两大基本功能要求，以满足人们从事各种生产、生活活动的需要。这里想要强调的是，**建筑构造的原理是不变的，因为原理是以科学和自然规律做基础的；但是，建筑构造的具体做法却是丰富多彩、千变万化的，这是由于每一个具体的建筑物，它的使用功能和性质用途不同、所处的地理位置和环境条件不同，甚至民族传统和历史文化的差异都会带来具体建筑构造做法上的不同。**例如，北方寒冷地区的建筑物要考虑的重点是保温的问题和雪荷载的影响，而南方炎热地区的建筑物则更多地关心隔热的问题和通风降温的要求。因此，就会出现这样的情况：在此地是一个合理的构造做法，照搬到另一地方就可能完全不适用了，这一点对初学者来说尤其要引起足够的重视。

0.5.2.2 有利于结构和建筑方面的安全

在建筑构造设计时，除了根据建筑物承受荷载的情况来选择结构体系和确定构件的材料、形状和尺寸，以保证结构承载系统的坚固安全之外，还必须通过合理的构造设计，来满足建筑物室内外各部位的装修以及门窗、栏杆扶手等一些建筑配件的坚固安全的要求，以确保建筑物在使用过程中的可靠和安全。

0.5.2.3 适应建筑工业化的需要

为了提高建设速度，改善劳动条件，在保证建筑施工质量的前提下降低物耗和造价，提高建筑工业化的水平，在建筑构造设计时，应大力推广先进的建筑技术，选用各种新型建筑材料，采用先进合理的施工工艺，尽量采用标准设计和定型构、配件，为构、配件的生产工厂化、现场施工机械化创造有利条件。

0.5.2.4 讲求建筑经济的综合效益

在建筑构造设计中，应该注意和讲求经济效益。既要注意降低建筑造价，减少材料的能源消耗，又要有利于降低经常运行、维修和管理的费用，考虑其综合的经济效益。在建筑材料的选择上，还应注意因地制宜、就地取材，采用有利于节约能源和环境保护的再生材料等，节省有限的自然资源。

0.5.2.5 注意美观

建筑构造设计是建筑方案和建筑初步设计的继续和深入，因此，建筑构造设计还应该考虑建筑物的整体以及各个细部的造型、尺度、质感、色彩等艺术和美观的问题。如有考虑不当，往往会影响建筑物的整体设计效果。因此，建筑构造设计是事关整个建筑设计成败的一个非常重要的环节，应事先周密考虑。

复习思考题

0.1. 建筑构造是研究什么内容的学科？这门学科有什么特点？

0.2. 熟悉和掌握建筑物分类的方法，并理解建筑物分类与建筑构造的关系。

0.3. 建筑物的设计使用年限（耐久等级）是如何确定和划分的？

0.4. 建筑物的耐火等级是如何确定和划分的？

0.5. 什么是建筑构件的耐火极限？它是如何定义的？

0.6. 建筑物的基本功能和系统组成有哪些？

0.7. 建筑物的基本功能与使用功能的区别是什么？

0.8. 建筑物的施工建造方法有哪些？这些方法各有什么特点？

0.9. 什么叫建筑工业化？你如何理解建筑工业化？

0.10. 了解工业化建筑的两种体系和它们各自的特点。

0.11. 实现建筑工业化的方式和途径有哪些？各有什么特点？各有哪些代表性的建筑类型？

0.12. 熟悉和掌握建筑模数协调统一标准。

0.13. 熟悉和掌握标志尺寸、构造尺寸等四种尺寸的概念。

0.14. 建筑构造的影响因素和设计原则有哪些？

1 建筑承载系统

1.1 概述

1.1.1 建筑承载系统的基本功能

顾名思义，建筑承载系统的基本功能就是要承受施加在建筑物上的各种荷载。在绪论部分，曾简单提及了施加在建筑物上的各种荷载，在这里，有必要再做一个具体的分析和介绍。

在建筑结构上各种分布力或集中力的集合，或者引起结构产生约束变形或外加变形的原因，统称为结构上的作用。建筑结构上各种分布力或集中力的集合称为直接作用，习惯上也称荷载；引起结构产生约束变形或外加变形的原因称为间接作用。荷载包括：结构构件的自身重力荷载以及结构构件上建筑构造层（楼地面、顶棚、装修面层等）的重力荷载；施加于楼面上的人群、家具、设备等使用活荷载；施加于外墙墙面上以及坡屋顶的坡面上的风荷载；以及生产性建筑中常见的车辆荷载、吊车荷载、屋面积灰荷载等等。这些荷载使结构产生拉力、压力、剪力、弯矩、扭矩等内力并产生线位移、角位移、裂缝等结构变形，我们称这些内力和变形为结构效应。实际上，结构除由荷载引起结构效应外，还可以由于某种原因使结构产生约束变形或外加变形，从而使结构产生拉、压、剪、弯、扭等内力效应。引起这种结构效应的原因，就是所谓的间接作用，它包括由于混凝土收缩、钢材焊接变形、大气温度变化等原因使结构材料发生膨胀或收缩等变化，受到结构的支座或节点的约束而使结构间接地产生的约束变形以及由于基础不均匀沉降、地震等原因，使结构被强制地产生的外加变形。通常我们称这些为温差作用、沉降作用、地震作用等。

为了结构分析和设计的需要，常按不同要求对结构上的作用进行分类。

按随时间的变化，分为永久作用、可变作用和偶然作用。永久作用是指在结构的使用周期内，其值不随时间变化，或其变化与平均值相比可以忽略不计者。如结构的自重、装修构造层的自重、土压力、预加应力、沉降作用、混凝土收缩以及最低地下水位以下的水压力等。可变作用是指在结构的使用周期内，其值随时间而变化，且其变化与平均值相比是不可忽略者。如房屋的楼面活荷载、风荷载、雪荷载、安装施工荷载、温差作用等。偶然荷载是指在结构的使用周期内不一定出现，而一旦出现，其量值很大，且持续时间较短者，如机械撞击、爆炸、火灾、滑坡、雪崩、龙卷风、地震作用等。

按随空间位置的变化，分为固定作用和可动作用。固定作用是指在结构的空间范围内位置不变的作用，其值可以是不变的，也可以是随机可变的。如工业建筑中楼面上固定的设备、屋顶上的水箱及水重等。可动作用是指在结构的一定空间范围内位置可变的作用，其值可以是不变的，也可以是随机可变的。如住宅楼、办公楼、商场的楼面人群荷载、工业厂房内的吊车荷载等。

按作用施加的方向，分为竖向作用和水平作用。竖向作用是指由地心引力引起的作用，如建筑物的自重、楼面及屋面上的各种活荷载等。水平作用是指那些沿水平方向施加于结构上的作用，如风荷载、侧向水压力、侧向土压力、地震作用等。

按结构对作用的反应，分为静态作用和动态作用。静态作用是指对结构或结构构件不引起加速度或加速度可以忽略不计的作用。如建筑物的自重，住宅楼、办公楼等的楼面活荷载、风荷载等。动态作用是指对结构或结构构件产生不可忽略的加速度的作用。如地震作用、吊车荷载、车辆荷载、设备振动、高耸结构上的风荷载等。

为了叙述的方便，在泛指的时候，我们就采用比较习惯的说法——荷载，它包括直接作用和间接作用两个方面的含义。

另外，为了表明水平荷载与竖向荷载理应具有同等的重要性，我们将本章的题目确定为建筑承载系统，而不是比较习惯的说法——建筑承重系统。建筑承重系统中的"重"显然是指重力荷载，也就是只包括竖向荷载；而建筑承载系统中的"载"却是竖向荷载与水平荷载的总称。

以上两点特此说明。

1.1.2 建筑承载系统及其工作特点

为了满足不同建筑空间要求，可以把各类建筑物的承载系统大致分为墙承载和柱承载两种体系。墙承载体系的建筑，其承载系统主要包括结构墙体、楼板结构层、屋顶结构层、地坪结构层、楼梯结构构件以及基础等；柱承载体系的建筑，其承载系统主要包括柱、楼板结构层、屋顶结构层、地坪结构层、楼梯结构构件以及各种形式的基础等。除以上两种结构体系外，实际上还有一种柱、墙混合承载的结构体系。但是，不管建筑物属于那一种结构体系,我们都可以将它的结构系统划分成两个分系统,即结构水平分系统和结构竖向分系统。

结构水平分系统包括楼板结构层、屋顶结构层、地坪结构层、楼梯结构构件等,即在一般荷载(也就是竖向重力荷载)作用下,其结构构件的工作状态是以受弯为主;结构竖向分系统包括结构墙体、柱以及可以看成是结构墙、柱在地下的延伸部分——各种形式的基础等,即在一般荷载(也就是竖向重力荷载)作用下,其结构构件的工作状态是以受压为主。

对建筑承载系统做结构分析,明确其各分系统的工作特点,对合理地进行结构系统的设计显然是十分必要的。这种结构设计包括结构系统各构件的材料选择、构件的截面形状和尺寸确定、节点连接的方式以及具体的结构计算等。建筑结构常用的材料有砖、石、混凝土空心砌块等各种承重砌块,以及钢筋混凝土、钢材、木材等,不同的结构材料,其物理力学性能差异很大,了解、掌握不同分系统结构构件的工作特点,就有了选择结构材料以及构件截面形状和尺寸的依据了。

1.1.3 对建筑承载系统的基本要求

对建筑承载系统的基本要求有以下几点。

①建筑承载系统要有足够的承载能力。**结构的承载能力是由结构构件材料的强度及构件的形状和尺寸所决定的**。满足承载能力的基本要求,就是要使结构构件采用适宜的结构材料、相应的材料强度等级、合理的构件截面形状以及必要的截面尺寸。

②建筑承载系统要有良好的抗变形能力。结构在各种荷载作用下,必然会发生相应的结构变形。但是,这种变形必须控制在一个合理的范围之内,否则,结构变形过大,轻则发生影响正常使用的外观变形、振动或裂缝等局部破坏,重则整个结构或结构构件发生断裂或丧失稳定等严重破坏。为了避免出现上述后果,就**要求建筑承载系统具有良好的抗变形能力**,具体体现在结构水平分系统上,就是要有足够的刚度,主要通过受弯构件合理的高(厚)跨比来满足;对结构竖向分系统,则是要有可靠的稳定性,主要通过受压构件合理的长细比(或高厚比)来满足。

③建筑承载系统要有足够的抗震能力。我国是一个地震多发的国家,因此,建筑物的抗震能力是一个十分重要的设计问题。建筑抗震设防的

要求可以简单概括为"小震不坏、中震可修、大震不倒"。建筑物的抗震能力,主要通过保证结构的整体性并使结构、构件及节点连接部分均具有较好的延性等来实现。

对建筑承载系统的基本要求,既是针对结构构件每一个具体的局部而言的,同时对整个承载系统也是适用的。也就是说,既要满足单个构件截面的承载力要求,又要保证整个建筑结构的整体承载能力;既要满足单个构件截面的刚度要求,又要保证整个建筑结构的整体刚度;既要满足单个构件的稳定性要求,又要保证整个建筑结构的整体稳定性;既要满足单个构件及节点连接部分具有良好的延性要求,又要保证整个建筑结构的整体性要求。

1.1.4 常用建筑结构体系

人类建筑的历史发展到今天,建筑的结构类型多种多样,非常丰富。但是,如果从结构竖向分系统的角度归一下类的话,只有墙承载结构和柱承载结构两种体系。

1.1.4.1 墙承载结构体系

1)墙承载结构体系的组成及其功能作用

墙承载结构,是指其结构竖向分系统中只包含结构墙体而不设置柱的结构类型。常见的有各种砌体结构,如砖混结构、空心承重砌块结构以及剪力墙结构等。墙承载结构的竖向分系统,是由黏土砖或各类石材(块石、片石等)或各种材料的空心承重砌块或钢筋混凝土等制作的结构墙体组成;墙承载结构的水平分系统,则主要是由钢筋混凝土(有时是木材等)制作的楼板结构层、屋顶结构层、楼梯结构构件等组成。

墙承载结构水平分系统中的各个构件的主要功能作用:首先是承受施加在其上的竖向荷载,包括其自身重力荷载、装修构造层的重力荷载以及各种活荷载等;其次是传递由结构墙体传来的水平荷载,包括风荷载和地震作用等;第三是约束结构墙体,以提高墙体结构以及整个建筑的结构稳定性。

墙承载结构竖向分系统只有结构墙体,其主要的功能作用:首先是承受和传递竖向荷载,承受的竖向荷载就是墙体自身重力荷载,传递的竖向荷载包括由上部楼板层和屋盖传来的竖向荷载以及上部墙体重力两部分(如果只传递上部墙体重力这部分竖向荷载的墙体,一般就称为自承重墙);其次是承受并传递风荷载和地震作用等

水平荷载;第三是加强结构的整体水平刚度。这里应该强调的是,现代建筑的整体高度越来越高,施加于建筑结构系统的水平荷载的结构效应所占的比重越来越大,这就对结构竖向分系统的墙体提出了更高的要求,剪力墙结构、筒体结构等正是为了适应这种要求而出现的结构类型。

2)墙承载结构体系的基本构造要求

墙承载结构具有明显的结构上的优势,在大量建造的建筑物当中,尤其是在住宅楼、办公楼等不需很大建筑空间要求的建筑类型中,得到了极其广泛的应用。但是,墙承载结构的优势,或者说墙承载结构的功能作用的实现,需要许多基本的构造要求和措施来保证。下面将做一些基本的介绍。

(1)一般要求

结构平面布置时,应使结构墙体(即所谓承重墙和自承重墙)在横向和纵向均尽量连续并对齐,这样做的目的是为了更有效地传递风荷载和地震作用等水平荷载;此外,结构平面应尽可能布置得均匀对称,以使整个建筑的结构刚度均匀对称,这一点对建筑物的抗震十分重要。

结构剖面布置时,应使结构墙体在各楼层之间上下连续并对齐,当需要某些较大的建筑空间而造成一部分墙体不能上下连续时,较好的解决办法是,将需要大空间的房间设置在建筑物的顶层,以避免结构墙体在竖直方向的间断。这样要求是为了保证结构墙体更有效地承受和传递竖向荷载。

在建筑设计时,结构墙体上不可避免地要设置一些门窗洞口,设计的要求是,洞口位置宜上下对齐,洞口尺寸不宜过大,并应避免在洞口上部直接设置集中荷载。对于门窗洞口位置及尺寸的限制,有利于保证窗间墙的结构功能,在多层砌体房屋的设计时,是通过限制房屋的局部尺寸来体现这种要求的,具体要求见表1-1。

表1-1　房屋的局部尺寸限值　　(m)

部　位	烈　度			
	6	7	8	9
承重窗间墙最小宽度	1.0	1.0	1.2	1.5
承重外墙尽端至门窗洞边的最小距离	1.0	1.0	1.2	1.5
非承重外墙尽端至门窗洞边的最小距离	1.0	1.0	1.0	1.0
内墙阳角至门窗洞边的最小距离	1.0	1.0	1.5	2.0
无锚固女儿墙(非出入口处)的最大高度	0.5	0.5	0.5	0.0

当窗间墙的宽度过小时,其结构功能就得不到很好的发挥。因此,《建筑抗震设计规范》中规定,当小墙段的窗间墙其相邻洞净高与其墙宽之比大于4时,可不考虑其刚度。也就是说,在进行多层砌体房屋结构墙体的抗震验算时,高宽比大于4的小墙段,可以认为它不存在。

(2)结构整体刚度要求

当地震发生时,横向地震作用比纵向地震作用会对建筑承载系统产生更明显的结构效应。对于墙承载结构的建筑物来说,其横向水平地震作用主要由横墙承担。为了保证横墙更有效地承受和传递横向水平地震作用,不仅要求横墙本身具有足够的承载能力,同时还必须要求楼盖和屋盖具有传递地震作用给横墙的水平刚度。为了满足楼、屋盖的这种刚度要求,就必须限制墙承载结构房屋抗震横墙的间距。多层砌体房屋的限制要求见表1-2。这里所谓的抗震横墙,就是指承担横向水平地震作用的横向结构墙体。

表1-2　房屋抗震横墙最大间距　　(m)

房屋类别		烈度			
		6	7	8	9
多层砌体房屋	现浇或装配整体式钢筋混凝土楼、屋盖	15	15	11	7
	装配式钢筋混凝土楼、屋盖	11	11	9	4
	木屋盖	9	9	4	—
底部框架-抗震墙房屋	上部各层	同多层砌体房屋			
	底层或底部两层	18	15	11	

注:1.多层砌体房屋的顶层,除木屋盖外的最大横墙间距应允许适当放宽,但应采取相应加强措施;
2.多孔砖抗震横墙厚度为190 mm时,最大横墙间距比表中数值减少3 m。

钢筋混凝土剪力墙结构房屋对抗震横墙间距的限制要求,是通过限制抗震横墙之间无大洞口的楼、屋盖的长宽比来体现的,见表1-3。若超过表1-3的规定,应考虑楼盖平面内变形的影响。

表1-3　剪力墙结构抗震横墙之间楼、屋盖的长宽比

楼、屋盖类型		设防烈度			
		6	7	8	9
框架-抗震墙结构	现浇或叠合楼、屋盖	4	4	3	2
	装配整体式楼、屋盖	3	3	2	不宜采用
板柱-抗震墙结构的现浇楼、屋盖		3	3	2	—
框支层的现浇楼、屋盖		2.5	2.5	2	—

在地震时，建筑物主要是承受水平地震作用。此时，整个建筑物犹如一个巨大的竖向悬臂杆件，其整体刚度是很关键的抗震性能。如果建筑物的整体刚度不够，则地震发生时将产生过大的变形，这样不但会导致主体结构的严重震害，那些非结构的部分如门窗、隔墙、填充墙以及吊顶等更会遭到严重破坏。为了保证建筑物的整体刚度以及整体稳定性的要求，应该对房屋总高度与总宽度的比值给以必要的限制。表1-4给出了各类房屋最大高宽比的限值。

表1-4　房屋最大高宽比

结构类型 ＼ 设防烈度	6	7	8	9
砌体结构	2.5	2.5	2.0	1.5
框架结构	5	5	4	2
框-剪、框-筒结构	5	5	4	3
剪力墙结构	6	6	5	4
筒中筒、成束筒结构	6	6	5	4

注：1. 单面走廊房屋的总宽度不包括走廊宽度。
　　2. 剪力墙结构和筒体结构的限制值可适当放宽。

(3)房屋总高度要求

建筑物的抗震能力，除依赖于横墙间距、结构材料(砖、砂浆、钢筋、混凝土、钢材等)的强度等级、结构的整体刚度、结构的整体性和施工质量等因素外，还与房屋的总高度有直接的关系。

表1-5给出了多层砌体房屋的总高度和层数的限值。对医院、教学楼等横墙较少(指同一楼层内开间大于4.20 m的房间占该层总面积的40%以上)的房屋总高度，应比表1-5的规定相应降低3 m，层数应相应减少一层；各层横墙很少的多层砌体房屋，还应根据具体情况再适当降低总高度和减少层数。横墙较少的多层砖砌体住宅楼，当按规定采取加强措施并满足抗震承载力要求时，其高度和层数应允许仍按表1-5的规定采用。

此外，普通砖、多孔砖和小砌块砌体承重房屋的层高，不应超过3.6 m；底部框架-抗震墙房屋的底部和内框架房屋的层高，不应超过4.5 m。

表1-5　房屋的层数和总高度限值　　(m)

房屋类型		最小抗震墙厚度(mm)	烈度和设计基本地震加速度										
			6		7				8				9
			0.05 g		0.10 g		0.15 g		0.20 g		0.30 g		0.40 g
			高度	层数	高度	层数	高度	层数	高度	层数	高度	层数	高度	层数
多层砌体房屋	普通砖	240	21	7	21	7	21	7	18	6	15	5	12	4
	多孔砖	240	21	7	21	7	18	6	18	6	15	5	9	3
	多孔砖	190	21	7	18	6	15	5	15	5	12	4	—	—
	小砌块	190	21	7	21	7	18	6	18	6	15	5	9	3
底部框架-抗震墙房屋	普通砖、多孔砖	240	22	7	22	7	19	6	16	5				
	多孔砖	190	22	7	19	6	16	5	13	4				
	小砌块	190	22	7	22	7	19	6	16	5				

注：1. 房屋的总高度指室外地面到主要屋面板板顶或檐口的高度，半地下室从地下室室内地面算起，全地下室和嵌固条件好的半地下室应允许从室外地面算起；对带阁楼的坡屋面应算到山尖墙的1/2高度处；
　　2. 室内外高差大于0.6 m时，房屋总高度应允许比表中的数据适当增加，但增加量应少于1.0 m；
　　3. 乙类的多层砌体房屋仍按本地区设防烈度查表，其层数应减少一层且总高度应降低3 m；不应采用底部框架-抗震墙砌体房屋；
　　4. 本表小砌块砌体房屋不包括配筋混凝土小型空心砌块砌体房屋。

表1-6为现浇各类钢筋混凝土结构房屋的最大高度限值。

表1-6　现浇钢筋混凝土房屋适用的最大高度(m)

结构类型		烈度				
		6	7	8(0.2 g)	8(0.3 g)	9
框架		60	50	40	35	24
框架-抗震墙		130	120	100	80	50
抗震墙		140	120	100	80	60
部分框支抗震墙		120	100	80	50	不应采用
筒体	框架-核心筒	150	130	100	90	70
	筒中筒	180	150	120	100	80
板柱-抗震墙		80	70	55	40	不应采用

注：1. 房屋高度指室外地面到主要屋面板板顶的高度(不包括局部突出屋顶部分)；
　　2. 框架-核心筒结构指周边稀柱框架与核心筒组成的结构；
　　3. 部分框支抗震墙结构指首层或底部两层为框支层的结构，不包括仅个别框支墙的情况；
　　4. 表中框架，不包括异形柱框架；
　　5. 板柱-抗震墙结构指板柱、框架和抗震墙组成抗侧力体系的结构；
　　6. 乙类建筑可按本地区抗震设防烈度确定其适用的最大高度；
　　7. 超过表内高度的房屋，应进行专门研究和论证，采取有效的加强措施。

这里需要指出的是,建筑设计应符合抗震概念设计的要求,不应采用严重不规则的设计方案。建筑及其抗侧力结构的平面布置宜规则、对称,并应具有良好的整体性;建筑的立面和竖向剖面宜规则,结构的侧向刚度宜均匀变化,竖向抗侧力构件的截面尺寸和材料强度宜自下而上逐渐减少,避免抗侧力结构的侧向刚度和承载力突变。

规则结构的标准是什么呢?一般来说,规则结构宜符合下列各项要求:

①房屋平面的局部突出部分的长度 b 不大于其宽度 l,且不大于该方向总长度 B 的30%,即满足 $b/l \leqslant 1$ 且 $b/B \leqslant 0.3$;

②房屋立面局部收进的尺寸$(B-b)$不大于该方向总尺寸 B 的25%,即满足 $b/B \geqslant 0.75$;

③楼层的侧向刚度不小于其相邻上一层刚度的70%,或不小于其上相邻三个楼层侧向刚度平均值的80%;除顶层外,局部收进的水平向尺寸不大于相邻下一层的25%;

④房屋平面内质量分布和抗侧力构件的布置基本均匀对称。

规则结构示意见图1-1。

(4)设置圈梁和构造柱(或芯柱)

多层砌体结构的房屋,由于组成其结构墙体的黏土砖或各类空心承重砌块的规格比较小,以及当结构水平分系统的楼板结构层和屋顶结构层等采用预制装配式钢筋混凝土结构时,造成结构墙体以至整个房屋的结构系统的整体性都比较差,难以满足建筑物的抗震基本要求。解决的办法,就是在砌体结构房屋中,按一定的要求设置圈梁和构造柱(或芯柱)。

图1-2和图1-3分别示意了砖砌体结构中的圈梁、构造柱的设置情况和空心承重砌块砌体结构中的芯柱的设置情况。

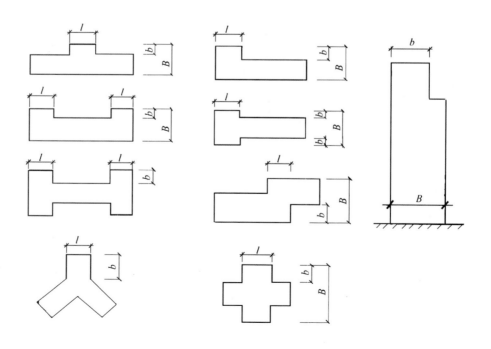

图1-1　规则结构示意图

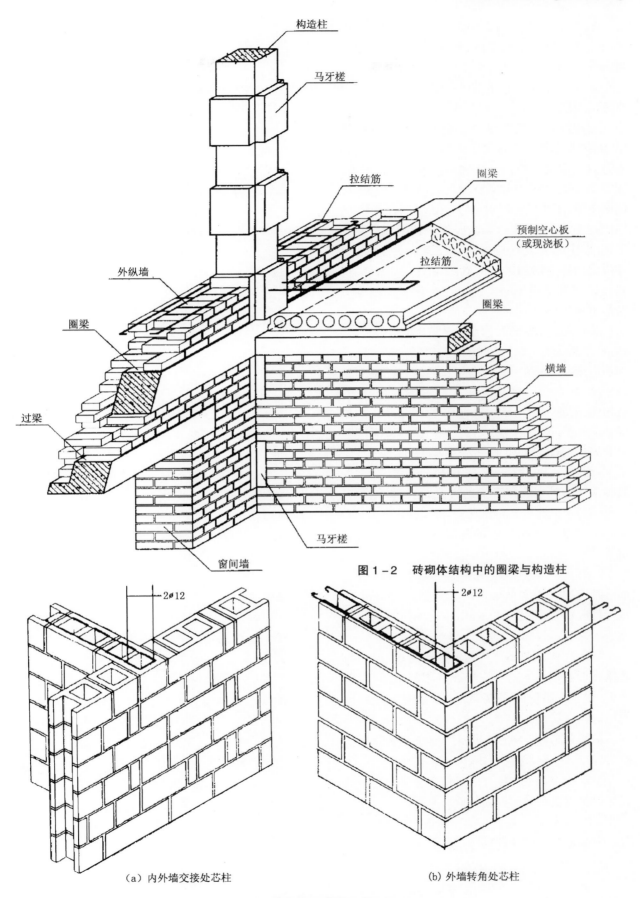

构造柱

马牙槎

拉结筋

圈梁

预制空心板
（或现浇板）

拉结筋

外纵墙

圈梁

横墙

过梁

马牙槎

窗间墙

图 1-2　砖砌体结构中的圈梁与构造柱

2∅12

2∅12

（a）内外墙交接处芯柱

（b）外墙转角处芯柱

图 1-3　空心承重砌块砌体结构中的芯柱

从图1-2及图1-3中可以看出，圈梁是间隔一定的高度沿结构墙体(既有外墙也有内墙)设置的连续、闭合的"梁"；构造柱(芯柱)则是间隔一定的距离沿结构墙体高度方向设置的贯通房屋全高的"柱"。

这里把梁和柱分别加了引号，是要强调指出，圈梁并不是真正意义上的梁，构造柱(芯柱)也不是真正意义上的柱，从它们设置的位置来看，圈梁和构造柱(芯柱)都是"融合"在砌体结构的墙体之中的，圈梁的"梁"并不受弯，构造柱(芯柱)的"柱"也不独立承压。因此，我们应该把圈梁和构造柱(芯柱)看作是结构墙体的一部分，惟其如此，才清楚地体现出圈梁和构造柱(芯柱)在提高结构墙体以至整个房屋的结构整体性和整体刚度方面的重要作用。

具体地讲，圈梁的作用体现在：与构造柱(芯柱)配合提高结构墙体的整体性；提高预制装配式钢筋混凝土楼板的整体性；增强建筑物的空间整体刚度，减少由于地基不均匀沉降而引起的房屋结构(包括墙体和楼、屋盖)的开裂；增强墙体的稳定性。构造柱(芯柱)的作用则体现在：与圈梁配合提高结构墙体的整体性，增强建筑物的空间整体刚度；增强墙体的稳定性。圈梁和构造柱(芯柱)一般都采用钢筋混凝土现浇的方式，这样做能更充分地体现出其整体性的效果。

多层砌体结构房屋的现浇钢筋混凝土圈梁设置，应符合下列要求。

①装配式钢筋混凝土楼、屋盖的砖房，横墙承重时应按表1-7的要求设置圈梁，纵墙承重时每层均应设置圈梁，且抗震横墙上的圈梁间距应比表内要求适当加密。

②现浇或装配整体式钢筋混凝土楼、屋盖与墙体有可靠连接的房屋，应允许不另设圈梁，但楼板、屋盖板沿墙体周边应加强配筋并应与相应的构造柱钢筋可靠连接。

多层普通砖、多孔砖房屋的现浇钢筋混凝土圈梁构造，应符合下列要求。

①圈梁应闭合，遇有洞口应上下搭接，圈梁宜与预制板设在同一标高处或紧靠板底。

②圈梁在表1-7要求的间距内无横墙时，应利用梁或板缝中配筋替代圈梁。

表1-7 砌体房屋现浇钢筋混凝土圈梁设置要求

墙类	烈 度		
	6、7	8	9
外墙和内纵墙	屋盖处及每层楼盖处	屋盖处及每层楼盖处	屋盖处及每层楼盖处
内横墙	同上；屋盖处间距不应大于4.5 m；楼盖处间距不应大于7.2 m；构造柱对应部位	同上；各层所有横墙，且间距不应大于4.5 m；构造柱对应部位	同上；各层所有横墙

③圈梁的截面高度不应小于120 mm，且一般应与预制板取相同厚度，配筋应符合表1-8的要求。

表1-8 砖房圈梁配筋要求

配筋	烈 度		
	6、7	8	9
最小纵筋	4∅10	4∅12	4∅14
最大箍筋间距(mm)	250	200	150

④当房屋的地基有软弱黏性土、液化土、新近填土或严重不均匀土层时，宜采用设置基础圈梁等措施加强基础的整体性和刚度。基础圈梁的截面高度不应小于180 mm，配筋不应小于4∅12。

⑤圈梁的截面宽度随墙厚的不同而异。当墙体厚度≤240 mm时，圈梁截面宽度与墙同厚；当墙体厚度>240 mm时，圈梁截面宽度取240 mm。

图1-4所示为当遇到门窗洞口致使圈梁不能闭合时的处理措施。图1-4(a)为设置附加圈梁的情况。附加圈梁与圈梁的搭接长度l应不小于其间距的两倍，且不小于1 m。在抗震设防地区，圈梁以完全闭合为好，解决的办法有两种：一种是圈梁直接穿过洞口，圈梁连续闭合而洞口一分为二；另一种办法是将圈梁与附加圈梁沿洞口周边整体浇筑在一起而形成闭合，如图1-4 (b)所示。

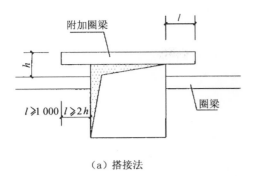

（a）搭接法

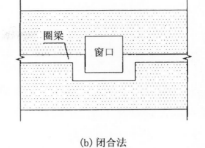

（b）闭合法

图 1-4　附加圈梁

多层小砌块房屋的现浇钢筋混凝土圈梁高度不应小于 190 mm，配筋不应少于 4ø12，箍筋间距不应大于 200 mm。

多层砌体结构房屋钢筋混凝土构造柱(芯柱)的设置，应符合下列要求。

①多层黏土砖房构造柱设置部位，一般情况下应符合表 1-9 的要求；外廊式和单面走廊式的多层砖房，应根据房屋增加一层后的层数，按表 1-9 的要求设置构造柱，且单面走廊两侧的纵墙均应按外墙处理；教学楼、医院等横墙较少的砖墙房屋，应根据房屋增加一层后的层数，按前述要求设置构造柱。当教学楼、医院等横墙较少的砖墙房屋为外廊式或单面走廊式、且 6 度不超过四层、7 度不超过三层和 8 度不超过二层时，应按增加二层后的层数对待。

表 1-9　多层砖砌体房屋构造柱设置要求

房屋层数				设 置 部 位	
6 度	7 度	8 度	9 度		
四、五	三、四	二、三		楼、电梯间四角、楼梯斜梯段上下端对应的墙体处；	隔 12 m 或单元横墙与外纵墙交接处；
六	五	四	二	外墙四角和对应转角；	楼梯间对应的另一侧内横墙与外纵墙交接处；
					隔开间横墙(轴线)与外墙交接处；
					山墙与内纵墙交接处
七	≥六	≥五	≥三	错层部位横墙与外纵墙交接处；	内墙(轴线)与外墙交接处；
				较大洞口两侧	内横墙的局部较小墙垛处；
					内纵墙与横墙(轴线)交接处

注：较大洞口，内墙指不小于 2.1 m 的洞口；外墙在内外墙交接处已设置构造柱时应允许适当放宽，但洞侧墙体应加强。

②混凝土小砌块房屋，应按表 1-10 的要求设置钢筋混凝土芯柱；对医院、教学楼等横墙较少的房屋，应根据房屋增加一层后的层数，按表 1-10 的要求设置钢筋混凝土芯柱。

表 1-10　多层小砌块房屋芯柱设置要求

房屋层数				设 置 部 位	设 置 数 量
6 度	7 度	8 度	9 度		
四、五	三、四	二、三		外墙转角，楼、电梯间四角、楼梯斜梯段上下端对应的墙体处； 大房间内外墙交接处； 错层部位横墙与外纵墙交接处； 隔 12 m 或单元横墙与外纵墙交接处	外墙转角，灌实 3 个孔； 内外墙交接处，灌实 4 个孔； 楼梯斜梯段上下端对应的墙体处，灌实 2 个孔
六	五	四		同上； 隔开间横墙(轴线)与外纵墙交接处	
七	六	五	二	同上； 各内墙(轴线)与外纵墙交接处； 内纵墙与横墙(轴线)交接处和洞口两侧	外墙转角，灌实 5 个孔； 内外墙交接处，灌实 4 个孔； 内墙交接处，灌实 2 个孔； 洞口两侧各灌实 1 个孔
七	≥六	≥三		同上； 横墙内芯柱间距不大于 2 m	外墙转角，灌实 7 个孔； 内外墙交接处，灌实 5 个孔； 内墙交接处，灌实 4～5 个孔； 洞口两侧各灌实 1 个孔

注：外墙转角、内外墙交接处、楼电梯间四角等部位，应允许采用钢筋混凝土构造柱替代部分芯柱。

多层砌体结构房屋钢筋混凝土构造柱(芯柱)的构造，应符合下列要求。

①多层黏土砖房的构造柱最小截面，可采用 240 mm×180 mm，纵向钢筋宜采用 4ø12，箍筋间距不宜大于 250 mm，且宜在柱上下端适当加密；7 度时超过六层、8 度时超过五层以及 9 度时，构造柱纵向钢筋宜采用 4ø14，箍筋间距不应大于 200 mm；房屋四角的构造柱可适当加大截面及配筋；箍筋直径一般不小于 ø6。构造柱与砖

墙连接处宜砌成马牙槎(即所谓"五进五出"的砌法),并应沿墙高每隔 500 mm 设 2∅6 拉结钢筋,每边伸入墙内不宜小于 1 m,如图 1-5 所示。构造柱与圈梁连接处,构造柱的纵筋应穿过圈梁,保证构造柱纵筋上下贯通。构造柱可不单独设置基础,但应伸入室外地面以下 500 mm,或锚入浅于 500 mm、大于 300 mm 的基础圈梁内。当无基础圈梁时,可在柱根部增设混凝土座,其厚度不应小于 120 mm,并将柱的竖向钢筋锚固在该座内。图 1-6 所示为构造柱根部做法。当墙体附有管沟时,构造柱埋置深度应大于沟深。

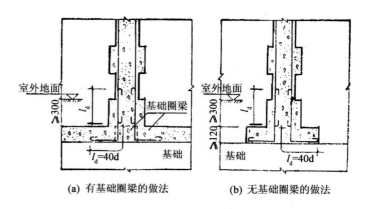

(a) 有基础圈梁的做法   (b) 无基础圈梁的做法

图 1-6 构造柱根部示意图

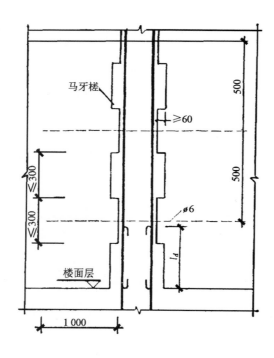

图 1-5 拉结钢筋布置及马牙槎示意图

②小砌块房屋的钢筋混凝土芯柱的混凝土强度等级,不应低于 C20。混凝土小砌块房屋芯柱截面,不宜小于 120 mm×120 mm。芯柱中的竖向插筋应贯通墙身且与每层圈梁连接,插筋不应小于 1ø12,7 度时超过五层、8 度时超过四层和 9 度时,插筋不应小于 1ø14。芯柱应伸入室外地面下 500 mm 或锚入浅于 500 mm、大于 300 mm 的基础圈梁内,芯柱根部的做法,应参照图 1-6 所示的构造柱根部做法处理。芯柱与墙连接处应设置拉结钢筋网片,每边伸入墙内不宜小于 1 m,混凝土小砌块房屋可采用 ø4 点焊钢筋网片,沿墙高每隔 600 mm 设置。为提高墙体抗震受剪承载力而设置的芯柱,宜在墙体内均匀布置,最大净距不宜大于 2.0 m。

1.1.4.2 柱承载结构体系

1)柱承载结构体系的组成及其功能作用

柱承载结构,是指其结构竖向分系统中只包含柱而不设置结构墙体的结构类型。最典型的柱承载结构是框架结构,这种结构类型在工业和民用建筑中得到了广泛的应用;还有排架结构、刚架结构等,也是常见的柱承载结构。

柱承载结构的一个突出特点,就是比墙承载结构更容易形成连续通敞的建筑空间,这可以说是柱承载结构在建筑设计方面的一个优势。但是,这一优势的取得是有"代价"的,"代价"就是柱承载结构比墙承载结构的空间整体刚度小,因而,抵御地震作用等水平荷载作用的能力也相对要低。

从表 1-6 中可以看出,在同一设防烈度的条件下,采用柱承载的框架结构可以建造的房屋最大高度,只达到采用墙承载的剪力墙结构能够建造的房屋最大高度的 45%甚至更少。显然,当需要建造既有连续通敞的建筑空间,又要很大的建筑高度的建筑物时,纯柱承载结构就不能满足要求了。而需要一种能同时满足这两方面要求的建筑结构类型,柱、墙组合承载的结构型式就很好地解决了这个问题,比如常见的框架—剪力墙结构、框架—筒体结构等等。同样从表 1-6 中可以看出,在同一设防烈度的条件下,采用柱、墙组合承载的框架—剪力墙结构可以建造的房屋最大高度,已经(或基本上)达到了采用墙承载的剪力墙结构能够建造的房屋最大高度。一般来讲,柱、墙组合承载的结构类型,均可看作是在一个柱承载结构的基础上增设了一些可以提高结构空间整体刚度的结构墙体。为了叙述问题的方便,我们将柱、墙组合承载的结构类型归入柱承载结构类型中一并介绍。

柱承载结构的竖向分系统,是由钢筋混凝土或钢材制作的柱以及剪力墙、筒体等组成。其水平分系统,若按部位不同划分,则仍然是由钢筋混凝土(有时是钢材等)制作的楼板结构层、屋顶结构层、楼梯结构构件等组成;如果按构件组成的方式来划分,则有梁(有双向设梁、单向设梁以及无梁等几种方式)、板(包括楼板、屋顶板和楼梯段等)两类主要构件。

柱承载结构水平分系统中的各个构件的主要功能作用:首先是承受施加在其上的竖向荷载,包括其自身重力荷载、装修构造层的重力荷载以及各种活荷载等;其次是传递主要由剪力墙、筒体等传来的水平荷载,包括风荷载和地震作用等;第三是楼板等构件约束梁,以提高梁的侧向刚度,梁等构件约束柱,以提高柱的稳定性,并最终加强结构的整体刚度和整体稳定性。

柱承载结构竖向分系统中主要的构件是柱,如果是柱、墙组合承载结构,则还有剪力墙等构件。竖向分系统中的各个构件的主要功能作用如下。对于柱来说,首先是承受和传递竖向荷载,承受的竖向荷载就是柱自身重力荷载,传递的竖向荷载包括由上部水平分系统的构件传来以及上部柱的重力两部分;其次是承受风荷载和地震作用等水平荷载 (如果结构中设置了剪力墙等构件时,则柱只承受水平荷载中的一小部分)。对于剪力墙等构件来说,最主要的功能作用就是承受并传递绝大部分(一般在 80%以上)水平荷载;其次是加强和提高结构的整体刚度;第三,除自身重力荷载外,剪力墙还承受对应开间、进深部分水平分系统中各构件传来的竖向荷载。

2)柱承载结构体系的基本构造要求

(1)一般要求

结构平面布置时,柱网(即由纵向、横向或任意方向的定位轴线交叉形成的、用以确定每个柱子平面位置的网格)平面应尽量做到规则、均匀、对称,柱在平面同一方向应尽量对齐,横向与纵向剪力墙宜相连以形成较稳定的平面形状。这些要求对结构基本功能的实现是十分重要的。

结构剖面布置时,应使柱以及剪力墙分别在各楼层之间上下连续贯通并对齐,柱底部以及剪力墙底部必须伸入地下以形成牢固的基础,当需要无柱和无墙的大空间时，应将其布置在顶层，以避免柱和剪力墙在竖直方向的间断。

框架结构和框架—剪力墙结构中，框架或剪力墙均宜双向布置，梁与柱或柱与剪力墙的中线宜重合，框架的梁与柱中线之间偏心距不宜大于柱宽的1/4。

(2)房屋总高度要求

在柱承载结构体系和柱、墙组合承载结构体系中，除了前面已涉及的框架结构、排架结构、刚架结构、框架 - 剪力墙结构、框架 - 筒体结构、框支剪力墙结构等以外，还有其他一些柱、墙组合承载的结构类型，比如，底层为框架 - 剪力墙的多层砌体结构房屋，以及多层内框架外砌体结构房屋等。以上结构类型的房屋总高度要求可以在表1-5、表1-6中查到。

(3)结构整体刚度要求

对于高层柱、墙组合承载结构房屋加强结构整体刚度的要求，前面已介绍过，具体要求可查阅表1-3。多层柱、墙组合承载结构房屋加强结构整体刚度的基本措施，主要也是设置抗震横墙，见表1-2。

底层框架砌体结构房屋的底层，应沿纵横两方向对称布置一定数量的抗震墙，且第二层与底层侧向刚度的比值，在6、7度烈度时不应大于2.5,8度时不应大于2.0,且均不应小于1.0;底部两层框架 - 抗震墙房屋的纵横两个方向，底层与底部第二层侧向刚度应接近，第三层与底部第二层侧向刚度的比值，6、7度烈度时不应大于2.0,8度时不应大于1.5,且均不应小于1.0。抗震墙宜采用钢筋混凝土墙，6度和7度且总层数不超过五层的底层框架 - 抗震墙房屋时，应允许采用嵌砌于框架之间的黏土砖墙或混凝土小砌块墙。

底层框架和内框架的多层砌体结构房屋，其砌体结构部分和钢筋混凝土结构部分，应分别符合多层砌体结构房屋和多、高层钢筋混凝土结构房屋的有关要求。

1.2 建筑承载系统中的水平分系统

建筑承载系统中的水平分系统,其范围是很大的。如果从整个承载系统的角度看,除了柱和结构墙体以外,其余的结构构件基本上都可以划入水平分系统的范畴。从部位来看,包括楼板结构层、屋顶结构层、楼梯结构层等等,它们共有的主要特征之一,就是其主要的工作状态都是以受弯为主的。如果从结构的工作状态这一点来看的话,建筑物基础中的某些类型(如整体式基础,有关的内容将在1.4节中做详细的介绍)也具有受弯为主的主要特征,这一点应引起我们的注意。如果从构件的类型来看,水平分系统则包括各种类型的梁(如楼、屋盖中的梁,楼梯结构中的平台梁及梯段斜梁,墙承载结构中的门窗洞口过梁,阳台及雨篷中的悬臂梁等等)、板(包括平板及锯齿形的梯段板等)以及桁架、屋架、折板等。

在设计水平分系统结构时,应保证其具有足够的承载能力,同时应具有足够的刚度,通过采取合理的构造措施,使在荷载作用下的结构挠曲变形不超过容许的范围。

1.2.1 水平分系统的结构类型

水平分系统的结构根据其结构组成和受力方式的不同,主要分为板式结构、梁板式结构、无梁结构等。

1.2.1.1 板式结构

板式结构在墙承载结构中得到广泛的应用,它具有外形简单、制作方便的优点,但由于受其自身刚度要求的限制,其经济跨度不可能太大,多适用于跨度较小的房间顶板、楼梯段和悬挑阳台及雨篷板等。图1-7为板式结构的楼板、楼梯段板、雨篷板示意图。

根据结构板的平面形状及其周边支承情况,可将其分为单向板和双向板。在板承受和传递荷载的过程中,板的长边尺寸 l_2 与短边尺寸 l_1 的比值情况,对板的承载方式影响极大。当 $l_2/l_1 > 2$ 时,在荷载作用下,板基本上只在短跨方向(即平行于 l_1 的方向)产生挠曲,而在长跨方向(即平行于 l_2 的方向)的挠曲很小,见图1-8(a),这表明荷载主要沿短跨方向传递,故称单向板;当 $l_2/l_1 \leq 2$ 时,则长跨、短跨两个方向都有较明显的挠曲,见

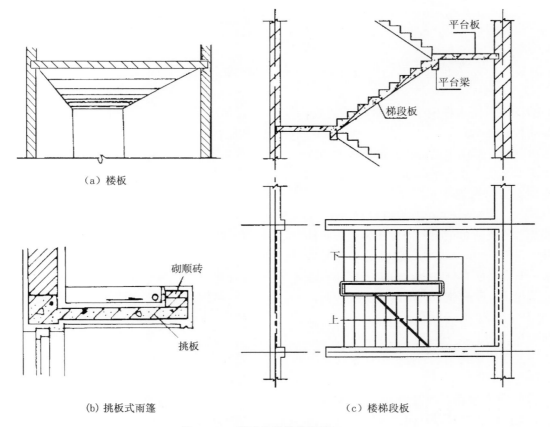

（a）楼板

砌顺砖

挑板

（b）挑板式雨篷

平台板

平台梁

梯段板

下

上

（c）楼梯段板

图1-7 板式结构构件示意

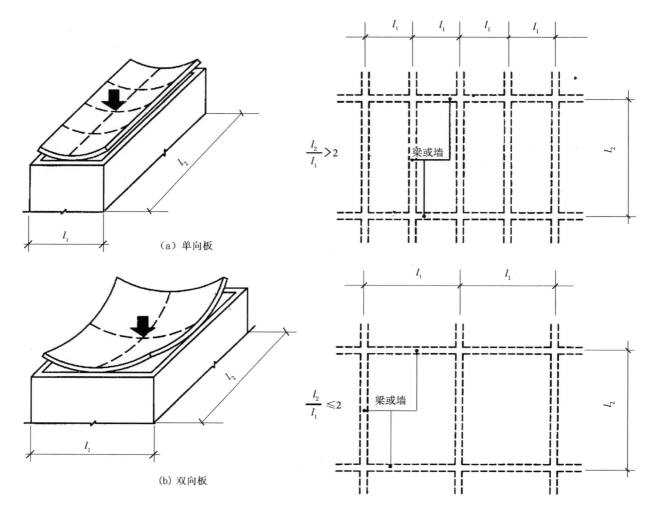

（a）单向板

（b）双向板

$\frac{l_2}{l_1} > 2$

梁或墙

$\frac{l_2}{l_1} \leqslant 2$

梁或墙

图 1-8　单向板与双向板示意图

图 1-8(b)，这说明板在两个方向都传递荷载，故称为双向板。

以上单向板、双向板的分析，是在板的四周全部有支承的情况下进行的。事实上，在板的四周并非全部有支承的条件下，同样可以区分单向板或是双向板。比如，一个矩形的板，当其有三边支承或相邻两边支承的时候，仍会在两个方向都传递荷载，故仍以 l_2 与 l_1 的比值区分为双向板或单向板；但是，如果只在相对两边或只在一边有支承的情况下，荷载显然只能沿着一个方向传递，这时就是单向板。

双向板在结构上属于空间受力和传力，单向板则属于平面受力和传力，因此，双向板比单向板更为经济合理。

结构板的厚度取值，需要根据板的承载情况、支座情况、刚度要求以及施工方法等的不同来综合确定，一般情况下，结构的刚度要求和支座情况是重点考虑的因素，可参照下列要求确定（最终取值应为 1/10 M，即 10 mm 的整数倍数）。

简支板时，板厚一般取其主跨（即短跨）的 1/35～1/30，并且不小于 60 mm。

多跨连续板时，板厚一般取其主跨的 1/40～1/35，并且不小于 60 mm。

悬臂板时，板厚一般取其跨度（悬臂伸出方向）的 1/12～1/10，此厚度值为悬臂板固定支座处的要求，为减轻构件自重，悬臂板可按变截面处理，但板自由端最薄处不应小于 60 mm。

显然，梁、板等受弯构件的截面高（厚）度主要取决于它自身的跨度，这一点应牢牢记住。

1.2.1.2　梁板式结构

当需要较大的建筑空间时，为使水平分系统结构承受和传递荷载更为经济合理，常在板下设梁以增加板的支承点，从而减小板的跨度和厚度,这样,就形成了梁板式结构。

梁板式结构中,荷载由板(单向板或双向板)传给梁(梁有时又分为次梁和主梁,次梁把荷载传给主梁),再由梁传给墙或柱。梁可单向布置,也可双向或多向交叉布置从而形成梁格。合理布置梁格对建筑的使用、造价和美观等有很大影响。梁格布置得越整齐规则,越能体现建筑的适用、经济、美观,也更符合施工方便的要求。

下列一组图中,分别给出了在房屋的各个部位采用梁板式结构的示意图。

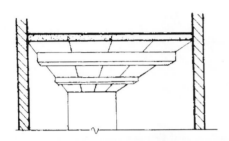

图1-9　单向梁梁板式的楼、屋盖结构示意图

图1-9所示为单向梁梁板式的楼、屋盖结构。一般情况下,梁的跨度可取5~8 m,梁的高度可取跨度的1/12~1/10,梁的宽度可取其高度的1/3~1/2(梁截面尺寸的取值一般应符合1/2 M,即50 mm的整数倍数的要求);板的跨度可取2.5~3.5 m,板的厚度取值可参照前述板式结构相应的情况确定。

图1-10所示为主次梁梁板式的楼、屋盖结构。根据工程经验,主梁跨度一般为5~9 m,主梁高度为其跨度的1/14~1/8;次梁跨度即主梁的间距,一般为4~6 m,次梁高度为其跨度的1/18~1/12。梁的宽度与高度之比,一般仍按1/3~1/2取值。板的跨度即次梁的间距,一般为1.7~2.5 m,板的厚度取值,仍可参照前述板式结构相应的条件来确定。一般情况下,按上述要求布置形成主次梁梁格后,每一梁格围合形成的板单元都是一个单向板,这种情况下,荷载由板传给次梁,次梁传给主梁,主梁再传给墙或柱。

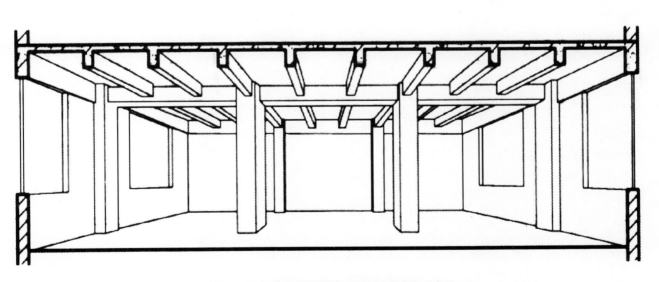

图1-10　主次梁梁板式的楼、屋盖结构示意图

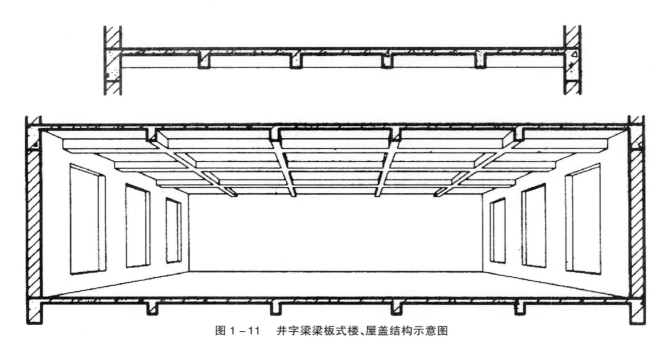

图 1－11　井字梁梁板式楼、屋盖结构示意图

图 1－11 所示为井字梁梁板式的楼、屋盖结构。井字梁梁板式结构是主次梁梁板式结构的一种特殊形式。当需要的建筑空间较大，并且其平面形状为正方形或接近正方形（长短边之比一般不能大于 1.5）时，常沿两个方向等距离布置梁格，两个方向梁的截面高度相等，不分主次梁，从而形成了井字梁梁板式结构。井字梁梁板式结构的梁格布置，一般采用正交正放的形式，也可以采用正交斜放、斜交斜放等方式，见图 1－12。当平面形状为正三角形或正六边形等特殊形状时，还可以采用三向交叉（互成 120°）的井字梁梁板式结构。井字梁梁板式结构的外观比主次梁梁板式结构更为规则整齐，即使不做吊顶棚处理，其结构外观也能自然构成美观的图案。

井字梁梁板式楼、屋盖也属于空间受力和传力的结构类型，因而具有很突出的结构上的优势。一般情况下，梁的跨度可取 10～20 m，工程上有做到近 30 m 的实例。梁的高度取其跨度的 1/18～1/10；板的跨度即为梁的间距，一般为 2.5～4 m，板为双向板，板的厚度取值仍可参照前述板式结构相应的条件确定。

由于井字梁结构的梁的跨度能做得很大，不需在中间设柱就可以满足较大建筑空间的结构要求，因此，在一些建筑中要求设置较大的门厅或较大的会议厅、放映厅等大厅时，井字梁梁板式结构是一种可供选择的较好的结构类型。

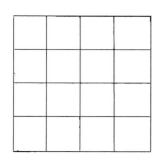

(a) 正交正放

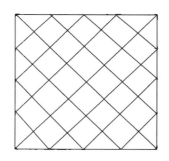

(b) 正交斜放

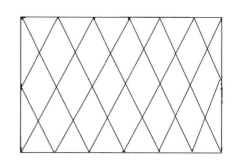

(c) 斜交斜放

图 1－12　井字梁梁板式结构梁格布置

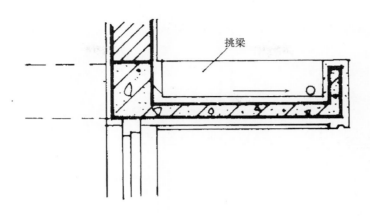

图 1–13　悬臂梁板式雨篷结构示意图

　　图 1–13 所示为悬臂梁板式的雨篷结构。悬臂梁的高度一般取其跨度（即悬臂梁伸出的方向）的 1/6 左右。板的厚度取值仍可参照前述板式结构相应的情况来确定。

　　图 1–14 所示为梁板式的楼梯结构。梁板式楼梯的荷载由踏步板传给斜梁（也称梯梁），再由斜梁传给平台梁，而后传到结构墙体（或柱）上。在这种情况下，楼梯斜梁一般设置两根，布置在楼梯段的左右两侧。有时为了减少构件、节约材料，也可以利用楼梯间的结构墙体取代靠墙的斜梁，成为单斜梁楼梯，但这样做会给楼梯的施工带来麻烦。在一些大型公共建筑的设计中，有些楼梯有较高的装饰性要求，也可以采用悬臂梁板式楼梯的结构形式，见图 1–15。与板式结构的楼梯相比较，梁板式楼梯的踏步板的跨度要小很多，且为等截面结构（板式结构的楼梯踏步板为变截面结构），所以，梁板式楼梯踏步板的截面尺寸也相对要小得多，因而，也更为经济合理。其缺点是模板比较复杂，尤其是当采用现场浇筑混凝土这种施工方法的时候。另外，当整个楼梯段的跨度较大时，其斜梁的截面高度尺寸会很大，楼梯外形会略显笨重。

　　梁板式结构的楼梯在其梁与板的位置关系上有两种处理方式：一种是梁在踏步板下，踏步露明，称为明步；还有一种是梁在踏步板上面，下面平整，踏步包在梁内，称为暗步。如图 1–14 所示。

　　梁板式结构的楼梯，其各构件的合理跨度以及截面尺寸的取值，均可参照前述有关单向梁梁板式结构和悬臂结构等的相应要求来确定。

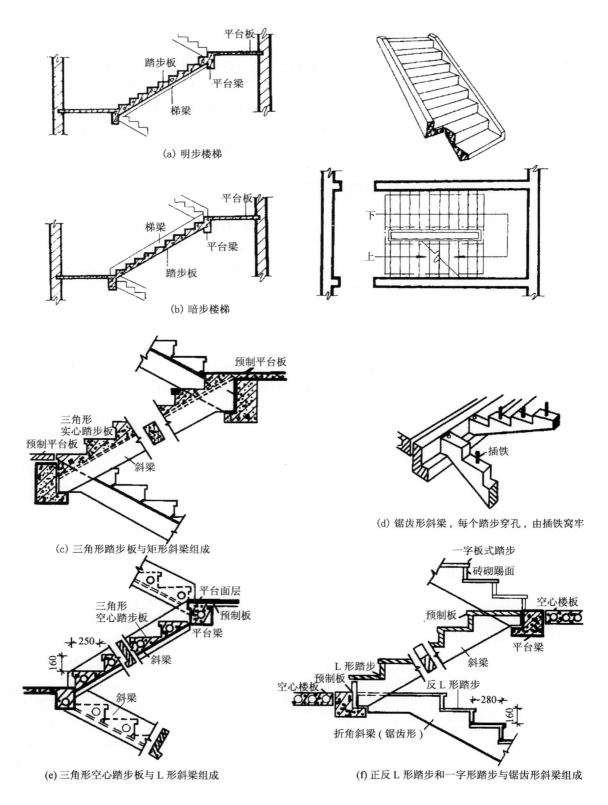

(a) 明步楼梯

(b) 暗步楼梯

(c) 三角形踏步板与矩形斜梁组成

(d) 锯齿形斜梁，每个踏步穿孔，由插铁窝牢

(e) 三角形空心踏步板与 L 形斜梁组成

(f) 正反 L 形踏步和一字形踏步与锯齿形斜梁组成

图 1－14　梁板式楼梯结构示意图

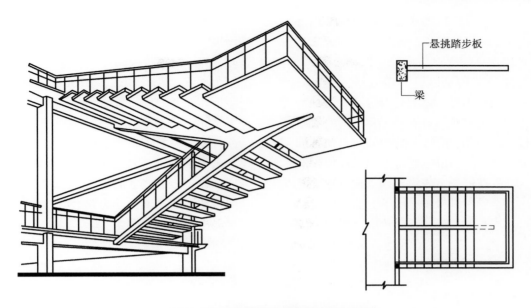

图 1 – 15　悬臂梁板式楼梯结构示意图

1.2.1.3　无梁式结构

　　无梁式结构也称为板柱结构，它是一种特殊的框架结构体系。无梁式结构是将板直接支承在柱上，不设主梁、次梁或井字梁，见图 1 – 16。

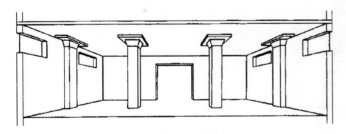

图 1 – 16　无梁式楼、屋盖结构示意图

　　无梁式楼、屋盖结构的优点是顶棚平整、室内净高增大（或在保持相同净高的条件下降低层高）、采光通风良好。能承受较大的楼面活荷载，多用于商场、车库、图书馆书库、展览厅以及工业厂房、仓库等建筑中。

　　由于无梁式楼、屋盖结构是将板直接支承在柱上，所以，柱顶附近的板将受到较大的冲切力作用。为了提高钢筋混凝土板对冲切荷载的承受能力，应适当地增加板的厚度，并在柱顶设置柱帽。板的厚度一般可取其跨度的 1/30 ~ 1/25，并且不应小于 150 mm；柱距的大小应根据建筑设计的要求综合确定，一般在 6 ~ 10 m 比较经济合理。无梁式楼、屋盖结构的柱网网格一般采用正方形的形式，即柱网平面中两个方向的柱距相等，这样做更为经济。

1.2.1.4　坡屋顶结构

　　一般情况下，平屋顶的结构形式与楼板层的结构形式是完全一样的，这在前边已经做了具体的介绍。而对于坡屋顶的结构层来说，不仅与楼板层的结构形式完全不同，而且其结构组成及构造也较为复杂。不过，**这种形式上的复杂和变化，仅仅是由于坡屋顶的外形及其较大的坡度造成的，如果从作为水平分系统所具有的结构特征上来看，坡屋顶的结构形式与平屋顶的结构形式并不存在本质上的不同。**

　　坡屋顶的结构系统一般可分为三种不同的结构体系，即檩式坡屋顶结构、椽式坡屋顶结构和板式坡屋顶结构。其中以檩式坡屋顶结构的应用最为广泛,本节也将以檩式坡屋顶结构作为重点介绍的内容。

1)檩式坡屋顶结构

檩式坡屋顶结构是以檩条作为屋顶主要支承构件的一种结构类型。檩条是沿房屋纵向平行于屋脊设置的一组支承屋顶荷载的梁,它的上面再铺设望板(也称屋面板),有时相邻两根檩条的间距比较大,为了减小望板的跨度和保证望板的刚度要求,可以在檩条上先沿流水方向(即垂直于檩条方向)设置一排椽子,椽子上面再铺设望板。望板可用木材制作,也有铺砖或其他轻型砌块的,还可以用芦席、苇箔等地方材料来做望板。图1-17所示为几种檩式坡屋顶的结构形式。

檩条的间距大小与望板的厚薄或椽子的截面尺寸有关。当采用檩条上直接铺设望板的做法时,为了保证望板的足够刚度并节省材料,檩条间距不宜太大,一般约为700~900 mm;如果在望板与檩条之间设置椽子时,檩条间距可适当加大至1~1.5 m。檩条的材料一般可以采用圆木或方木,考虑防火要求和节约木材,现在更多的是采用预制钢筋混凝土檩条或轻钢檩条。为了适应铺设望板或椽子的需要,檩条截面上部应按照屋顶的坡度要求设计成梯形的形状。常见一些材料的檩条形式见图1-18。

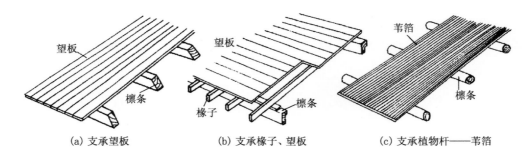

(a) 支承望板　　　　(b) 支承椽子、望板　　　　(c) 支承植物杆——苇箔

图1-17　檩式坡屋顶结构示意图

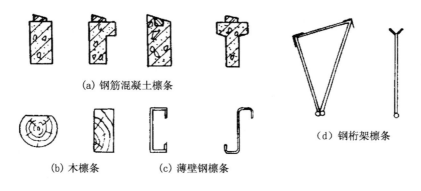

(a) 钢筋混凝土檩条

(b) 木檩条　　　(c) 薄壁钢檩条　　　(d) 钢桁架檩条

图1-18　檩条的类型

檩式坡屋顶的支承结构，也就是说，支承檩条的结构形式，有以下几种常见的类型。

（1）山墙承檩

山墙承檩也习惯称为硬山搁檩。一般情况下，将房屋平面两侧尽端的外横墙称为山墙，而在这里是取山墙的广义含义，即指房屋所有的横墙，"硬山搁檩"中的硬山，是指采用砖石等刚性较大的砌块材料砌筑的山墙(横墙)。山墙承檩就是利用山墙砌成尖顶形状，并在其上直接搁置檩条以承受屋顶的荷载，见图1－19。

山墙承檩的结构形式构造简单、施工方便，房屋结构的整体刚度也比较大，房间之间的隔声效果也比较好。但由于考虑屋顶结构(檩条)的刚度要求，横墙的间距不能过大，因此，在建筑空间划分的灵活性上会受到很大的限制，比较适合建造宿舍、办公室等小开间建筑类型的需要。

（2）屋架承檩

屋架承檩是采用屋架来取代山墙以承托檩条的一种屋顶承檩方式，屋架通常搁置在房屋纵向外墙或柱墩上，如图1－20所示。对比山墙承檩的结构类型，屋架承檩做法在建筑空间的划分上具有较大的灵活性，但其房屋结构的整体刚度也就比较小。

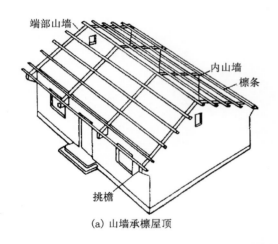

(a) 山墙承檩屋顶

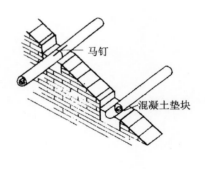

(b) 檩条在山墙上的搁置形式

图1－19　山墙承檩及其节点示意图

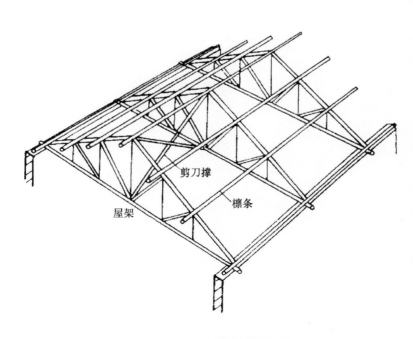

图1－20　屋架承檩示意图

屋架承檩的坡屋顶房屋一般都采用三角形屋架,其常用跨度一般不超过 18 m。图 1-21 所示为一些常见的屋架形式。当房屋内部有纵向结构墙体或柱可作为屋架支点时,也可利用其作内部支承结构,形成四支点屋架,见图 1-21(a),以利节省结构材料或增加屋架的总跨度。为了增强屋架平面外的刚度以及屋架的稳定性,应在相邻屋架之间设置支撑,屋架支撑常采用剪刀撑的形式,如图 1-20 所示。屋架一般按建筑的开间等距离排列,以利于屋架类型和檩条尺寸的统一。屋架间距通常为 3~4 m,一般以不超过 6 m为宜。

坡屋顶房屋平面呈直角相交处的结构布置有两种方法:一种方法是,把插入屋顶的檩条搁在与其垂直的被插入屋顶的檩条上,这种方法用在插入屋顶跨度不大的情况下,见图 1-22(a);另一种方法是,设置斜梁(或半屋架),将其一端搁在转角的墙上,另一端则支承在屋架上,见图 1-22(b)。在坡屋顶房屋平面转角处和四坡顶房屋平面端部的结构布置时,多采用设置半屋架和斜屋架的方式来处理,见图 1-22(c)、(d)。

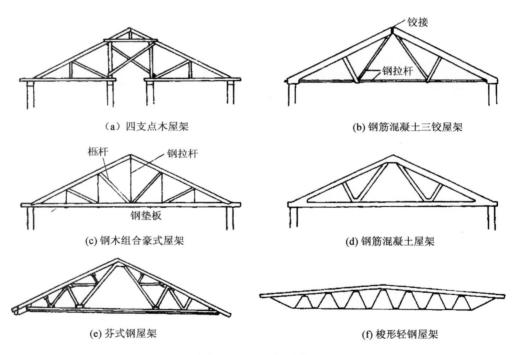

(a) 四支点木屋架   (b) 钢筋混凝土三铰屋架

(c) 钢木组合豪式屋架   (d) 钢筋混凝土屋架

(e) 芬式钢屋架   (f) 梭形轻钢屋架

图 1-21   屋架形式

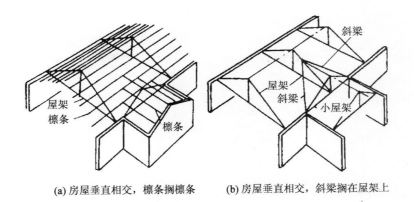

(a) 房屋垂直相交，檩条搁檩条   (b) 房屋垂直相交，斜梁搁在屋架上

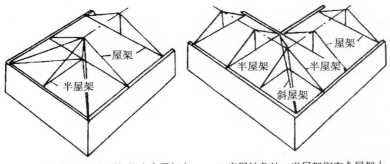

(c) 四坡顶端部，半屋架搁在全屋架上   (d) 房屋转角处，半屋架搁在全屋架上

图 1-22　特殊部位屋架布置示意图

(3)梁架承檩

　　梁架承檩是我国传统坡屋顶支承结构的主要形式之一。它是以柱和梁组合形成梁架，在各榀梁架的柱(或短柱)顶之间搁置檩条，从而形成整个房屋的骨架，如图 1-23 所示。

　　梁架承檩的房屋结构是柱承载结构体系，在梁柱之间可以设置轻质填充墙或门窗等，用以起到围护或分隔空间的作用；也可以不设置任何设施，以形成通敞的室内活动空间。由于墙体只起围护和分隔空间的作用，不承载，因此，梁架承檩房屋结构有"墙倒屋不塌"之说。

　　2)椽式坡屋顶结构

　　椽式坡屋顶结构是以椽架作为屋顶主要支承构件的一种结构类型，如图 1-24 所示。椽架是沿房屋横向垂直于屋脊设置的一组支承屋顶荷载的结构构件。椽架的间距一般为 400～1 200 mm，由于其间距较小，用料亦小，有利于各种不同尺度房间的灵活排列，并适合于有阁楼的房子的空间要求。

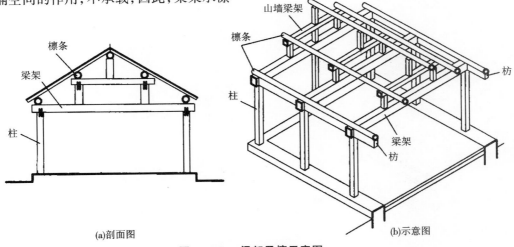

(a)剖面图　　　　　(b)示意图

图 1-23　梁架承檩示意图

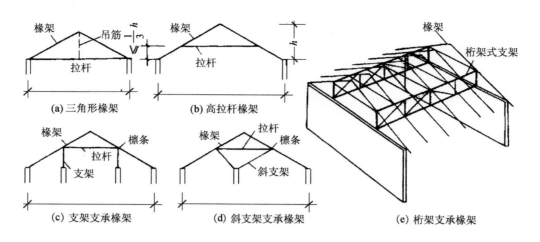

图 1-24　椽式坡屋顶结构示意图

椽架有两种常见的结构型式。一种是由人字形椽架和一道横木（拉杆）组成，如图 1-24(a)、(b)所示。跨度小的可直接支承在外墙上，跨度较大者，还可以架设檩条或纵向支架来支承椽架，如图 1-24(c)、(d)、(e)所示。支架可以是垂直式的，也可以是斜撑式的。屋顶层用做阁楼者，椽架的坡度可稍大些，有时它的下弦木可用做阁楼楼板层的结构龙骨。椽架的另一种形式是简易三角形屋架，一般用小尺寸的木料，用钉合方法拼装而成，直接支承在外墙上。这种椽架构件自重轻、安装简便快速，常用于坡度不大的屋顶。

　　3）板式坡屋顶结构

板式坡屋顶结构是以预制钢筋混凝土屋面板作为坡屋顶结构的一种体系。根据屋面防水做法的不同，坡屋顶采用的钢筋混凝土屋面板主要有以下 3 种类型。

（1）预制钢筋混凝土空心板或槽形板

采用钢筋混凝土圆孔板或槽形板（板肋朝下）做坡屋顶结构层，并在其上盖瓦以形成屋面防水层，如图 1-25(a)、(b)所示。

（2）预制钢筋混凝土挂瓦板

采用钢筋混凝土 T 形挂瓦板（板肋朝上）做坡屋顶结构层，并在板肋上直接挂瓦，如图 1-25(c)所示。

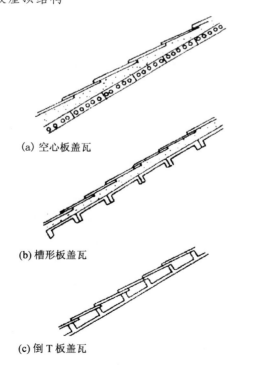

(a) 空心板盖瓦

(b) 槽形板盖瓦

(c) 倒 T 板盖瓦

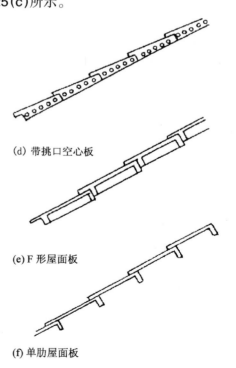

(d) 带挑口空心板

(e) F 形屋面板

(f) 单肋屋面板

图 1-25　板式坡屋顶结构示意图

(3)预制钢筋混凝土构件自防水屋面板

预制钢筋混凝土构件自防水屋面板是利用钢筋混凝土板本身的密实性和板间连接时的搭接处理从而形成坡屋顶防水做法的一种构件类型,如图 1-25(d)、(e)、(f)所示。

1.2.1.5 密肋板结构

密肋板结构是梁板式结构的一种特殊形式。所谓肋就是小梁,但比一般梁板式结构中的梁布置得密,间距小,截面尺寸也较小,因而称为密肋式结构,主要用在楼板层和屋顶的结构中,习惯上就称密肋楼(屋)盖。

密肋板结构通常有 3 种类型,即单向密肋式、双向不等高密肋式和双向等高密肋式。其外形分别与梁板式结构中的单向梁式、主次梁式和井字梁式极为相似,惟其尺寸要小一些。一般情况下,肋的间距可以取 300 ~ 1 200 mm,肋的跨度多为 5 ~ 8 m,肋的高度取其跨度的 1/25 ~ 1/20,肋的宽度可以取 60 ~ 120 mm。

实际上,我们可以把密肋板结构看作是梁板式结构的一种"缩微"。比如,当一个四周为墙承载的楼、屋盖结构层或一个框架结构柱网平面中每个网格区域内的楼(屋顶)板结构层,其跨度在 5 ~ 8 m 时,若采用板式结构会使板做得很厚,自重大,而采用密肋板结构时,由于设置了肋而大大减小了板的跨度,可以使板做得很薄,从而达到减轻结构自重和节省材料的效果。一般情况下,按照板的最小厚度限值确定板的厚度就可以满足其结构要求了,当密肋板采用在构件厂流水线预制生产的条件下,板的厚度甚至可以小到 35 ~ 50 mm。

1.2.2 水平分系统的结构布置

房屋结构水平分系统中的楼、屋盖等,需由结构墙体或柱来支承。水平分系统的结构布置是指板、梁、墙、柱等构件的结构布局关系。一般有以下 3 种结构布置方案。

1.2.2.1 横墙承重或横向框架方案

所谓横墙承重方案是将楼板(或屋面板)两端搁置在沿房屋平面横向的结构墙体上,此时,横墙承受竖向荷载,而纵墙不承受自身重力荷载以外的竖向荷载;而横向框架方案是将楼板(或屋面板)两端搁置在横向框架梁上,此时,横梁承受竖向荷载,而纵梁不承受自身重力荷载以外的竖向荷载,如图 1-26 所示。考虑到楼板(或屋面板)的经济跨度不可能太大,一般在 3 ~ 6 m,这也就决定了横墙承重或横向框架方案中的横墙或横梁间距比较小、数量比较多,因而,房屋的空间整体刚度大,对抵抗风荷载和地震作用十分有利。但是,横墙承重方案有其不足的方面,就是建筑空间的划分不够灵活,只适合于小开间的建筑类型,如住宅、宿舍、旅馆及办公楼等民用建筑。

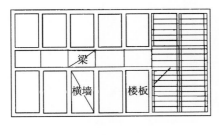

(a) 横墙承重方案

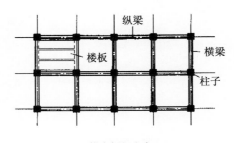

(b) 横向框架方案

图 1-26　横墙承重和横向框架

1.2.2.2 纵墙承重和纵向框架方案

纵墙承重方案是将楼板(或屋面板)两端搁置在纵墙上,此时,纵墙承受竖向荷载,而横墙不承受自身重力荷载以外的竖向荷载;纵向框架方案是将楼板(或屋面板)两端搁置在纵向框架梁上,此时,纵梁承受竖向荷载,而横梁不承受自身重力荷载以外的竖向荷载,如图1-27所示。纵墙承重方案的横向墙体比较少,纵向框架方案的横梁有时不设置,即使设置,其截面尺寸也比较小。因此,纵墙承重和纵向框架方案的优点是建筑空间的划分比较灵活,空间利用也更方便,而其缺点是房屋的空间整体刚度(特别是横向刚度)比较小,不利于抵抗风荷载和地震作用的影响。

1.2.2.3 纵横墙承重和纵横向框架方案

这类结构布置方案实际上是前两类方案的混合。当建筑空间的变化和要求比较多时,结构方案可根据具体需要来布置,此时,将一部分楼板(或屋面板)搁置在横墙或横梁上,将另一部分楼板(或屋面板)搁置在纵墙或纵梁上(也有将板通过横梁搁置在纵墙上)。如果楼板(或屋顶)结构层采用现场浇筑混凝土的施工方式,则楼板(或屋面板)将同时支承在纵横两个方向的墙体或梁上。此时,就称为纵横墙承重方案或纵横向框架方案,如图1-28所示。纵横墙承重和纵横向框架方案综合了前两类方案的主要特点,其房屋的空间整体刚度也介于前两类结构布置方案之间。

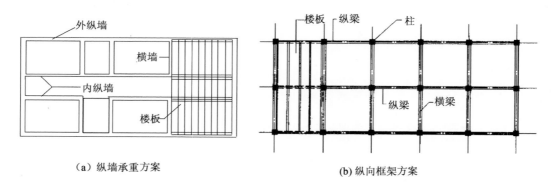

（a）纵墙承重方案　　　　　　　（b）纵向框架方案

图1-27　纵墙承重和纵向框架

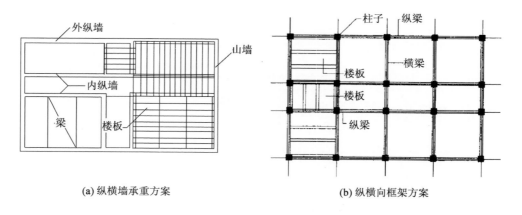

(a)纵横墙承重方案　　　　　　　(b)纵横向框架方案

图1-28　纵横墙承重和纵横向框架

1.2.3 不同施工方法中各构件之间的连接和构造要求

1.2.3.1 现浇整体式钢筋混凝土结构的连接构造

钢筋混凝土结构是由抗拉强度高的钢筋和抗压强度相对较高的混凝土两种材料混合而成的。

钢筋混凝土结构连接的基本要求就是要保证荷载在各连接构件之间的有效传递，保证结构的整体性和结构构件及其连接部位的延性。对于现浇整体式钢筋混凝土结构来说，要满足这些基本要求，除了要做到选择合理的结构构件材料强度和构件截面尺寸外，最主要的就是要使各构件之间形成合理和有效的连接。所谓合理的连接，是指在整个房屋结构所有构件的受拉区（包括受压为主而受拉为辅的区域和极偶然的因素才可能出现受拉的区域）均应配置足够数量和足够强度的受拉钢筋；所谓有效的连接，是指在各个构件互相连接的节点部位（包括同一个构件的沿其轴向的拉、压转换的区域）均应使受拉钢筋形成连续不间断或者使受拉钢筋保持有足够的搭接长度或锚固长度。

图1-29、图1-30、图1-31是一组反映现浇钢筋混凝土楼盖的平面、剖面及配筋图，从图中可以看出现浇整体式钢筋混凝土结构的连接构造做法。

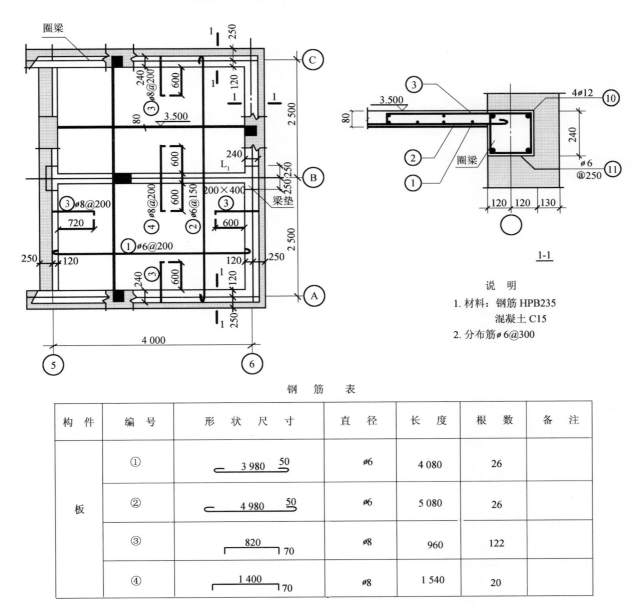

说 明

1. 材料：钢筋 HPB235
   混凝土 C15
2. 分布筋 ϕ6@300

钢 筋 表

构 件	编 号	形 状 尺 寸	直 径	长 度	根 数	备 注
板	①	3 980 50	ϕ6	4 080	26	
	②	4 980 50	ϕ6	5 080	26	
	③	820 70	ϕ8	960	122	
	④	1 400 70	ϕ8	1 540	20	

图1-29 某现浇钢筋混凝土楼盖模板及配筋

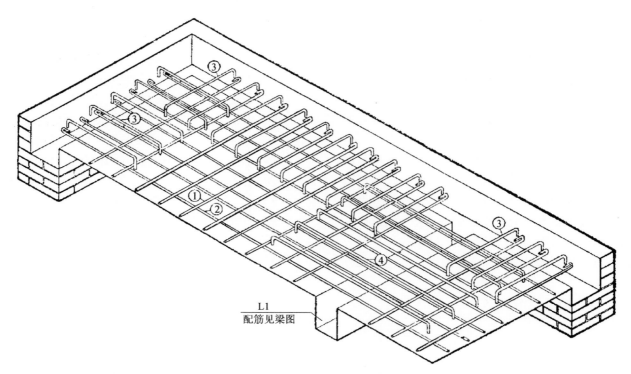

图 1 – 30　某现浇钢筋混凝土楼盖配筋立体图

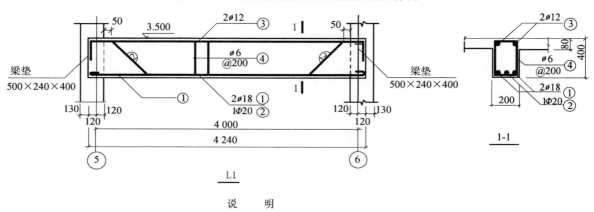

L1

说　明

1. 材料:混凝土 C15　　钢筋ø—HPB235 Φ—HRB335　　2. 主筋保护层为 25

钢　筋　表

构 件	编 号	形 状 尺 寸	直 径	长 度	根 数	备 注
L1 (1 根)	①	120　4 200　120	ø18	4 440	2	
	②	2 980 490 270 200	Φ20	4 900	1	
	③	4 200　80	ø12	4 360	2	
	④	160 360 50	ø6	1 140	22	

图 1 – 31　梁 L1 配筋图

压型钢板组合楼板也是一种现浇整体式的钢筋混凝土结构，经过合理的结构连接构造处理，可以使混凝土与钢衬板共同受力，即混凝土承受压力和剪应力，而钢衬板承受板下部的拉弯应力。压型钢板组合楼板的结构连接构造形式较多，根据压型钢板形式的不同，有单层钢衬板支承的楼板和双层孔格式钢衬板支承的楼板等。

单层钢衬板组合楼板常见的结构连接构造如图 1 – 32 所示。图 1 – 32(a) 为组合楼板，在混凝土的上部受压区仍然配有钢筋，这样一方面可以加强混凝土面层的抗裂强度，另一方面还可以在楼板支承处作为承受负弯矩的钢筋。图 1 – 32(b) 为在钢衬板上加肋条或压出凹槽，以形成足够的抗剪连接。图 1 – 32(c) 则为在支承钢梁上焊有抗剪栓钉，以保证钢衬混凝土板与钢梁能共同工作。

双层孔格式钢衬板组合楼板的结构连接构造如图 1 – 33 所示。图 1 – 33(a) 为在压型钢板下加设一张平钢板，使钢衬板下形成封闭形空腔。这样既可以提高结构的承载能力，又可在形成的空腔内布设管线，做电缆等的通道。这种压型钢板高为 40 mm 和 80 mm。在较高的压型钢衬板中，可以形成较宽的空腔，以利用它做更多的管道管线等的通道。图 1 – 33(b) 为一种用成对截面较高的压型钢板焊在一起的钢衬板组合楼板，用于承受更大荷载的楼板结构中。

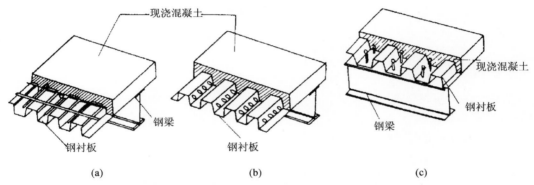

图 1 – 32　单层钢衬板组合楼板结构连接示意图

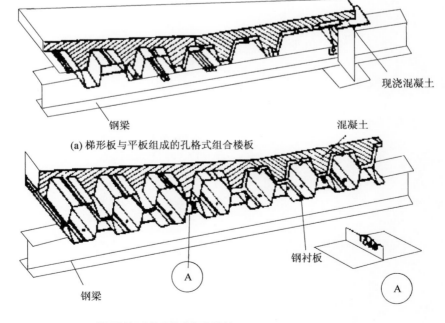

(a) 梯形板与平板组成的孔格式组合楼板

(b) 双梯形板组成的孔格式组合楼板

图 1 – 33　双层孔格式组合楼板结构连接示意图

组合楼板的钢衬板与钢衬板之间、钢衬板与钢梁之间的连接,一般采用焊接、自攻螺栓、膨胀铆钉或压边咬接等方式连接,如图 1-34 所示。

压型钢板组合楼板的跨度（即钢梁的间距）为 1.5~4.0 m,其经济跨度为 2.0~3.0 m。

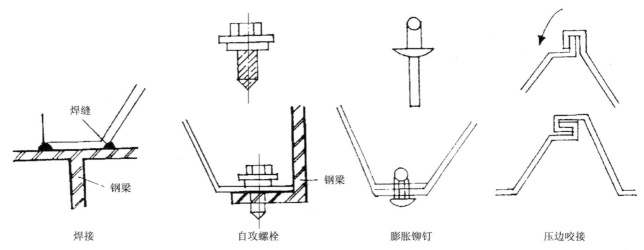

焊接   自攻螺栓   膨胀铆钉   压边咬接

图 1-34 钢衬板与钢梁、钢衬板之间的连接

1.2.3.2 预制装配式钢筋混凝土结构的连接构造

1）各个构件之间连接的基本要求和基本措施

对于预制装配式钢筋混凝土结构来说,其结构连接的基本要求与现浇整体式钢筋混凝土要求是一样的,依然是要保证荷载在各连接构件之间的有效传递,保证结构的整体性和结构构件及其连接部位的延性。

对于预制装配式结构来说,要满足这些基本要求,主要通过以下基本措施来实现。

（1）水平分系统构件的支承搁置长度要求

为了保证楼板、屋面板、楼梯构件等的安放平整,并且使这些板、梁等构件与支承它们的梁、柱、墙等构件之间有很好的连接,首先应使这些板、梁等构件有足够的支承搁置长度。

多层黏土砖房和多层砌块房屋应符合下列支承搁置长度的要求。

预制装配式钢筋混凝土楼板或屋面板,当圈梁未设在板的同一标高时,板端伸进外墙的长度不应小于 120 mm,伸进内墙的长度不应小于 100 mm,在梁上不应小于 80 mm。门窗洞口处不应采用无筋砖过梁,在抗震设防地区宜采用钢筋混凝土过梁。过梁支承长度,6~8 度地震烈度地区不应小于 240 mm,9 度地区不应小于 360 mm。8 度和 9 度地震烈度地区,楼梯间及门厅内墙阳角处的大梁支承长度不应小于 500 mm,并应与圈梁连接。

（2）坐浆要求

板安装时宜采用硬架支模法,将板支在靠墙模板上,再浇筑混凝土,使之端部板底结合密实。否则,在铺放预制钢筋混凝土构件之前,应在其支承结构构件的表面铺以 15~20 mm 厚的强度等级不低于支座强度的砂浆找平层,以起到粘结、找平、均匀传力的作用。这种做法俗称坐浆。

（3）各连接构件之间必须形成可靠的连接

预制钢筋混凝土构件之间的连接,常采用以下两种连接方法:一种是将构件的甩筋（即伸出构件端部一定长度的受拉钢筋）相互绑扎或焊接在一起;另一种是在相邻构件端部的对应部位设置预埋铁件,然后在现场通过连接铁件将相邻构件焊接在一起。对于多层砌体结构房屋来说,以下部位应做好可靠的连接处理。

当板的跨度大于 4.8 m 并与外墙平行时,靠外墙的预制板侧边应设置拉结筋与墙体或圈梁拉结。房屋端部大房间的楼盖,抗震烈度 8 度时房屋的屋盖和 9 度时房屋的楼、屋盖,当圈梁设在板底时,钢筋混凝土预制板应相互拉结,并应与梁、墙或圈梁拉结。楼、屋盖的钢筋混凝土梁或屋架,应与墙、柱(包括构造柱)或圈梁可靠连接,梁与砖柱的连接不应削弱柱截面,各层独立砖柱顶部应在两个方向均有可靠连接。坡屋顶房屋的屋架应与顶层圈梁可靠连接,檩条或屋面板应与墙及屋架可靠连接,房屋出入口处的檐口瓦应与屋面构件锚固,8 度和 9 度时,顶层内纵墙顶宜增砌支撑端山墙的踏步式墙垛。预制阳台应与圈梁和楼板的现浇板带可靠连接。预制装配式楼梯段应与平台板的梁可靠连接。

(4) 灌缝要求

在预制构件安装后应及时灌缝。灌缝前必须清除缝内残渣、杂物，将钢筋整理好，并冲洗干净，然后用水泥砂浆或细石混凝土灌缝，并保证混凝土浇捣密实，以增强结构构件的整体性和房屋抗震能力。

图 1-35 为以上预制装配式钢筋混凝土结构的连接构造的一部分做法示意。

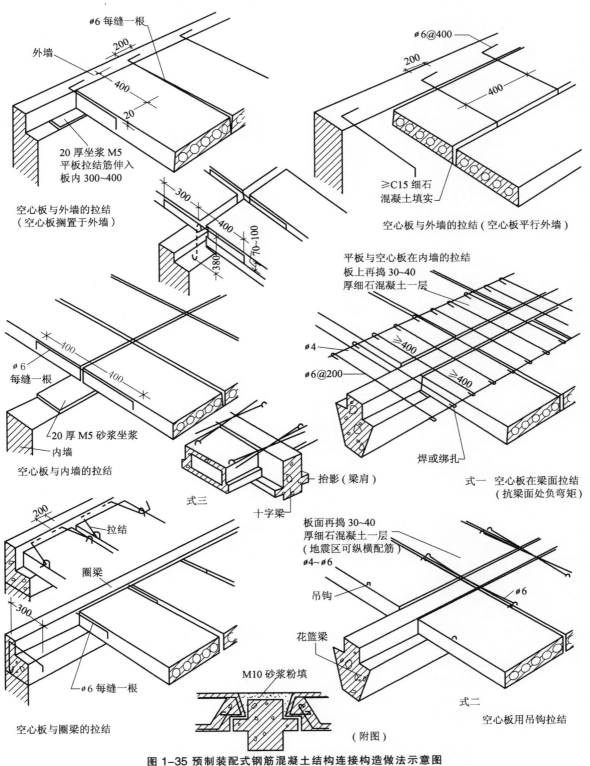

图 1-35 预制装配式钢筋混凝土结构连接构造做法示意图

2）预制构件结构连接节点构造做法

（1）板侧板缝节点构造做法

板与板之间的侧缝一般有3种形式：V形缝、U形缝和凹槽缝，如图1-36所示。其中，以凹槽缝对板与板之间的抗剪连接最为有利。

板侧板缝的宽度（板缝底部最窄处），在板跨小于4.2 m时应不小于40 mm；在板跨大于4.5 m时应不小于60 mm。当板缝宽度≥60 mm时必须在板缝内配置钢筋。

在预制板的结构布置时，一般要求板的类型、规格越少越好，并应优先选用宽度规格大的板型，以简化板的制作与安装。在排板设计时，当按照"标准板缝"（即最小允许板缝宽度）排板与房间平面尺寸出现差距时，可以采用以下三种处理办法：第一，可以通过不同宽度规格的预制板进行调整；第二，可以适当地调大板缝的宽度；第三，采用局部现浇钢筋混凝土板带，现浇板带的位置一般位于墙边，以方便埋设穿越楼板的管道，或设置于自重较大的隔墙之下，如图1-37所示。

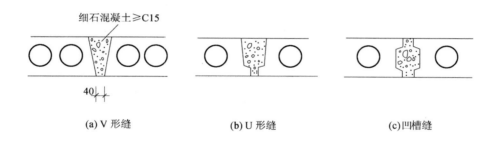

(a) V形缝   (b) U形缝   (c) 凹槽缝

图1-36 板与板之间的侧缝形式

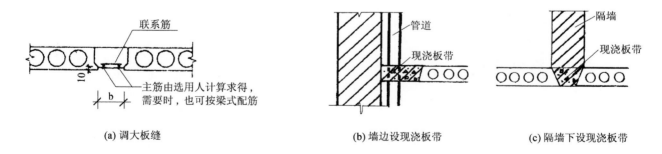

(a) 调大板缝   (b) 墙边设现浇板带   (c) 隔墙下设现浇板带

图1-37 局部现浇钢筋混凝土板带

在预制板靠墙的板侧与墙体内的圈梁之间，不应设置砖或砌块等，使板紧靠圈梁，以加强圈梁对预制楼板"箍"的作用。图1-38所示为预制钢筋混凝土板靠外墙的板侧节点构造做法，图中的 ∅6 拉结筋设置，是在当板跨大于 4.8 m 并与外墙平行时，起加强板与圈梁拉结的作用。

我国目前生产的预制圆孔板都是按单向板设计的，即只沿板的纵向配置了受力钢筋。因此，在布置楼板时，不允许将板的侧边伸入结构墙体内，否则，这种三边支承的情况会使单向板形成双向受力，板会发生纵向裂缝，使楼板结构发生破坏。

(2)板端板缝节点构造做法

以下结合北京地区的通用做法做具体的介绍。

图1-39所示为用于砖砌体上的板端节点构造做法。

在图1-39的各节点做法中，凡是预制板伸入墙内 70 mm 的均为板跨≥4.5 m 的预应力长向圆孔板，凡是预制板伸入墙内 75 mm 的均为板跨≤4.2 m 的预应力短向圆孔板。由于预制板板端伸入墙内一段距离，在板的厚度范围内的墙体中，已没有足够的空间用来设置圈梁(板在边支座处，由于需在墙外侧留出 120 mm 宽的砖砌体以方便施工和避免此处形成冷桥，因而，没有用来设置圈梁的足够空间)，因此，板端墙体内的圈梁均采用了特殊的形式：在边支座处，圈梁采用了 L 形的截面；而中间支座处，圈梁则设置在紧靠板底处，并通过设置直径为 6 mm、间距为 500 mm 的拉结筋来加强圈梁与板缝之间的拉结。这样做的结果，既满足了圈梁最小截面的要求，又最大限度地保证了圈梁与板设置在同一标高内从而形成对预制装配式楼板层起到"箍"的作用。预制板的板端圆孔内，于构件厂在构件生产时，在距离板端 60 mm 处，必须用 50 mm 厚的 M2.5 砂浆块堵严，并将多余灰浆清理干净。这样，在构件安装后的灌缝中，灌缝砂浆或细石混凝土就会进入板端凹槽内，以形成有效的抗剪连接；同时，由于现浇钢筋混凝土的板缝与预制板之间的可靠连接等于接长了预制板的长度，因此，也弥补了预制板支承长度的不足(预制板支承长度再加长的话，就会因板缝过窄而妨碍构件间连接的施工操作)。从图1-39所示的各个节

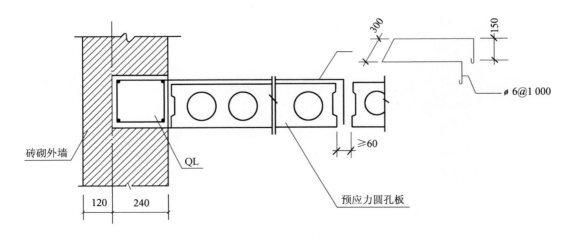

图 1-38　预制板板侧靠外墙的节点连接

点做法中可以看到，预制构件之间结构连接的基本要求和措施（构件支承搁置长度要求、坐浆要求、构件间的可靠连接要求和灌缝要求）均得到了很好的满足和落实。

图 1-40 所示为用于钢筋混凝土梁上的板端节点构造做法。从图中的各个节点做法中同样看到，各预制构件之间结构连接的基本要求和措施都得到了满足和落实。

图 1-41 所示为预制钢筋混凝土楼梯段与其支承结构楼梯休息板（图 1-41(a)）和楼梯段基础梁（图 1-41(b)）之间的板端节点连接构造做法。与楼板板端板缝节点连接构造做法惟一不

同的地方是，梯段板支座处的坐浆面是与楼梯段坡度一致的倾斜面，其他如构件支承搁置长度要求、坐浆要求、构件间的可靠连接要求、灌缝要求等，与楼板节点的连接构造做法在构造原理和基本做法上是完全一样的。

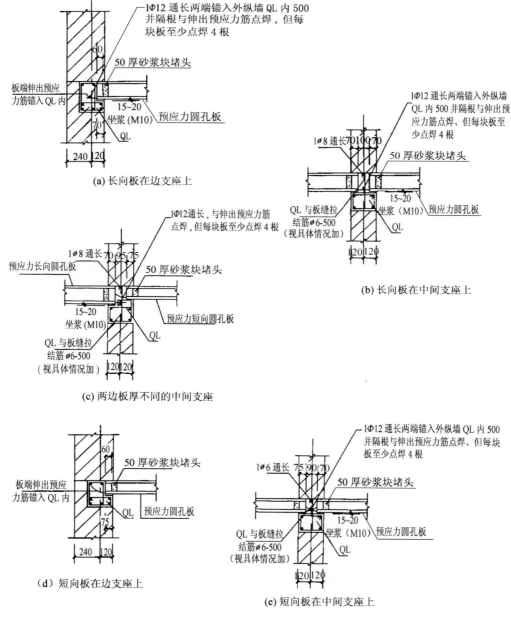

(a) 长向板在边支座上

(b) 长向板在中间支座上

(c) 两边板厚不同的中间支座

(d) 短向板在边支座上

(e) 短向板在中间支座上

图 1-39　砖砌体上板端板缝节点连接

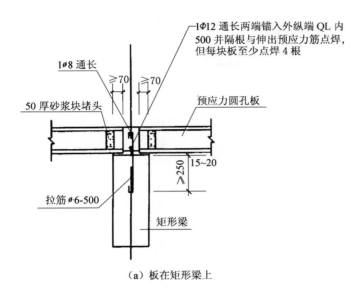

（a）板在矩形梁上

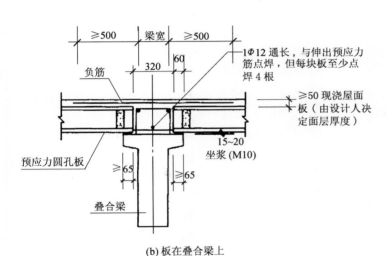

（b）板在叠合梁上

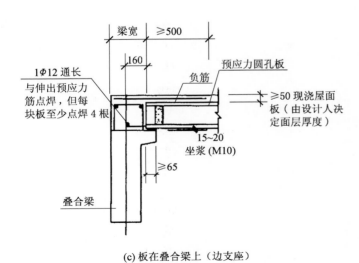

（c）板在叠合梁上（边支座）

图 1-40　钢筋混凝土梁上板端板缝节点连接

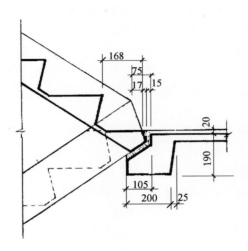

（a）梯段板在平台梁上

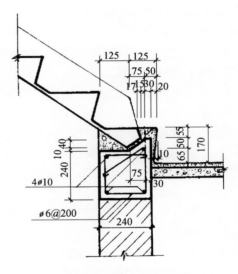

（b）梯段板在基础梁上

图 1-41　楼梯段板与支承结构间的节点连接

预制钢筋混凝土挑檐板、阳台板和雨篷板等构件均为悬臂式结构，在处理其与支承结构之间的结构连接构造做法时，除了前述楼板、楼梯构件结构连接的基本要求和措施必须满足和落实外，还应重点解决好抗倾覆的问题。

图 1－42 所示为预制钢筋混凝土挑檐板的结构连接构造做法和抗倾覆措施。预制装配式钢筋混凝土悬臂结构的抗倾覆问题，主要采取两种方法解决：一种是利用悬臂结构支座处上部的结构墙体的自重压力来起平衡的作用，这种方法多用于悬挑的雨篷板或阳台板；第二种方法是利用悬臂结构支座以内的自重及必要的加强锚固措施来起平衡的作用，预制钢筋混凝土挑檐板就是采用这后一种抗倾覆的方法。

图 1－42(a) 中的预制挑檐板长 1 500 mm，悬挑长度不得大于 500 mm，支座以内长度不小于 1 000 mm；悬挑部分的板厚为 60 mm，支座以内部分的厚度为 120 mm。同时，还要控制悬挑部分的屋面做法荷载不得超过 1.46kN／m²，支座以内部分的屋面做法荷载不得少于 0.75 kN／m²。以上做法和措施，对于保证预制挑檐板的静力平衡已足够了。但是，考虑到挑檐板悬臂部分可能出现较大的施工荷载或检修荷载等以及挑檐板的抗震加固要求等，还必须对预制挑檐板采取进一步的加固和抗倾覆措施，其方法是，待挑檐板铺装就位后，将挑檐板尾部伸出的钢筋与附加的通长 ⌀10 钢筋钩结，并将此通长钢筋与墙体圈梁内伸出带弯钩的 ⌀10 钢筋钩住，并浇筑 C20 混凝土使之相互连接形成整体。另外，相邻两块预制挑檐板之间也要连接牢固，方法是待挑檐板安放好后，立即将相邻的两吊钩扳倒后，用 ⌀6 钢筋焊接。为防止钢筋锈蚀，需用 1∶3 水泥砂浆覆盖保护，如图 1－42(b) 所示。

图 1－43 所示为预制钢筋混凝土阳台板和雨篷板的结构连接构造做法和抗倾覆措施。

预制钢筋混凝土阳台板和雨篷板的抗倾覆加强措施主要有以下两个方面。一是将阳台板(或雨篷板)构件内边梁(即压在墙内的边梁)侧面甩出的钢筋锚环(间距 500 mm 左右)伸入墙上圈梁内，将圈梁的纵向主筋穿过此锚环，以加强锚固。见图 1－43(b)、(c)、(d)、(e)。二是在阳台板(或雨篷板)构件侧挑梁的尾部上、下各做出锚固用的甩筋，上部锚固钢筋的长度不得少于其自身直径的 45 倍，下部锚固钢筋的长度不得少于 500 mm，将上、下甩筋均伸入墙内圈梁或现浇混凝土板带内做好锚固，另外，在上、下甩筋之间加一个长度为 350 mm、直径为 ⌀10 的加强拉结套箍，竖向锚固入构造柱内，见图 1－43(b)、(c)。

1.2.3.3 装配整体式钢筋混凝土结构的连接构造

装配整体式钢筋混凝土结构实际上就是一种现浇与预制相结合的施工方法，将建筑物整个结构中的部分构件或某些构件的一部分在工厂预制，然后运到施工现场安装，再以整体浇筑其余部分而形成完整的结构。下面以楼板为例，看看装配整体式钢筋混凝土结构的具体连接构造做法。

将整个钢筋混凝土楼板结构层厚度的下半部分进行预制，然后在其上面再现场配置部分钢筋并浇筑混凝土，两个部分结合起来共同形成完整的楼板结构层，我们把这种方法称为叠合楼板。叠合楼板的预制部分既是整个楼板结构层的组成部分，又是上部现浇部分的永久性模版。这样的施工方式，既减少了普通现浇整体式钢筋混凝土结构拆除模版的工序，又保留了其结构整体

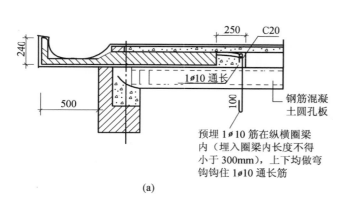

预埋 1⌀10 筋在纵横圈梁内(埋入圈梁内长度不得小于 300mm)，上下均做弯钩钩住 1⌀10 通长筋

(a)

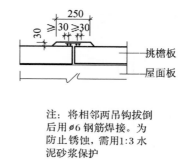

注：将相邻两吊钩扳倒后用 ⌀6 钢筋焊接。为防止锈蚀，需用 1∶3 水泥砂浆保护

(b)

图 1－42　挑檐板与支承结构间的节点连接

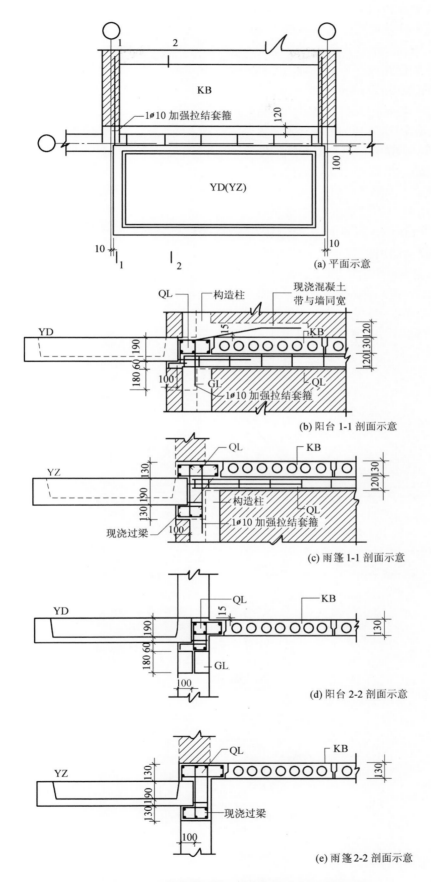

图 1-43　阳台板(雨篷板)与支承结构间的节点连接

性好的优势。钢筋混凝土预制板内配置高强钢丝作预应力钢筋，现浇叠合层内再配置支座负弯矩钢筋。为了加强预制板与上部现浇叠合层之间的连接，在预制板的上表面需作必要的处理，一种是在上表面做凹槽处理，见图 1-44(a)所示，凹槽间距 150 mm；另一种是在预制板上表面预留三角形的结合钢筋，见图 1-44(b)所示。预制板部分的厚度通常为 50~70 mm，现浇叠合层的厚度大约为 50~100 mm。装配整体式钢筋混凝土叠合楼板的示意见图 1-44(c)、(d)。

工程上也有采用预应力钢筋混凝土预制空心楼板上浇筑不小于 50 mm 厚的现浇叠合层的做法。混凝土现浇叠合层内配置 ø6~ø8、间距 150~200 mm 的双向钢筋网片，预制圆孔板纵向板缝处上、下各配置一根 ø10 的钢筋，并设置 ø6 的连接筋将其绑扎连接在一起，以提高预制圆孔板与现浇叠合层之间的结构整体性，见图 1-44(e)所示。

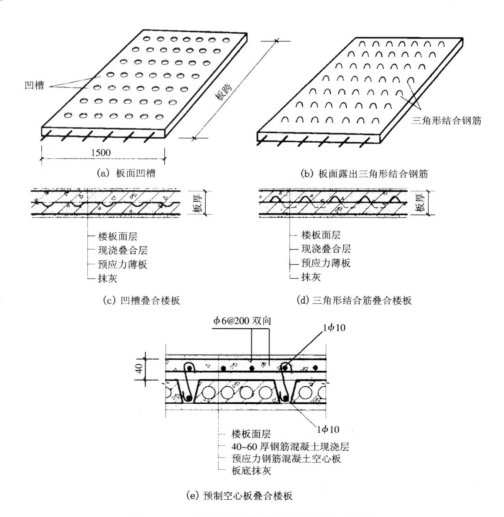

(a) 板面凹槽   (b) 板面露出三角形结合钢筋

(c) 凹槽叠合楼板   (d) 三角形结合筋叠合楼板

(e) 预制空心板叠合楼板

图 1-44　装配整体式钢筋混凝土叠合式楼板

1.3 建筑承载系统中的竖向分系统

建筑承载系统中的竖向分系统，主要包括柱和结构墙体。一般情况下，柱在建筑物中都是承载系统中的重要构件（个别纯装饰性的柱除外）；所谓结构墙体，是指在房屋中发挥结构承载作用的那些墙体，对于隔墙和填充墙等不具有这些结构功能的墙体，将不在本章节中进行讨论。

1.3.1 竖向分系统的工作特点及其类型

在建筑承载竖向分系统中，柱和墙承受各种各样的荷载作用。从分析竖向分系统的工作特点这一角度看，我们更关心荷载作用的方向。不论建筑物的高度如何，所有柱和结构墙体都承受竖向荷载和水平荷载；建筑物高度的变化，改变的只是由竖向荷载和水平荷载分别引起的结构效应的主次和大小。在竖向荷载作用下，柱和结构墙体的工作状态主要是受压（当然，在偏心竖向荷载作用下，柱和结构墙体也会产生弯曲变形而处于压弯工作状态）；在水平荷载作用下，柱和结构墙体的工作状态就像一个竖向放置的悬臂结构，主要是受弯和受剪。当建筑物的高度较低时，柱和结构墙体的结构效应主要是由竖向荷载引起的，也就是说，柱和结构墙体主要是受压变形，而弯剪变形很小，因此，由抗压强度相对较高而抗拉、抗弯强度均较低的低成本的砖石或砌块建造的砌体结构房屋，在低层和多层建筑中得到了广泛的采用；当建筑物的高度较高或很高的时候，柱和结构墙体的结构效应则主要是由水平荷载引起的（虽然在这种情况下，由竖向荷载引起的结构效应的绝对值比低层、多层建筑物要大很多），也就是说，柱和结构墙体主要是弯剪变形，而受压变形相对来说并不大，因此，砌体结构在高层和超高层建筑中基本无法采用，而代之以抗压、抗拉、抗弯强度都很高的钢筋混凝土结构和钢结构的建筑，并以框架结构、框架—剪力墙结构、剪力墙结构以及更具结构优势的框架—筒体结构和筒体结构等结构形式来抵抗由水平荷载引起的弯剪为主的结构效应的需要。

柱在结构系统中，既要承受竖向荷载，又要承受水平荷载；而墙体在结构系统中的作用情况则稍显复杂。在传统的墙体分类方法中，有承重墙与非承重墙之分，承重墙是指直接承受上部屋顶、楼板等水平分系统构件传来的荷载的墙；而凡不承受上部水平构件传来的荷载的墙均称为非承重墙，非承重墙既包括承受自重的自承重墙（也称承自重墙），也包括其自身重量由楼板或梁这类水平构件来承受的隔墙。显然，这种传统的墙体分类方法，是在只考虑竖向荷载而未考虑水平荷载的情况下形成的。在建筑业不断加快迈向工业化步伐的今天，在大量的高层和超高层建筑越来越多、建筑物的抗震能力被人们越来越重视的情况下，只考虑竖向荷载而未考虑水平荷载影响的墙体分类方法，显然不能全面地反映墙体的结构特征。

在建筑结构系统中，墙体的设计既要考虑竖向荷载的影响，也要考虑水平荷载的影响，因此，墙体的分类就可以按结构墙体和非结构墙体来区分了。结构墙体是建筑承载系统的一个重要组成部分，它包括传统分类方法中的承重墙和属于非承重墙的自承重墙。实际上，承重墙与自承重墙在结构特征上的惟一不同之处是，两者是否承受上部屋顶、楼板等水平分系统构件传来的荷载；而承重墙与自承重墙在承受自身重力荷载和承受水平荷载（包括风荷载和地震作用等）这些结构功能方面是完全一样的。非结构墙体不是建筑承载系统的组成部分，它包括隔墙、骨架结构（框架结构、排架结构等）中的填充墙、幕墙等。非结构墙体的自重是由楼板、梁或者骨架结构的梁、柱来承受的。非结构墙体的一个重要的构造特征是，它不需要基础；而结构墙体中的自承重墙与承重墙一样，都必须设置基础。

在设计竖向分系统的结构时，要保证其具有足够的承载能力和良好的稳定性，以利结构的安全。结构的承载能力与其所用材料的强度大小、构件截面尺寸的大小和截面形状有关，结构的稳定性则与其高度、长度、截面厚度、形状和边长尺寸等空间比例相关，也就是说，应控制结构墙体的高厚比和柱的长细比，并采取合理的构造措施来增强其稳定性。

1.3.2 竖向分系统的构造
1.3.2.1 砌体结构构造

砌体结构是指用普通黏土砖、空心黏土砖、块石、各类空心承重砌块等按一定的技术要求排列，通过砂浆粘结形成的柱和结构墙体等砌体，作为结构竖向分系统的房屋结构类型。

1)砌体材料

砌体的主要组成材料是各类块材和砌筑砂浆。

(1)块材

块材的种类很多,应用最普遍的是黏土砖,此外还有炉渣砖、灰砂砖、粉煤灰砖、页岩砖等,山区还有采用天然石材做砌块材料的。块材的形状有实心、空心及多孔等不同。

块材的规格随其种类不同而不同。普通黏土砖的规格为 240 mm×115 mm×53 mm。由于历史的原因,普通黏土砖砌体的规格尺寸与建筑模数标准并不协调,因而造成了砖砌体在设计和施工中的诸多不便。其他块材的规格尺寸均考虑了模数化的要求,基本都采用了(nM−10)mm 的尺寸系列,如许多地区采用的混凝土小型空心承重砌块的规格为 190 mm×190 mm×390 mm、190 mm×190 mm×290mm 等,其基本特征是,砌块的长、宽、厚尺寸各加上一个标准灰缝厚度 10 mm 后,刚好是基本模数 M=100 mm 的整数倍数,这对于砌体结构设计和施工的标准化非常有利。

块材的强度以强度等级表示。烧结普通黏土砖、非烧结硅酸盐砖和承重黏土空心砖等的强度等级有 MU30、MU25、MU20、MU15、MU10 和 MU7.5 等六级;混凝土中型、小型空心砌块和粉煤灰中型实心砌块的强度等级有 MU15、MU10、MU7.5、MU5 和 MU3.5 等五级;各种料石和毛石的强度等级有 MU100、MU80、MU60、MU50、MU40、MU30、MU20、MU15 和 MU10 等九级。强度等级的数值单位为兆帕(MPa),即 N/mm²。

(2)砂浆

砂浆是形成砌体的粘结材料。它能将块材胶结形成一个整体;且通过满粘在块材表面,使砌体中的块材在荷载作用下应力分布较为均匀;此外,砂浆填满砌体缝隙后,减少了砌体的空气渗透,提高了砌体的密实性,加强了砌体的保温、隔声等效果。

砌筑用的砂浆按其成分有石灰砂浆、水泥砂浆和混合砂浆三种。石灰砂浆由石灰膏、砂加水拌合而成,属于气硬性材料,强度不高,多用于砌筑次要的、临时的、简易的建筑地面以上的砌体。水泥砂浆由水泥、砂加水拌合而成,属于水硬性材料,强度高,适合砌筑位于地面以下、处于潮湿环境下的砌体。混合砂浆则由水泥、石灰膏、砂加水拌合而成,这种砂浆强度较高,和易性和保水性较好,适合于砌筑地面以上的砌体。

砌筑砂浆的强度也用强度等级表示,共有 M15、M10、M7.5、M5、M2.5、M1 和 M0.4 等七级。

砌筑砂浆的标准厚度是 10 mm。

2)砌体的组砌方式

砌体的组砌方式是指各种不同块材在砌体中的排列方式。砌体的组砌方式直接影响到砌体结构的强度、稳定性和整体性,对清水结构来说,还将影响其立面的美观。一般情况下,各种块材的砌体的砌筑均应满足"灰缝横平竖直、错缝搭接、灰浆饱满、薄厚均匀"的要求。其中,错缝搭接是指上、下皮块材在墙(柱)砌体长度方向和厚度方向(若此方向尺寸大于单块块材尺寸的话)均应形成一定尺寸的搭接,避免形成上、下皮块材之间的连续通缝,以保证砌体结构的整体性,从而保证其结构的功能和作用,如图 1–45(a)所示。满足这一要求的搭接尺寸一般是块材标准长度的 1/4 至 1/2,如普通黏土砖的搭接长度应不少于砖长 240 mm 的 1/4,即不少于 60 mm;混凝土小型空心砌块的搭接长度应不少于标准砌块(即规格为 390 mm×190 mm×190 mm 的砌块)长度 390 mm(加灰缝后在砌体中的长度为 400 mm)的 1/4,即不少于 100 mm。对于混凝土中型砌块的搭接尺寸,要求不应小于块材高度的 1/3,且不应小于 150 mm。砌筑灰浆饱满的标准是,砖砌体水平灰缝砂浆饱满度不低于 80%,垂直灰缝砂浆饱满度不低于 65%;混凝土小型空心砌块砌体的水平灰缝砂浆饱满度不得低于 90%,垂直灰缝砂浆饱满度不得低于 80%。

(1)实体砖墙的组砌方式

实体砖墙的组砌方式有全顺式、上下皮一顺一丁式、多顺一丁式(常见的有三、五、七、九顺等)、每皮丁顺相间式、三三一式、两平一侧式等等,如图 1–45(b)~(g)所示。

普通黏土砖在组砌时,其标准灰缝宽度为 10 mm。从图 1–46 可以看出,1 个砖长=2 个砖宽+1 个灰缝=4 个砖厚+3 个灰缝。实际上,黏土砖的长、宽、厚分别加上标准灰缝宽后,它们之间的尺寸比正好是 4:2:1。

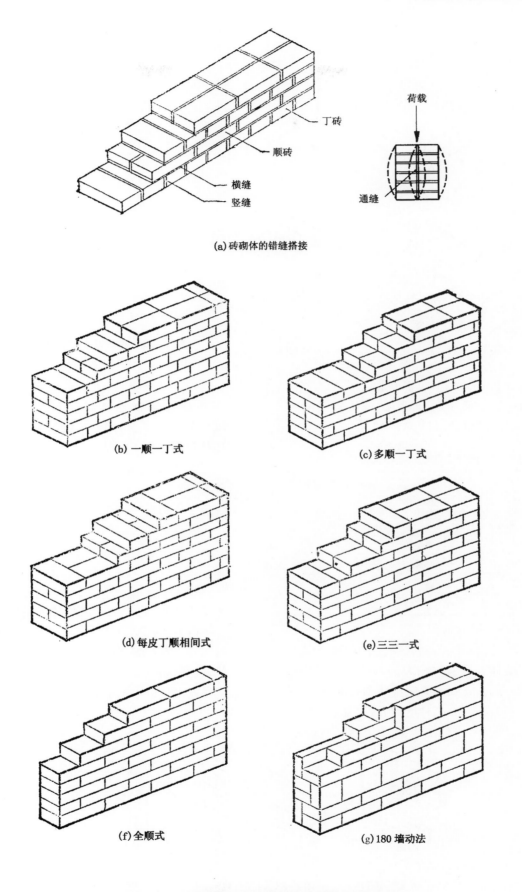

(a) 砖砌体的错缝搭接

(b) 一顺一丁式

(c) 多顺一丁式

(d) 每皮丁顺相间式

(e) 三三一式

(f) 全顺式

(g) 180 墙动法

图 1-45　砖砌体的错缝搭接及实体砖墙的组砌方式

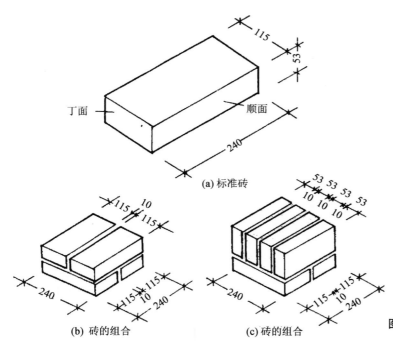

(a) 标准砖

(b) 砖的组合

(c) 砖的组合

图 1-46　普通黏土砖的长、宽、厚尺寸关系

用黏土砖砌筑墙体，其厚度常见的有半砖墙、3/4 砖墙、一砖墙、一砖半墙、两砖墙、两砖半墙等，其墙体厚度尺寸见表 1-11。

表 1-11　普通黏土砖墙厚名称及尺寸　（mm）

墙厚名称	习惯称呼	构造尺寸(实际尺寸)
半砖墙	12 墙	115
3/4 砖墙	18 墙	178
一砖墙	24 墙	240
一砖半墙	36(37)墙	365
两砖墙	49 墙	490
两砖半墙	62 墙	615

（2）空斗砖墙的组砌方式

空斗墙是指用实心砖按特定的组砌方式砌成的空心墙体，在我国南方的一些地区采用较多。墙体厚度为一砖，有无眠空斗和有眠空斗(一眠一斗、一眠三斗等)两种组砌方式，如图 1-47 所示。

空斗墙自重轻（根据有关资料显示，一砖厚空斗墙与实体墙比较，可节省用砖 22% ~ 38%）、造价低，可用做三层以下民用建筑的结构墙体。但遇到下列情况时，不宜采用空斗砖墙：

①土质软弱，且可能引起建筑物不均匀沉降；

②门窗洞口面积超过墙面积 50% 以上；

③建筑物会受到振动荷载；

④地震烈度为 6 度和 6 度以上地区的建筑物。

由于空斗墙是一种中空非匀质砌体，坚固性不如实体砖墙，因此，在墙体的重要部位应将空斗墙改为实砌的方式，例如门窗洞口的四周、墙转角处、内外墙交接处、勒脚以及与承重砖柱相接处；在楼板、梁、屋架、檩条等的支承处，墙体也应实砌三皮以上的眠砖，如图 1-48 所示。

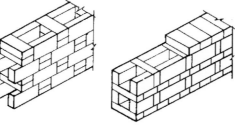

(a)无眠空斗墙　　　　(b)一眠一斗空斗墙　　　　(c)一眠三斗空斗墙

图 1-47　空斗砖墙的组砌方式

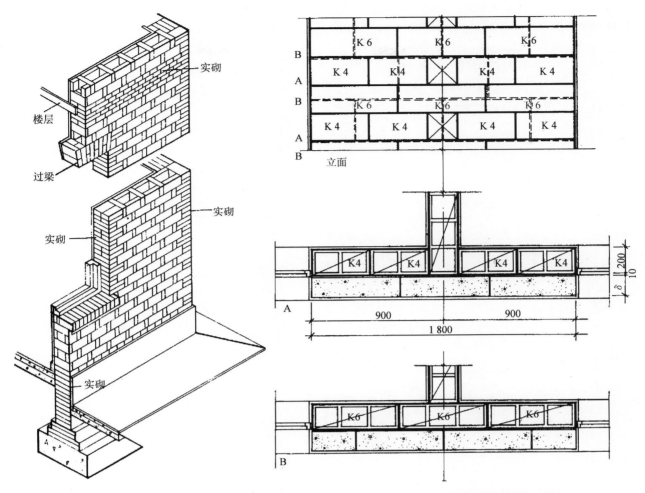

图 1-48　空斗砖墙局部加强构造

图 1-49　混凝土小型砌块墙排列设计图

(3)承重砌块墙的组砌方式

承重砌块是采用混凝土以及各种废渣,如煤矸石、粉煤灰、矿渣等材料制成,它具有投资少、见效快、生产工艺简单、能充分利用工业废料和地方材料,且不与农业争地、节约能源、保护环境等优点。采用承重砌块墙是我国建筑墙体改革的主要途径之一。

承重砌块墙的组砌是一件复杂和重要的工作。为使承重砌块墙合理地组合排列并搭接牢固,必须考虑使砌块整齐、划一,有规律性,不仅要考虑到大面积墙面的错缝搭接,避免通缝,而且还要考虑内、外墙的交接咬砌。同时,应减少砌块的规格类型,尽量提高标准砌块(即主块型)的使用率,避免与其他材料的块材混砌。为了达到以上的要求,必须进行砌块的试排工作,并按排列设计图纸组织进料和砌筑。排列设计图包括各层平面、内外墙立面分块图等。图 1-49 为此类图的一个实例。

3)砌体的加固

当砌体结构的墙或柱由于承受集中荷载、开洞以及墙段过长或过高等原因,致使其稳定性不足时,必须考虑对其采取加固措施。例如,可以适当地加大墙体厚度或柱的边长尺寸,以降低墙体的高厚比或柱的长细比;提高砌筑砂浆的强度等级,对提高砌体结构的稳定性也非常有效;还可以考虑采用配筋砌体取代普通无筋砌体,不但可以提高砌体的强度和承载能力,也能有效地提高结构的稳定性,但是这种方法会使砌体的砌筑变得非常麻烦,所以,比较适宜局部采用,如楼梯间四周的墙体、独立的砖柱、尺度较小的窗间墙等处,以及砌块墙错缝搭接长度不足的上、下皮砌块之间,纵、横墙交接处等,均应设置拉结钢筋网片,并保证必要的钢筋网片的长度和间距(如图 1-50 所示);在较长的墙段中设置突出墙面的壁柱,对提高墙体的稳定性也是常采用的十分有效的构造措施。壁柱凸出墙面的尺寸应符合块材的规格尺寸,例如砖墙壁柱的尺寸一般可取 120 mm×370 mm、240 mm×370 mm、240 mm×490 mm 等,如图 1-51(a)所示。

当在墙体上开设门洞且门洞距墙转角处较近时,为了方便门框的安装和保证墙体的稳定性,须在此处设置门垛,如图 1-51(b)所示。

此外,砌体结构中设置的现浇钢筋混凝土圈梁、构造柱(或芯柱)以及其他有关的抗震构造措施,对于增强砌体结构的稳定性也起到十分显著的作用。

4)砌体结构墙体中的门窗洞口过梁

建筑墙体上常常要设置门窗洞口,为了支承洞口上部墙体所传来的各种荷载,并将这些荷载传给窗间墙,需在洞口上部设置一个跨越洞口跨度承受弯曲应力的构件。对于砌体结构的墙体来说,各类块材均不适于承受弯曲应力,因此,必须设置一个独立的受弯构件——过梁来解决这个问题。

一般说来,由于墙体块材间相互错缝咬接,过梁部位以上的墙体在砌筑砂浆硬结以后具有拱的作用,上部墙体所传递的部分荷载可以直接传给洞口两侧的墙体,而不由过梁承受,过梁承受的荷载如图 1-52 所示的粗线下呈三角形的范围。

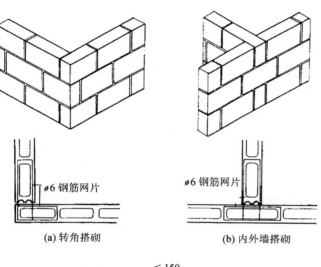

(a) 转角搭砌   (b) 内外墙搭砌

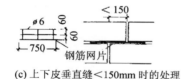

(c) 上下皮垂直缝<150mm 时的处理

图 1-50 混凝土中型砌块墙加固措施

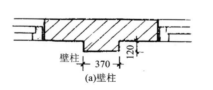 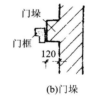

(a)壁柱   (b)门垛

图 1-51 砖墙壁柱与门垛

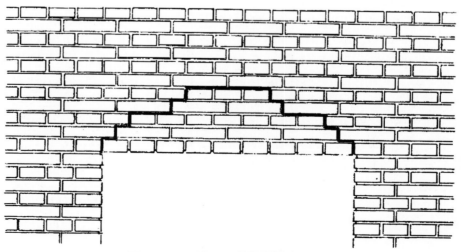

图 1-52 过梁承受荷载范围示意图

过梁的形式较多,比较常见的有砖砌拱(包括平拱、弧形拱、半圆拱等)、钢筋砖过梁和钢筋混凝土过梁等,如图1-53所示。

(1)砖砌平拱

砖砌平拱是将立砖和侧砖相间砌筑,使灰缝上宽下窄,相互挤压形成拱的作用,如图1-54所示。

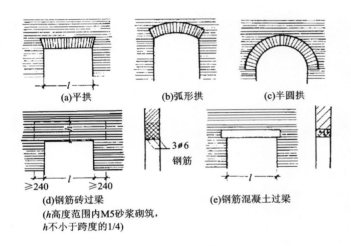

(a)平拱　(b)弧形拱　(c)半圆拱

3φ6钢筋

(d)钢筋砖过梁
(*h*高度范围内M5砂浆砌筑,
*h*不小于跨度的1/4)

(e)钢筋混凝土过梁

图1-53　过梁的形式

砖砌平拱高度240 mm(一砖高)或360 mm(一砖半高),灰缝上部宽度不大于15 mm、下部不小于5 mm,砖拱两端部伸入两侧窗间墙内不应小于20 mm,砌筑时,应按1%洞口跨度尺寸起拱,待受力沉降后恰好达到水平位置。砖砌平拱的优点是不用钢筋、水泥用量少,但适用的门窗洞口跨度不超过1.8 m,且当过梁上有集中荷载、建筑物有振动荷载以及在抗震设防地区建造的建筑物中,不宜采用。

(2)砖砌弧形拱和半圆拱

这种过梁也是采用立砖和侧砖相间砌筑形成,过梁部分的高度不应小于240 mm。弧形拱和半圆拱的最大跨度 l 与矢高 f 有关,f =(1/12~1/8)l时为2.5~3.5 m;f =(1/6~1/5)l时为3~4 m。

砖砌拱多用于清水砖墙。

(3)钢筋砖过梁

钢筋砖过梁是在门窗洞口上部平砌的砖缝灰浆中配置适量的钢筋,形成可以承受弯矩的配筋砖砌体,如图1-55所示。

钢筋砖过梁的砌筑方法与一般砖墙砌法一样,适用于清水砖墙,施工方便,但门窗洞口宽度不应超过2m。通常将 φ6 钢筋放置在第一皮砖和第二皮砖之间,也可以放置在第一皮砖下厚度为30 mm的砂浆层内,钢筋的根数不少于两根、间距不大于120 mm。钢筋伸入洞口两侧窗间墙每边不小于240 mm,且钢筋端部应做弯钩以利于锚固。洞口上部在相当于洞口跨度1/4的高度范围内(一般为5~7皮砖)用不低于M5的砂浆砌筑。

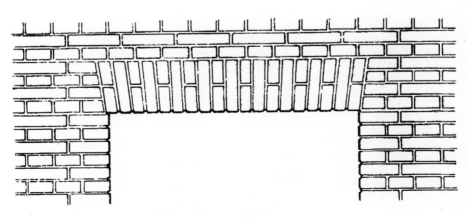

图1-54　砖砌平拱

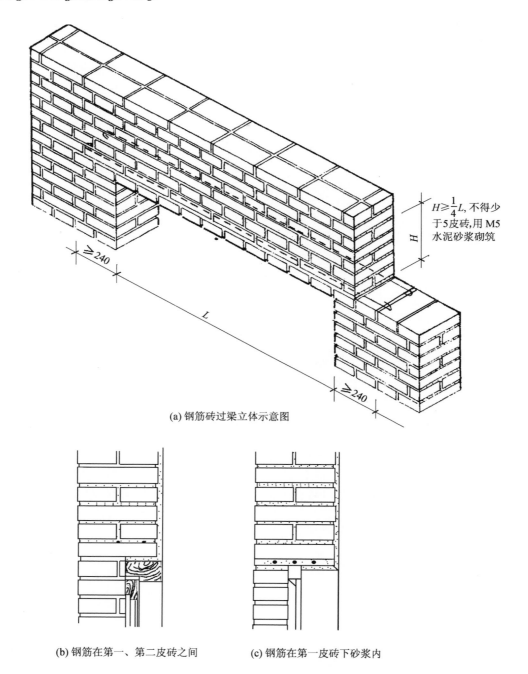

$H \geqslant \frac{1}{4}L$，不得少于5皮砖，用M5水泥砂浆砌筑

≥240

L

≥240

(a) 钢筋砖过梁立体示意图

(b) 钢筋在第一、第二皮砖之间　　(c) 钢筋在第一皮砖下砂浆内

图 1-55　钢筋砖过梁

(4)钢筋混凝土过梁

前边介绍过的砖砌过梁，尤其是无筋砖拱式过梁，对振动荷载、地基不均匀沉降和地震作用比较敏感，因此，对有较大振动荷载、可能产生不均匀沉降、抗震设防地区的建筑物或门窗洞口跨度较大时，应采用钢筋混凝土过梁。由于钢筋混凝土过梁坚固耐久，施工方便，并可适应较大洞口跨度的承载要求，已成为门窗洞口过梁的主要形式，特别是采用预制装配法施工还可以大大减少现场工作量，加快施工速度，其构件质量更有

保证，是目前广泛采用的门窗洞口过梁形式，如图 1-56 所示。

钢筋混凝土过梁的宽度一般应同墙厚，以利于承托其上部的砌筑墙体。在外墙上的门窗洞口处的过梁，有时考虑建筑立面的装饰效果或遮阳、挡雨的需要，其宽度会超过墙厚而形成向外侧的挑口过梁形式，如图 1-56(d) 所示；有时也会出现过梁宽度小于墙厚的情况，这种形式的前提条件是该种过梁能有效地承托起其上部的砌筑墙体，如图 1-56(c) 所示。钢筋混凝土过梁的高度在满足其自身刚度要求的前提下，应与墙体块材的规格和皮数相适应，例如，用于普通黏土砖墙上的过梁高度，应做成 60 mm、120 mm、180 mm、240 mm 等，即相当于一、二、三、四皮砖的高度。钢筋混凝土过梁伸入洞口两侧窗间墙内每侧不应少于 240 mm。

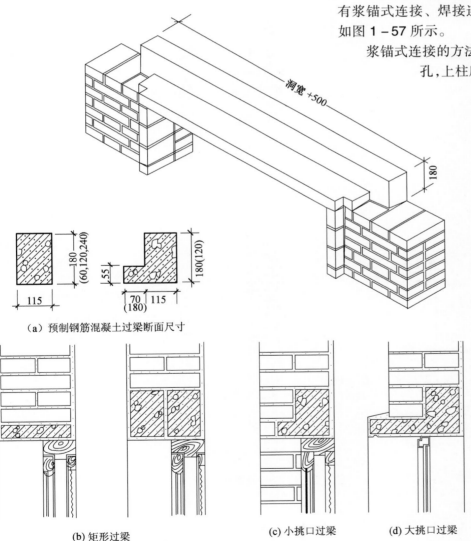

（a）预制钢筋混凝土过梁断面尺寸

（b）矩形过梁　　　（c）小挑口过梁　　　（d）大挑口过梁

图 1-56　预制装配式钢筋混凝土过梁

1.3.2.2　钢筋混凝土结构构造

在大型公共建筑、工业建筑以及高层建筑和超高层建筑的结构竖向分系统（柱及结构墙体）的设计中，砌体结构由于其材料在强度和结构整体性等方面的劣势而无法应用，以钢筋混凝土结构(或钢结构)取而代之。

钢筋混凝土结构连接构造的基本要求，就是要保证作用在建筑物上的各种荷载在结构系统各连接构件之间的有效传递（需通过满足各结构构件的承载能力要求和抗变形要求来实现这种传递），保证结构的整体性和结构构件及其连接部位的延性。

有关现浇钢筋混凝土结构竖向分系统满足以上基本要求的构造做法及其基本原理，可参看 1.2 节中的相关内容。

预制钢筋混凝土柱的节点连接做法，常见的有浆锚式连接、焊接连接和迭压整体式连接等，如图 1-57 所示。

浆锚式连接的方法是，下柱顶部预留有浆锚孔，上柱底部预留有插筋，上柱吊装对位使插筋插入浆锚孔后，在孔内灌入高强快硬膨胀砂浆，如图 1-57(a) 所示；焊接连接的方法是，上柱与下柱利用预埋铁件和附加连接钢板通过焊接的方式进行连接，如图 1-57(b) 所示；迭压整体式连接的方法如图 1-57(c) 所示，这是一个柱与梁之间装配整体式的连接做法，先将主梁（即承重梁）和次梁（即联系梁）搭放在下柱柱顶之上，将梁截面下部的受拉钢筋搭接在一起并焊接牢固，在梁截面高度空间内加设柱的箍筋，然后安放楼板，穿放梁截面上部的负弯矩钢筋，并浇筑混凝土至梁、板顶面的位置。同时在浇筑的混凝土顶面中心的位置预设与上柱焊接连接用的埋件，待混凝土达到设计要求的强度后，吊放上柱，并在上、下柱之间的预埋件和纵向受力钢筋处进行焊接，最后绑扎箍筋并再次浇筑混凝土，此节点连接完成。

预制钢筋混凝土墙板的节点连接做法，常见的有焊接连接、螺栓连接和装配整体式连接等，如图1-58所示。焊接连接的方法是，通过连接钢板（筋）将相邻墙板上的预埋铁件焊接起来，如图1-58(a)所示；螺栓连接的方法是，利用螺栓将相邻墙板通过预埋件和角钢等连接起来，如图1-58(c)所示；装配整体式的连接方法是，将相邻墙板上预设的环形钢筋在连接节点处环环相套，在环形钢筋内设置通长的竖向钢筋，并与环形钢筋（起箍筋的作用）绑扎或焊接，然后浇筑混凝土，形成起整体连接作用的"构造柱"，如图1-58(b)所示；对于上、下墙板及其与楼板和阳台板的装配整体式的连接方法，如图1-58(d)、(e)所示，将上、下墙板内的竖向受力钢筋在连接节点处搭接并焊接起来，将阳台板压墙肋梁后侧预设的环形钢筋及现场加设的箍筋环环相套，在环形箍筋内设置通长的水平纵向钢筋，并与箍筋、环筋及墙板内的竖向受力钢筋绑扎或焊接，并浇筑混凝土，形成起整体连接作用的"圈梁"，楼板端部的受力钢筋端头（即"胡子筋"）也锚固在装配整体式连接的节点混凝土之中。

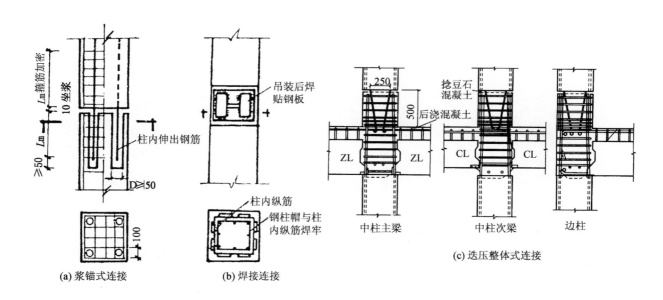

(a) 浆锚式连接　　(b) 焊接连接　　(c) 迭压整体式连接

图1-57　预制钢筋混凝土柱与柱（及梁）的连接

　　了解了建筑结构竖向分系统的柱、墙板采用预制装配式方法的连接构造后，建议读者回过头再去看一下1.2节介绍的建筑结构水平分系统的梁、板、楼梯构件等采用预制装配式方法的连接构造，并将两者做一个认真的比较，你会发现，两者在具体的做法形式上有一些不同，但它们在连接构造的基本原理上是完全一样的，而这也正是学习这门学科应该掌握的重点。

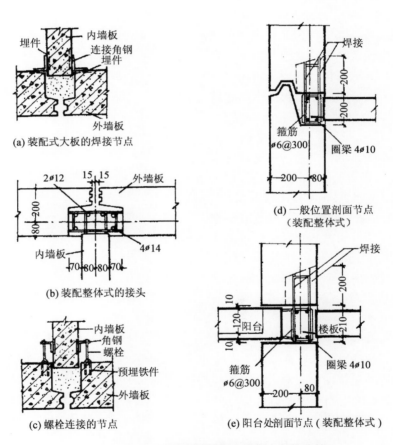

(a) 装配式大板的焊接节点

(b) 装配整体式的接头

(c) 螺栓连接的节点

(d) 一般位置剖面节点
（装配整体式）

(e) 阳台处剖面节点（装配整体式）

图 1-58　预制钢筋混凝土墙板之间的连接

1.4　基础与地下结构

1.4.1　基础与地基概述

基础是位于建筑物的最下部、直接作用在土层上并埋入土层中的承载构件。地基是在基础之下、承受由基础传来的建筑物荷载而发生应力和应变的土层。

1.4.1.1　基础、地基及其与荷载的关系

基础是建筑承载系统中最重要的一个组成部分，它承受作用在建筑物上的全部荷载，并将它们传递给地基。根据地基本身土的工程性质（即土的强度与变形特性等）的不同，地基承受荷载的能力是有差异的。在稳定的条件下，单位面积地基所能承受的最大压力，称为地基容许承载力，简称地耐力。当建筑物基础对地基的压力超过地基容许承载力时，地基将出现较大的压缩沉降变形，甚至地基土层会因滑动挤出而引起建筑物的倾斜和破坏。为保证建筑物的稳定和安全，必须采取相应的措施以限制基础底面处的压力不超过地基容许承载力。地基承受的由基础传来的压力是由上部建筑物至基础顶面的竖向荷载、基础自重以及基础上部土层的重力荷载组成，而全部这些荷载都是通过基础的底面传递给地基的。因此，当荷载一定时，加大基础底面积可以减少单位面积地基上所受到的压力。如果以 A 代表基础的底面积，N 代表传递至基础底面处的建筑物荷载，P 代表地基容许承载力，则可以写出如下的关系式：

$$A \geqslant N / P$$

从上式中可以看出，当地基容许承载力一定时，传至基础底面处的建筑物荷载愈大，需要的基础底面积也愈大；反之，当传至基础底面处的建筑物荷载一定时，地基容许承载力愈小，需要的基础底面积将愈大。在建筑设计中，可以根据建筑物基础、地基及其与荷载之间的这种关系，调整和选择建筑方案。例如，当建筑物的建造场地已经确定（即地基容许承载力一定）时，可以通过调整建筑物的层数和每层的建筑面积，也就是说，通过调整传至基础底面处的建筑物荷载，来调整和确定建筑物基础的底面积大小；如果建筑物的设计方案已经确定（即传至基础底面处的建筑物荷载一定）时，则可以通过选择建造场地（如果可以选择的话）来选择不同的地基容许承载

力，从而调整和确定建筑物基础底面积的大小。

1.4.1.2　地基的分类和地基加固

从工程设计的角度，一般将地基分为天然地基和人工地基两大类。

天然地基是指具有足够的承载能力、可以直接在其上建造基础的天然土层。岩石、碎石、砂石、黏性土等，一般均可作为天然地基。人工地基是指当天然土层的承载力不能满足承载的要求，即不能在其上直接建造基础，必须对这种土层进行人工加固以提高其承载能力，这种经过人工加固的地基叫做人工地基。淤泥、淤泥质土、各种人工填土等，一般都具有孔隙比大、压缩性高、强度低的特性，必须对其进行不同的人工加固处理后，才有可能作为建筑物的地基使用。

建筑工程中常采用的人工加固地基的方法主要有压实法、换土法和桩基。

1）压实法

土的压实法是采用重锤、压路机、振动压实机等压实机械对地基土层进行压实加固以提高其承载力的方法。其基本原理是，通过减小土颗粒间的孔隙，把细土粒压入大颗粒间的孔隙中去，并及时排去孔隙中的空气，从而增加土的密实度，减少土的压缩性，达到提高地基承载力的目的。

压实法加固地基的优点是，不需增加额外的建筑材料，对提高地基承载力收效较大。压实法常用于处理由建筑垃圾或工业废料组成的杂填土地基，以及地下水位以上的黏土、砂类土和湿陷性黄土等。

在建筑物施工开挖基坑后，为了使土层的表面平整并改善直接支承基础的持力层的表面松软状况，常采用轻便工具，如木人、石碾、蛙式打夯机等，对原土进行夯打压实，有时还会在面层铺上 50 ~ 150 mm 厚的碎石或砾石进行夯打，将表面浮土挤紧。这种压实方法的目的主要是对土的表面进行压实处理，其有效压实深度约为 200 mm，一般用来作为保证地基质量的措施，不能提高地基的承载力。

2）换土法

当地基持力层比较软弱，或部分地基有一定厚度的软弱土层，如淤泥、淤泥质土、冲填土、杂填土或其他高压缩性土层构成的地基，这种地基土质无法通过压实达到提高承载力的目的，这时可将软弱土层的部分或全部挖去，然后回填以强

度较大的砂、碎石或灰土等,并夯至密实,这种方法称为换土法。

一般情况下,换土法填入的是无黏聚性的松散材料,其传力性能不同于砖、石砌体,或有胶凝材料的混凝土固体基础。这些松散材料是被基坑侧面土壁所约束,借助于骨料颗粒相互咬合嵌固而获得一定的强度和稳定性的。因此,换土后地基的承载力大小,不仅与所用材料本身的强度、厚度以及下卧土层的强度有关,而且还与侧壁土的强度直接有关。

换土法处理地基的特点是,能够充分利用地方材料,节约钢材、木材、水泥等三材。换土法能减少基础沉降量,调整基础间的不均匀沉降,提高地基强度和稳定性,减小基础埋置深度。但由于砂或砂石属松散材料,主要由基坑侧壁的约束而起人工地基作用。因此,在建造之后,不宜在基础的四周挖沟打井。

3)桩基

当建筑物荷载很大或建筑物很高而地基土层较弱的情况下,采用浅埋基础不能满足地基承载力的要求,这时建筑物可以采用桩基,即通过柱形的桩,穿过深达十几米、甚至几十米的软弱土层,直接支承在坚硬的岩层上,这种桩称端承桩或柱桩;当软弱土层很厚,坚硬土层离基础底面很远,桩是借土的挤实、利用土与桩的表面摩擦力来支承建筑荷载的,这种桩称摩擦桩或挤实桩。图1-59为摩擦桩与端承桩的示意图。

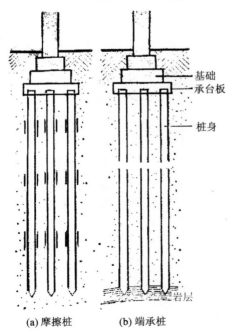

(a)摩擦桩　　(b)端承桩

图1-59　摩擦桩与端承桩

桩基具有承载力高、沉降量小而均匀等特点,能承受竖向荷载、水平荷载、上拔力及由机器产生的振动和各种动荷载的作用。但是,当地基上部为坚实土层、下部为软弱土层时,不宜采用桩基。

桩基主要采用的是混凝土桩和钢筋混凝土桩。按施工方法的不同,钢筋混凝土桩有预制桩和灌注桩两类。预制桩通常在构件厂或施工现场预制,借助打桩机打入土中。灌注桩是在现场采用钻孔机械钻孔成型并灌入混凝土后形成的。灌注桩根据桩头形状不同,又可分为有扩大头和无扩大头两类,如图1-60(d)所示。有扩大头的承载力较高。扩大头可以通过爆扩成型,也可以通过机械扩大成型。

桩一般由桩身和承台板或承台梁构成,桩身断面有方形、圆柱形及管形等,如图1-60(a)、(b)、(c)所示。桩身顶部应伸入承台板或承台梁不小于50 mm,并通过桩身内的钢筋伸入承台板(梁)以增强承台板(梁)与桩身的联系,以使建筑物的基础能够通过承台板(梁)传递荷载,使基础与桩身共同起作用。由于桩与基础的紧密联结,所以常称桩基础。

73

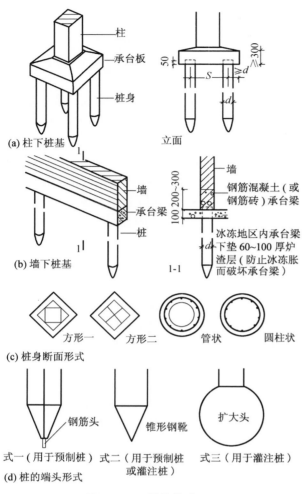

(a) 柱下桩基

立面

(b) 墙下桩基

1-1

墙
钢筋混凝土（或钢筋砖）承台梁
冰冻地区内承台梁下垫60~100厚炉渣层（防止冰冻胀而破坏承台梁）

方形一　方形二　管状　圆柱状

(c) 桩身断面形式

钢筋头
锥形钢靴
扩大头

式一（用于预制桩）　式二（用于预制桩或灌注桩）　式三（用于灌注桩）

(d) 桩的端头形式

图 1-60　桩的构成

桩可以是单根起作用，也可以是两根、三根或更多根成群组织在一起，其平面如图 1-61 所示，可以成行列式或交错式布置。

当地基加固深度较小（如 2~8 m）的情况下，也可以利用成群的短桩，将地基土挤实，称短桩法。短桩除了用混凝土、钢筋混凝土等材料外，还可利用各种廉价的地方材料，如砂、土、木、灰土、砖等。在北方寒冷地区，地基土冻结很深，如采用一般基础时，要求开挖大量土方，工程量大，工期很长，施工复杂，造价较高。如改用短桩法，特别是用爆扩短桩，可以大大减少基础工程的土方量，可以不必挖土或少挖土，不受气候条件的限制。爆扩短桩同样适用于地下水位较高的情况，具有较多的优越性。

1.4.1.3　地基、基础的设计要求

1)承载能力、稳定性和均匀沉降的要求

基础位于建筑物的最底部，是建筑物承载系统的重要组成部分，对建筑物的安全起着根本性的作用；而地基虽然不是建筑物的组成部分，但它直接支承着整个建筑，对整个建筑物的安全使用起着保证作用。因此，基础本身应该具有足够的承载能力来承受和传递整个建筑物的荷载，而地基则应该具有足够的地耐力和良好的稳定性，并保证建筑物的均匀沉降。

有些建筑物在施工过程和建造竣工之后出现倾斜，产生墙身或楼板层、屋盖的开裂，甚至造成严重的破坏。产生这类情况的原因，主要是由于地基土质分布不均，基础构造处理不当，使得建筑物产生过大的不均匀沉降所致。若要保证建

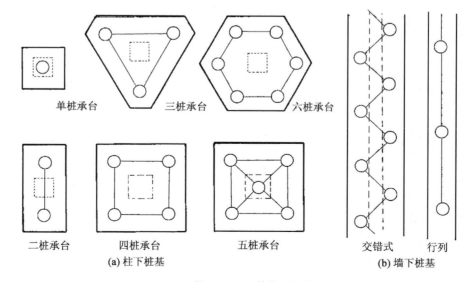

单桩承台　　三桩承台　　六桩承台

二桩承台　　四桩承台　　五桩承台

(a) 柱下桩基

交错式　行列

(b) 墙下桩基

图 1-61　桩的平面布置

筑物的安全和正常使用,必须要求有坚固的基础和可靠的地基,即要求地基和基础有足够的承载能力、良好的稳定性并保证均匀沉降的要求。同时,为避免建筑墙身或楼板层、屋盖可能的开裂,还应该要求地上部分的结构也具有足够的刚度,以便与地基和基础相互配合,共同作用。

2)耐久性的要求

基础是埋在地下的隐蔽工程,由于基础常年处在土的潮湿环境中,而且建成后的检查和加固既复杂又困难,因此,在选择基础的材料和构造形式等的时候,应与上部结构的耐久性和使用年限相适应,防止基础提前破坏,给整个建筑物带来严重的后患。

3)经济方面的要求

地基与基础工程的工期、工程量及造价在整个建筑工程中占有相当的比例,造价较低的所占比例不足 10%,而造价高的可达 40%甚至更多。一般多层砌体结构房屋,其地基、基础的造价约占总造价的 10%~20%。

当所选建筑基地的土质较差时,就必须对地基进行人工处理,对上部结构采取加固措施,或加大基础埋置深度,大量开挖土方,加长了工期,增加了地基、基础的工程量和造价。因此,建筑基地的选择与基础工程的设计是不可分割的。在选择建筑基地时,应尽可能避开暗塘、河沟以及不适宜作天然地基的基地。选择具有良好承载力的土层做地基,不仅可以减小地基的处理费用,还可以降低基础造价,保证建筑物的安全。

当建筑物的建造场地确定之后,如果选择不同的地基方案和采用不同的基础构造,其工程造价也将产生很大的差别。一般应尽可能选择良好的天然地基,争取做浅基础,采用当地产量丰富、价格低廉的材料和先进的施工技术,使地基和基础的设计符合经济合理的要求。

1.4.2 基础的埋置深度及其影响因素

房屋基础的设计,除了保证基础本身具有足够的承载能力以外,还应确定合理的埋置深度和基础底面宽度,并根据基础的埋置深度和基础底面宽度选择基础的材料和断面形式。

1.4.2.1 基础的埋置深度

基础的埋置深度,简称基础埋深,是指由室外的设计地坪至基础底面之间的距离。室外地坪分自然地坪和设计地坪,自然地坪是指施工建造场地的原有地坪,而设计地坪是指按设计要求工

程竣工后室外场地经过挖掉部分土层(或填垫部分土层)后的地坪。基础埋深是从室外设计地坪算起的,如图 1-62 所示。对于钢筋混凝土柔性基础,则应算至素混凝土基础垫层上表面。

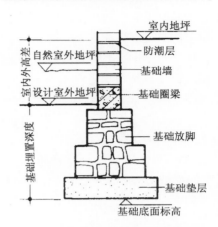

图 1-62 基础埋置深度

从基础的经济效果看,基础的埋置深度愈小,工程造价愈低。但基础底面以下的土层在受到压力后,会把基础四周的土挤出,如果没有足够厚度的土层包围基础,基础本身将产生滑移而失去稳定。另外,基础埋得过浅或把基础暴露在地面,易受外界的影响而损坏。所以,基础的埋置要有一个适当的深度,既要保证建筑物的坚固安全,又能节约基础的用材,并加快施工速度。一般来说,在没有其他条件的影响下,基础的埋置深度不应小于 500 mm。

1.4.2.2 影响基础埋置深度的因素

选择基础的埋置深度是基础设计工作中的重要环节,因为它关系到地基是否可靠、施工的难易及造价的高低。影响基础埋深选择的因素很多,但就每一项具体的工程来说,往往只是其中一二种因素起决定作用。设计时要善于从实际情况出发,首先抓住主要因素进行考虑。基础的埋置深度按下列影响因素确定。

1)与建筑物有关的因素

某些建筑物需要具备一定的使用功能或宜采用某种基础形式,这些要求常成为其基础埋置深度选择的先决条件。例如必须设置地下室或设备层的建筑物,需建造带封闭侧墙的筏式基础或箱形基础的高层或重型建筑,带有地下设施的建筑物、半埋式结构物或具有地下部分的设备基础等等。

位于土质地基上的高层建筑,由于其竖向荷

载大，又要承受风力荷载和地震作用等水平荷载，其基础的埋置深度应随建筑物的高度而适当加大，这样才能满足稳定性要求。位于岩石地基上的高层建筑，必须依靠基础侧面土体承担水平荷载，其基础埋置深度应满足抗滑要求。输电塔等受有上拔力的基础，应有较大的埋置深度以提供所需的抗拔力。烟囱、水塔和筒体结构的基础埋置深度也应满足抗倾覆稳定性的要求。

2）工程地质条件的因素

直接支承基础的土层称为持力层，其下的各土层称为下卧层。为了保证建筑物的安全，必须根据荷载的大小和性质给基础选择可靠的持力层。上层土的承载力大于下层土时，如有可能，宜取上层土作持力层，以减少基础的埋深。当上层土的承载力低于下层土时，如果取下层土为持力层，所需的基础底面积较小，但埋深较大；若取上层土为持力层，则所需的基础埋深较小而基础底面积较大。当基础存在软弱下卧层时，基础宜尽量浅埋，以便加大基底至软弱下卧层的距离。在选择基础埋置深度时，应根据建筑物的规模、特点、体型、刚度以及地基土的特性、土层分布情况等加以区别对待。一般有下列几种典型情况（如图 1－63 所示）。

①地基由均匀的、压缩性较小的良好土层构成，其承载力满足设计要求时，基础按最小埋置深度建造，见图 1－63(a)。

②地基由两层土构成，上面软弱土层的厚度在 2 m 以内，而下层为压缩性较小的好土层。这种情况一般应将建筑物基础埋置到下面的良好土层上，此时土方开挖量不大，既可靠又经济，见图 1－63(b)。

③地基由两层土构成，上面软弱土层的厚度

在 2~5 m 之间。在这种情况下，荷载较小，层数较少的建筑物应尽量将基础埋在表层的软弱土层内，并采用加大基础底面积的方案，以避免开挖大量的土方、延长工期和增加工程造价。与此同时，应根据具体情况采取措施加强上部结构的刚度。必要时，还可以采用换土法、压实法等较经济的人工加固地基的处理方法。对于荷载较大、层数较多的高大建筑物，则应将基础埋到下面的好土层上。见图 1－63(c)。

④如果地表软弱土层的厚度大于 5 m 时，建造轻型和层数较少的建筑物，应尽量利用表层的软土层作为地基。必要时，应采取措施加强上部结构的刚度或进行人工地基加固，如换土法、短桩法等。高大建筑物和带地下室的建筑物是否需要将基础埋到下面的好土上，则应根据表土层的具体厚度、施工设备等情况做经济比较后确定。见图 1－63(d)。

⑤地基仍由两层土构成，上层是压缩性较小的好土层，而下面是压缩性较大的软弱土层。在这种情况下，应根据表层土的厚薄来确定基础的埋深，如果表层土有足够的厚度，基础应尽可能争取浅埋，以保证有足够厚度的持力层，同时应注意下卧层软弱土的压缩对建筑物的影响，通过验算下卧层的应力和应变，确保建筑物的安全。见图 1－63(e)。

⑥当地基是由好土与弱土交替构成，或上面持力层为好土，而下卧层有软弱土层或旧矿床、老河床的时候，在不影响下卧层的情况下，应尽可能做浅基础。如建筑物较高大，持力层强度不足以承载的情况下，应做深基础，例如打桩法，将建筑物的荷载经过桩落在下面的好土层上。见图 1－63(f)。

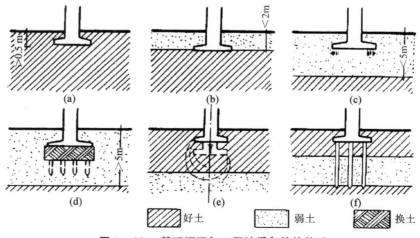

图 1－63　基础埋深与工程地质条件的关系

3）地下水位的因素

地下水对某些土层的承载力有很大影响，例如黏性土在地下水位上升时，将因含水量增加而膨胀，使土的承载力下降；当地下水位下降时，使土粒之间的接触压力增加，基础将产生下沉。为了避免地下水位的变化直接影响地基承载力，同时防止地下水对基础施工带来的麻烦，以及有侵蚀性的地下水对基础的腐蚀，一般基础应争取埋置在地下水位以上。如图 1-64（a）所示。

当地下水位较高，基础不能埋置在地下水位以上时，应将基础底面埋置在最低地下水位以下且不少于 200 mm 的深度，如图 1-64（b）所示。一般不应使基础底面处于地下水位变化的范围之内，以利减少和避免地下水的浮力和影响等。

埋在地下水位以下的基础，其所用材料应具有良好的耐水性能，如选用砖、石、混凝土、钢筋混凝土等。当地下水含有腐蚀性物质时，基础应采取各种防腐蚀措施，如涂以沥青等。另外，地下水的浮托力将引起基础底板的内力变化，轻型结构物由于地下水顶托而可能引起的上浮问题，在基础设计时均应引起注意。

胀现象主要与地基土颗粒的粗细程度、土结冻前的含水量、地下水位的高低有关。如碎石、砾砂、粗砂、中砂和含有大于 0.1 mm 颗粒占全重 75% 以上的细砂，这一类土的孔隙较大，水的毛细作用不显著，所以冻而不胀，或冻胀的现象很小，可以不考虑冻胀的影响。粉砂、轻亚黏土等颗粒细、孔隙小，容易产生毛细管作用，具有冻胀现象，应考虑其引起的不利影响。冻胀性土中含水量愈大，产生冻胀现象也愈大。当地下水位离冻结区较近（一般不足 1.5~2 m）时，由于土的毛细管作用，不断地把地下水吸到已冻结的土层当中，使冻结区内的水分得到补充，这种补充愈快，土层的冻胀现象愈严重。

当建筑物基础处在具有冻胀现象的土层范围之内时，冬季土的冻胀会把房屋向上拱起，到了春季气温回升，土层解冻，基础又会下沉，使房屋处于不稳定状态。地基土的冻胀与融陷一般是不均匀的，容易导致建筑物的严重变形，如墙身开裂，门窗倾斜而开启困难，甚至使建筑物遭到严重破坏。因此，基础应根据地基土的冻胀现象调整其埋置深度。如果地基土存在冻胀现象，特别是粉砂、轻亚黏土等，基础应埋置在冰冻线 200 mm 以下，如图 1-65 所示。

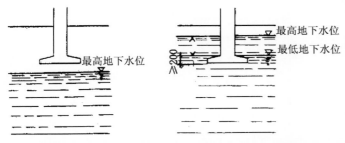

(a) 地下水位较低时的基础埋置位置　(b) 地下水位较高时的基础埋置位置

图 1-64　基础埋深与地下水位的关系

4）冰冻线的因素

冻结土与非冻结土的分界线，称为冰冻线。土的冻结深度主要取决于当地的气候条件。气温愈低和低温的持续时间愈长，冻结深度就愈大。因此，各地区的气温不同，冻结深度也不一样。如北京地区的冻结深度是 0.8~1 m，哈尔滨是 2 m；有的地区不会冻结，如广州、海南岛；有的地区则冻结深度很小，如上海、南京一带仅是 0.12~0.2 m。

土的冻结是否对建筑物产生不良影响，主要看土冻结后会不会产生严重的冻胀现象。土的冻

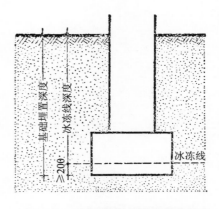

图 1-65　基础埋深与冰冻线的关系

5）场地环境条件的因素

基础埋置深度应大于因气候变化或树木生长导致地基土胀缩以及其他生物活动形成孔洞等可能到达的深度，除岩石地基外，不宜小于 0.5 m。为了保护基础，一般要求基础顶面低于设计地面至少 0.1 m。

对靠近原有建筑物基础修建的新基础，其埋置深度不宜超过原有基础的底面，否则新、旧基

础之间应保留一定的净距,其值依原有基础荷载和地基土质而定,且不宜小于该相邻基础底面高差的1~2倍,不能满足上述要求时,应采取适宜措施以保证邻近原有建筑物的安全。图1-66所示为一采取这种措施的做法实例,在原有建筑物旁边扩建房屋,两房屋紧紧相邻,新建筑物的基础埋置深度超过了原有建筑物的基础埋深,这就要求新、旧基础之间应保留相当于两基础埋深差1~2倍的净距离,如果采用常规的基础形式,这一要求是无法做到的。本例采用挑梁的方法,很好地解决了这一问题,避免了对原有建筑物基础的不利影响。

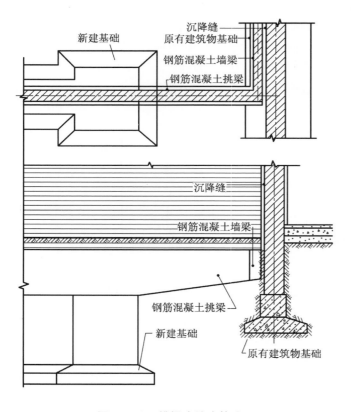

图1-66 挑梁式扩建基础

1.4.3 基础与地下结构的类型及构造

地基基础设计必须根据建筑物的用途和安全等级、建筑布置和上部结构类型,充分考虑建筑场地和地基岩土条件,结合施工条件以及工期、造价等各方面要求,合理选择地基基础的类型和方案,因地制宜、精心设计,以保证建筑物的安全和正常使用。

建筑物基础常用的材料有砖、石、灰土、混凝土、钢筋混凝土等,各种基础材料的物理和力学性能不尽相同,因而影响到基础的形式、构造和尺寸等方面的不同。另外,建筑物的基础还有深基础和浅基础之分。深基础埋置深度比较大,其主要作用特点是把所承受的荷载相对集中地传递到地基深部;而浅基础则是通过基础底面把荷载扩散分布于浅部地层。选择地基基础的类型和方案时,通常都优先考虑天然地基上不大的或简单的浅基础,例如沿结构墙体或逐柱设置的扩展基础(也称大放脚基础)等。因为这类基础埋置不深,用料较省,无需复杂的施工设备,在开挖基坑、必要时支护坑壁和排水疏干后,地基不加处理即可进行建筑,因而工期短、造价低。仅当这类基础难以适应较差的地基条件或上部结构的荷载、构造和使用要求时,才考虑采用大型的或复杂的浅基础,例如沿柱列或在整个建筑物下设置的连续基础。以桩基础为主要类型的深基础,由于建造成本较高、施工技术特殊等原因,应在进行认真全面的技术经济评价之后做出慎重的选择。

1.4.3.1 基础与地下结构的类型

1)按基础所用材料及其受力特点分类

(1)刚性基础(也称无筋扩展基础)

采用砖、石、灰土、混凝土等建造的基础,都属于刚性基础,这些材料建造的基础的共同点是,它们的抗压强度很好,但抗拉、抗弯、抗剪等强度却远不如它们的抗压强度。由于地基承载力在一般情况下低于结构墙体或柱等上部结构的抗压强度,故基础底面宽度要大于墙或柱的宽度,如图1-67所示,即$B > B_0$,地基承载力愈小,基础底面宽度愈大。当B很大时,往往挑出部分(即大放脚)也将很大。从基础受力方面分析,挑出的基础相当于一个悬臂构件,它的底面将受拉。当拉应力超过材料的抗拉强度时,基础底面将出现裂缝以至破坏。用砖、石、灰土、混凝土等刚性材料建造基础时,为保证基础不被拉应力和冲切应力破坏,基础就必须具有足够的高度。也就是说,对基础大放脚的挑出宽度 B_2 与高度 H_0 之比(称基础放脚高度比)进行限制,以保证基础的可靠和安全。刚性基础放脚台阶的宽高比允许值,详见表 1－12。

表 1－12   无筋扩展基础(刚性基础)台阶宽高比的允许值

基础材料	质量要求	台阶宽高比的允许值		
		$p_k \leqslant 100$	$100 < p_k \leqslant 200$	$200 < p_k \leqslant 300$
混凝土基础	C15 混凝土	1:1.00	1:1.00	1:1.25
毛石混凝土基础	C15 混凝土	1:1.00	1:1.25	1:1.50
砖 基 础	砖不低于 MU10、砂浆不低于 M5	1:1.50	1:1.50	1:1.50
毛 石 基 础	砂浆不低于 M5	1:1.25	1:1.50	—
灰 土 基 础	体积比为 3:7 或 2:8 的灰土,其最小干密度: 粉土 1.55 t/m³ 粉质黏土 1.50 t/m³ 黏土 1.45 t/m³	1:1.25	1:1.50	—
三合土基础	体积比 1:2:4 ~ 1:3:6(石灰:砂:骨料),每层约虚铺 220 mm,夯至 150 mm	1:1.50	1:2.00	—

注:①p_k 为荷载效应标准组合时基础底面处的平均压力值(kPa);
　　②阶梯形毛石基础的每阶伸出宽度,不宜大于 200 mm;
　　③当基础由不同材料叠合组成时,应对接触部分作抗压验算;
　　④基础底面处的平均压力值超过 300 kPa 的混凝土基础,尚应进行抗剪验算。

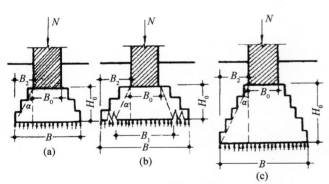

图 1－67   刚性基础受力分析

(a) 基础放脚宽高比在允许范围内,基础底面拉应力很小,未超过材料的抗拉强度,受力良好;

(b) 基础宽度加大,其放脚宽高比超过允许刚性角范围,基础因受拉开裂而破坏;

(c) 在基础宽度加大的同时,也增加基础高度,使基础放脚宽高比控制在允许范围之内

在刚性基础挑出的放脚部分,将其对角连线与高度线所形成的夹角称为刚性角,用 α 表示,如图 1－67(a)、(c)所示。基础放脚宽高比与刚性角有如下关系:

$$\frac{B_2}{H_0} = \mathrm{tg}\ \alpha$$

由此可见,限制基础放脚的宽高比,也可以说是限制基础的刚性角。因此可以说,凡是受刚性角限制的基础,称为刚性基础。刚性基础常用于一般地基承载力较好、压缩性较小的多层以下的中小型民用建筑以及墙承载的轻型厂房等。

(2)柔性基础

钢筋混凝土基础属于柔性基础。当建筑物的荷载较大、地基承载力较小时,基础底面积必须加大。如果仍然采用砖、石、灰土、混凝土材料做基础,由于基础刚性角的限制,势必会加大基础的高度和埋置深度,这样既增加了基础材料的用量,又使土方工程量大大增加,对工期和造价都十分不利。如果在混凝土基础的底部配以受拉钢筋,利用钢筋来承受拉应力,使基础底部能够承受较大的弯矩,这时,由于不受基础放脚宽高比的限制,基础底面积的增加不需要以加大基础高度和基础埋置深度为代价,基础的适应性就大大提高了。我们称钢筋混凝土基础这种不受刚性角限制的基础为柔性基础,如图 1-68 所示。

2)按基础的构造形式分类

从某种意义上来看,基础是结构墙体和柱的一部分,也就是说,基础是结构墙体和柱在地下的延伸部分,只是由于地基承载力相对较低,才使得结构墙体和柱在地下的部分形成了向外侧扩展的放脚形式。显然,基础的构造形式是与其上部的结构形式(墙或柱)分不开的,尤其是地基承载力比较高的天然地基,这种上、下部分的结构特征的一致性是十分明显的。但是,若地基承载力比较低的时候,就要通过扩大基础的底面积,以至形成各部分基础的连续和融合,以满足地基承载力和均匀沉降的要求。下面将分别介绍各种不同构造形式的基础类型。

(1)条形基础

条形基础主要用于墙承载结构中。当建筑物

上部的结构墙体延伸到地下时,基础沿墙体走向设置成长条形的形式,因而称为条形基础,如图 1-69 所示。这种基础空间刚度较好,可减缓局部不均匀下沉,常选用砖、石、灰土、三合土、混凝土等刚性材料建造。

(2)单独基础

单独基础主要用于柱承载结构中。当建筑物上部主体结构为框架结构或排架结构等柱承载结构时,基础常采用方形、矩形或圆形(均取决于柱的断面形式)的单独基础,如图 1-70 所示。单独基础是柱下基础的基本形式,常用的剖面形式有台阶形、锥台形、杯形等。单独基础的优点是土方工程量较少,便于管道穿过,节约基础材料。但各单独基础之间无连接构件,基础整体抵抗不均匀沉降的能力较差,因此,单独基础适用于地基土质均匀、建筑物荷载均匀的柱承载结构的建筑物。

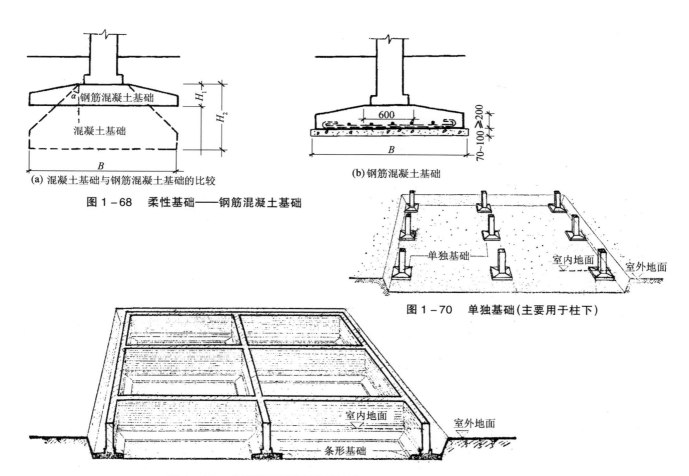

(a)混凝土基础与钢筋混凝土基础的比较

(b)钢筋混凝土基础

图 1-68　柔性基础——钢筋混凝土基础

图 1-70　单独基础(主要用于柱下)

图 1-69　条形基础(主要用于墙下)

(3)柱下条形基础

柱下条形基础是常用于软弱地基上框架结构或排架结构的一种基础类型。它可以用于地基承载力不足，需加大基础底面积，而配置柱下单独基础又在平面某个方向尺寸上受到限制的情况；尤其是当各柱的荷载或地基压缩性分布不均匀，且建筑物对不均匀沉降敏感时，在柱列下配置抗弯刚度较大的条形基础，能收到一定的效果。

柱下条形基础属于连续基础的一种类型。它可以沿柱列单向平行配置，称为柱下单向条形基础，如图1-71(a)所示；也可以双向相交于柱位处形成交叉条形基础，也称为柱下井格基础，如图1-71(c)、(d)所示。柱下井格基础适用于柱网下的地基软弱、土的压缩性或各柱荷载的分布沿两个柱列方向都很不均匀的情况，一方面需要进一步扩大基础面积，另一方面又要求基础具有足够的空间刚度以调整不均匀沉降，采用柱下井格基础就比较有效。如果柱下单向条形基础的底面积已能满足地基承载力的要求，只须减少基础之间的沉降差，则可在另一方向加设联梁，组成联梁式交叉条形基础，联梁不着地，但需要有一定的刚度和强度，否则作用不大，如图1-71(b)所示。

(4)整体式基础

整体式基础又称为满堂基础，包括筏式基础和箱形基础，属于连续基础的另一大类型。

● 筏式基础

当建筑物上部荷载较大，地基承载力较低，而柱下井格基础或墙下条形基础的底面积占建筑物平面面积较大比例时，可考虑选用整片的筏板承受建筑物的荷载并传给地基，这种基础形似筏子，故称筏式基础，如图1-72所示。

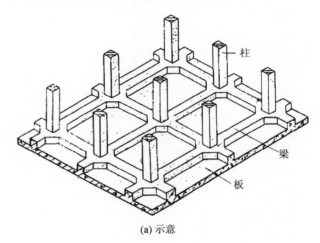

(a)示意

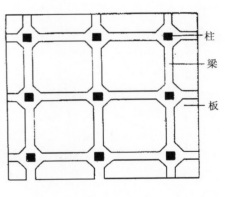

(b)平面

图1-72　筏式基础

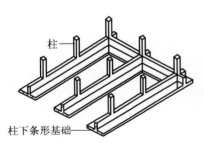

(a)柱下单向条形基础

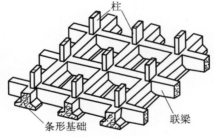

(b)联梁式交叉条形基础

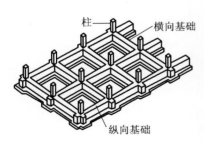

(c)柱下井格基础示意图

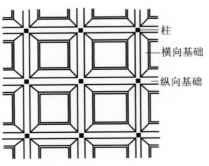

(d)柱下井格基础平面图

图1-71　柱下条形基础

筏式基础以其成片覆盖于建筑物地基的整个面积和完整的平面连续性为明显特点，它不仅易于满足软弱地基承载力的要求，减少地基的附加应力和不均匀沉降，还具有前述条形基础、单独基础、柱下条形基础等所不完全具备的良好功能。例如：能跨越地下浅层小洞穴和局部软弱层；提供地下比较宽敞的使用空间；作为水池、油库等的防渗底板；增强建筑物的整体抗震性能；能适应位于其上的工艺连续作业和设备重新布置的要求等等。但是，筏式基础也有其不足之处。例如：由于其自身平面面积较大，而厚度有限，因此，筏式基础只具有有限的抗弯刚度，无力调整过大的沉降差异，尤其是对土岩组合地基等软硬明显不均的情况，就须局部处理才能适应；由于它的连续性，在局部荷载下，既要有正弯矩钢筋，也要有负弯矩钢筋，还需要设置一定数量的构造钢筋，因此经济指标较高。

按所支承的上部结构类型划分，有用于砌体承载结构房屋的墙下筏式基础和用于框架结构或框架—剪力墙结构的柱下筏式基础。墙下筏式基础宜配置于不超过六层、结构横墙较密的民用建筑之下，这种基础一般采用一块厚度约为 200～300 mm 的平板，埋深很浅，当用于具有硬壳持力层（包括人工处理加固后形成的）比较均匀的软弱地基时，效果很好。柱下筏式基础如图 1-73 所示，按基础构造特点划分，有等厚度的板式筏式基础（如图 1-73(a) 所示）以及沿纵、横柱列方向的筏板顶面或底面加肋形成的肋梁式筏式基础（如图 1-73(b)、(c) 所示）。板式筏式基础一般在建筑物荷载不太大、柱网较均匀且柱距较小的情况下采用。

板式筏式基础的厚度不宜小于 200 mm，当柱荷载较大时，可将柱位下筏板局部加厚，即形成倒置的"柱帽"。肋梁式筏式基础的板厚不得小于 200 mm，且宜大于计算区段内最小板跨的 1/20。筏板厚度的取值应考虑板承受冲切荷载和剪切荷载的影响，筏板与肋梁的总高度的选定还与柱距有关。当建筑物荷载较大时，可在柱侧肋梁处加腋，以便承受较大的柱荷载引起的剪力。

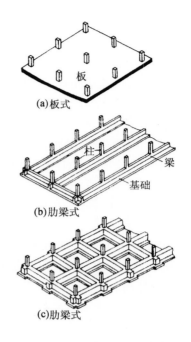

图 1-73　柱下筏式基础

在一般情况下，筏板边缘应伸出边柱和角柱外侧包线或侧墙以外，伸出长度不宜大于伸出方向边跨柱距的 1/4，无外伸肋梁的筏板，其伸出长度一般不宜大于 1.5 m。双向外伸部分的筏板直角应削成钝角。

● 箱形基础

箱形基础适用于软弱地基上的高层建筑、重型建筑或对不均匀沉降有严格限制的建筑物。它是一种由钢筋混凝土的底板、顶板和内外纵、横墙体组成的格式空间结构，如图 1-74 所示。

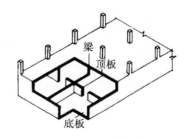

图 1-74　箱形基础

箱形基础宽阔的基础底面使地基受力层范围大大地扩展，较大的埋置深度和中空的结构形式使开挖卸去的土重抵偿了上部结构传来的部分荷载在地基中引起的附加应力，所以，与条形基础、单独基础、柱下条形基础等一般实体基础相比，箱形基础能显著提高地基稳定性，降低基础沉降量。

由现浇钢筋混凝土底板,顶板和内外纵、横墙形成的结构整体性使箱形基础具有比筏式基础大得多的空间刚度,用以抵抗地基土质或建筑物荷载分布不均匀引起的不均匀沉降和跨越不太大的地下洞穴,而建筑物却只发生大致均匀的下沉或很小的整体倾斜,而不引起上部结构中过大的次应力。此外,箱形基础的抗震性能也比较好。

箱形基础形成的地下室可以提供多种使用功能。冷藏库和高温炉体下的箱形基础有隔断热传导的作用,以防地基土的冻胀和干缩;高层建筑下的箱形基础可以作为设备层、库房、商店和人防之用。但是,由于内墙的分隔,箱形基础不如筏式基础那样可提供能充分、灵活地利用地下空间的条件,因而难以适应工业生产流程和提供停车场通道等方面的需要。

箱形基础从其底板底面到顶板顶面的高度应满足结构承载力、整体刚度和使用功能的要求,一般可取建筑物高度的 1/12~1/8,也不宜小于箱形基础长度的 1/8,并应不小于 3 m。

箱形基础的埋置深度,一方面应满足建筑物对地基承载力、基础抗倾覆及滑移稳定性以及建筑物整体倾斜等方面的限制要求;另一方面也受深基坑开挖极限深度、人工降低地下水位施工可能性以及对邻近建筑物基础的影响等因素的制约,一般可取等于箱形基础的高度,在地震区则不宜小于建筑物高度的 1/10。

箱形基础的平面尺寸应根据地基承载力、地基变形允许值以及上部结构的布局和荷载分布等条件确定;平面形状则应力求简单,以便获得较好的整体刚度。对单栋建筑物,在均匀地基条件下,建筑物竖向荷载合力作用点的水平投影位置应与基础底面的形心位置尽量重合,必要时,可以调整箱形基础的平面尺寸或仅调整箱形基础底板的外伸尺寸以满足要求,避免建筑物基础发生太大的倾斜。

箱形基础顶板、底板及墙身的厚度主要应根据其受力情况、整体刚度等方面的要求来确定。一般底板及外墙的厚度不小于 250 mm,内墙厚度不小于 200 mm,顶板厚度不小于 150 mm。

箱形基础外墙沿建筑物四周布置,内墙一般沿上部结构柱网和剪力墙的位置纵横均匀布置。平均每平方米箱形基础面积上的墙体长度不小于 0.4 m;墙体的水平截面面积不小于箱形基础面积的 1/10,其中纵墙配置量不小于总配置量的 3/5。门洞应尽可能开设在柱间中部,其面积不宜大于柱距之间的墙体面积的 1/6,并应在洞口四周加强配筋。

1.4.3.2 基础构造

1)刚性基础构造

刚性基础常采用砖、石、灰土、三合土、混凝土材料建造,根据这些材料的力学性质要求,在基础设计时,应严格控制基础放脚的挑出宽度与高度的比值,以确保基础底面不产生较大的拉应力,避免基础底面出现裂缝以至遭到破坏。另外,刚性基础常采用两种材料组合的形式,例如,砖、灰土基础,砖、混凝土基础等,在下面的基础构造做法介绍时,将按基础材料的不同分别介绍其构造做法和要求。

(1)毛石基础

我国石材产量丰富,尤其在产石地区,毛石基础有着广泛的应用。毛石基础是由石材和砂浆砌筑而成。由于石材抗压强度高,而且抗冻、抗水、抗腐蚀等性能均较好,同时由于石材之间的粘结砂浆也是耐水材料,所以,毛石基础可以用于地下水位较高、地基土层冻结深度较深的多层及多层以下的民用建筑中。

毛石基础的剖面形式多为阶梯形,如图 1-75 所示。基础顶面要比墙或柱每边宽出 100 mm,基础放脚每个台阶的高度不宜小于 400 mm,每个台阶挑出的宽度不应大于 200 mm,以确保符合基础放脚宽高比不大于 1:1.5 或 1:1.25(见表 1-12)的限制。当基础底面的宽度小于 700 mm 时,毛石基础应做成矩形截面的剖面形式。

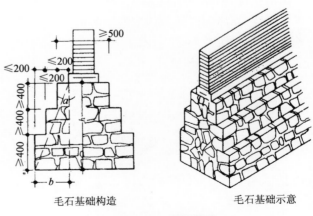

毛石基础构造　　　　毛石基础示意

图 1-75　毛石基础

(2)砖基础

砖基础中的主要材料为普通黏土砖,它具有取材容易、价格低廉、制作方便等特点。由于砖砌体的强度和整体性均较差,故砖基础多用于地基土质好、地下水位较低、五层及五层以下的砌体结构建筑中。

砖基础的剖面形式采用阶梯形、由下向上逐级内收的做法。为了满足刚性角的限制,其放脚挑出部分宽高比应不超过 1:1.5(见表 1-12)。根据砖的尺寸,砖放脚每级内收的尺寸为 60 mm(即 1/4 砖长)。砖放脚每级的高度有两种情况:一种为 120 mm(即两皮砖)与 60 mm(即一皮砖)间隔砌筑,称为"二一间收";另一种每级均为 120 mm(即两皮砖),称为"二二等收"。应该注意的是,不论哪一种砌法,最下边一级必须是 120 mm(即两皮砖)高,以确保满足刚性角的要求,如图 1-76 所示。

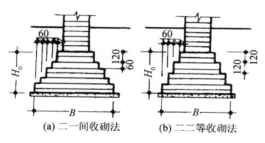

(a)二一间收砌法 　 (b)二二等收砌法

图 1-76　砖基础

(3)灰土基础和三合土基础

灰土基础和三合土基础一般多与砖基础结合形成组合材料基础,常在砖基础下形成灰土垫层或三合土垫层。这种基础的特点是比较节省砖、水泥等材料,造价低廉。但是,由于灰土和三合土的抗冻性、耐水性均很差,故只适用于地下水位较低、冰冻深度较浅的较低矮的低层建筑或多层建筑中,如图 1-77 所示。

灰土由粉状的石灰与黏性土(或粉土)加适量水拌合后经夯实而成,石灰粉与土的体积比以 3:7 为最佳。灰土第一层需虚铺 250 mm 厚,第二层虚铺 220 mm 厚,以后每层虚铺 200~210 mm 厚,每层分别夯实后的厚度均为 150 mm。一般就把每夯实一层的厚度(150 mm)称为一步灰土,两步灰土就是指夯实厚度为 300 mm。根据建筑物荷载大小和层数的多少,灰土基础常采用的厚度为两步或三步。

三合土基础是指采用石灰、砂、骨料(碎砖、碎石或矿碴),按体积比 1:3:6 或 1:2:4 加水拌合后经夯实而成。三合土基础的总厚度 H_0 大于 300 mm,基础宽度 B 大于 600 mm。三合土基础在我国南方地区应用比较广泛。

灰土基础与三合土基础的剖面形式均采用矩形,其挑出部分的宽度限制,应按表 1-12 中所列的基础台阶宽高比的允许值,根据其基础高度值计算确定。

(4)混凝土基础

混凝土基础具有坚固、耐久、耐腐蚀、耐水等特点,与前面介绍的几种基础相比,其允许的刚性角比较大。混凝土基础可用于地下水位较高、建筑物荷载较大的多层建筑中。

由于混凝土可塑性强的特点,其基础的断面形式可以做成矩形、阶梯形和锥形。为了施工的方便,当基础宽度小于 350 mm 时,多做成矩形;大于 350 mm 时,多做成阶梯形;当基础底面宽度大于 2 000 mm 时,还可以做成锥形,锥形断面能节省混凝土并减轻基础自重。混凝土基础最薄处的厚度不应小于 200 mm。混凝土基础放脚挑出部分的宽高比或刚性角应满足表 1-12 中有关部分的限制要求。混凝土基础的构造要求,见图 1-78 所示。

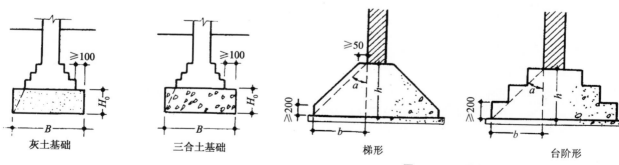

灰土基础　　　　三合土基础　　　　　梯形　　　　　台阶形

图 1-77　灰土基础和三合土基础　　　　**图 1-78　混凝土基础**

为了节约混凝土,常在混凝土中加入粒径不超过 300 mm 的毛石。这种做法称为毛石混凝土。毛石混凝土基础所用毛石的尺寸,不得大于基础底面宽度的 1/3,毛石所占的体积一般为总体积的 20%~30%。毛石在混凝土中应均匀分布。

2)柔性基础构造

钢筋混凝土柔性基础由于不受刚性角的限制,所以基础应尽量浅埋。在地基反力的作用下,钢筋混凝土柔性基础相当于一个承受均布荷载的悬臂构件,所以基础底板的截面高度可以逐渐向外减薄,但最薄处的厚度不应小于 200 mm。基础截面如做成阶梯形,每步台阶的高度为 300~500 mm。基础中受力钢筋的数量应通过计算确定。

为了使钢筋混凝土基础底面均匀传递对地基的压力,同时保证基础中的钢筋与地基土之间有足够的距离,以免钢筋锈蚀,并为现场绑扎基础钢筋提供一个平整干燥的工作面,常在基础下部采用强度等级为 C7.5 或 C10 的混凝土做垫层,垫层的厚度一般为 100 mm。当有垫层时,钢筋距基础底面的混凝土保护层厚度不宜小于 35 mm;若不设置垫层时,钢筋距基础底面的混凝土保护层厚度不宜小于 70 mm。钢筋混凝土基础有板式与梁板式的区别,如图 1-79 所示。

复习思考题

1.1. 建筑承载系统的基本功能是什么?

1.2. 什么叫直接作用?什么叫间接作用?它们各包含哪些不同的内容?

1.3. 建筑承载系统可以划分为哪两个分系统?各分系统分别包括哪些部分?各分系统的工作状况如何?

1.4. 常见的建筑结构材料有哪些?它们的物理力学性能如何?建筑设计时,如何选择和确定建筑结构的材料?

1.5. 对建筑承载系统有哪些基本要求?

1.6. 如何理解对建筑承载系统的基本要求既是对结构局部的要求,也是对结构整体的要求?

1.7. 常用的建筑结构有哪两大体系?它们各有哪些常见的结构类型?各有什么优缺点?

1.8. 分别对墙承载结构和柱承载结构在承受各种荷载(主要按竖向荷载和水平荷载划分)时的荷载传递路线做一个归纳整理,以期对各种建筑结构体系有一个完整清晰的认识和理解。

1.9. 了解和掌握各种建筑结构体系的基本构造要求,并在建筑设计的学习和实践中能够自觉和熟练地运用这些知识。

1.10. 如何理解建筑物中需要设置圈梁和构造柱(芯柱)的要求?

1.11. 为什么说圈梁不是梁、构造柱(芯柱)不是柱?圈梁和构造柱(芯柱)的作用是什么?如何设置圈梁和构造柱(芯柱)?

1.12. 建筑结构水平分系统都有哪些类型?其各自适用的条件是什么?

1.13. 什么叫单向板?什么叫双向板?能否把单向板和双向板的概念引申到整个建筑结构水平分系统中(比如主次梁结构与井字梁结构的

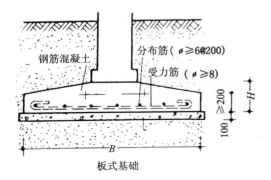
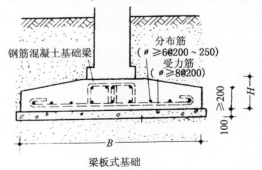

图 1-79　钢筋混凝土基础

关系)?谈谈你的理解。

1.14. 了解和掌握建筑结构水平分系统各构件的基本构造要求，并在建筑设计的学习和实践中能够自觉和熟练地运用这些知识。

1.15. 板式楼梯与梁板式楼梯有什么不同? 梁板式楼梯与梁板式楼板有什么相同之处? 屋架(桁架)与梁有什么相同点和不同点?

1.16. 坡屋顶结构系统有哪三大体系?

1.17. 檩式坡屋顶的结构类型有哪些? 它们各有什么特点?

1.18. 如何理解密肋板结构? 它的主要适用范围是什么?

1.19. 可以把建筑结构水平分系统的类型运用到竖向分系统中去吗?为什么?

1.20. 建筑结构水平分系统都有哪些结构布置形式?它们各自的优缺点和适用范围如何?

1.21. 钢筋混凝土结构主要有哪些施工建造方法?它们各自有哪些优缺点?

1.22. 了解和掌握各种不同施工建造方法的钢筋混凝土结构的连接构造要求。

1.23. 对于悬臂式水平分系统结构应注意什么特殊的问题? 解决这些问题的措施和方法有哪些?

1.24. 建筑结构竖向分系统的工作特点是什么? 这些特点在建筑物高度发生变化时会有哪些影响?

1.25. 建筑结构竖向分系统都有哪些类型?其各自适用的条件是什么?

1.26. 砌体结构的优缺点是什么?

1.27. 砌体(实体砖墙、空斗砖墙、空心砌块墙等)的组砌方式有哪些? 组砌的基本要求是什么?

1.28. 砌体结构都有哪些加固措施?

1.29. 砌体结构墙体中的门窗洞口过梁的作用是什么? 有哪些常见的过梁形式? 它们是如何构造的?

1.30. 如何区分地基与基础?

1.31. 如何理解地基、基础与荷载三者之间的关系?

1.32. 什么是天然地基? 什么是人工地基? 它们是可以互相转换的吗?什么情况下可以互相转换?

1.33. 人工加固地基有哪些常见的方法? 各种方法的适用条件是什么?

1.34. 对地基基础设计有哪些基本要求?

1.35. 什么叫基础埋置深度? 影响基础埋置深度的因素有哪些?

1.36. 什么是深基础?什么是浅基础?

1.37. 基础与地下结构都有哪些不同的类型?各种基础类型的特点、设计要求、适用条件如何?

1.38. 各种类型基础的构造做法和设计要求如何?

2 建筑围护系统

2.1 概述

2.1.1 建筑围护系统的基本功能

建筑围护系统是一个内容广泛的综合系统。它的基本功能就是要满足人们对建筑物的保温、隔热、防水、防潮、隔声、防火等方面的要求。也就是说，人们在建筑承载系统提供的一个在各类荷载作用下安全可靠的结构空间的基础上，还需要建筑物能满足人们在舒适性以及其他方面的一些特殊使用要求，建筑围护系统正是提供了实现这种要求的可能。

2.1.2 建筑围护系统的设计要求

建筑围护系统的设计，必须是一个系统的整体设计。例如，当我们做建筑保温设计的时候，我们的着眼点不应该仅仅是墙体的保温、门窗的保温、屋顶的保温等等这些局部的保温，而应该是从一个建筑物的整体角度去解决保温的问题，除了墙体、门窗、屋顶等各自局部的保温，还应该考虑各局部之间的结合部位的保温以及它们之间可能的相互作用和影响的问题等等。同理，建筑的隔热、防水、防潮、隔声、防火等方面的设计，也应该是一种系统的整体设计。换句话说，建筑围护系统的设计原则，应该是这个"围"字，是一个完整的、没有疏漏的"围"护设计。

在建筑围护系统的设计中，"结合部"的设计是设计的关键。所谓结合部，就是指不同的部位之间（如墙体与墙体中的门窗之间）、不同方向的表面之间（如墙面与屋面之间、墙面与楼面之间、墙面与地面之间）、不同材料的相连接处等，我们也常称这些结合部位为"节点"。以建筑防水为例，我们仅从墙面（包括墙体上的门窗）和屋面防水来看，这里涉及到不同的部位（墙体、门窗、屋顶等）、不同方向的表面（竖向的墙面、门窗以及水平方向的屋面）、不同的防水材料（墙面的灰浆或石材，门窗的玻璃及其框、扇材料，屋面的防水卷材等），应该说，在上述提及的不同部位的大面积表面的防水处理和构造措施，要相对简单得多（如玻璃、花岗石材、防水油毡等），而在它们的"结合部"，也就是墙体与门窗框之间、墙体与屋顶相交处的檐口部位等处，防水做法要复杂得多，出现问题的可能性也要大得多。从某种意义上来说，建筑构造设计就是"结合部"的设计，或节点设计。这一点应当引起我们足够的重视。

2.2 建筑防火构造及安全疏散

建筑防火设计是建筑设计的重要内容之一。人们在建筑物中从事各种生产、生活活动,经常是离不开火的。如果在建筑设计中忽视了防火设计,对可能发生的火灾不采取有效的预防措施,一旦发生火灾,就会造成大量的财产损失,甚至危及人的生命安全。因此,建筑设计人员必须十分重视建筑防火设计,在建筑设计工作中,认真做好预防火灾发生的各种措施,即使在火灾真的发生的情况下,也要能够尽量减少生命财产损失的程度。

建筑防火设计所涉及的方面和内容很多,主要包括以下一些内容:在城市规划设计、工厂总平面设计以及各类建筑设计中,贯彻防火要求;在建筑设计中,根据建筑物中生产活动或使用活动中火灾危险的特点,采用相应耐火等级的建筑结构和建筑材料,采取合理的防火构造措施,设置必要的防火分隔物;为在火灾一旦发生的情况下,迅速安全地疏散人员、物资等创造有利的条件;配备适量的室内、外消火栓及其他灭火器材,安装防雷、防静电、自动报警等安全保护装置。

由于课程内容和范围的限制,本书只重点介绍建筑防火构造及楼梯等防火疏散设施的设计原理和方法。

2.2.1 建筑防火构造要求

建筑构造设计应满足建筑物耐火等级的标准要求,也就是说要满足相应的耐火等级关于构件材料的燃烧性能及耐火极限的要求。具体标准要求详见绪论部分表 0-1、表 0-2、表 0-3 有关的内容。

建筑防火设计的一个重要原则,就是对建筑物进行防火分区,在各防火区域的相邻的部位设置耐火极限较高的防火分隔物,一旦发生火灾时,这些防火分区间的防火分隔物的设置,就可以有效地起到阻止火势蔓延的作用。

不同耐火等级建筑的允许建筑高度或层数、防火分区最大允许建筑面积应符合表 2-1 的规定。

表 2-1 不同耐火等级建筑的允许建筑高度或层数、防火分区最大允许建筑面积

名称	耐火等级	允许建筑高度或层数	防火分区的最大允许建筑面积(m²)	备注
高层民用建筑	一、二级	按 0.2.1.2 章节所述确定	1 500	对于体育馆、剧场的观众厅,防火分区最大允许建筑面积可适当增加。
单、多层民用建筑	一、二级	按 0.2.1.2 章节所述确定	2 500	
	三级	5 层	1 200	
	四级	2 层	600	
地下或半地下建筑(室)	—		500	设备用房的防火分区最大允许建筑面积不应大于 1 000m²。

注:①表中规定的防火分区最大允许建筑面积,当建筑内设置自动灭火系统时,可按本表的规定增加 1.0 倍;局部设置时,防火分区的增加面积可按该局部面积的 1.0 倍计算。
②裙房与高层建筑主体之间设置防火墙时,裙房的防火分区可按单、多层建筑的要求确定。

防火分隔物是针对建筑物的不同部位以及火势蔓延的途径而设置的。建筑物中防火分隔物的常见类型有：钢筋混凝土楼板，这是良好的水平防火分隔物；具有不少于3小时耐火极限的非燃烧体防火墙，这是主要的竖向防火分隔物；具有相应耐火极限的防火门，防火门是为交通联系的需要而在防火墙上设门以及封闭楼梯间或防烟楼梯间设置门的要求而采用的防火分隔物，其具体的材料燃烧性能和耐火极限标准应满足有关防火规范的要求；另外，还有防火窗、防火卷帘以及闭式自动喷水灭火系统等。

当相邻两栋建筑物之间的距离达不到防火间距的要求时，应设置无门窗的外墙防火墙，或采用室外独立防火墙，用以遮断对面的热辐射和冲击波的作用。

为了提高各种结构材料的耐火性能，就必须设法推迟构件达到极限温度的时间，其主要的方法是在构件表面设置相应的隔热保护层。另外，为减少火灾的危害，对一些装修材料也应采取适当的保护或限制措施。例如，钢材属于非燃烧材料，虽不燃烧，但在温度升高到300℃~400℃时，强度很快下降，达到600℃时，则完全失去承载能力，高温时遇水冷却也会发生变形，造成结构破坏、房屋倒塌的后果。所以，没有防火保护层等措施的钢结构是无法达到防火要求的；钢筋混凝土也属于非燃烧材料，有着较高的耐火性能，但是，钢筋混凝土是钢筋和混凝土的结合体，当温度低于400℃时，两者能够共同受力，温度过高时，钢筋变形过大，受力条件受到影响，这与钢筋的混凝土保护层的厚度有关，所以，混凝土保护层的厚度必须达到防火要求的标准；木材属于燃烧材料，目前在结构中极少采用；在建筑装修材料的选用上，也应充分考虑材料的耐火性能。有些材料，如塑料制品，虽有很多优点，如质轻、耐酸碱、不透水、便于加工成型等，但其耐火性能低，耐热性能差，实用的极限温度为60℃~150℃，在火场上，塑料熔化后到处流淌；易变形，刚性不足；发烟量大，在阴燃阶段，能放出很浓的烟，起火后多放出缕缕黑烟，程度不同地含有微量氧化氮、氢氰酸、醛、苯、氨等有毒气体或蒸气。因此，在选择装修材料时，应引起充分的重视。

2.2.2 楼梯设计

楼梯是建筑物中解决上下各层之间联系的交通设施。在有特殊要求的公共建筑和工业建筑以及一般高层建筑中，还要安装电梯等交通设施。但是，由于在发生火灾等意外事故时，井道升降式电梯无法作为疏散设施使用，所以，在设有电梯的建筑物中，也必须同时设置楼梯。显然，在建筑物中的所有垂直交通联系设施中，楼梯的设置和设计是十分重要的。楼梯设计要求坚固、耐久、安全、防火，做到上下通行方便，便于搬运家具物品，有足够的通行宽度和疏散能力。另外，楼梯设计还应注意美观方面的要求。

2.2.2.1 楼梯的组成

一般楼梯主要由楼梯段、楼梯休息平台、栏杆(板)扶手等部分组成，见图2-1。

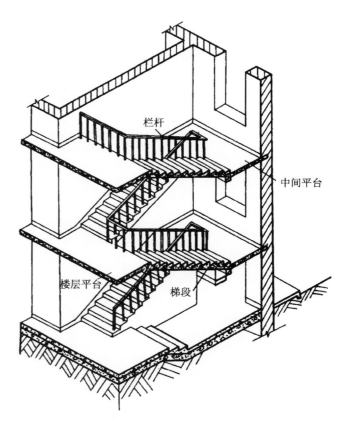

图2-1 楼梯的组成

1）楼梯段

由一组踏步组成、供各楼层之间上下行走的这一部位称为楼梯段。每个踏步是由踏面（供行走时踏脚的水平面部分）和踢面（相邻两踏面间高差的垂直面部分）组成的。习惯上，把一组连续踏步形成的一个楼梯段称为一"跑"楼梯段。

2）楼梯休息平台

楼梯休息平台是指连接相邻两跑楼梯段之间的水平部位，也简称楼梯平台。楼梯平台是用来供楼梯转折、连通某个楼层或供使用者在楼梯段上行走了一段距离之后稍事休息之用。根据其所处位置的不同，可以将楼梯休息平台分为两种情况：一种情况是平台的标高与某个楼板层标高相一致时，称为楼层休息平台；另一种情况是平台的标高介于两个楼板层（或其中一个为地坪层）标高之间，称为中间休息平台。在一个楼层的空间范围之内，可能只有一个中间休息平台，也可能有两个或两个以上的中间休息平台，当然也可能没有中间休息平台。

3）栏杆（板）扶手

为了保证在楼梯上的行走安全，在楼梯段的相应位置应设置供人抓扶或防止人跌落的栏杆（板）扶手。一般情况下，在楼梯段靠近梯井的临空一侧都要设置栏杆（板）扶手，称为临空扶手；当楼梯段宽度较宽时，除临空扶手外，还要在楼梯段的另一侧设置靠墙扶手；极个别的情况下，还有可能在楼梯段的中间部分设置一道栏杆扶手，就称为中间扶手。当一跑楼梯段两侧均与梯井相邻时，也会出现两侧均设置临空扶手的情况。而当一跑楼梯段两侧均为墙体时，也应至少在一侧设置靠墙扶手。

2.2.2.2 楼梯的形式

楼梯的形式多种多样。最常见的一类楼梯形式，是按一个楼层高度内的楼梯段跑数来划分的，有单跑楼梯、双跑楼梯、三跑楼梯、四跑楼梯等。相邻两跑楼梯可以是直线相连，也可以是曲尺形90°相连（当然可以大于90°或小于90°相连），还可以是折返式180°相连，在大型公共建筑中，还经常出现一些双分（合）式、剪刀式等组合形式的楼梯。另外，还有一类不按跑数来划分的楼梯形式，如弧形楼梯、圆形楼梯、螺旋楼梯等等。图2-2给出了一些楼梯形式的示意图。

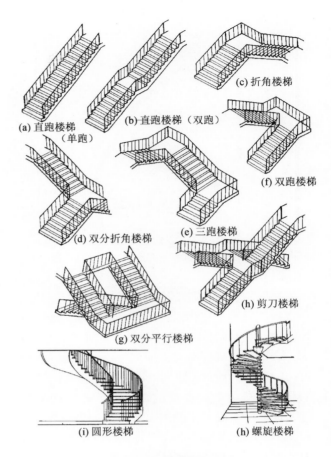

(a) 直跑楼梯（单跑）　(b) 直跑楼梯（双跑）　(c) 折角楼梯

(d) 双分折角楼梯　(e) 三跑楼梯　(f) 双跑楼梯

(g) 双分平行楼梯　(h) 剪刀楼梯

(i) 圆形楼梯　(h) 螺旋楼梯

图2-2　楼梯形式示意

2.2.2.3 楼梯的一般尺度及设计要求

1）对楼梯段的要求

对楼梯段而言，首要的问题是一个坡度的问题。一般地说，楼梯段的坡度越小越平缓，行走也就越舒适，但是却扩大了楼梯间的平面尺寸，增加了交通面积，进而增加建筑面积或减少使用面积。反之，楼梯段的坡度越大越陡，交通面积减少了，但是会使行走的舒适性甚至安全性降低。因此，在楼梯段坡度的选择上，应掌握好既使用方便又经济合理二者之间适宜的度。具体来讲，楼梯段的可用坡度范围为25°～45°，其中较为常见的在30°左右。例如，使用人数比较多的公共建筑中，其楼梯段的坡度多在26°～28°之间，居住建筑中的楼梯段，其坡度范围多在32°～36°之间，而在居住建筑中的户内私人使用的楼梯，坡度可达45°左右。对于专供老年人或幼儿使用的老年公寓或托儿所、幼儿园建筑中的楼梯段，其坡度则应该设计得更平缓一些。图2-3给出了楼梯以及爬梯、台阶、坡道等其他垂直交通设施的坡度范围参考值。

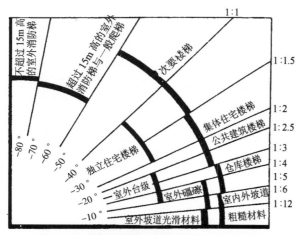

图 2-3 楼梯等垂直交通设施的坡度范围

表 2-2 楼梯踏步最小宽度和最大高度(mm)

楼梯类别	最小宽度	最大高度
住宅共用楼梯	260	175
幼儿园、小学校等楼梯	260	150
电影院、剧场、体育馆、商场、医院、旅馆和大中学校等楼梯	280	160
其他建筑楼梯	260	170
专用疏散楼梯	250	180
服务楼梯、住宅套内楼梯	220	200

实际上,当我们设计楼梯段的坡度时,并不是直接采用整个楼梯段的坡度(或角度)来进行计算的,因为这样做并不方便。不难证明,楼梯段上一个踏步的踢面高与踏面宽之比,就是该楼梯段的坡度值。因此,我们可以把确定楼梯段坡度的问题转化为确定楼梯段踏步尺寸的问题来处理。假设楼梯段踏步的踏面宽与踢面高分别为 b 和 h,下面的踏步尺寸经验公式可以作为其取值的依据:

$$b+2h=600\sim620(mm)$$

在这个公式中,600~620 mm 是成年人的平均步距值。在作为疏散用的公共楼梯的设计取值时,踏面宽 b 不应小于 250 mm,踢面高 h 不应大于 180 mm,或控制梯段坡度不宜大于 38°。《住宅设计规范》(GB50096—1999)(2003 年版)规定,楼梯踏步宽度不应小于 260 mm,踏步高度不应大于 175 mm。供少量人流通行的内部交通楼梯的踏步尺寸值可适当放宽,但是,其踏面宽 b 仍不应小于 220 mm,踢面高 h 不宜大

于 210 mm。各级踏步踢面高度 h 的取值均应相同。表 2-2 给出了常见建筑类型的楼梯段踏步尺寸的最小宽度和最大高度限值。

对于弧形楼梯、圆形楼梯这种踏步两端宽度不一,特别是内径较小的螺旋楼梯来说,为了行走的安全,往往需要将楼梯段的宽度适当加大。即当无中柱螺旋楼梯和弧形楼梯离内侧扶手中心 0.25 m 处的踏步宽度不应小于 0.22 m。

应该强调的一点是,疏散楼梯不应采用扇形踏步。

楼梯段的宽度也是应重点解决的问题之一。作为疏散楼梯,其最小宽度必须满足两股人流通行的要求,每股人流的通行宽度为 550+(0~150)mm,也就是说,应不少于 1 100~1 400 mm 的宽度。这实际上是疏散楼梯通行宽度的下限值,一部楼梯的实际宽度取值,应按防火及安全疏散的要求,根据"百人通行宽度"指标予以确定。

表 2-3 为剧院、电影院、礼堂等人员密集的公共场所观众厅的疏散内门和观众厅外的疏散外门、楼梯和走道各自最小疏散净宽度的指标。

表 2-4 为体育馆观众厅的疏散内门、疏散外门、楼梯和走道各自最小疏散净宽度的指标。

表 2-3 剧院、电影院、礼堂等场所每 100 人所需最小疏散净宽度 (m/百人)

观众厅座位数(座)			≤2 500	≤1 200
耐火等级			一、二级	三级
疏散部位	门和走道	平坡地面	0.65	0.85
		阶梯地面	0.75	1.00
	楼梯		0.75	1.00

注:有等场需要的入场门不应作为观众厅的疏散门。

表2-4　体育馆每100人所需最小疏散净宽度 （m/百人）

观众厅座位数范围（座）			3 000~5 000	5 001~10 000	10 001~20 000
疏散部位	门和走道	平坡地面	0.43	0.37	0.32
		阶梯地面	0.50	0.43	0.37
	楼梯		0.50	0.43	0.37

注：①本表中对应较大座位数范围按规定计算的疏散总净宽度，不应小于对应相邻较小座位数范围按其最多座位数计算的疏散总净宽度。对于观众厅座位数少于3000个的体育馆，计算供观众疏散的所有内门、外门、楼梯和走道的各自总净宽度时，每100人的最小疏散净宽度不应小于表2-3的规定。
②有等场需要的入场门不应作为观众厅的疏散门。

表2-5为除剧场、电影院、礼堂、体育馆外的其他公共建筑，其房间疏散门、安全出口、疏散走道和疏散楼梯的各自总净宽度指标。

表2-5　每层的房间疏散门、安全出口、疏散走道和疏散楼梯的每100人最小疏散净宽度（m/百人）

建筑层数		建筑的耐火等级		
		一、二级	三级	四级
地上楼层	1~2层	0.65	0.75	1.00
	3层	0.75	1.00	—
	≥4层	1.00	1.25	—
地下楼层	与地面出入口地面的高差 $\Delta H \leq 10m$	0.75	—	—
	与地面出入口地面的高差 $\Delta H > 10m$	1.00	—	—

注：①每层的房间疏散门、安全出口、疏散走道和疏散楼梯的各自总净宽度，应根据疏散人数按每100人的最小疏散净宽度不小于本表的规定计算确定。当每层疏散人数不等时，疏散楼梯的总净宽度可分层计算，地上建筑内下层楼梯的总净宽度应按该层及以上疏散人数最多一层的人数计算；地下建筑内上层楼梯的总净宽度应按该层及以下疏散人数最多一层的人数计算。
②地下或半地下人员密集的厅、室和歌舞娱乐放映游艺场所，其房间疏散门、安全出口、疏散走道和疏散楼梯的各自总净宽度，应根据疏散人数按每100人不小于1.00m计算确定。
③首层外门的总净宽度应按该建筑疏散人数最多一层的人数计算确定，不供其他楼层人员疏散的外门，可按本层的疏散人数计算确定。
④歌舞娱乐放映游艺场所中录像厅的疏散人数，应根据厅、室的建筑面积按不小于1.0人/m²计算；其他歌舞娱乐放映游艺场所的疏散人数，应根据厅、室的建筑面积按不小于0.5人/m²计算。
⑤有固定座位的场所，其疏散人数可按实际座位数的1.1倍计算。
⑥展览厅的疏散人数应根据展览厅的建筑面积和人员密度计算，展览厅内的人员密度不宜小于0.75人/m²。
⑦商店的疏散人数应按每层营业厅的建筑面积乘以表2-5.1规定的人员密度计算。对于建材商店、家具和灯饰展示建筑，其人员密度可按表2-5.1规定值的30%确定。

表2-5.1　商店营业厅内的人员密度（人/m²）

楼层位置	地下第二层	地下第一层	地上第一、二层	地上第三层	地上第四层及以上各层
人员密度	0.56	0.60	0.43~0.60	0.39~0.54	0.30~0.42

非疏散用的使用人数较少的内部楼梯的宽度可适当减少，但也不应小于900 mm。

每跑楼梯段的踏步数，应该有一个合理的范围，一般不应大于18步，也不应少于3步。超过18步，行走时会感到疲劳；少于3步，则易被忽视，有可能造成伤害。

连续相邻的楼梯段在平面上围合形成的空间，称为梯井。由于梯井部分的空间没有实际的使用功能，一般情况下，应尽量减少梯井宽度，以形成更多的有效交通面积。此外，过宽的梯井宽度，会使意外跌落造成更大的伤害，这一点对托儿所、幼儿园、中小学校等以幼儿、儿童少年为主的建筑的楼梯设计尤为重要。以双跑平行式的楼梯为例，一般来说，梯井宽度不宜超过200 mm。但是，对于公共建筑的疏散楼梯，考虑火灾发生时，可利用梯井空间向上吊挂消防水带，梯井的净宽不宜小于150 mm。

2）对楼梯休息平台的要求

楼梯休息平台是连接两个楼梯段的中间过渡部分，因而，其通行宽度的要求应该与对楼梯段通行宽度的要求相一致，也就是说，楼梯休息平台的通行宽度不应该小于楼梯段的通行宽度。当一部楼梯作为主要疏散楼梯，而其楼梯段的宽度又比较窄的时候（例如住宅楼的公共楼梯），楼梯休息平台的通行宽度还应该适当加大，以利于携带物品转弯通行以及家具、担架的搬运通过。另外，当楼梯休息平台通向多个出入口或者有门向平台方向开启时，楼梯休息平台的通行宽度也应该适当地加大，以防止碰撞或影响通行。

对于开敞式平面的楼梯，如图2-4所示，其楼层休息平台的宽度（即该平台与楼梯段的交线至走廊与楼梯间墙面转角处的距离）可以不受楼梯段通行宽度的限制，因为在这种情况下，人流通行所需的宽度，可借用走廊的宽度来满足。但是，这一楼层休息平台的宽度也不宜过小，考虑到从楼梯间进入走廊的人与走廊内行走的人或从走廊欲进入楼梯间的人可能发生的拥挤碰撞，此处宜留出500 mm左右的缓冲距离。

此外，对于不改变行进方向的中间休息平台，其平台的深度（即沿行进方向的平台尺寸）也

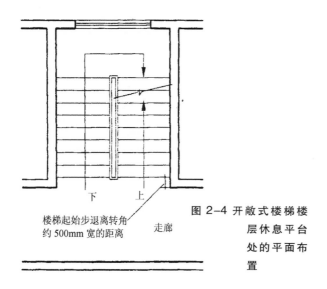

楼梯起始步退离转角
约500mm宽的距离

下　上

走廊

图2-4 开敞式楼梯楼
层休息平台
处的平面布
置

可不受楼梯段通行宽度的限制。

3)对栏杆(板)扶手的要求

楼梯栏杆(板)扶手的设计,首先要确定其扶手的高度。对于临空扶手,其高度的确定要考虑避免梯段上行走者的跌落;对于靠墙扶手和中间扶手,主要考虑行走者抓扶的方便。

根据成年男性平均身高尺寸,其身体重心的高度大约在1~1.05 m,防止跌落的扶手高度应不低于这一身体重心高度。考虑到楼梯段较大的坡度因素,楼梯段上的栏杆(板)扶手高度可做适当调整。具体的要求是,室内楼梯段上的扶手高度自踏步前缘线量起不宜小于0.90 m,靠楼梯井一侧水平扶手超过0.50 m长时,其高度不应小于1.05 m。室外楼梯的栏杆临空高度在24 m以下时,栏杆高度不应低于1.05 m,临空高度在24 m及24 m以上(包括中高层住宅)时,栏杆高度不应低于1.10 m,高层建筑的室外楼梯栏杆高度应再适当提高,但不宜超过1.20 m。主要供抓扶用的靠墙扶手和中间扶手的高度,可参照临空扶手的高度来确定。此外,对于托儿所、幼儿园等建筑的楼梯,可在上述做法的基础上,增设供儿童方便抓扶的附加扶手,其高度不应超过0.6 m。

楼梯扶手的设置要求是,应至少于楼梯段的一侧设扶手,当楼梯段净宽达三股人流时应两侧设扶手,达四股人流时应加设中间扶手。

对于托儿所、幼儿园、小学校等建筑以及其他有儿童活动的场所,其楼梯等的栏杆应采用不易攀爬的构造,若楼梯的梯井净宽大于0.20 m时,也必须采取安全措施。例如,可以采用不易攀

爬的栏板形式,或不在竖向栏杆之间设置水平的连接,栏杆之间的净距离不应大于110 mm,并可在扶手处设置防滑块,防止儿童攀滑而造成危险。

4)对通行净高的要求

楼梯的通行净高的要求,不但关系到行走的安全,有时还要涉及到楼梯休息平台下的空间利用以及通行的可能性。其控制标准是,楼梯平台上部及下部过道处的净高不应小于2 m,楼梯段处净高不应小于2.20 m。如果楼梯平台下部不做通道而做储藏空间时,其净高可适当降低,但也不宜低于1.90 m。

一般情况下,楼梯间各处的通行净高要求是不难满足的。但是,如果在楼梯间设置对外疏散的外门,其首层中间休息平台下的通行净高往往容易出现问题。一般的民用建筑,其层高多在3~4 m之间,住宅楼的层高还不足3 m,而在半层高度处的中间休息平台,其距首层地坪的高度只有1.4~2.0 m,再考虑到休息平台处的平台梁的结构高度及其面层做法的厚度,该中间休息平台下部的通行净高,可能只有1.2~1.7 m,显然难以满足基本的通行要求了。解决的办法主要有两个:首先,可以把楼梯间疏散外门处的室外台阶的一部分(室外应至少留100 mm高的一步台阶,以防止雨水倒灌入室内),移入到室内中间休息平台的平台梁内缘线以里300 mm以上的位置,以使休息平台下部的地坪标高降低而达到增加通行净高的目的。若此措施仍不能完全解决问题的话,第二个办法就是调整首层层高内各楼梯段的步数划分,增加第一跑楼梯段的步数(同时相应地减少第二跑楼梯段的步数),以使休息平台的标高提高(相应的平台梁的下皮标高也提高了)而达到增加通行净高的目的。一般情况下,在采取了上述办法之后,首层中间休息平台下部的通行净高问题就可以解决了。**应当注意的是,旧的问题解决了,有可能会引出新的矛盾,在采取上述办法进行设计时,必须同时兼顾变化后给上、下部分的空间带来的高度上的变化,以及由于增加了楼梯段步数相应地也就增加了楼梯段的水平投影长度而带来的平面进深尺寸上的变化等等。**

图2-5给出了楼梯间疏散外门处的通行净高设计示意。

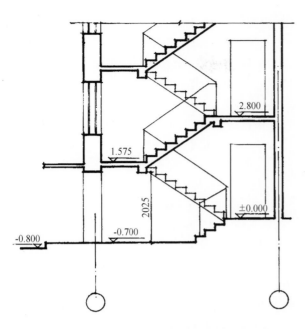

图 2-5　楼梯间疏散外门处通行净高设计

2.2.2.4　楼梯设计步骤和方法

掌握了楼梯的一般尺度及设计要求之后，就可以着手进行楼梯设计了。

楼梯设计是一个比较复杂的工作，要考虑的因素比较多，要通过设计确定下来的内容也非常多。简单地说，楼梯设计工作就是要根据建筑物的用途和使用功能以及建筑物的等级的不同，在一个特定的空间(楼梯间的开间、进深、层高尺寸所限定的空间)内，合理地设计确定出楼梯的平面形式、楼梯段的坡度、踏步的步数、踏面和踢面的

尺寸、楼梯段的宽度和长度、楼梯休息平台的宽度、梯井的宽度以及楼梯各部位的通行净高等。在建筑初步设计阶段，以上设计工作也会反过来进行，也就是说，根据建筑物的用途和使用功能以及建筑物的等级的不同，来确定楼梯的平面形式、坡度以及所有各部位的尺寸，并由此而确定该楼梯间的开间、进深、层高的合理尺寸。**需要注意的是，在这种情况下，楼梯间的开间、进深、层高尺寸一般都不能单独地确定下来，而要兼顾建筑物楼梯间以外的其他空间的开间、进深、层高的要求而综合起来予以确定。**

下面将通过具体的实例来讨论和介绍楼梯的设计步骤和方法。

1)实例一

某砖混结构多层教学楼，开敞式平面的楼梯间，其平面如图2-6所示。楼梯间的开间轴线尺寸为3 600 mm，进深轴线尺寸为6 000 mm，层高尺寸3 600 mm，室内外高差450 mm，楼梯间需设置疏散外门。楼梯间外墙厚360 mm，内墙厚240 mm，轴线内侧墙厚均为120 mm。走廊轴线宽2 400 mm。试设计此楼梯。

我们首先做一个基本的讨论和分析。

在具体地确定楼梯间各部位的尺寸之前，先来分析以下几个问题。第一，楼梯段的坡度要合理，本例教学楼为公共建筑，使用人数比较多，楼梯段的坡度不宜取得过大；第二，所有各部位尺寸的确定都应该是在楼梯间的净空间之内得到

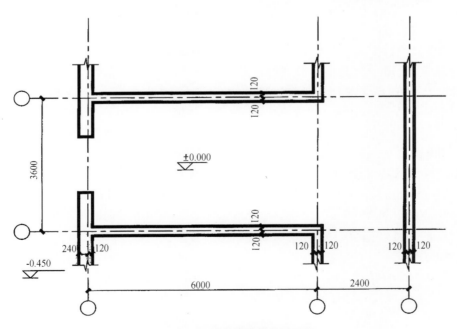

图 2-6　某教学楼楼梯间平面图

满足。因此,在开间和进深方向的尺寸计算要减去墙体的厚度,在通行净高的尺寸计算则要扣除平台梁的高度;第三,在解决首层中间休息平台下部的通行要求时,首先可采用将室外台阶移入室内的办法,但要特别注意的是,不可将全部台阶均移入室内,而应至少在室外保留一步高度不低于 100 mm 的台阶,以避免地面雨水倒灌室内;第四,注意楼层休息平台宽度取值的差别。开敞式平面的楼梯间与封闭式平面的楼梯间,由于在能否借用走廊的宽度来解决通行要求上的不同,其楼层休息平台宽度的取值标准也不一样。以上四点问题,在楼梯设计中常被忽视,在这里集中提出来做分析和讨论,以期引起设计者的足够重视。

为了使楼梯设计工作既快捷又合理,这里介绍一种设计方法,可以概括为"七步骤设计法"。七步骤设计法又可分为两个阶段,第一阶段为前四个步骤,主要是根据设计要求和以往的经验,事先确定(假定)一些楼梯的基本数据,为下一阶段的设计做准备工作;第二个阶段为后三个步骤,主要是在前四步设计的基础上,分别对楼梯间开间、进深、层高(通行净高)三个方向的布置进行验算,以检验第一阶段所假定的基本数据是否合理。验算结果合理,楼梯设计就此结束;如果验算结果不合理,就要重新调整前面所假定的基本数据,再按同样的设计步骤进行验算,直到出现合理的结果为止。

下面就以实例一为例,按七步骤设计法进行设计。

(1)确定(假定)楼梯段踏步尺寸 b 和 h

由于本例为教学楼,属于公共建筑,楼梯段的坡度不宜取得过大,参照表 2-2 中的学校建筑类型的数据,取踏面宽 $b=300$ mm,踢面高 $h=150$ mm。此时

$h/b=150/300=1/2$

$1/2$ 即为楼梯段的坡度,换算成角度即为 $26°34'$,是一个较为适宜的楼梯段坡度值。

(2)计算每楼层的踏步数 N

根据已知层高的条件和前已确定的踢面高尺寸,每楼层的踏步数

$N=H/h=3\ 600/150=24(步)$

(3)确定楼梯的平面形式并计算每跑楼梯段的踏步数 n

本例采用双跑平行式的楼梯平面形式。因

此,每跑楼梯段的踏步数

$n=N/2=24/2=12(步)$

每跑楼梯段 12 步踏步,少于 18 步,大于 3 步,符合基本要求。

(4)计算楼梯间平面净尺寸

根据所列的已知条件,参照图 2-6 的平面尺寸关系,可以得到如下尺寸。

开间方向的平面净尺寸:

$3\ 600-120×2=3\ 360$ mm

进深方向的平面净尺寸:

$6\ 000-120+120=6\ 000$ mm

(5)开间方向的验算

在楼梯间平面的开间方向净尺寸的范围之内,应布置两个等宽度的楼梯段和一个梯井,现取梯井宽度 $B_1=160$ mm,则楼梯段的宽度尺寸

$B=(3\ 360-160)/2=1\ 600$ mm

楼梯段宽度 1 600 mm 满足公共建筑楼梯段最小宽度限制的要求。

(6)通行净高的验算

如前所述,楼梯间内通行净高的验算,应重点检验首层中间休息平台处是否满足要求。按半层高度计算,首层中间休息平台的标高为 1.800 m,考虑平台梁的结构高度(平台梁高取 350 mm,是按其跨度的 1/10 左右并依据模数要求确定)后,平台梁下部的净空高度只有 1.450 m。这显然不能满足基本的通行要求。首先考虑利用现有的部分室内外高差,在室外保留 100 mm 高的一步台阶,其余 350 mm 设成两步台阶移入室内,这样,平台梁下部的净空高度达到 1.450+0.350=1.800 m。再考虑将首层高度内的两跑楼梯段做踏步数的调整,将原来的12+12 步调整为 14+10 步,第一跑增加的两步踏步使平台梁底的标高又增加了 150×2=300 mm,平台梁下部的通行净高达到 1.800+0.300=2.100 m,大于 2.000 m 的通行净高标准。将以上设计结果列成计算式,则有

$150×14+175×2-350=2\ 100$ mm

式中等号前的第一项 150×14 为第一跑楼梯段的垂直高度;第二项 175×2 为台阶从室外移入室内后所增加的净空高度;第三项 350 为应扣除的平台梁的结构高度。

为检验首层中间休息平台提高后,二层中间休息平台下部的通行净高是否满足要求,可采用上述同样的分析方法,列出如下计算式

150×12+150×10−350=2 950 mm

计算结果表明,其通行净高仍满足要求。

(7)进深方向的验算

在楼梯间平面的进深方向净尺寸的范围之内,应布置一个中间休息平台(宽度)、一个楼梯段(水平投影长度)和一个楼层休息平台(宽度)。前述设计结果已形成了三种楼梯段长度,即14步、12步、10步三种情况,如果取最长的14步楼梯段进行验算,其余两种情况将不成问题。

考虑中间休息平台处临空扶手由于构造关系会深入平台宽度方向一定的距离等因素,这里取中间休息平台宽度 $D=1\ 800$ mm,略大于楼梯段的宽度 $B=1\ 600$ mm,则楼层休息平台的宽度 D_1 可以由下式计算得出:

$$D_1=6\ 000−300×(14−1)−1\ 800=300\ \text{mm}$$

式中两个等号之间的第一项6 000为楼梯间平面进深净尺寸;第二项300×(14−1)为14步楼梯段的水平投影长度,之所以采用(n−1)的关系进行计算,是由平台与楼梯段的投影关系决定的;第三项1 800为中间休息平台的宽度。

计算结果表明,楼层休息平台的宽度为300 mm,可以起到与走廊通道之间一定的缓冲作用。

不难算出,当楼梯段的长度为12步和10步长时,其楼层休息平台处的缓冲宽度分别为300+(300×2)=900 mm 和 300+(300×4)=1 500 mm。

至此,楼梯间开间、进深方向及通行净高的验算结果全部合格,楼梯设计完成。

图2−7所示为本例设计结果的平面图和剖面图。

2)实例二

某单元式6层砖混结构住宅楼,封闭式楼梯间平面。开间轴线尺寸为2 700 mm,进深轴线尺寸为5 100 mm,层高尺寸为2 700 mm,室内外高差为800 mm,楼梯间首层设疏散外门。楼梯间外墙厚360 mm,内墙厚240 mm,轴线内侧墙厚均为120 mm。试设计此楼梯。图2−8为该住宅楼楼梯间平面示意图。

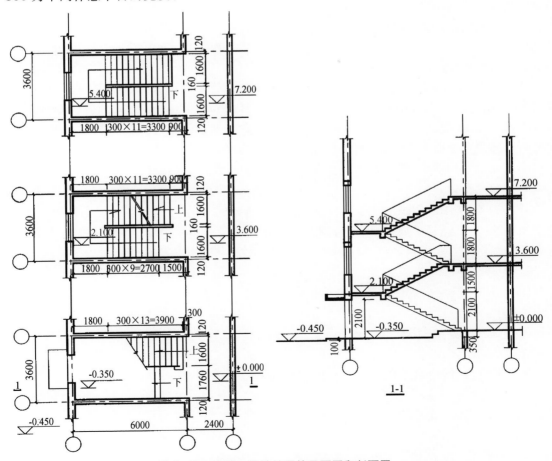

图2−7 实例一设计结果的平面图和剖面图

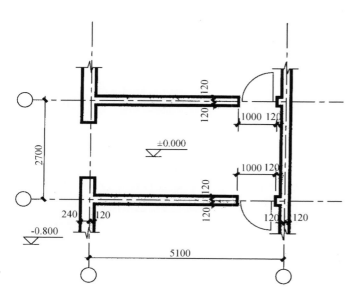

图2-8　某住宅楼楼梯间平面图

本例楼梯设计与实例一相比较,有两个明显的变化:一是本例为住宅楼,属居住建筑,实例一为教学楼,属公共建筑,两者在选择楼梯段的坡度时应该有所区别;二是本例楼梯间为封闭式平面,实例一为开敞式平面,两者这个差别会在楼梯设计的具体处理上有所不同。以上两点首先提出来,以期引起重视。下面,仍采用七步骤设计法来做具体的设计。

(1)确定(假定)楼梯段踏步尺寸 b、h

参照表2-2中的住宅建筑类型的数据,取踏面宽 $b=280$ mm,踢面高 $h=170$ mm。此时

$$h/b=170/280=0.607$$

此坡度值换算成角度即为31°16′,对于居住建筑的楼梯段来说,是一个比较适宜的坡度值。

(2)计算每个楼层的踏步数 N

$$N=2\,700/170=15.88(步)$$

由于楼梯段的踏步数必须是整数值,否则,会出现每个踏步踢面高 h 不等值的不合理现象,因此,取每楼层的踏步数 $N=16$ 步,并依此重新计算踢面高 h' 的数值以及楼梯段的坡度值。

计算结果如下:

$$h'=H/N=2\,700/16=168.75(mm)$$

$$h'/b=168.75/280=0.603$$

此坡度值换算成角度即为31°05′,仍在合理值范围之内。

(3)确定楼梯的平面形式并计算每跑楼梯段的踏步数 n

本例仍采用双跑平行式的楼梯平面形式。因此,每跑楼梯段的踏步数

$$n=N/2=16/2=8(步)$$

每跑楼梯段8步踏步,少于18步,大于3步,符合基本要求。

(4)计算楼梯间平面净尺寸

根据所列的已知条件,参照图2-8的平面尺寸关系,可以得到如下尺寸。

开间方向的平面净尺寸:

$$2\,700-120×2=2\,460(mm)$$

进深方向的平面净尺寸:

$$5\,100-120×2=4\,860(mm)$$

请注意本例与实例一在计算进深方向的平面净尺寸时有什么不同之处。

(5)开间方向的验算

取梯井宽度 $B_1=60$ mm,则楼梯段的宽度尺寸

$$B=(2\,460-60)/2=1\,200(mm)$$

楼梯段1 200 mm 的宽度满足居住建筑楼梯段最小宽度限制的要求。

(6)通行净高的验算

根据所列的已知条件,按半层高度计算,首层中间休息平台的标高为1.350 m,考虑平台梁的结构高度220 mm(按其跨度的1/12左右并依据模数要求确定)后,平台梁下部的通行净高只有1.130 m。为满足通行净高2.000 m的要求,首先将室外部分台阶移入室内,即在室外保留100 mm高的一步台阶,其余700 mm设成四步台阶并移入室内,这样,平台梁下部的通行净高达到1.130+0.700=1.830 m。再将首层高度内的两跑楼梯段的踏步数由原来的8+8步调整为9+7步,第一跑楼梯段增加的一步踏步使平台梁下部的通行净高又增加了0.170 m,达到1.830+0.170=2.000 m,符合通行净高的标准。将以上设计结果列成计算式,则有

$$168.75×9+175×4-220$$

$$=1\,998.75≈2\,000(mm)$$

对二层中间休息平台下部的通行净高的验算式列出如下:

$$168.75×8+168.75×7-220$$

$$=2\,311.25(mm)$$

计算结果表明,该处的通行净高仍满足要求。

(7)进深方向的验算

考虑到住宅楼建筑的楼梯通行宽度较窄,楼梯休息平台处搬运家具转弯等因素的需要,取中

间休息平台的宽度 D=1 350 mm,略大于楼梯段的宽度 B=1 200 mm,则三种不同长度的楼梯段(9 步、8 步、7 步)在楼层休息平台处的通行宽度 D_1 可由下列计算式分别得出。

首层平台处(9 步楼梯段):

$$D_1=4\ 860-280\times(9-1)-1\ 350$$
$$=1\ 270(mm)$$

二层及以上各层楼层平台处(8 步楼梯段):

$$D_1=4\ 860-280\times(8-1)-1\ 350$$
$$=1\ 550(mm)$$

二层楼层平台处(7 步楼梯段):

$$D_1=4\ 860-280\times(7-1)-1\ 350$$
$$=1\ 830(mm)$$

以上 3 种情况的计算结果表明,楼层休息平台的通行宽度(计算结果最小值为 1 270mm)既能满足不小于楼梯段通行宽度的要求,又能满足此处宽度为 1 000 mm 的住户门及门两侧 120 mm 长的门垛和一定的缓冲距离的设置的需要。

以上全部验算结果均符合要求,楼梯设计完成。

图 2-9 所示为本例设计结果的平面图和剖面图。

3)实例三

某多层砖混结构办公楼,开敞式楼梯间平面,其平面如图 2-10 所示。楼梯间的开间轴线尺寸为 5 400 mm,进深轴线尺寸为 5 400 mm,层高尺寸为 3 600 mm,楼梯间不设疏散外门。楼梯间外墙厚 360 mm,内墙厚 240 mm,轴线内侧墙厚均为 120 mm。走廊轴线宽 2 100 mm。试设计此楼梯。

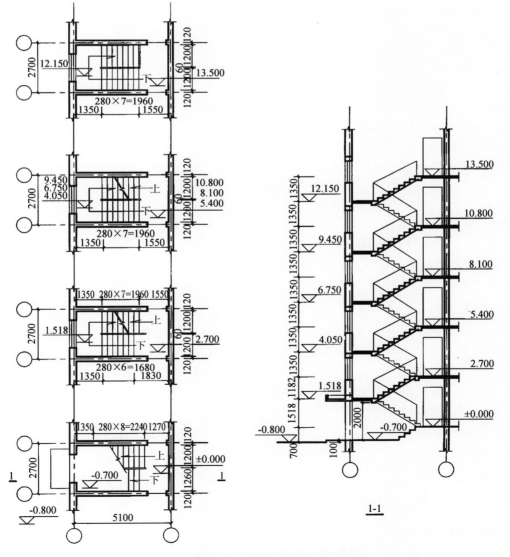

图 2-9　实例二设计结果的平面图和剖面图

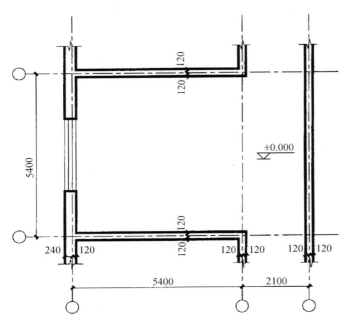

图 2-10 某办公楼楼梯间平面图

本例的条件规定不设置疏散外门,因此,不存在首层中间休息平台下部的通行净高问题。我们仍然可以采用七步骤设计法来进行设计,只是其中的第六步骤"通行净高的验算"可以省略掉了。

(1)确定(假定)楼梯段踏步尺寸 b、h

参照表 2-2 中的办公楼建筑类型的数据,取踏面宽 $b=300$ mm,踢面高 $h=150$ mm。此时,楼梯段的坡度为 1:2,角度为 26°34′,符合办公楼建筑的要求。

(2)计算每楼层的踏步数 N

$$N=H/h=3\,600/150=24(步)$$

(3)确定楼梯的平面形式并计算每跑楼梯段的踏步数 n

根据本例条件所给定的楼梯间平面形状,比较适宜的楼梯平面形式有三跑楼梯或双分平行式楼梯。本例采用三跑楼梯的平面形式进行设计。

如何来划分三跑楼梯段的踏步数呢?根据第二步的计算结果,每一楼层的踏步数为 24 步,从表面上看,三跑楼梯段可以按等长跑进行划分,即每跑 8 步,这样处理最为简单。当然,也可以按不等长跑来划分。但是,长跑、短跑如何确定,每跑步数如何分配,这些问题的选择确定以什么来做标准呢?我们来做一个简单的分析,根据三跑楼梯的平面形状来看,如果第二跑楼梯段采用相对较少的踏步步数的话,梯井所占的面积比例就

会比较小,在楼梯间平面面积已经确定的前提下,就会得到更多的实用交通面积,也就是说,楼梯段和休息平台可以得到更宽的通行宽度,这样的结果显然更加经济合理。因此,初步确定三跑楼梯段按 10+4+10(步)来划分,各跑的步数也符合每跑楼梯段踏步步数应在 3~18 步的范围之内这一标准要求。

(4)计算楼梯间平面净尺寸

根据所列的已知条件,参照图 2-10 的平面尺寸关系,可以得到如下尺寸。

开间方向的平面净尺寸:

$$5\,400-120×2=5\,160(mm)$$

进深方向的平面净尺寸:

$$5\,400-120+120=5\,400(mm)$$

(5)开间方向的验算

对于三跑楼梯的设计来说,开间方向的验算,仍然可以采用先确定梯井宽度,进而再求出楼梯段宽度的方法来进行。但是,与双跑平行式楼梯设计不同的是,三跑楼梯的梯井宽度 B_1 实际上就是第二跑楼梯段的水平投影长度,因此有

$$B_1=300×(4-1)=900(mm)$$

则第一跑和第三跑楼梯段的宽度尺寸

$$B=(5\,160-900)/2=2\,130(mm)$$

显然,2 130 mm 的楼梯段宽度尺寸是满足办公楼建筑楼梯段最小宽度限制的要求的。

(6)通行净高的验算

如前所述,此一步验算已经不必要了。

(7)进深方向的验算

与双跑平行式楼梯设计一样的是,仍然先来确定中间休息平台的通行宽度。对于三跑楼梯来说,有两个相同大小的中间休息平台,而且,中间休息平台的通行宽度 D 实际上就是第二跑楼梯段的通行宽度,也就是第一跑和第三跑楼梯段的通行宽度 B。因此,取中间休息平台的宽度 $D=B=2\,130$mm,则楼层休息平台的宽度 D_1 可以由下式计算得出:

$$D_1=5\,400-300×(10-1)-2\,130$$
$$=570(mm)$$

楼层休息平台 570 mm 的宽度是可以满足缓冲距离的要求的。

以上全部验算结果均符合要求,楼梯设计完成。

图 2-11 所示为根据本例设计结果而绘制的平面图和剖面图。

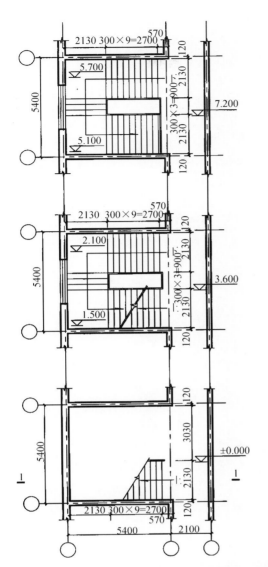

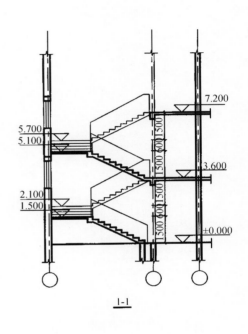

图2-11　实例三设计结果的平面图和剖面图

前面我们提到,根据实例三的具体条件,该楼梯也可以采用双分平行式的平面形式进行设计。下面,我们将按这种楼梯平面形式做一次设计,以期对两种不同平面形式的设计结果做一下比较。

(1)、(2)两步的内容同前,不再重复。

(3)楼梯平面形式已定,计算每跑楼梯段的踏步数 n。

双分平行式的楼梯平面,实际上可以看做是两部大小相同的双跑平行式的楼梯,以中间对称的形式组合在一起而形成的结果。因此,其设计过程与双跑平行式的楼梯有很多相近的地方,每跑楼梯段的踏步数

$$n = N/2 = 24/2 = 12(步)$$

(4)内容同前,不再重复。

(5)开间方向的验算。在双分平行式的楼梯平面中,有两个梯井,且中间主跑楼梯段的通行宽度一般应与两个副跑楼梯段通行宽度的和相等。现取每个梯井宽度 $B_1 = 180$ mm,则有如下通行宽度。

主跑楼梯段的通行宽度:

$$B = [5\,160 - (180 \times 2)]/2$$
$$= 2\,400(\text{mm})$$

副跑楼梯段的通行宽度:

$$B' = B/2 = 2\,400/2 = 1\,200(\text{mm})$$

这一计算结果可以满足楼梯段至少两股人流通行的基本要求。

(6)通行净空不必验算。

(7)进深方向的验算。在双分平行式的楼梯平面中,中间休息平台的通行宽度只要与副跑楼

梯段的通行宽度做比较就可以了。本例取中间休息平台的宽度 $D = 1\,500$ mm，大于副跑楼梯段的通行宽度 $B' = 1\,200$ mm。则楼层休息平台的宽度 D_1 可以由下式计算得出

$$D_1 = 5\,400 - 300 \times (12 - 1) - 1\,500$$
$$= 600\,(\text{mm})$$

楼层休息平台 600 mm 的宽度，完全可以满足其与走廊通道之间缓冲距离的要求。

以上全部验算结果均符合要求，楼梯设计完成。

图 2-12 所示为根据以上设计结果而绘制的平面图和剖面图。

比较以实例三的条件所做的两种方案的楼梯设计结果可以发现，两者的主要差别在于，在楼梯间平面面积相同的条件下，第二方案比第一方案获得了更多的通行和疏散所需的宽度（2 400:2 130）。两者有如此差别的原因，显然是由于第二方案减少了梯井投影面积的结果。当然，在选择楼梯的平面形式的时候，要考虑的影响因素还有很多，设计者应该在做好全面、综合分析的基础上决定取舍。

楼梯的设计是一个比较复杂的工作。通过以上各个楼梯实例的设计，我们介绍了一些在楼梯设计中解决各种问题的具体办法，这些当然不是各类问题解决办法的全部。例如，在解决首层中间休息平台下部通行净高不足的问题时，我们提出了将室外台阶移入室内以及调整首层高度内各楼梯段踏步数划分两种办法。实际上，在南方地区的住宅建筑中，常采用一种将首层两跑楼梯段改成一个直跑楼梯段的办法，由室外直接上到二楼，由于改直跑而取消了中间休息平台，所以也就不存在首层中间休息平台下部的通行净高问题了。首层楼梯段改成一跑直跑的形式后，因梯段太长，需延伸至室外，不利于楼梯间的保温要求，因而在北方地区采用这种办法的比较少见。设计者应该在不断的设计实践中，发掘和创造出更多更好的解决各类问题的办法。

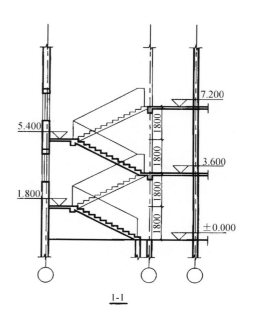

图 2-12 实例三第二方案设计结果的平面图和剖面图

由于篇幅的限制，我们的例题只涉及了一般两跑和三跑形式的楼梯设计问题。对于其他各种平面形式或者空间更为复杂的楼梯的设计问题，采用以上介绍的七步骤设计法进行设计，均能全面、快捷、合理地得到解决。

2.2.3 其他垂直交通设计

2.2.3.1 台阶与坡道

解决室内外高差造成的建筑出入口处的垂直交通过渡的办法，主要是靠设置台阶。考虑到有时一些人力车辆或机动车辆进出建筑物的需要，以及为方便下肢残疾的人、视觉残疾的人以及其他行动不方便的人进出建筑物，还经常同时设置坡道。在有些情况下，也会出现室内的台阶与坡道。下面将对台阶和坡道的设计做一介绍。

1）台阶设计

台阶的平面形式以矩形的最为常见，根据与建筑物出入口相连的道路及周围的环境情况，有单向上下的、两个方向（两侧或一前一侧）上下的以及三个方向上下的几种情况。也有一些台阶采用弧形或多边形的平面形式。

台阶的组成与楼梯相似，包括由一组踏步组成的高差过渡段和台阶平台两个主要部分。人流密集的场所台阶高度超过 0.70 m 并侧面临空时，应有抓扶及防止跌落的栏杆或护墙等防护设施。

出入口处的台阶位于建筑物的门面之地，是人流集散和内外过渡的地方，又多处在室外的环境中，其一般尺度及设计要求与楼梯相比略有不同。台阶的踏步部分的坡度选择，一般在 20°左右；踏步尺寸的选择，踏面宽度 b 一般取 300 ~ 400 mm，踢面高度 h 一般取 100 ~ 150 mm；连续踏步数一般不做下限的限制，但上限仍不应超过 18 步，若超过 18 步连续踏步，应在中间加设过渡平台。室内台阶踏步数不应少于 2 级，当高

差不足 2 级时，应按坡道设置。台阶平台的设置，主要是在台阶踏步与门口之间起到一定的缓冲作用，因此，要求台阶平台从外墙面向外侧延伸的宽度不得小于 1 000 mm；此外，为防止下雨时淋到台阶平台上的雨水倒流入室内，应将台阶平台做成向外倾斜 1 ~ 2%的坡度，有时还将台阶平台的标高处理成低于室内地坪标高 10 ~ 20 mm。台阶如需设置栏杆或护墙，其一般尺度及设计要求，可参照本节前面介绍的楼梯栏杆（板）扶手的要求进行设计。

2）坡道设计

一般情况下，在建筑物出入口处单独设置坡道的做法很少见，大多都与台阶同时设置，以使一般人员及车辆或行动不方便者进出建筑物各有其道。

坡道也是由坡段和平台（可与台阶平台合用）两部分组成，升高距离较大的坡道，也必须设置起安全防护作用的栏杆（板）扶手。

坡道的坡度一般在 1:6 ~ 1:12 之间，主要供机动车辆通行的坡道，坡度值可大一些，室内坡道不宜大于 1:8，室外坡道不宜大于 1:10，供残疾人通行的坡道的坡度不应大于 1:12。当坡度大于 1:8 时，必须做防滑处理，一般做成锯齿形表面或做防滑条，见图 2 - 13。室内坡道水平投影长度超过 15 m 时，宜设休息平台，平台宽度应根据轮椅或病床等尺寸及所需缓冲空间而定。对专供残疾人轮椅通行的坡道，除规定其坡度不大于 1:12 以外，同时还规定与之相匹配的每段坡道的最大高度为 750 mm，最大坡段水平投影长度为 9 000 mm，室内坡道的最小宽度为 900 mm，室外坡道的最小宽度为 1 500 mm，坡道两侧应设高度为 650 mm 的扶手。图 2 - 14 所示为供轮椅通行的坡道的平台所应具有的最小宽度。

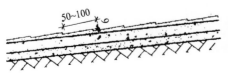

(a) 表面带锯齿形

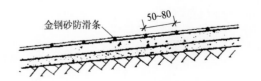

(b) 表面带防滑条

图 2 - 13 坡道表面防滑处理

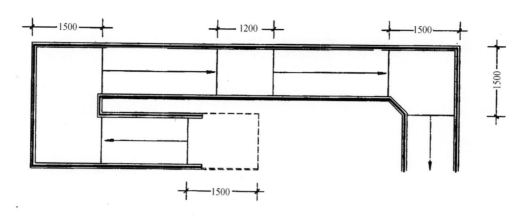

图 2−14　坡道平台的最小宽(深)度

2.2.3.2　电梯与自动扶梯

1)电梯设计

在高层建筑和许多多层公共建筑、工业建筑中,为了各楼层之间上下交通方便、快捷的需要,应设置电梯。电梯分乘客、载货两种类型。乘客电梯中,除普通电梯外,还有医院、疗养院等专用的病床电梯,宾馆、饭店和观览建筑中的观光电梯等;载货电梯中,有可同时搭乘相关人员的大型货梯,也有只能载货的小型杂物梯。图 2−15 为几种类型的电梯及井道平面示意图。不同厂家提供的电梯设备尺寸、运行速度以及对土建部分的要求都不相同,电梯设计时,应按厂家提供的电梯产品样本资料进行设计。

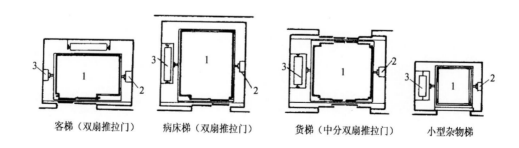

客梯（双扇推拉门）　　病床梯（双扇推拉门）　　货梯（中分双扇推拉门）　　小型杂物梯

图 2−15　电梯类型与井道平面
1−电梯轿箱;2−导轨及撑架;3−平衡重

电梯的土建部分主要包括电梯井道、底坑和机房等部分。下面将就这些部位的有关设计问题做一介绍。

(1)电梯井道

电梯井道是电梯运行的通道,井道内装有电梯轿箱、导轨、平衡重及缓冲器等,见图2－16所示。

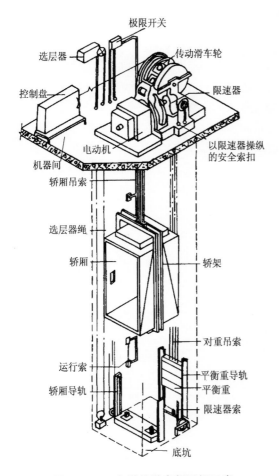

图2－16　电梯井道内部透视示意

电梯井道是穿通建筑物各楼层的垂直通道,火灾事故中,火焰及烟气容易在其中蔓延。电梯井井壁的耐火性能应满足建筑防火规范的要求,一般均采用钢筋混凝土的井壁材料。两部及两部以上电梯相邻布置时,每部电梯均应设置独立的电梯井道,井道内严禁敷设可燃气体和甲、乙、丙类液体管道,并不应敷设与电梯无关的电缆、电线等。电梯井井壁除开设电梯门洞和通气孔洞外,不应开设其他洞口。电梯井井壁设通气孔洞是因为要考虑电梯运行中井道内的空气流动问题,一般运行速度在2 m/s以上的乘客电梯,在井道的顶部和底坑应有不小于300 mm×600 mm的通气孔洞,当建筑物高度较高时,井道中部也可酌情增设通气孔洞。井道内为了安装、检修和缓冲的需要,应在井道的顶部留有必要的空间,一般是通过增加井道顶层的高度的办法来解决,根据电梯的类型、载重量以及运行速度的不同,顶层高度可达3 700～5 600 mm。此外,电梯门不应采用栅栏门。

(2)井道底坑

在电梯井道的底部,为了安装、检修设备并起到缓冲的作用而留出的空间,称为底坑。底坑的深度同样与电梯的类型、载重量以及运行速度有关,一般可达1 400～3 000 mm。井道底坑的四壁及底部均须考虑防水处理,消防电梯的井道底坑还应有排水设施。为便于检修,应在坑壁设置爬梯和检修灯槽,坑底位于地下室时,宜从侧面设置一检修用的小门。

(3)电梯机房

电梯机房一般设置在电梯井道的顶部,如图2－16所示,少数情况下,也有设置在底层井道旁边的,见图2－17。机房的平面尺寸应根据机械设备尺寸的需要以及管理和维修等的活动空间需要来决定,一般至少应在两个方向每边扩出600 mm以上的宽度,为了便于机械设备的安装和修理,机房的楼板应根据机械设备要求的部位预留孔洞,见图2－18。

电梯机房的高度一般取2.5～3.5 m。

图中标注:
极限开关
选层器
控制盘
传动滑车轮
限速器
电动机
以限速器操纵的安全索扣
机器间
轿厢吊索
选层器绳
轿厢
轿架
对重吊索
运行索
平衡重导轨
平衡重
轿厢导轨
限速器索
底坑

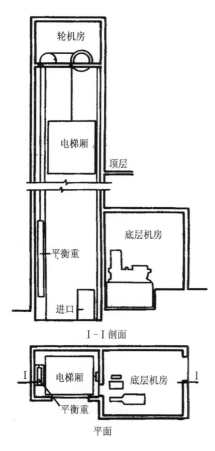

I—I 剖面

平面

图 2-17 底层机房电梯

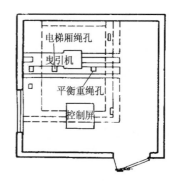

图 2-18 机房平面及预留孔洞示意图

2）自动扶梯

在火车站、客运码头、航空港、大型商场等人流量大的场所，经常装设自动扶梯，它是建筑物层间连续运输效率最高的载客设备。一般自动扶梯均可正、逆方向运行，停止运行时，还可作为临时楼梯使用。自动扶梯的平面布置，可以按单台设置，也可以布置成双台并列的形式，见图 2-19。双台并列布置时，一般都采用一台上行、一台下行的方式，以方便乘客的使用。

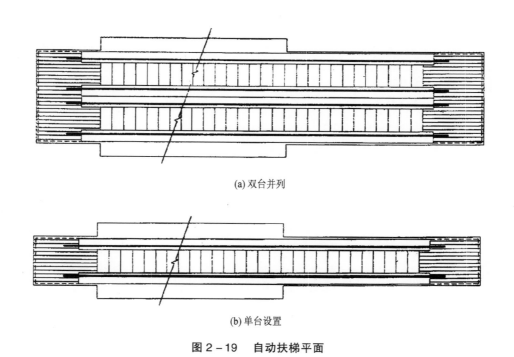

(a) 双台并列

(b) 单台设置

图 2-19 自动扶梯平面

在建筑物中设置自动扶梯时,上下连通层面积总和如超过防火分区的面积要求时,应按防火要求设置防火隔断或复合式防火卷帘封闭自动扶梯井。自动扶梯不得计做安全出口,设自动扶梯的建筑物仍应按防火规范规定的安全疏散距离设置疏散楼梯。自动扶梯的起止平台的深度,除满足设备安装尺寸外,应根据梯长和使用场所的人流,留有足够的等候及缓冲面积。扶梯栏板应平整、光滑和无突出物。栏板扶手与平行墙面间、扶手与楼板开口边缘间、相邻两平行梯的扶手间的水平距离,均不应小于 500 mm。

自动扶梯的机械装置和机房均设置在楼板下面,楼层下部做装饰外壳处理,底层则做底坑。在其机房上部的自动扶梯口处,应做活动地板,以利检修,底坑则应做防水处理,机房、梯底及机械传动部分,除留设检修孔和通风口外,均应以非燃烧体材料包覆。

图 2-20 为自动扶梯示意图。

表 2-6 给出了部分生产厂商的自动扶梯规格尺寸,可作为设计参考。

表 2-6 部分自动扶梯主要规格尺寸 (mm)

公司名称	中国迅达电梯公司 南方公司		上海三菱电梯 有限公司		天津奥的斯 电梯有限公司		广州市电梯 工业公司	
梯型	600	1000	800	1200	600	1000	800	1200
梯级宽(W)	600	1 000	610	1 010	600	1 000	604	1 004
倾斜角	27.3°、30°、35°		30°、35°					
运转形式	单速上下可逆转							
运行速度	一般为 0.5 m/s、0.65 m/s							
扶手形式	全透明、半透明、不透明							
最大提升高度(H)	600(800)型一般为 3 000~11 000;1000(1200)型一般为 3 000~7 000 (提升高度超过标准产品时,可增加驱动级数)							
输送能力	5 000 人/h(梯级宽 600,速度 0.5 m/s) 8 000 人/h(梯级宽 1 000,速度 0.5 m/s)							
电源	动力:380 V(50Hz)、功率一般为 7.5~15 kW 照明:220 V(50Hz)							

注:1. 自动扶梯一般应布置在建筑物入口处经合理安排的交通流线上。

2. 在乘客经常有手提物品的客流高峰场合,以选用梯级宽 1 000 mm 为宜。

3. 各公司自动扶梯尺寸稍有差别,设计时应以自动扶梯产品样本为准。

4. 条件许可时宜优先采用角度为 30°及 27.3°的自动扶梯。

5. 本表摘自《建筑设计手册》第二版第一册。

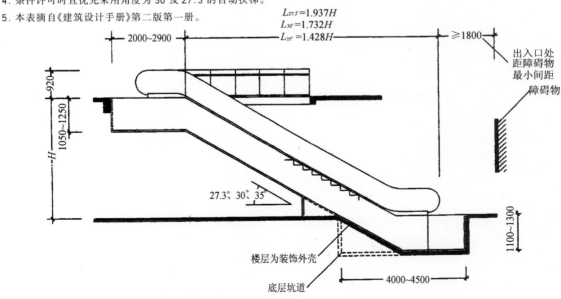

图 2-20 自动扶梯基本尺寸示意图

2.3　建筑防水构造

建筑物经常要与水发生关系。这些水中有相当一部分是直接从自然环境中作用于建筑物的，例如降雨、降雪，还有地下水等等；还有一部分水是为了满足方便人们在建筑物中进行各种生产、生活活动的需要而有意引入建筑物的，例如民用生活需要的上、下水系统；再有工业生产必需的给排水系统；更有专门与水直接发生关系的建筑，例如游泳池、水源厂、污水处理厂、水塔、储水池、冷却塔等等。水在满足人们的基本生存需求和各种日常需求的同时，也会给人们带来麻烦甚至危害的后果。建筑防水设计的目的就是，使人们充分享受水给予的各种方便的同时，避免水可能给人们带来的麻烦和危害。

2.3.1　建筑防水的部位

总的来说，所有可能与水发生接触的部位都应该进行建筑防水的处理。如果根据作用于建筑物的水的来源不同做一个区分的话，我们可以将建筑防水的部位分为三种类型。第一种部位主要是防御自然环境中作用于建筑物的水，这些部位基本包括了建筑物的全部外表面，具体说有屋面、所有的外墙面和外墙上的门窗，以及当建筑物设有地下室并且地下水位很高，已超过地下室地坪时的地下室的侧墙及底板；第二种部位主要是防御建筑物中生产、生活的用水，例如卫生间、厕所、浴室、用水生产车间等的楼面或地面以及部分内墙面；第三种部位主要是指游泳馆中的游泳池、水源厂和污水处理厂的储水池、炼钢炼铁厂的冷却塔等等，这类建筑主要是解决储蓄水结构的防渗漏问题。在本节中，主要介绍前两种部位的建筑防水构造。

2.3.2　建筑防水的材料

建筑物需要防水的部位很多，各部位的防水材料类型也很多。比较常见的建筑防水材料主要有以下几种。

2.3.2.1　柔性防水卷材

用柔性防水卷材做建筑物的防水，是将这类材料（有时是一层，有时不止一层）用粘结材料粘贴在需要防水的部位，以形成一定面积的封闭防水覆盖层。柔性防水卷材一般都具有一定的延伸性，这种特性使其防水层能更好地适应由于建筑物基层结构的变形以及外界自然环境因素、温度变化等引起的变形对防水材料的抗拉、抗裂等方面的要求。柔性防水卷材多用在屋面防水、地下室防水以及楼地面的防水等。

一直以来，油毡沥青是最常采用的柔性防水材料，这种防水材料的优点是造价较低，比较经济，且具有良好的不透水性和抗渗性能。但是，油毡沥青防水做法在施工时需要高温熔化沥青，造成环境的污染，且其材料的耐候性较差，低温时易变脆断裂，高温时易软化流淌，耐久性比较差，使用寿命比较短，一般不超过十年，甚至七八年就要重新翻修。为了改善这种状况，已经出现了一批新型的防水卷材，现简要介绍如下。

1）*沥青玻璃布油毡、沥青玻璃纤维油毡、石油沥青麻布油毡*

这几种油毡是以玻璃布、玻璃纤维、麻布等为胎的有胎浸渍卷材，其特点是抗拉强度高、柔韧性好、耐腐蚀性强，适用于防水性、耐久性、耐腐蚀性要求较高的工程、管道工程以及基层结构有较大变形和结构外形比较复杂的防水工程和部位。

2）*再生胶油毡*

再生胶油毡是一种无胎辊压卷材，它是用沥青与废橡胶粉混熔、脱硫后，掺入填充料混炼再经压延而成的。这种油毡延伸性强、低温柔性好、耐腐蚀性强、耐水性及热稳定性好，适用于屋面或地下结构做接缝和满堂铺设的防水层，尤其适用于基础沉降较大或沉降不均匀的建筑物变形缝处的防水处理。

3）*三元乙丙—丁基橡胶防水卷材*

三元乙丙—丁基橡胶防水卷材是一种橡胶基的无胎卷材，是一种性能优良、极具发展前途的防水卷材。这种防水卷材具有耐老化、耐低温、耐腐蚀等性能，材料的弹性好，抗拉强度高，并且适应于冷作业。三元乙丙—丁基橡胶防水卷材可在 $-60℃ \sim +120℃$ 条件下使用，寿命可达 $30 \sim 50$ 年。这种防水卷材粘贴时采用合成橡胶类粘结剂粘贴，如 CX—404 胶粘剂、BNZ 型粘合剂等。

4）*聚氯乙烯防水卷材*

聚氯乙烯防水卷材是一种树脂基的无胎防水卷材，这种防水卷材具有良好的低温柔韧性、耐腐蚀性和耐老化性。

5）*PSS 合金防水卷材*

PSS 合金防水卷材是一种新型柔性金属防

水卷材,它的一个显著特点是采用全金属一体化封闭覆盖的方法来达到防水的目的。它具有永不腐烂、使用寿命长、施工简单方便、对种植屋面更有利、材料可100%回收再利用等特点。

常用的防水卷材还有SBS改性沥青防水卷材、APP改性沥青防水卷材、三元丁橡胶防水卷材、OMP改性沥青卷材、氯丁橡胶卷材、氯化聚乙烯—橡胶共混防水卷材、水貂LYX—603防水卷材、铅箔面油毡等。这些防水卷材的优点是冷施工、弹性好、寿命长,但其价格一般也偏高一些。

2.3.2.2 刚性防水材料

刚性防水材料是利用防水砂浆抹面或密实混凝土浇捣而成的刚性材料来形成防水层。刚性防水材料的优点是施工方便、节约材料、造价经济、维修方便,缺点是对温度变化和结构变形较为敏感、施工技术要求较高、较易产生裂缝而形成渗漏。刚性防水材料防水层较多地用在屋面防水中。

2.3.2.3 涂料防水和粉剂防水

这也是两种正在发展中的主要用在屋面防水中的防水材料。

1)涂料防水

涂料防水又称涂膜防水,是将可塑性和粘结力较强的高分子防水涂料直接涂刷在基层上,形成一层满涂的不透水薄膜层,以达到防水的目的。防水涂料一般有乳化沥青类、氯丁橡胶类、丙烯酸树脂类、聚氨酯类和焦油酸性类等,种类繁多。通常按其硬化成膜的方式不同分为两大类型:一类是用水或溶剂溶解后在基层上涂刷,通过水或溶剂蒸发而干燥硬化;另一类是通过材料的化学反应而硬化。这些材料大多具有防水性好、粘结力强、延伸性好以及耐腐蚀、耐老化、无毒、不延燃、冷作业、施工方便等优点。但是,涂料防水价格较贵且成膜后要加以保护,以防硬杂物碰坏而形成渗漏。

2)粉剂防水

粉剂防水又称拒水粉防水,其防水材料是以硬脂酸钙为主要原料的憎水性粉剂。

2.3.2.4 坡屋顶常用的防水材料

坡屋顶具有较大的屋面坡度,其常用的防水材料也颇具特点,主要有各种瓦材、金属板、自防水钢筋混凝土构件等。

1)瓦材

瓦材是坡屋顶防水最常用的一种材料。瓦的规格种类非常多,按规格大小分有小到一二十厘米、大到一二米的;按材料分有黏土瓦、水泥石棉瓦、钢丝网水泥瓦、玻璃钢瓦等;按瓦的外形分有机制平瓦、弧形瓦、筒瓦、波形瓦等等。

2)金属板

金属板作为屋面防水材料的优点是防水好、自重轻,作为轻型屋面在高烈度地震区应用比瓦材等重型屋面具有优越性。但是,金属板防水材料造价高、维修费用大,且需解决好防锈及耐腐蚀的问题。常见的金属板屋面防水材料有镀锌铁皮波形瓦和彩色压型钢板等。

3)钢筋混凝土构件自防水

这种屋面防水做法,是利用屋顶结构钢筋混凝土板本身的密实性,并对板缝进行局部防水处理而形成的。其优点是:比卷材防水屋面和刚性防水屋面轻(因为并无单独的屋面防水层),因而屋面荷载小,屋顶构件自重轻,从而节省钢材和混凝土的用量,可降低屋顶造价,施工方便,维修也容易。其缺点是:板面容易出现后期裂缝而引起渗漏,混凝土暴露在大气中容易引起风化和碳化等。克服这些缺点的措施是:提高施工质量,控制混凝土的水灰比;增强混凝土的密实度,从而提高混凝土的抗裂性和抗渗性;另外,还可以在自防水构件表面涂以防水涂料(如乳化沥青等),减少干湿交替的作用,以提高防水性能和减缓混凝土碳化。

2.3.2.5 墙面常用的防水材料

墙面防水一般指的是外墙面的防水,主要是通过外墙面的装修处理来达到防水的目的,因此,墙面常用的防水材料也就是外墙装修常用的材料,例如,各类含有水泥成分的砂浆类材料,各种天然石材和人造石材、各种具有防水性能的涂料以及玻璃、金属彩板和嵌缝用的防水油膏、防水胶等等。

2.3.3 建筑防水的基本原理

建筑物需要做防水的部位有很多,需要做水的面积也非常大,可以采用的防水材料又是多种多样的。但是,如果从建筑防水的基本原理上做一个分析的话,所有的防水做法基本上都可以划分为两大类型,即材料防水和构造防水。

材料防水的基本原理,就是利用防水材料良

好的防渗性能和隔水能力，在需要做防水的部位形成一个完整的、封闭的不透水层，以达到防水、防漏的目的。

材料防水非常适合用于大范围、大面积的防水处理，例如平屋顶的屋面防水、地下室的底板及侧墙的防水、房间楼地面的防水以及外墙面的防水等等。同时，在一些节点连接部位(例如预制外墙板的结合部位)也可以采用材料防水的原理进行防水处理。

构造防水的基本原理与材料防水有着很大的不同。材料防水的基本原理可以说是利用一层不透水的材料形成的完整屏障将水拒之"门"外；而构造防水的基本原理往往是通过两道甚至多道防水屏障(其中有一道为主要的屏障，并且这道屏障的防水可靠性往往并不要求达到百分之百的标准)以及各道防水屏障之间的"协同"工作，来达到防水、防漏的目的。也可以说，构造防水的基本原理并不是一味地将水完全拒之"门"外(因为要做到这点可能很难)，而是允许有少量的、个别的"疏漏"，然后通过合理的构造做法，使其排出，最终达到完全不漏水的目的。

构造防水主要用在坡屋顶的屋面防水、门窗缝隙处的防水(门窗玻璃显然属于材料防水)以及各构件连接处的节点防水等等。

对于材料防水与构造防水的防水基本原理，我们可以分别用一个字给以概括，即"堵"和"导"。在选择建筑防水做法时，应根据不同的部位以及材料的防水性能的差异等因素，做出合理的选择。实际上，在建筑的防水设计中，"堵"和"导"并不一定是独立存在的，很多情况下，是以其中一种方式为主，而另一种方式为辅，两者相辅相成以达到最佳的防水效果。

2.3.4　部位防水构造

2.3.4.1　地下室防水构造

当设计最高地下水位高于地下室地坪时，地下室的底板和外墙都浸泡在水中。如果不做好地下室的防水，在水的渗透作用下，轻则引起室内墙面灰皮脱落、墙面生霉，影响人体健康；重则地下室进水，使其不能正常使用。同时，在水的作用下，地下室的外墙受到侧向水压力，地下室的底板则受到水的浮力作用。地下水位高出地下室地坪愈高，地下室受到的侧向水压力和浮力也愈大，这不仅对地下室结构的受力状况会产生不利

的影响，也将增加地下室防渗漏的压力。

地下室采用的防水方案主要有材料防水和结构自防水两大类型。

1)材料防水方案

材料防水方案是在地下室的外墙和底板表面敷设防水材料，利用材料的高效防水特性防止地下水的渗入。常用的防水材料有各种防水卷材、防水涂料、防水砂浆等。

(1)卷材防水

采用卷材防水能较好地适应地下室结构的较轻微的变形，并能抵抗地下水的一般化学侵蚀作用，防水性能比较可靠，是一种广泛采用的地下室防水做法。

防水卷材一般采用沥青卷材(石油沥青卷材、焦油沥青卷材)或高分子卷材(如三元乙丙—丁基橡胶防水卷材、氯化聚乙烯—橡胶共混防水卷材等)，并各自采用与卷材相适应的胶结材料胶合而形成防水层。高分子卷材具有重量轻、使用范围广、抗拉强度高、延伸率大、对基层伸缩或开裂的适应性强等特点，而且是冷作业，施工操作简便快捷，不污染环境。高分子卷材的问题是价格偏高，且不宜用于地下水含矿物油或有机溶液的情况。高分子卷材防水一般为单层做法。沥青卷材是一种传统的防水材料，有一定的抗拉强度和延伸性，具有较好的耐酸、碱、盐等化学侵蚀作用，且价格较低，但其施工属热作业，操作不便，易污染环境，使用寿命短，易老化。沥青防水卷材为多层做法，卷材的层数应根据水的压力即地下水的最大计算水头大小确定。所谓最大计算水头，是指设计最高地下水位高于地下室底板下皮的高度。

沥青防水卷材的层数与最大计算水头的关系如表2-7所示。

表2-7　沥青卷材层数

最大计算水头(m)	卷材所受经常压力(MPa)	卷材层数
<3	0.01~0.05	3
3~6	0.05~0.1	4
6~12	0.1~0.2	5
>12	0.2~0.5	6

按防水材料铺设位置的不同，地下室防水做法有外包防水和内包防水之分。外包防水是将防水材料铺贴在迎水面，即地下室外墙的外侧和底板的下面。外包防水做法的防水效果好，得到普

遍的采用，但其不足是，一旦出现渗漏，要查找渗漏的准确部位非常困难，且维修起来也十分不便。内包防水是将防水材料铺贴在背水一面，即地下室外墙的内侧和底板的上面。内包防水做法的优点是施工简便、便于维修，但防水效果不如外包防水的效果好，一般多用于修缮工程。图2－21所示为地下室卷材防水的构造做法。

地下室采用沥青油毡卷材做外包防水包括地下室地坪的水平防水处理和地下室外墙的垂直防水处理。地坪水平防水处理的做法是，先在地基土层上浇筑100mm厚的混凝土垫层并进行找平处理，其上刷冷底子油一道，然后将沥青油毡防水层满铺在整个地下室底板的范围内，再在防水层上抹20mm厚的水泥砂浆保护层，以避免在地下室结构施工的时候对防水层造成渗漏性的破坏。为了保证地坪防水层与外墙垂直防水层结合部的防水效果，地坪防水层必须留出足够的长度以便与墙体垂直防水层进行搭接处理。在实际施工中，地下室地坪水平防水层与墙体垂直防水层的施工程序之间是地下室结构的施工，因此，还必须做好水平、垂直防水层结合部的接头保护工作。图2－22所示为该结合部转角处的卷材搭接做法示意。

地下室外墙垂直防水处理的做法是，先在外墙外侧做20 mm厚的水泥砂浆找平层，涂刷冷底子油一道，再按一层热沥青一层油毡交替的顺序粘贴好防水层。油毡须从底板外包上来，沿墙身由下而上连续密封粘贴，在设计最高地下水位以上500～1 000 mm处收头，或者从此处开始改为一毡二油贴至地面散水底部。然后，在防水层外侧用水泥砂浆砌厚度为120 mm的保护墙，并在保护墙与防水层之间留出的20 mm宽的缝隙之中灌注水泥砂浆。砌筑保护墙时，先在墙底部干铺一层油毡，并沿保护墙长度方向每隔5 m左右设置一通高竖向断缝，以便保护墙在土的侧向压力作用下，能紧紧地压住卷材防水层。最后，在保护墙外侧0.5 m宽的范围内用低渗透性的土（例如2∶8灰土等）分层回填夯实。近年，许多工程也采用聚苯板或聚氯乙烯泡沫塑料板保护层来代替砖保护墙，构造简单，施工方便，效果很好。

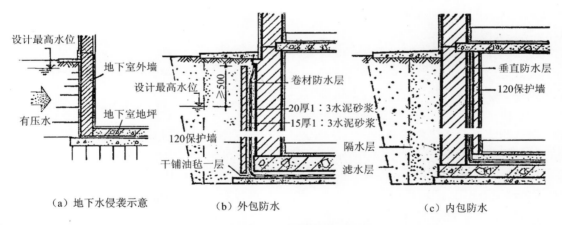

（a）地下水侵袭示意　　（b）外包防水　　（c）内包防水

图2－21　地下室卷材防水处理

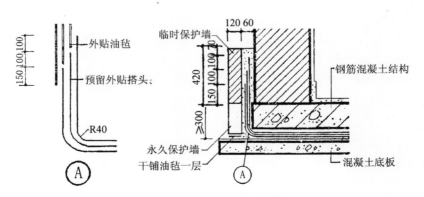

图2－22　地下室防水转角卷材接槎做法

(2)涂料防水

涂料防水是指在施工现场以刷涂、刮涂、滚涂等方法将无定型液态冷涂料在常温下涂敷于地下室结构表面的一种防水做法。防水涂料以经乳化或改性的沥青材料为主，也有用高分子合成材料制成的，固化后的涂料薄膜能防止地下无压水（渗流水、毛细水）及压力不大（一般计算水头小于 1.5 m）的有压水的侵入。涂料防水做法一般采用多层敷设，为增强防水效果，可夹铺 1~2 层纤维制品（玻璃纤维布、玻璃丝网格布）。涂料的防水质量、耐老化性能均比油毡防水做法好，在计算水头较小的地下室防水工程中应用广泛。

(3)防水砂浆防水

防水砂浆防水是指采用合格材料并通过严格的多层次交替操作形成的多防线整体防水层。为了提高防水层的防水效果，一般都要掺入适量的防水剂以提高砂浆的密实性。但是，由于目前防水砂浆防水做法主要靠手工操作，施工质量难以控制，加之砂浆干缩性大，故仅适用于结构刚度大、建筑物变形小、防水面积小的地下室防水工程。

2)钢筋混凝土结构自防水方案

钢筋混凝土结构自防水是以具有防水性能的钢筋混凝土结构作为地下室的防水屏障，以取代卷材防水或其他防水处理。当地下室的墙体和底板均采用钢筋混凝土材料时，比较适合采用钢筋混凝土结构自防水的做法。这种做法将地下室的结构承载功能和防水功能结合在一起，简化了施工，加快了施工进度，改善了劳动条件。防水混凝土主要有以下 3 种。

(1)普通防水混凝土

普通防水混凝土是以调整配合比的方法，在普通混凝土的基础上提高其自身密实度和抗渗能力的一种混凝土。混凝土抗渗性能的好坏不仅在于材料的级配，更主要取决于混凝土的密实度。由于混凝土为非匀质材料，它的渗水是通过孔隙和裂缝进行的。若要提高混凝土的抗渗性能，就要提高其密实度，抑制孔隙。但孔隙的形状和大小都与水灰比值密切相关。因此，应控制水灰比、水泥用量和砂率来保证混凝土中砂浆的质量和数量以抑制孔隙，使混凝土浸水一定深度而不致透过，达到防水的目的。

(2)外加剂法防水混凝土

外加剂法防水混凝土是在混凝土中掺入加

气剂或密实剂，以提高其抗渗性能。常采用的外加防水剂的主要成分有氯化铝、氯化钙及氯化铁，系淡黄色液体，它掺入混凝土中能与水泥水化过程中的氢氧化钙反应，生成氢氧化铝、氢氧化铁等不溶于水的胶体，并与水泥中的硅酸二钙、铝酸三钙合成复盐晶体，这些胶体与晶体填充于混凝土的孔隙内，从而提高其密实性，使混凝土具有良好的防水性能。采用外加剂法防水混凝土的地下室外墙及底板均不宜太薄，一般外墙厚应在 200 mm 以上，底板厚应在 150 mm 以上，否则会影响抗渗效果。为防止地下水对混凝土的侵蚀，在地下室墙体的外侧应抹水泥砂浆找平后，刷冷底子油一道和热沥青两道。此做法如图 2-23 所示。

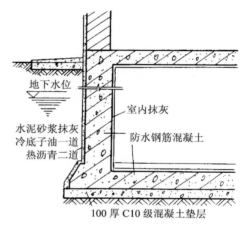

图 2-23　防水混凝土做地下室防水的处理

(3)新品种水泥防水混凝土

可以采用的新品种水泥有：大坝水泥、无收缩性不透水水泥、加气水泥和膨胀水泥等，以提高防水混凝土的抗渗性能。

一般工程中采用普通防水混凝土和外加剂法防水混凝土的比较普遍。

除上述防水措施外，还可以采用人工降、排水的方法，消除地下水对地下室的不利影响。

降、排水法可分为外排法和内排法两种。所谓外排法是指当地下水位已高出地下室地坪以上时，采取在建筑物的四周设置永久性的降、排水设施，通常是采用盲沟排水，即利用带孔的陶管埋设在建筑物四周地下室地坪标高以下，陶管的周围填充可以滤水的卵石及粗砂等材料，以便水透入管中积聚后排至城市排水总管，如图 2-24(a) 所示，从而使地下水位降低至地下室底板以下，变有压水为无压水，以减少或消除地下水的影响。当城市总排水管高于排水盲沟时，则利用人工排水泵将积水排出。这种办法一般只在采用防水设计有困难的情况以及经济条件较为有利的情况下采用。

内排水法是将渗入地下室内的水，通过永久性自流排水系统经过集水沟排至集水井，再利用

水泵排除。采用内排水法应充分考虑可能出现的因动力中断引起地下水位回升的影响，在构造上常将地下室地坪架空或设隔水间层，以保持室内地坪和墙面的干燥，如图 2-24(b)所示。为了防水效果的可靠，有些重要的地下室，既做外部防水，又设置内排水设施。

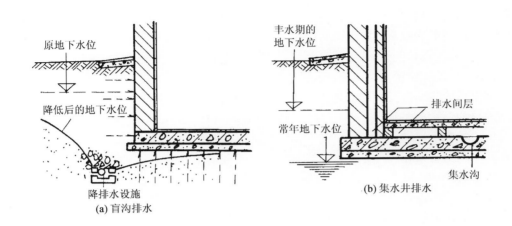

图 2-24　地下室防水中的人工降排水措施

2.3.4.2　外墙防水构造

建筑物的外墙直接承受自然界中风霜雨雪的侵蚀作用，也是建筑防水设计中的一个重要的部位。由于墙体是垂直于地平面竖向设置的，一般雨水在墙面上停留的时间比较短，从这个意义上说，外墙防水比起前面介绍的地下室的防水问题要简单一些，防水做法要容易一些。但是，当雨水较长时间不间断地淋到墙面上的时候，如果没有可靠的防水措施的话，雨水仍有可能经过墙体渗透进入室内，因此，外墙防水设计也必须引起我们足够的重视。

建筑物外墙防水的处理主要通过外墙面的装修构造来解决。一般可以把外墙面的装修做法分为混水做法和清水做法两大类，两类做法都是利用具有防水性能的外墙装修材料以及合理的节点处理来达到防水目的的。下面将分类介绍外墙防水做法以及外墙部位勒脚及散水的构造做法。

1) 抹灰类装修做法的防水

抹灰类做法是外墙面混水装修中最常采用的一种做法。它的防水原理是利用抹灰砂浆中的水泥成分达到防水防渗漏的目的。常用的外墙面抹灰类装修做法有：水泥砂浆、混合砂浆、聚合物

水泥砂浆、拉毛、水刷石、干粘石、斩假石、喷涂、滚涂等等。

2) 涂料类装修做法的防水

涂料按其主要成膜物的不同可分为无机涂料、有机涂料以及有机和无机复合涂料三大类。无机涂料有以硅酸钾为主要胶结剂的 JH80—1 和以硅溶胶为主要胶结剂的 JH80—2 系列的无机高分子涂料。这类涂料具有附着力强、粘结好、耐水性好以及耐酸、耐碱、耐污染、耐冻融及耐候性好等特点，非常适合做外墙装修涂料，同时，也可用于要求耐擦洗的内墙面装修。主要用于外墙面装修的有机高分子涂料有溶剂型涂料（如聚乙烯醇缩丁醛外墙涂料）和乳胶涂料（如 PA—1 乳胶涂料）等，均具有良好的耐水性和耐候性。在外墙面装修中还有一种彩色胶砂涂料，它是以丙烯酸脂类涂料与骨料混合配制而成的一种珠粒状的外墙饰面材料，以取代水刷石、干粘石饰面装修。有机涂料和无机涂料虽各有特点，但在单独使用时，存在着各种问题。而有机与无机相结合的复合涂料则取长补短，使其涂膜在柔韧性及耐候性等方面优点更突出。

3) 贴面类装修和铺钉类装修做法的防水

采用外墙面砖、马赛克、玻璃马赛克、人造水

磨石板和各种天然石材等做外墙饰面材料的称为贴面类做法。采用各种金属饰面板、石棉水泥板、玻璃等做外墙饰面材料的称为铺钉类做法。这两类外墙面装修做法的饰面材料本身都具有良好的耐水性能，其防水设计的重点则是其板材（或块材）接缝处的防水处理。对于贴面类的外墙面装修做法来说，在各种饰面板（块）材粘贴牢固之后，采用在其接缝处用1:1水泥砂浆（细砂）勾缝或水泥擦缝的方法进行防水处理；对于铺钉类的外墙面装修做法和干挂石材（也应属于铺钉类做法）装修做法来说，在各种饰面板材安装固定之后，采用硅胶等在其接缝处进行嵌缝处理，以达到防水防渗漏的目的。

4）清水砖墙做法的防水

前述采用各种不同的材料、不同的施工方法对外墙面进行整体覆盖处理，以达到防水、装饰美观等要求的装修做法称为混水墙做法。对于黏土砖结构建筑物的外墙面，在保证黏土砖材料的材质良好、不易变色、耐久性好的前提下，可以不做混水罩面处理，只需做砂浆勾缝处理，这种做法就称为清水墙做法。清水砖墙面具有独特的线条和质感，显现较好的装饰效果。砂浆勾缝也称为嵌灰缝，它的作用是防止雨水侵入墙体，且使墙面整齐美观。勾缝用的砂浆为1:1或1:2水泥细砂砂浆。砂浆中可加颜料，以变换色调；也可用砌墙砂浆随砌随勾，称为原浆勾缝。勾缝的形式有平缝、平凹缝、斜缝、弧形缝等，如图2-25所示。

5）预制外墙板连接节点处的防水

采用预制装配化的方法建造钢筋混凝土结构的建筑物是实现建筑工业化的主要途径之一。一般预制钢筋混凝土的外墙构件都在构件厂生产流水线上做好了外墙面的防水装修处理，但是，各预制外墙板在连接节点处的防水处理，则只能在施工安装现场进行。例如，大型装配式板材建筑（简称大板建筑）、采用"内浇外挂"方法施工的大模建筑以及盒子建筑的外墙构件，均需进行这种构件连接节点处的防水处理，其构造做法主要有材料防水、构造防水和弹性盖缝条防水三类做法。

（1）材料防水做法

材料防水做法是指采用水泥砂浆、细石混凝土或防水胶泥等材料填嵌构件连接的缝隙处，以阻止雨水侵入，从而达到防水的目的。这种节点防水做法对预制外墙构件在连接处的外形要求比较简单，以方便防水嵌缝材料的填嵌为原则，但施工质量要求高。一般情况下，如果单用水泥砂浆或细石混凝土作为填、灌或嵌缝的材料（如图2-26(a)所示），很难避免施工完成后出现裂缝从而造成毛细孔渗水的后果，因此不宜采用。解决的办法是在缝隙中加嵌防水胶泥（如图2-26(b)所示）。如果采用防水材料嵌缝后，再在缝口粘贴橡胶片或纤维布涂刷防水涂料，以形成防水薄膜（如图2-26(d)所示），防水效果将进一步加强。如果采用加气混凝土条板作为外墙构件，墙板的接缝处可采用专门配制的粘结剂砂浆（成分有水玻璃、细矿渣、砂等）灌缝粘结，并配以

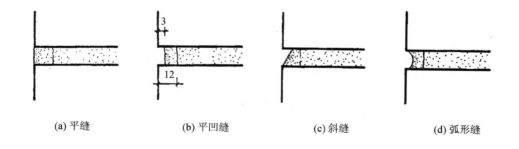

(a) 平缝　　　　(b) 平凹缝　　　　(c) 斜缝　　　　(d) 弧形缝

图2-25　清水砖墙的勾缝形式

钢筋,然后用泡沫塑料条嵌缝(如图2-26(c)所示)。

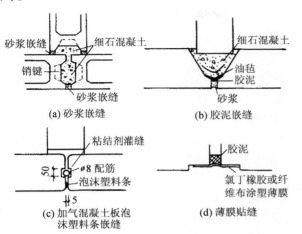

(a) 砂浆嵌缝

(b) 胶泥嵌缝

(c) 加气混凝土板泡沫塑料条嵌缝

(d) 薄膜贴缝

图2-26　预制外墙构件节点材料防水构造类型

为了防止嵌缝的防水胶泥过早老化,应在胶泥外填抹水泥砂浆进行保护,图2-27所示为这种做法的示意图。板缝内的防水胶泥的填嵌深度与板缝的宽度有关,其一般比例为2:1,并与板缝的间距有关,详见表2-8所示。

表2-8　板缝与防水胶泥的尺寸关系

板缝距离(m)	板缝宽 b(mm)	胶泥深 h(mm)
2~4	20	40
4~6	25	50

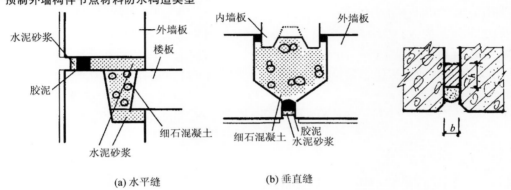

(a) 水平缝

(b) 垂直缝

图2-27　外墙板节点防水胶泥防老化措施

(2)构造防水做法

节点采用材料防水做法必须有良好的预制外墙构件的产品质量和防水胶泥的可靠性能做保证,这在某些情况下是难以达到的。而构造防水做法是在材料防水的基础上,利用外墙构件边缘接缝处的特殊构造形式以及多道防水屏障而达到防水目的的。

节点构造防水做法可分为敞开式构造防水和封闭式构造防水两种形式,而其防水做法的原理都是通过阻挡水流和疏导水流、破坏和消除毛细管渗水现象来达到防水的目的。

图2-28所示为敞开式构造防水做法的示意图。其中,图2-28(a)所示为利用滴水槽和挡水台阻挡水流,而利用排水坡疏导积水。当需要存在细微缝隙的地方,如两块墙板间直接接触处或水泥砂浆容易出现微缝的地方,应当采取扩大缝宽的方法,以切断可能发生的毛细管渗水的现象,使积水通顺地流出墙面。图2-28(b)、(c)分别为敞开式水平高低缝和敞开式垂直咬口缝的做法示意图。

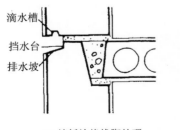

(a) 墙板边缘线脚处理

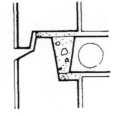

(b) 敞开式水平高低缝

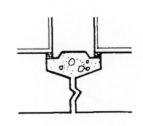

(c) 敞开式垂直咬口缝

图2-28　预制外墙板节点敞开式构造防水做法

图 2-29 所示为封闭式构造防水做法的示意图。这种做法是通过在两块外墙板连接部位的局部扩大缝隙从而形成空腔的办法,来减弱风压的作用和破坏毛细管渗水现象,达到防水的目的,因而,这种做法也称为空腔防水做法。为了减弱空腔节点内的风压作用,通常利用密封材料(防水砂浆或抗老化防水油膏)堵塞腔体外侧,以形成封闭的空腔构造,这一空腔形成后,还必须留有排水孔,成为一个与外界空气有联系的空间,使压力扩散平衡,对风压下渗入的雨水泄压后就会自然地沿板缝内的排水孔流走。图 2-29 (b) 所示的节点垂直缝的构造形式,在寒冷地区,常采用单腔缝的防水构造,而在严寒地区,由于温度变化剧烈,容易产生接缝处的裂痕,而裂痕内渗水受潮后,将会降低该处的保温性能,因此,常采用双腔缝的防水构造,以增强抗渗能力。南方地区由于比较温暖的气候条件,情况不像北方那么严重,缝隙的密封效果比较容易保证。

(3)弹性盖缝条防水做法

构造防水做法比材料防水做法在防水效果上有了一定的改进,但其生产与施工仍较复杂。因此,需要寻找一种施工时较为方便、不用湿作业的盖缝或嵌缝的材料。弹性盖缝条防水做法就解决了这样的要求。弹性盖缝条可以采用不易生锈的金属材料制作,如不锈钢盖缝条,也可以使用橡塑或橡胶材料制作,如氯丁橡胶盖缝条等。弹性盖缝条防水做法如图 2-30 所示。

6) 外墙脚处的防水——勒脚及散水 (或明沟) 的做法

建筑物四周外墙脚处是受水作用比较集中的一个部位,如图 2-31 所示,在这一部位,墙面会受到雨水直接的冲淋,上部墙面流淌下来的雨水、落到地面又反溅到墙面上的雨水以及地表积水、地表水下渗并从地下作用于该墙脚部位。如果从建筑结构承载系统的角度来看,外墙脚部位的墙体(或柱体)是紧靠建筑物基础的一部分,也就是说其在结构承载功能方面是仅次于基础的一个重要部位,这样重要的部位在受到上述多方

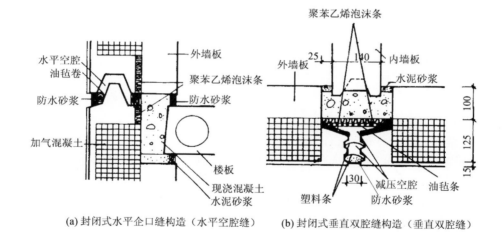

(a) 封闭式水平企口缝构造 (水平空腔缝)　　(b) 封闭式垂直双腔缝构造 (垂直双腔缝)

图 2-29　预制外墙板节点封闭式构造防水做法

(a)用于垂直缝的金属弹性盖缝条　　(b)用于垂直缝的橡塑弹性盖缝条　　(c)用于水平缝的橡塑弹性盖缝条

图 2-30　预制外墙板节点弹性盖缝条防水做法

面水的作用下，如果没有可靠的防护措施，再加上可能出现的人为的机械碰撞等影响，就会形成该部位墙体材料逐渐风化、墙面潮湿、冻融破坏以及机械破坏，大量渗入地下的雨水近距离地作用于基础和地下室结构，最终会影响建筑物的坚固、耐久、安全，加重地下室防水（以及防潮）的压力，影响建筑物的正常使用和建筑物的美观。

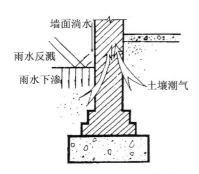

图2-31　外墙脚处受水作用示意图

显然，建筑物四周外墙脚处的合理的防水等方面的设计是十分重要的。具体而言，这一部位包括勒脚、散水（或明沟），还有墙身防潮的设计。墙身防潮设计将在2.4节中详细介绍，本节主要介绍勒脚及散水或明沟的构造设计。

（1）勒脚

建筑物四周与室外地面接近的那部分墙体称为勒脚，一般是指室内首层地坪与室外地坪之间的这一段墙体。为了防御各方面水的作用以及可能的人为机械碰撞，勒脚部位应进行防水处理和加固处理。

勒脚部位进行防水处理时，前述墙身防水做法中，除清水砖墙的做法不宜采用外，其他做法都可以采用。例如：可以做水泥砂浆抹面、水刷石、斩假石等；也可以镶贴天然石材或人造石材，如花岗石、水磨石等等。有时为了对勒脚部位进

行加强，可将该部位的墙体适当加厚，也可用比较坚固的石块材料砌筑勒脚。当勒脚部位采用抹灰类做法处理而上部墙体为清水砖墙做法时，为了加强抹灰材料与砖砌体的连接，应进行咬口处理，以避免抹灰脱落，从而影响建筑物立面美观及防水效果。图2-32所示为几种勒脚部位做法的示意图。

勒脚做法的高度不应低于室内地坪的高度，具体的高度及其材料和色彩的选择，可根据建筑立面及造型设计的要求来确定。

（2）散水（或明沟）

为了将建筑物四周地表的积水及时排离，以减少勒脚及地下的基础和地下室等地下结构受到水的不利的影响，并减轻地下室防水或防潮的压力，应在建筑物外墙四周紧临勒脚部位的地面设置排水用的散水或明沟。

散水是设在外墙四周的倾斜护坡，坡度为3%~5%，宽度一般为600~1000 mm，并要求比无组织自由落水屋顶的檐口宽出200 mm左右，以防止屋檐的滴水冲刷建筑物四周的土壤。散水一般多采用素混凝土浇筑，上面再抹水泥砂浆，也有采用砖石材料砌铺后再做水泥砂浆抹面处理的。在寒冷的北方地区，为了减少散水下面土层冻胀可能引起的散水开裂而影响防水的效果，常在素混凝土下面做100~150 mm厚的3:7灰土垫层，以加强散水抗冻变形的能力。为了防止由于建筑物的沉降和土层冻胀等导致勒脚与散水交接处开裂，应在散水与勒脚连接处设缝分开，并用沥青胶等弹性防水材料嵌缝，以防渗水。有时，为了适应材料的收缩、温度变化以及土层不均匀变形的影响，可沿着散水的长度方向隔一定距离设置分格缝，缝内也用弹性防水材料进行填塞处理。

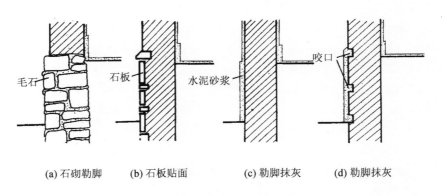

(a) 石砌勒脚　　(b) 石板贴面　　(c) 勒脚抹灰　　(d) 勒脚抹灰

图2-32　勒脚的防水与加固措施

明沟是设在外墙四周的小型排水沟,它将经过雨水管流下的屋面雨水有组织地导向集水口,并流向排水系统。明沟所用的材料与散水相同。

建筑物四周的散水或明沟只做一种,一般多

雨地区做明沟的比较常见,干燥少雨地区则主要采用散水的形式。散水及明沟的做法如图2-33所示。

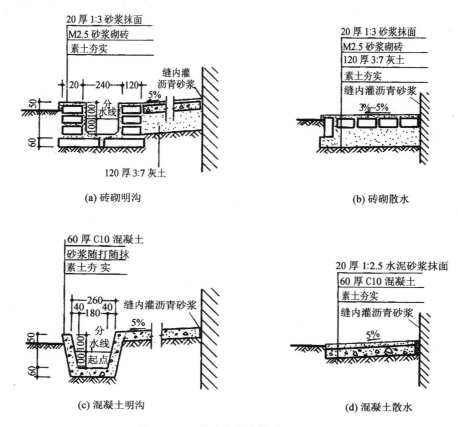

20 厚 1:3 砂浆抹面
M2.5 砂浆砌砖
素土夯实
缝内灌沥青砂浆
5%
分水线
120 厚 3:7 灰土

(a) 砖砌明沟

20 厚 1:3 砂浆抹面
M2.5 砂浆砌砖
120 厚 3:7 灰土
素土夯实
缝内灌沥青砂浆
3%~5%

(b) 砖砌散水

60 厚 C10 混凝土
砂浆随打随抹
素土夯实
缝内灌沥青砂浆
分水线起点
5%

(c) 混凝土明沟

20 厚 1:2.5 水泥砂浆抹面
60 厚 C10 混凝土
素土夯实
缝内灌沥青砂浆
5%

(d) 混凝土散水

图 2-33　散水与明沟做法

2.3.4.3　外墙门窗防水构造

建筑物外墙门窗的防水设计也是建筑物整体防水设计的一个重要环节。

1) 外门的防水构造

建筑物的外门是人流进出、集散之处,是建筑物的门面所在。因此,外门的防水设计应采取更加积极的形式和方法进行处理。所谓更加积极的防水形式和方法,是指在外门处一般均应设置雨篷,从而基本上避免了雨水直接冲淋到外门上的可能性;另外,对门口处台阶平台进行合理的设计,以防止雨水倒流入室内;还有就是做好雨篷板的防水和排水设计。

雨篷向外侧挑出的宽度大小,直接影响到外门的防水效果。同时,雨篷的设置还应起到阻止无风条件下垂直落下的雨水直接落在台阶平台上的作用,这就要求雨篷的挑出宽度应比台阶平台的宽度超出至少 150 mm 以上。一般台阶平台

的宽度不能小于 1 000 mm,所以,雨篷的挑出宽度应不小于 1 150 mm。

台阶平台的设计,除了保证最小宽度要求外,还应将平台表面做成向外倾斜 1%~2% 的坡度,并使平台表面高度略低于室内地坪 10~20 mm,这样,将使被风吹淋到台阶平台上的雨水不会倒流入室内,并能迅速地排离到台阶平台以下的室外地面。在北方寒冷地区,室外台阶及台阶平台也必须处理好抗冻胀的问题,具体的做法参见第 3 章建筑装修设计的相关内容。

对于雨篷板上面汇集的雨水的排除方式主要有两种:一种采用无组织排水方式,为避免雨水洇湿雨篷板底的顶棚抹灰,应在板底周边设置滴水槽,如图 2-34(a) 所示;另一种采用有组织排水方式,即将雨篷板周边的梁向上做成反梁的形式,以阻止雨水自由落下,并在适当的位置设置集中排水用的泄水管(也称水舌)。另外,雨篷

板顶部及反梁内侧均需做防水砂浆抹面处理,并形成坡度1%~2%的泛水坡向泄水管,既保证了雨水能迅速及时地排除,又避免泄水管一旦堵塞而在雨篷板上部积水而形成渗漏,如图2-34(b)所示。泄水管的位置应设置得合理,不应设置在人行通道的上方,并应尽可能选在较隐蔽的位置上。

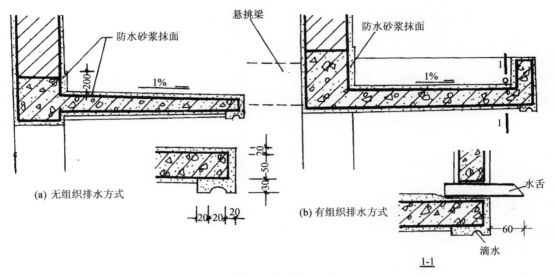

图2-34　雨篷板排水方式

2)外窗的防水构造

相对建筑的外门而言,外窗因一般都会受到雨水的直接作用,所以,其防水处理比起外门来要复杂得多。外窗的防水包括窗玻璃(本身防水)与窗扇之间、窗扇与窗框之间、窗框与周边的墙体或窗台之间的防水处理问题。本节将只讨论窗框与周边的墙体及窗台之间的防水构造做法。其他有关窗户本身的防水问题,可参见3.5节有关门窗的内容。

(1)窗框与窗上口墙体(或过梁)之间的防水做法

从防雨效果的角度考虑,窗框的安装位置愈靠近外墙的里侧愈有利,如图2-35(a)或图2-35(c)所示。当采用比较靠近外墙外侧的安装位置时,宜在窗上口做出较大的挑口雨篷,以加强防雨效果,如图2-35(b)所示。同时不管窗框的位置如何,均应在窗上口外侧做滴水槽,以阻断雨水沿窗上口向窗或室内渗漏。

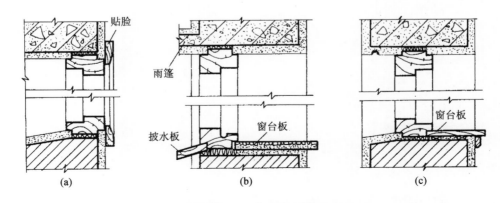

图2-35　窗框与窗上口过梁之间的防水做法

(2)窗框与窗口两侧墙体之间的防水做法

窗框与窗口两侧墙体结合部所受水的作用的程度要小得多,其防水做法主要靠加强此部位的密闭性来处理,同时,加强密闭性对该部位的保温、隔声、防尘等要求也非常有利。如图 2-36(a)所示,在窗框与墙体之间的缝隙内填塞弹性密封材料,并将墙面抹灰材料挤进窗框靠墙一侧内、外两角的灰口中,以加强窗框与墙面抹灰之间的连接牢固程度。图 2-36(b)所示为通过在窗框与墙面抹灰之间加钉压缝条的方式来加强密闭性。

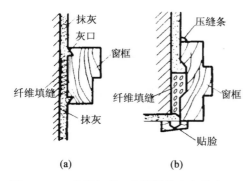

图 2-36　窗框与窗口两侧墙体之间的密闭处理

(3)窗台以及窗框与窗台之间的防水处理

为避免顺窗面流淌下的雨水聚积在窗下口(即窗台)处渗入墙体内或沿窗框与窗台之间的缝隙向室内渗流(如图 2-37 所示),应对窗台以及窗框与窗台之间进行防水处理。

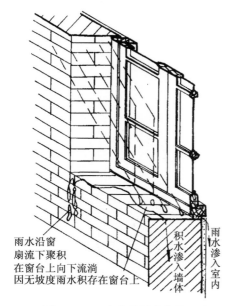

图 2-37　窗台处受水作用示意图

窗台须向外倾斜形成一般不小于 5%的坡度,并采用不透水的材料做面层处理,以利于雨水尽快地排离窗台,避免雨水渗入墙体内和室内。

窗台有悬挑窗台和不悬挑窗台两种。

悬挑窗台是将墙体在窗台处做成向外挑出 60 mm 左右的形式,并在挑窗台外沿下部做出滴水槽。这样做的作用是引导上部雨水沿滴水槽聚集而落下,以避免雨水沿墙面流淌,既减轻了墙面防水的压力,又防止出现脏水流淌的痕迹。同时,挑窗台的不同尺寸和形式,还可以起到丰富建筑物立面形式的作用。常见的挑窗台的做法如图 2-38(a)、(b)、(c)、(d)、(e)所示。黏土砖墙上的窗台做法主要有两种:一种是黏土砖侧立斜砌,凸出外墙面约 1/4 砖长,即 60 mm,然后在窗台表面做砂浆抹灰类防水饰面处理(如图 2-38(a)所示),或用水泥砂浆勾缝形成清水砖窗台(如图 2-38(d)所示);另一种砖砌窗台是将黏土砖平砌,仍凸出外墙面 60 mm,再用砂浆类材料抹成斜面,以利排水(如图 2-38(b)所示)。如果是加气混凝土轻型砌块或空心砌块墙体上的窗台,就应采用预制或现浇钢筋混凝土的窗台,以提高强度及防水效果(如图 2-38(e)所示)。

窗台也有采用不悬挑的处理形式,以形成不同的建筑立面效果。当外墙饰面采用花岗石、瓷砖、马赛克等易于冲洗的材料,或墙体采用钢筋混凝土大型板材时,考虑到施工方便等因素可做不悬挑窗台,窗下墙的脏污可借窗台上不断流下的雨水冲洗干净,如图 2-38(f)所示。

窗框下槛与窗台交接部位是防水渗漏的薄弱环节,为避免雨水顺缝隙渗入室内或墙内,应将砂浆或块材等防水饰面材料嵌入窗框下槛外沿的灰口内,或嵌在灰口下,切忌将防水饰面材料做得高于灰口。

当窗框安装在墙厚方向的中间部位时(钢窗等非木制窗尤为如此),窗下口就得做内窗台。常用水泥砂浆抹面或用预制水磨石窗台板,也有采用木板做内窗台的。内窗台做法如图 2-38(c)、(d)、(e)、(f)所示。

2.3.4.4 屋面防水构造

1)屋面防水设计

(1)屋顶的形式及其防水的特点

屋顶的形式与建筑物的使用功能、屋面防水盖料、屋顶结构类型以及建筑物的造型要求等有关。由于这些因素的不同,便形成了平屋顶、坡屋顶以及各种形式的曲面屋顶、折板屋顶等多种形式,如图2-39所示。其中,平屋顶和坡屋顶是一般大量建造的工业、民用建筑应用最为广泛的屋顶形式。

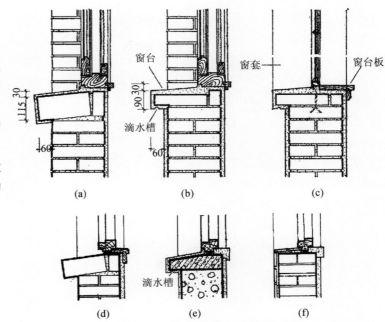

图2-38 窗台部位的防水做法

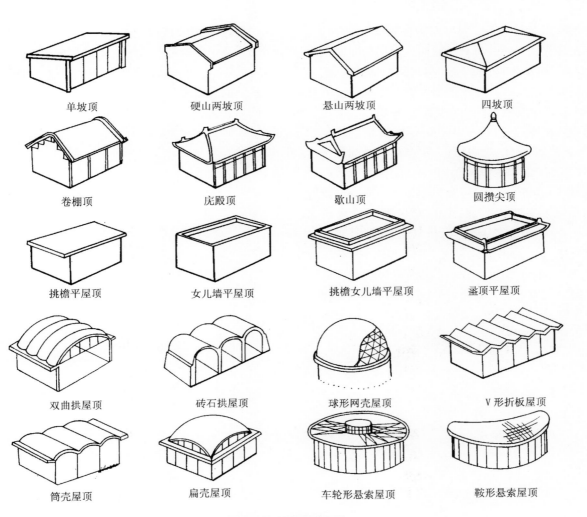

图2-39 屋顶的形式

不论是平屋顶还是坡屋顶，实际上，所有的屋顶都是有坡度的，这是屋面防水和排水的需要，差别只在于坡度的大或小。

平屋顶的特点是屋面坡度比较平缓，相对来说，雨水在屋面上停留的时间比较长，因而，其防水的难度更大一些，应采用以堵为主的整体式材料防水原理做防水设计，利用柔性防水卷材或刚性防水材料将整个屋顶做成一个完整的不透水层，使屋面汇集的雨水没有渗漏的可能，然后顺着较小的屋面坡度逐渐把雨水排除出屋面。平屋顶虽然防水的难度更大一些，但其所具有的优势也非常多，因而，平屋顶的应用更为广泛。平屋顶的主要优势有，屋顶高度小、节省材料、建筑物自重和高度都小、有利于建筑物的抗震要求；平屋顶构造简单，屋顶的结构构件不论采用现浇还是预制都很方便，有利于机械化施工、预制装配化生产等建筑工业化水平的提高；平屋顶有很强的可利用性，可在平屋顶上做成屋顶活动露台、屋顶花园、屋顶游泳池等等。

坡屋顶一般由若干斜屋面组合而成，屋面的坡度比较大，因而，雨水在屋面上滞留的时间很短，这一点对屋面防水是十分有利的。坡屋顶的坡度较大，这是由其防水覆盖材料和防水构造方式所决定的。坡屋顶的防水设计应采用以导为主的构造防水原理进行，利用各种不同材料(黏土、水泥、金属等)制作的、具有一定厚度和不同规格(相对整个屋面来说都很小)的瓦材，按照一定的搭接方式和搭接顺序，覆盖整个屋面，并通过较大的屋面坡度将屋面汇集的雨水迅速排离屋面。坡屋顶由于屋面坡度大、排水快，因此其防水功能更强，但是，由于坡屋顶空间高度大，构造做法复杂，不仅消耗材料较多，其所受风荷载和地震作用也相应增加，尤其当建筑物的平面形式和体型比较复杂时，其交叉错落处的屋顶结构和防水做法都更难处理。

坡屋顶在我国有着悠久的历史，由于坡屋顶的造型丰富多彩，更易满足人们的审美要求，并能就地取材，至今仍被广泛应用。坡屋顶按其坡面的数目可分为单坡顶、两坡顶和四坡顶。当建筑物的平面宽度尺寸不大时，可选用单坡顶的形式；当建筑物宽度较大时，宜采用两坡顶或四坡顶的形式。两坡屋顶和单坡屋顶有悬山、硬山和出山之分。以两坡顶为例：悬山是指坡屋顶的两端悬挑出山墙以外形成挑檐的屋顶形式，挑檐可保护墙身，有利于排水，并有一定的遮阳作用，常用于南方多雨地区；硬山是指坡屋顶的两端在山墙处不出檐的屋顶形式，北方少雨地区多有采用；出山是指山墙超出屋顶，作为防火墙或装饰之用，防火规范规定，山墙超出屋顶 500 mm 以上，且易燃体不砌入墙内者，可作为防火墙使用。古建筑中的庑殿顶和歇山顶属于四坡顶，四面挑檐有利于保护墙身。歇山屋顶的两侧面形成两个小山尖，山尖处可设百页窗，有利于屋顶通风。

坡屋顶的坡面组织是房屋平面形状和屋顶形式决定的，对屋顶结构布置和排水方式均有一定的影响。在坡面组织中，由于屋顶坡面交接的不同而形成屋脊(也称正脊)、斜脊、天沟、斜沟、檐口、泛水等不同部位和名称，如图 2-40 所示。

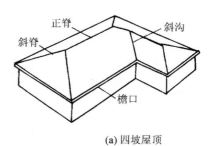

(a) 四坡屋顶

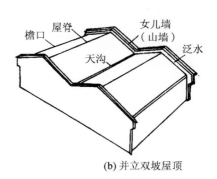

(b) 并立双坡屋顶

图 2-40　坡屋顶坡面组织名称

(2)屋顶的坡度

屋顶的坡度大小是由多方面的因素决定的,它与屋面采用的防水材料及其防水构造方法、当地降雨量的大小、屋顶的结构形式、建筑造型要求以及经济因素等有关。这其中最主要的影响因素是屋面采用的防水材料及其防水构造方法。采用防水性能好的材料做成整体式材料防水做法的屋顶,屋面坡度可以小一些,一般在2%~5%,如柔性卷材防水屋面和配筋混凝土刚性防水屋面等;若采用黏土瓦、水泥瓦等单块规格小且有大量接缝的构造防水做法的屋顶,坡度就必须大一些,一般在1:2~1:4,如各种平瓦、板瓦、筒瓦、波形瓦屋面等。屋顶坡度大小应适当,坡度太小渗漏的机会大,坡度太大则浪费材料、浪费空间,所以,确定屋顶坡度时要综合考虑各方面的因素。从排水防漏角度考虑,排水坡度取得大些比较有利;但从结构上、经济上以及上人活动等角度考虑,又要求屋面坡度小些为宜,例如上人平屋顶一般采用不超过2%的坡度,人的活动和行走才比较舒适。

图2-41列出了不同的屋面防水材料适宜的坡度范围,其中粗线部分为常用坡度。

屋面坡度大小的表示方法有比值法、百分比法和角度法,如图2-42所示。比值法是以屋顶斜面的垂直投影高度与其水平投影长度的比值来表示,如1:2、1:10等。较小的坡度有时也用百分比法,即以屋顶倾斜面的垂直投影高度与其水平投影长度的百分比值来表示,如1%、5%等。较大的坡度则常采用角度法,即以倾斜屋面与水平面所成的夹角表示,如30°、45°等。

(3)屋顶坡度的形成方法在选择屋面坡度的形成方法时,应考虑以下一些因素后予以确定,即:建筑构造做法合理;满足房屋室内外空间的视觉要求,不过大地增加屋面荷载;结构上经济合理等。具体的找坡方法主要有构造找坡和结构找坡两种。构造找坡又称材料找坡,这是一种主要用于平屋顶的找坡方法,它是将屋顶结构板水平设置,然后在其上用轻质材料垫出坡度。常用的找坡材料为水泥焦渣、石灰炉渣等。找坡层的厚度以最低处不少于30 mm为宜。找坡层宜设置在屋面块(板)材保温层的下面;如果将找坡层设置在块(板)材保温层的上面,或者采用将焦(炉)渣找坡层适当加厚以兼做保温层这种方法时,由于找坡材料强度低、平整度差,宜在其上做(卷材防水需要的)水泥砂浆找平层时适当地加厚一些,以确保防水层的防水效果。采用构造找坡,室内可获得水平顶棚面,视觉效果好。但是,找坡层材料会增加屋面荷载,当房屋跨度较大时尤为明显,因此,构造找坡的方法以用于坡度不超过5%的平屋顶为宜。构造找坡的做法如图2-43所示。

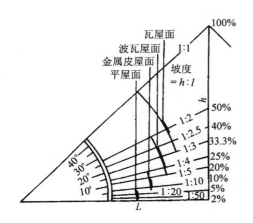

图2-41 屋面防水材料与屋面坡度范围

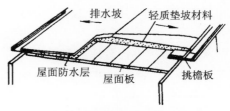

图2-43 平屋顶构造找坡

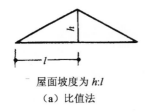

(a)比值法
屋面坡度为h:l

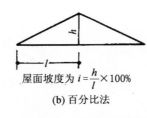

(b)百分比法
屋面坡度为$i=\dfrac{h}{l}\times100\%$

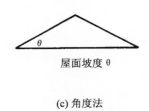

(c)角度法
屋面坡度θ

图2-42 屋面坡度表示方法

结构找坡是指通过屋顶结构构件倾斜的上表面而形成屋顶坡度的方法。主要用于坡屋顶和对室内顶棚面是否水平要求不高的平屋顶找坡。在平屋顶找坡做法中，将屋顶结构板倾斜设置，利用结构本身起坡至所需坡度，而不在屋面上另加找坡材料。平屋顶结构找坡省工省料，构造简单，为避免室内顶棚面倾斜状的视觉效果，可通过设置吊顶解决。平屋顶结构找坡的做法如图2-44所示。坡屋顶的找坡是在屋顶结构系统完成后自然形成的，如檩式坡屋顶结构系统中三角形的山墙顶部、三角形屋架或梯形屋架、梁架结构等做好后，屋顶坡度也就自然形成了。

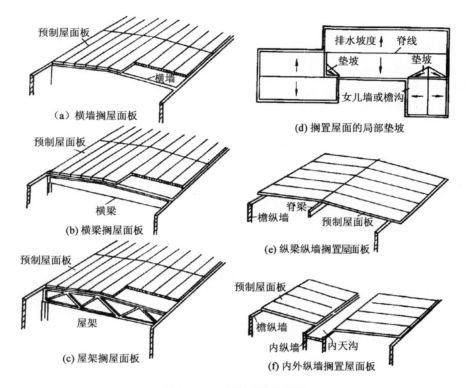

图2-44 平屋顶结构找坡

(4)屋顶排水方式和排水组织

屋顶的排水方式可分为无组织排水和有组织排水两大类。

无组织排水又称自由落水，是指屋面汇集的雨水自由地从檐口落至室外地面的一种排水方式。这种屋顶排水方式构造简单、造价低廉，缺点是屋面雨水自由落下会大量地溅到勒脚墙面上，不利于勒脚的保护，若建筑物的高度较高，自由落下的雨水还会形成较大的冲击力，尤其是在建筑物入口处落水沿着檐口形成水帘，造成使用上的不方便。因此，无组织排水的方式只适用于少雨地区或一般比较低矮的建筑。另外，积灰多的屋面应采用无组织排水，如采用有组织排水，应有防止积灰堵塞雨水口的措施。图2-45所示为无组织排水的几种情况。

有组织排水是将屋面汇集的雨水通过排水

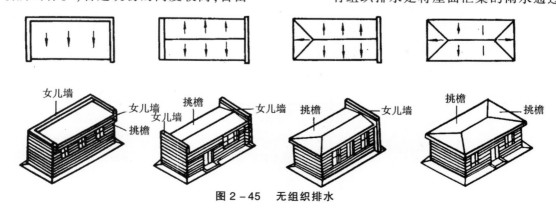

图2-45 无组织排水

系统进行有组织的排除。所谓排水系统是把屋面划分成若干个汇水区域,每个汇水区域设置一个雨水口,将雨水有组织地汇集到雨水口处,通过雨水口排至雨水斗,再经过雨水管排到室外,或直接排到城市地下排水系统。图2-46所示为有组织排水的几种情况。当建筑物的高度较高,年降雨量较大或较为重要的建筑物,应采用有组织排水的方式。有组织排水与无组织排水相比,可避免屋檐下落雨水溅湿和污染墙面,危害墙基。但若雨水排除系统处理不当,易出现堵塞和漏雨,因此,有组织排水方式构造比较复杂,造价较

高。表2-9为有组织排水方式的采用依据,当出现表中所列任一情况时,就应采用有组织排水的方式。

表2-9 根据年降雨量不同采用有组织排水方式的依据

地区	年降雨量≤900 mm	年降雨量>900 mm
檐口离地(m)	8~10	5~8
天窗跨度(m)	9~12	6~9
相邻屋面	高差≥4 m的高处檐口	高差≥3 m的高处檐口

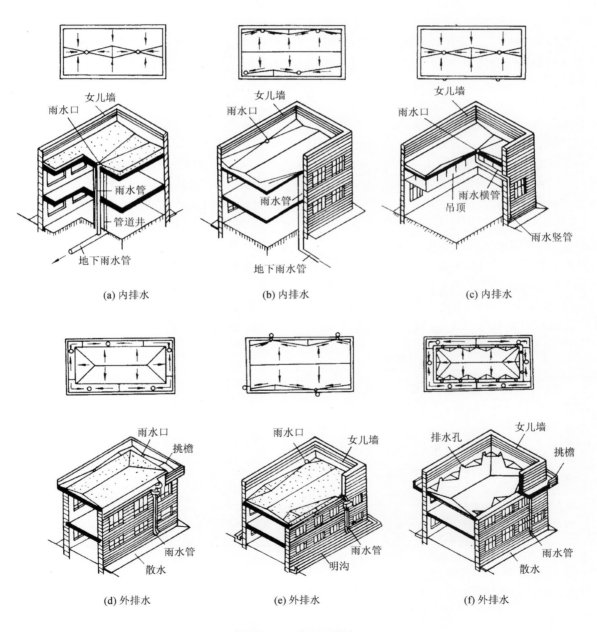

(a) 内排水　　　　(b) 内排水　　　　(c) 内排水

(d) 外排水　　　　(e) 外排水　　　　(f) 外排水

图2-46　有组织排水

有组织排水分为外排水和内排水两种。

大量性建造的民用建筑一般多采用外排水。外排水视檐口做法不同可分为挑檐沟外排水和女儿墙外排水。屋面可以根据建筑物的跨度和外形需要，做成单坡、双坡或四坡排水，相应地在房屋的单面、双面或四面挑檐或女儿墙处设置排水檐沟。建筑物的跨度（进深）超过 12 m 的平屋顶不宜采用单坡排水。雨水从屋面排至挑檐或女儿墙处的檐沟后，通过沿檐沟纵向 0.5% ~ 1% 的坡度将雨水导向雨水口，再经落水管排泄到地面的散水或明沟，如图 2-46(d)、(e)、(f) 所示。

有些建筑不宜在外墙设落水管，如多跨房屋的中间跨、高层建筑及严寒地区（为防止室外落水管冻结堵塞）的建筑物。另外，落水管也影响建筑立面的效果。这时，可采用有组织的内排水，即将雨水从屋面汇集到内天沟，再经雨水口和室内雨水管排入下水系统，如图 2-46(a)、(b)、(c) 所示。

采用有组织排水时，应对屋顶进行排水组织的设计。排水组织设计的原则是：屋面排水线路简捷；檐沟或天沟流水通畅；雨水口负荷适当且布置均匀。屋面适当划分排水坡、排水沟组织排水区，一般按每个雨水口排除 150 ~ 200 m² 屋面（水平投影）雨水划分屋面排水区。高低跨屋面的高处屋面雨水口汇水面积 ≤ 100 m² 时，高处屋面雨水管可直接排在低处屋面上，出水口处设防护板（平屋顶用细石混凝土滴水板，如图 2-47 所示；坡屋顶瓦屋面用镀锌铁皮泛水）。当高处屋面雨水口集水面积 > 100 m² 时，高处屋面雨水管应

直接与低处屋面雨水管或雨水排除系统连接。

图 2-47 低处屋面设置滴水保护板

为了简化计算，并限制排水天沟的流水路线长度以利排水通畅，常用雨水口的间距来控制其排水负荷。雨水口最大间距限制为：单层厂房时 30 m；挑檐平屋顶 24 m；女儿墙平屋顶及内排水暗管排水平屋顶 18 m；坡屋顶瓦屋面 15 m。雨水管的直径为：工业建筑 100 ~ 200 mm；民用建筑 75 ~ 100 mm；面积 ≤ 25 m² 的阳台 50 mm。民用建筑常用的雨水管直径为 100 mm。

排水檐沟或天沟的尺寸和坡度等应满足排水通畅的要求。钢筋混凝土檐沟或天沟的净宽应 ≥ 200 mm，分水线处最小深度应 ≥ 80 mm。沟内纵向最小坡度为：卷材面层时 ≥ 1%；砂浆或块料面层时 ≥ 0.5%；自防水屋面时 ≥ 0.3%。靠近檐沟或天沟 200 ~ 500 mm 范围内屋面坡度应加大到 15%。另外，檐沟或天沟在遇到变形缝、防火墙时应断开，沟内纵坡如坡向变形缝、防火墙时应在两侧分别设雨水口。不得在防火墙上开流水孔。瓦屋面的排水檐沟多采用镀锌铁皮材料，其常用的规格见表 2-10。镀锌铁皮天沟长度超过 100 m 时应设檐沟变形缝。

表 2-10 镀锌铁皮雨水管、檐沟规格

雨 水 管				檐 沟		
断面形式	断面尺寸(mm)	展开宽度(mm)	净面积(cm²)	断面形式	展开宽度(mm)	适用跨度
▭	80 × 60	300	48.0	⌣ø120	225	双坡 < 6m
	93 × 67	333	62.3			
	99 × 73	360	72.2	70/100/70	380	双坡 6 ~ 15m
	128 × 90	450	115.1			
◯	ø65	225	33.2	70/120/70	450	双坡 > 15m
	ø90	300	70.8			

注：1. 表列规格系考虑按 900 × 1800、1000 × 2000 的 24 号镀锌铁皮剪裁。

2. 本表摘自《建筑设计资料集》（第二版）。

3. 白铁皮容易锈蚀，须经常油漆，一般 10 ~ 15 年就要更换。

坡屋顶瓦屋面的镀锌铁皮檐沟、雨水管(也叫水落管)、水斗及铁卡子等的形式如图 2-48 所示。

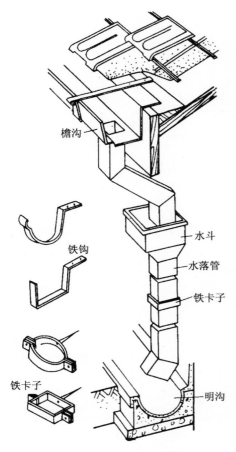

檐沟

铁钩

水斗

水落管

铁卡子

铁卡子

明沟

图 2-48　镀锌铁皮檐沟、水斗、雨水管形式

(5)屋面防水等级和设防要求

屋面防水工程应根据建筑物的类别、重要程度、使用功能要求确定防水等级,并应按相应等级进行防水设防;对防水有特殊要求的建筑屋面,应进行专项防水设计。屋面防水等级和设防要求应符合表 2-11 的规定。

2)平屋顶防水构造

(1)柔性防水屋面基本构造

柔性防水是指将柔性的防水卷材或片材用胶结材料粘贴在屋面上,以形成一个整个屋面范围内大面积的封闭防水覆盖层。这种防水层具有一定的延伸性,能适应温度变化而引起的屋面变形。

过去,我国一直沿用沥青油毡作为屋面的主要防水材料,这种材料的特点是造价低、防水性能较好,但需要热施工,易污染环境,又因材料低温脆裂、高温软化流淌的特点,使用寿命较短。为了改变这种落后情况,现已出现一批新型卷材或片材防水材料,如三元乙丙橡胶、氯化聚乙烯、铝箔塑胶、橡塑共混等高分子防水卷材,还有加入聚脂、合成橡胶等制成的改性沥青油毡等。它们的优点是冷施工、弹性好、寿命长,现已在一些工程中逐步推广使用。

由于沥青油毡防水屋面在目前仍被普遍应用,并且这种屋面在构造处理上也具有典型性,所以在这里仍以其为主进行介绍。

表 2-11　屋面防水等级和设防要求

防水等级	建筑类别	设防要求
Ⅰ级	重要建筑和高层建筑	两道防水设防
Ⅱ级	一般建筑	一道防水设防

沥青油毡防水屋面一般由四部分组成，即找平层、结合层、防水层、保护层等。

● 找平层

油毡防水卷材应铺设在表面平整的基层上，以避免防水层出现破裂而造成渗漏，处理的办法是在保温层或结构层（屋顶无保温要求时）上面做 1：3 水泥砂浆找平层，找平层的厚度为 15～25 mm（抹在结构层或块状保温层上时可做得薄一些，抹在松散材料的保温层上时则应适当地加厚，如 20～30 mm 厚），待找平层表面干燥后再做下一步处理。

● 结合层

由于油毡防水层中的沥青在涂刷时温度高，稠度大，与水泥砂浆找平层的材质不同，且两者的温度差很大（约在 250℃以上），热沥青遇到冷的水泥砂浆表面时会迅速地在找平层表面凝固，使两者不易粘结牢固。处理的办法是在找平层与防水层之间设冷底子油结合层。冷底子油的制法是用煤油或汽油稀释沥青，不需要加热熬制，在常温下施工，将其涂刷于找平层上，由于冷底子油的稠度小，与水泥砂浆找平层无温差，因此，既可容易地渗透到水泥砂浆找平层的毛细孔中，又能和防水层的热沥青良好地粘合，有效地解决了水泥砂浆找平层与油毡防水层之间的粘结牢固要求。

● 防水层

油毡防水层是由沥青胶结材料和油毡卷材交替粘合而形成的整体防水覆盖层。它的粘贴顺序是：热沥青—油毡—热沥青—油毡—热沥青……。由于沥青胶结材料粘附在卷材的上下表面，所形成的薄层既是粘结层，又能起到一定的防水作用。因此，构造上常将一毡二油（油指热沥青）称为三层做法，二毡三油称为五层做法，还有七层、九层做法等。

油毡卷材的层数主要与建筑物的性质和屋面坡度大小有关。一般情况下，屋面防水层铺两层油毡卷材，在两层油毡的上、中、下表面共涂浇三层热沥青交替粘结。特殊情况或重要部位或严寒地区的屋面铺三层油毡卷材，共涂浇四层热沥青交替粘结。前者即二毡三油做法，后者为三毡四油做法。

平屋顶铺贴油毡卷材，一般有垂直屋脊和平行屋脊两种做法。通常采用平行屋脊铺设的较多，即从屋檐处开始平行于屋脊由下向上铺贴，

上下边（即油毡长边）搭接 70～120 mm，左右边（即油毡短边）搭接 100～150 mm，并在屋脊处用整幅油毡压住两侧坡面油毡，如图 2-49 所示。

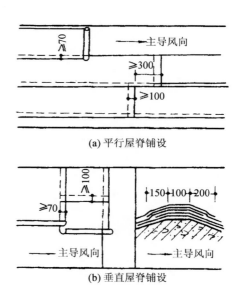

图 2-49　油毡卷材铺设方式

为了防止沥青胶结材料因厚度过大而发生龟裂，涂刷的每层热沥青的厚度，一般应控制在 1～1.5 mm 以内。

为保证油毡卷材屋面的防水效果，在铺贴油毡时，必须要求基层干燥，否则，基层的湿气将存留在油毡卷材下；另外，室内水蒸气也有可能透过结构层和保温层而渗入油毡卷材下。这两种情形下的水蒸气在太阳辐射热的作用下，将汽化膨胀，从而导致油毡卷材起鼓，鼓泡的皱褶和破裂将使屋面漏水，如图 2-50 所示。因此，除了在屋面防水层施工时要求基层干燥外，还应在屋面构造设计中采取相应的防范措施，如在湿度大的房间（浴室、厨房等）屋顶增设隔汽层；也可以在油毡防水层下形成一个能使水蒸气扩散的通道，如在铺粘第一层油毡时，将粘结材料热沥青涂刷成点状或条状（俗称花油法），如图 2-51 所示，沥青点与条之间的空隙即作为排汽的通道，排汽通道应纵横连贯，且通道的方向应通向排汽出口，排汽出口应设在屋面最高的分水线上，排汽出口的数量按每 36 m² 设置一个。

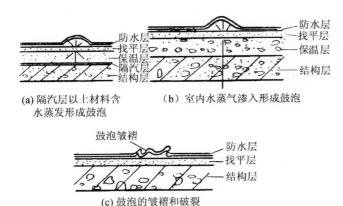

(a) 隔汽层以上材料含
水蒸发形成鼓泡

（b）室内水蒸气渗入形成鼓泡

(c) 鼓泡的皱褶和破裂

图 2-50　油毡卷材防水层鼓泡的形成与破裂

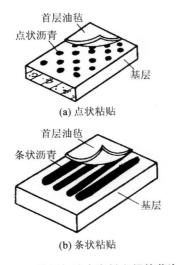

(a) 点状粘贴

(b) 条状粘贴

图 2-51　基层与防水卷材之间的蒸汽扩散层

● 保护层

沥青油毡防水层的表面呈黑色，最易吸热，夏季时防水层表面温度可达到 60~80℃，沥青会因高温而软化流淌。由于温度不断变化，油毡防水层很容易老化，从而缩短使用寿命。

为了防止沥青软化流淌（沥青软化点一般为 40~60℃），延长油毡防水层的使用寿命，需要在防水层上面设置保护层，以达到隔热降温的目的。由于建筑物的屋面有上人和不上人之分，为了避免上人屋面上人的行走踩踏对防水层的损害，保护层的做法也分为上人和不上人两种。

不上人屋面保护层主要有两种做法：一是小豆石保护层，其做法是在油毡防水层最后一层热沥青涂刷后，满粘一层 3~6 mm 粒径的小豆石，俗称绿豆砂。小豆石色浅，能够反射太阳辐射热，降低屋顶表面的温度，价格较低，并能防止对油毡防水层碰撞（因屋面检修上人等）引起的破坏，但其自重大，增加了屋顶的荷载。二是刷银色着色剂涂料等做保护层。例如铝银粉涂料保护层，它是由铝银粉、清漆、熟桐油和汽油调配而成，将它直接涂刷在卷材防水层表面，可形成一层银白色涂料层，类似金属面的光滑薄膜，不仅可以降低屋顶防水层表面温度 15℃以上，还有利于排水，且由于厚度较薄、自重较小，综合造价也不高，目前在新型卷材防水屋面上得到广泛的应用。

上人屋面保护层有现浇混凝土和铺贴块材保护层两种做法。前者一般是在防水层上浇筑 30~60 mm 厚的细石混凝土做保护面层，每 2m 左右设一分格缝（也称分仓缝），缝内用沥青油膏嵌满。后者一般用 20 mm 厚的水泥砂浆或干砂层铺设预制混凝土板或大阶砖、水泥花砖、缸砖等。还可将预制板或大阶砖架空铺设以利通风，如图 2-52 所示。以上做法较好地解决了上人屋面的要求，降低了卷材防水层的表面温度，起到了保护卷材防水层的作用。

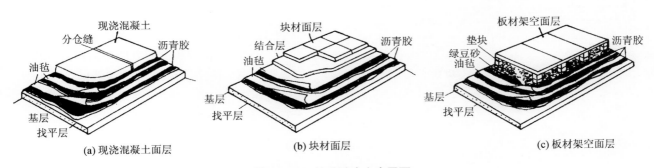

(a) 现浇混凝土面层

(b) 块材面层

(c) 板材架空面层

图 2-52　油毡防水上人屋面

(2)柔性防水屋面节点构造

在保证防水卷材的产品质量和防水屋面的施工质量的前提下，在柔性卷材防水屋面的大面积范围内发生渗漏的可能性是比较小的。最容易出现渗漏的部位多在防水构造的结合部位，如屋面与墙面防水层结合处（包括女儿墙泛水和挑檐沟处）、屋面变形缝处、雨水口处、高出屋面的烟囱根部等部位，所有这些节点部位都具有一个共同的特点，它们都位于卷材防水层的边缘部位，如果处理不好极易发生渗漏，所以，节点防水设计是屋面防水设计的重点。

● 泛水构造

凡是屋面与高出屋面的墙面结合部位的防水构造处理都可称为泛水构造，如女儿墙与屋面、烟囱与屋面、高低屋面之间的墙与屋面等的结合部位的构造。

平屋顶的坡度较小，排水缓慢，屋面滞水时间长，因而，屋顶泛水部位应允许有一定的囤水量，也就是泛水要具有足够的高度，以防止短时间囤积的雨水漫过泛水上口而造成屋顶渗漏。泛水高度应从积水面算起，如图2-53所示。一般要求在迎水面处的泛水高度 h 不小于250 mm，屋面坡度较大时则应不小于300 mm；在背水面处的泛水高度不应小于150 mm。屋面与墙的结合部位，应先用水泥砂浆或细石混凝土抹成圆弧（$R = 50 \sim 100$ mm）或钝角（大于135°）以防止在粘贴卷材时因直角转弯而折断或不能铺实，然后再刷冷底子油铺贴卷材。为了增强泛水处的防水能力，应将泛水处的卷材与屋面卷材连续铺贴，并在该结合部位加铺一层油毡。

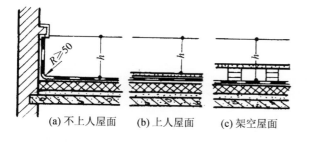

(a) 不上人屋面　(b) 上人屋面　(c) 架空屋面

图2-53　泛水高度的起止点

油毡卷材粘贴在泛水墙面的收口处，极易脱口渗水。为了压住油毡卷材的收口，通常有钉木条、压铁皮、嵌砂浆、嵌油膏、压砖块、压混凝土和盖镀锌铁皮等处理方式。除盖镀锌铁皮者外，一般在泛水上口处均应挑出1/4砖长（即60 mm）或利用女儿墙钢筋混凝土压顶的挑口，并抹水泥砂浆斜口或做滴水槽，以防止雨水顺立墙流进油毡收口处引起漏水。泛水构造做法如图2-54所示。

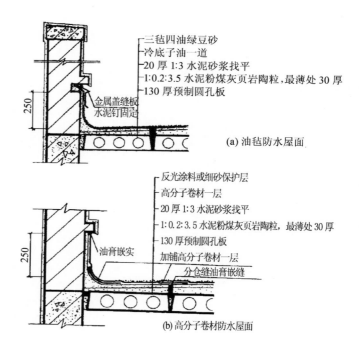

图2-54　油毡卷材屋面泛水构造

● 挑檐构造

油毡防水屋面的挑檐一般有自由落水檐口和有组织排水檐沟。在挑檐构造中，油毡防水层在收头处的处理仍是防水设计的重点。

在自由落水檐口中，为使屋面雨水迅速排除，一般在距檐口0.2~0.5 m范围内的屋面坡度不宜小于15%。檐口处用1:3水泥砂浆抹面，并要做出滴水槽。卷材收头处采用油膏嵌缝，上面再粘绿豆砂保护，以避免油毡卷材的收头处出现渗水，如图2-55所示。

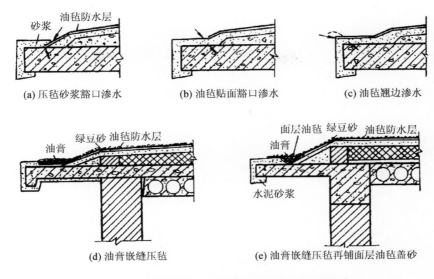

(a) 压毡砂浆豁口渗水　　(b) 油毡贴面豁口渗水　　(c) 油毡翘边渗水

(d) 油膏嵌缝压毡　　(e) 油膏嵌缝压毡再铺面层油毡盖砂

图 2−55　自由落水油毡屋面檐口构造

带挑檐沟的檐口，其檐沟内要加铺一层油毡。檐口油毡收头处可采用砂浆压毡、油膏压毡或先插铁卡住再用砂浆或油膏压毡的方法处理，如图 2−56 所示。用砂浆压毡时，要求檐沟垂直面外抹灰和护毡层抹灰的接缝处于最高点，均应将油毡压住。檐口下应抹出滴水槽。

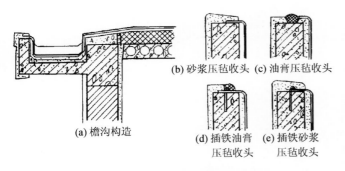

(a) 檐沟构造　　(b) 砂浆压毡收头　(c) 油膏压毡收头

(d) 插铁油膏压毡收头　(e) 插铁砂浆压毡收头

图 2−56　有组织排水油毡屋面檐沟构造

● 雨水口构造

雨水口可分为檐沟或天沟底部的水平雨水口和设在女儿墙上的垂直雨水口两种。雨水口应尽量比屋面或檐沟面低一些，有找坡层或保温层的屋面，可在雨水口直径 500 mm 范围内减薄，形成漏斗形，使之排水通畅，避免堵塞、积水和渗漏。雨水口通常是定型产品，分为直管式和弯管式两类：直管式适用于中间天沟、挑檐沟和女儿墙内排水天沟的水平雨水口；弯管式则适用于女儿墙的垂直雨水口。

直管式雨水口一般用铸铁或钢板制造，有各种型号，根据降雨量和汇水面积进行选择。图 2−57 中所示的 65 型铸铁雨水口是由套管、环形筒、顶盖底座和顶盖几部分组成。将套管安装在天沟底板或屋面板上，各层油毡和为了防止漏水在此处多贴的一层附加油毡均粘贴在套筒内壁上，并在表面涂上沥青玛蹄脂，再用环形筒嵌入套管，将油毡压紧，油毡的嵌入深度不小于 100 mm。环形筒与底座的接缝用油膏嵌封。

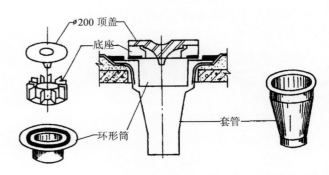

图 2−57　直管式雨水口构造

弯管式雨水口呈 90°弯曲状，多用铸铁或钢板制成，它由弯曲套管和铁箅子两部分组成，如图 2−58 所示。将弯曲套管置于女儿墙预留孔洞中，屋面防水层油毡和泛水油毡应铺粘到套管内壁四周，其深度不小于 100 mm。套管口用铸铁箅子遮盖，以防杂物进入堵塞雨水口。

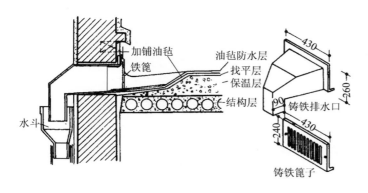

图 2-58　弯管式雨水口构造

（3）刚性防水屋面基本构造

刚性防水屋面，是指采用防水砂浆抹面或密实混凝土浇捣而成的刚性材料做防水层的屋面。由于防水砂浆和防水混凝土的抗拉强度低，属于脆性材料，故称为刚性防水屋面。这种屋面的主要优点是构造简单、施工方便、节约材料、造价经济、维修较为方便。它的缺点是由于施工技术要求比较高，如果处理不好极易产生裂缝而造成渗漏，对结构变形和温度变化比较敏感。由于南、北方地区的气候差异，北方地区气候干燥，日温差较大，而南方地区气候湿润、日温差较小，南方地区的气候条件更能适应刚性防水屋面对环境的要求，因而，刚性防水屋面主要用于南方地区。另外，混凝土刚性防水屋面也不宜用于有高温、振动大和基础有较大不均匀沉降的建筑中。

● 刚性防水层的防水构造

在普通水泥砂浆和普通混凝土施工时，为了保证其浇筑质量，用于拌合砂浆和混凝土的水的用量往往要超过水泥水凝过程所需的用水量，多余的水在砂浆和混凝土的硬化过程中，逐渐蒸发形成许多空隙和互相连贯的毛细管网；另外，过多的水分在砂石骨料表面会形成一层游离的水，相互之间也会形成毛细通道。同时，砂浆和混凝土收水干缩时也会产生表面开裂。当有水作用时，这些毛细管网和裂缝就形成了渗水的通道。由此可见，普通水泥砂浆和普通混凝土是不能作为屋面的刚性防水层的，而必须采取必要的防水构造措施，才能达到屋面刚性防水层的要求。这些措施包括添加防水剂和微膨胀剂、提高砂浆和混凝土的密实性等。

防水剂是由化学原料配制而成的，通常为憎水性物质、无机盐或不溶解的肥皂，如硅酸纳（水玻璃）类、氯化物或金属皂类制成的防水粉或

浆。防水剂掺入砂浆或混凝土后，能与之生成不溶性物质，填塞毛细孔道，形成憎水性壁膜，以提高其密实性。另外，在普通水泥中掺入少量的矾土水泥和二水石粉等所配制的细石混凝土，在结硬时产生微膨胀效应，抵消混凝土的原有收缩性，以提高抗裂性能。为了提高砂浆和混凝土的密实性，还应该注意控制水灰比，并加强浇筑时的震捣，在混凝土初凝前，用铁碌对其表面进行辗压，使余水压出，初凝后加少量干水泥，待收水后用铁板压平、表面打毛，然后盖席浇水养护，从而提高面层密实性和避免表面的龟裂。

● 刚性防水屋面的变形及其应对措施

刚性防水屋面的最严重问题是防水层在施工完成后出现裂缝和漏水。裂缝的原因很多，有气候变化和太阳辐射引起的屋面热胀冷缩，如图2-59所示；有屋顶结构板受力后的挠曲变形；有墙身座浆收缩、地基沉陷、屋顶结构板徐变以及材料收水干缩等对防水层的影响。其中最常见的原因是屋顶在室内外、早晚、冬夏由于太阳辐射等气候因素所产生的温差而引起的胀缩、移位、起翘和变形。为了应对屋顶的变形，保证刚性防水层的防水效果，常采用防水层配置抗裂钢筋、设置分仓缝、结构层与防水层之间设置隔离浮筑层、设置滑动结构支座等处理措施。

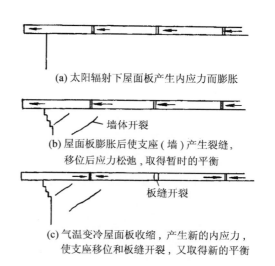

(a) 太阳辐射下屋面板产生内应力而膨胀

(b) 屋面板膨胀后使支座（墙）产生裂缝，移位后应力松弛，取得暂时的平衡

(c) 气温变冷屋面板收缩，产生新的内应力，使支座移位和板缝开裂，又取得新的平衡

图2-59　温度反复变化下屋顶结构板的移位变化

刚性防水层采用不低于 C25 的细石混凝土整体现场浇筑，其厚度不宜小于 40 mm，为了提高防水层的抗裂和适应变形的能力，应在其中配置 ø3@150 或 ø4@200 的双向钢筋网片。由于裂缝易在面层出现，钢筋网片宜置于中层偏上，使上面有 10 mm 保护层即可，如图 2－60 所示。

大面积的整体现浇混凝土防水层受外界温度的影响会出现热胀冷缩，导致防水层混凝土出现不规则裂缝；屋顶结构板在荷载作用下产生挠曲变形，板的支承端翘起，也可能引起防水层混凝土破裂。如果在刚性防水层设置变形缝，便可有效地避免裂缝的产生，这种变形缝即称作分仓缝(或分格缝)。分仓缝的间距应控制在屋面温度年温差变形的许可范围之内(如图 2－61 所示)，并应将其位置设置在结构变形的敏感部位(如图 2－62 所示)，每仓的面积宜控制在 15～25 m² 之间，分仓缝的间距宜控制在 3～5 m 之间。在预制屋面板为基层的防水层中，分仓缝应设置在支座轴线处和支承屋面板的墙和大梁的上部。当建筑物的进深在 10 m 以内时，可在屋脊处设置一道纵向分仓缝；当进深大于 10 m 时，需在坡面某一板缝处再设一道纵向分仓缝，如图 2－63 所示。分仓缝的宽度宜为 20 mm 左右，为了满足防水和适应变形的要求，分仓缝内应填嵌沥青麻丝等弹性材料，并用厚度为 20～30 mm 的防水油膏填嵌缝口，或粘贴油毡防水条，如图 2－64 所示。

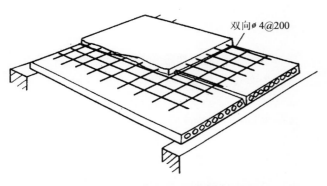
图 2－60 细石混凝土配筋防水屋面

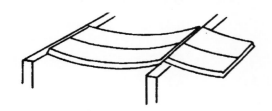
(a) 屋面板支承端的起翘

(b) 屋面板搁置方向不同翘度不同

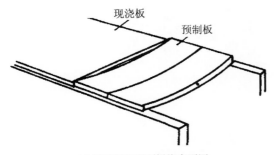
(c) 现浇板与预制板挠度不同

图 2－62 预制屋面板结构变形的敏感部位

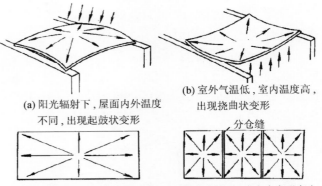
(a) 阳光辐射下，屋面内外温度不同，出现起鼓状变形
(b) 室外气温低，室内温度高，出现挠曲状变形
(c) 长形屋面温度引起内应力变形大（对角线最大）
(d) 设分仓缝后，内应力变形变小

图 2－61 刚性防水屋面室内外温差变形与分仓缝间距大小的应力变形关系

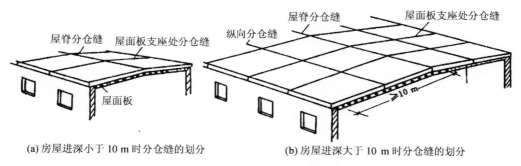

(a) 房屋进深小于 10 m 时分仓缝的划分　　　　(b) 房屋进深大于 10 m 时分仓缝的划分

图 2－63　刚性防水屋面分仓缝的划分

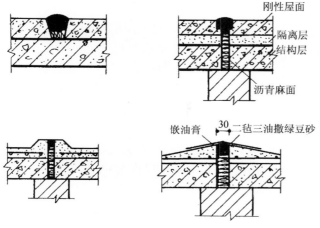

图 2－64　分仓缝构造

考虑到刚性防水屋面不适用于设在松散材料的基层（如找坡层和松散材料保温层等）之上，采用刚性防水层的屋顶应采用结构找坡（可避免设找坡层），屋面坡度宜为 2%～3%；又由于刚性防水屋面主要用于南方炎热地区，一般不再做保温层（必须做时应采用非松散材料的块材或板材保温层），因此，一般情况下，混凝土刚性防水层

是直接设在钢筋混凝土的屋顶结构板上的。为了减少屋顶结构层变形对刚性防水层的不利影响，宜在防水层与结构层（或其他刚性基层）之间设置隔离层（也叫浮筑层）。结构层在荷载作用下产生挠曲变形，在温度变化时产生胀缩变形；结构层一般比防水层厚，其刚度相应比防水层大，当结构层产生变形时，紧贴着结构层的防水层必然会被拉裂。所以，在它们之间做一隔离层，使上、下分离以适应各自的变形，避免屋面漏水，是非常必要的。隔离层可采用纸筋灰、强度等级较低的砂浆或薄砂层上干铺一层油毡等做法。如果刚性防水层的抗裂性能有充分的保证时，也可不设隔离层。

为了减少结构层变形对防水层的不利影响，屋顶结构板的支承处可做成活动支座。例如，可在墙或梁顶上先用水泥砂浆找平，干铺两层油毡，中间夹滑石粉；然后再放置预制屋面板，如图 2－65 所示。屋面板顶端之间及与女儿墙之间的端缝用弹性材料填嵌。如为现浇屋顶结构板也可在支承处做滑动支座。

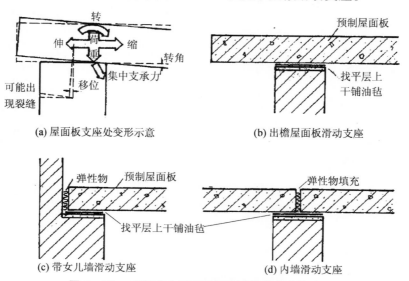

(a) 屋面板支座处变形示意　　　　　　(b) 出檐屋面板滑动支座

(c) 带女儿墙滑动支座　　　　　　　(d) 内墙滑动支座

图 2－65　刚性防水屋面设置滑动结构支座构造

（4）刚性防水屋面节点构造

与柔性卷材防水屋面一样，混凝土刚性防水屋面也应把屋面泛水、挑檐、雨水口等节点部位进行重点处理。卷材防水屋面与刚性防水屋面相比较的话，两者节点部位的防水构造原理是一样的，所以，很多具体的构造要求是相同的（例如泛水的最小高度要求等等）。但是，由于两者的防水材料性质相异，在一些具体的细部处理方式上又有所区别。理解和掌握这些异同点，是十分必要的。

● 泛水构造

刚性防水屋面的泛水构造要点与卷材防水屋面大体相同，即泛水应有足够的高度，一般为迎水面不少于250 mm，背水面不少于150 mm，防水层内的抗裂钢筋网片也应沿泛水同时上弯。泛水与屋面防水层应一次浇筑完成，不留施工缝，以免形成渗漏，转角处浇成圆弧形。泛水上口也应有挡雨措施，并做滴水槽处理。刚性防水屋面泛水构造与卷材防水屋面泛水构造相比也有特殊性，即泛水与突出屋面的结构物（女儿墙、烟囱等）之间必须留分仓缝，避免因两者变形不一致而使泛水开裂造成渗漏。刚性防水屋面泛水

构造如图2－66所示。

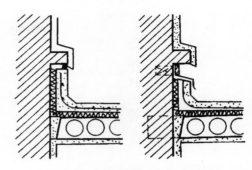

图2－66　刚性防水屋面泛水构造

● 挑檐构造

刚性防水屋面常用的檐口形式有自由落水挑檐、有组织排水挑檐沟、女儿墙外排水檐沟等。其构造做法如图2－67所示。

● 雨水口构造

刚性防水屋面的雨水口常见的有两种，一种是用于檐沟或内排水天沟的雨水口，另一种是用于女儿墙外排水的雨水口。前者为直管式，后者为弯管式。在屋面防水层与雨水口的接缝处应填嵌防水油膏，并向雨水口内接铺长度不少于100 mm的附加油毡，以加强防水效果，如图2－

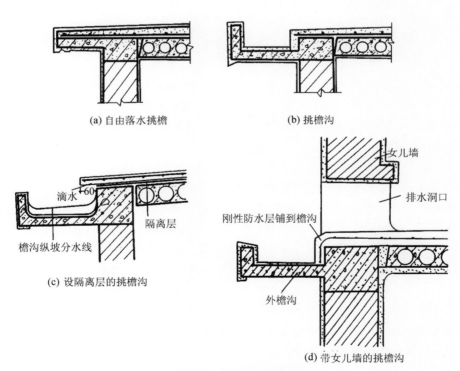

(a) 自由落水挑檐

(b) 挑檐沟

(c) 设隔离层的挑檐沟

(d) 带女儿墙的挑檐沟

图2－67　刚性防水屋面挑檐构造

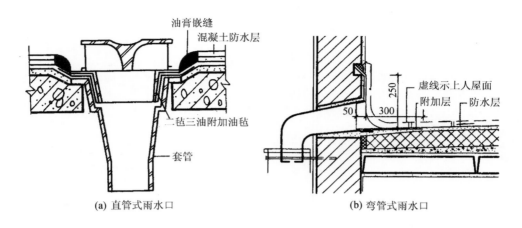

(a) 直管式雨水口   (b) 弯管式雨水口

图 2-68   刚性防水屋面雨水口构造

68 所示。

(5)粉剂防水屋面基本构造

粉剂防水屋面是以硬脂酸钙为主要原料,通过特定的化学反应组成的复合型粉状防水材料的防水屋面,又称拒水粉防水屋面。它完全打破了传统的防水方式,是一种既不同于柔性卷材防水,也不同于刚性防水的新型防水形式。这种粉剂组成的防水层透气而不透水,有极好的憎水性和随动性,施工简单、快捷、方便。

● 找平层

为了使防水层有一个平整的基层,可用 1:3 水泥砂浆在屋顶结构板上做找平层,厚度不少于 20 mm。

● 防水层

防水层是由憎水性极强的粉状材料——拒水粉铺成,其厚度一般为 5~7 mm。当遇到檐沟、天沟、泛水、变形缝等薄弱部位时,防水层的厚度应适当加厚,以保证防水效果。

● 保护层

保护层是为了防止粉剂防水层在使用过程中受外力影响而破坏其防水功能,如风吹、雨冲、上人活动、物体碰撞等,同时还起到屋面排水和减缓防水层老化的作用。根据屋面的使用功能不同,保护层做法可分为两大类,即块材铺贴类和整浇类。

块材铺贴类常用水泥砖、缸砖、黏土砖或预制混凝土板等。选用规格小、料薄的块材时,在铺贴时先抹 20 mm 厚 1:3 水泥砂浆进行找平,然后再用 1:3 水泥砂浆铺贴;选用规格大、较厚的板材时,可直接用 1:3 水泥砂浆坐浆,以铺贴平

整为准。

整浇类做法通常采用细石混凝土或水泥砂浆。混凝土厚度为 30~40 mm,水泥砂浆厚 20~30 mm。整浇类做法的保护层为防止开裂要设分仓缝。

● 隔离层

隔离层是在防水层之上、保护层之下设置的一道构造层。一般采用成卷的普通纸或无纺布铺盖于防水层之上,其作用是防止在做保护层时,冲散粉状防水层,破坏防水层的连续状态。

图 2-69 所示为一组粉剂防水屋面的基本做法。

(6)粉剂防水屋面节点构造

● 分仓缝

分仓缝设置的原则与刚性防水屋面相同,其构造做法如图 2-70 所示。

● 泛水构造

泛水构造与刚性防水屋面大体相同,其做法如图 2-71 所示。

● 挑檐构造

粉剂防水屋面的挑檐形式常用的有自由落水挑檐和有组织排水的挑檐沟,其具体做法如图 2-72 所示。

● 雨水口构造

雨水口的类型和构造措施与刚性防水屋面的雨水口做法相同,可参见图 2-68。

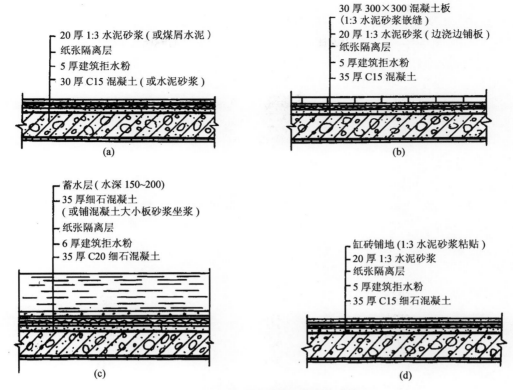

20 厚 1:3 水泥砂浆（或煤屑水泥）
纸张隔离层
5 厚建筑拒水粉
30 厚 C15 混凝土（或水泥砂浆）

(a)

30 厚 300×300 混凝土板
（1:3 水泥砂浆嵌缝）
20 厚 1:3 水泥砂浆（边浇边铺板）
纸张隔离层
5 厚建筑拒水粉
35 厚 C15 混凝土

(b)

蓄水层（水深 150~200）
35 厚细石混凝土
（或铺混凝土大小板砂浆坐浆）
纸张隔离层
6 厚建筑拒水粉
35 厚 C20 细石混凝土

(c)

缸砖铺地 (1:3 水泥砂浆粘贴)
20 厚 1:3 水泥砂浆
纸张隔离层
5 厚建筑拒水粉
35 厚 C15 细石混凝土

(d)

图 2-69　粉剂防水屋面基本构造做法

图 2-70　粉剂防水屋面分仓缝节点构造

油膏嵌缝　建筑拒水粉

3φ6,φ4@200
挑口滴水
20×25 凹口强化防水
30°找平斜坡
分仓缝
灌 20 高建筑拒水粉

图 2-71　粉剂防水屋面泛水构造

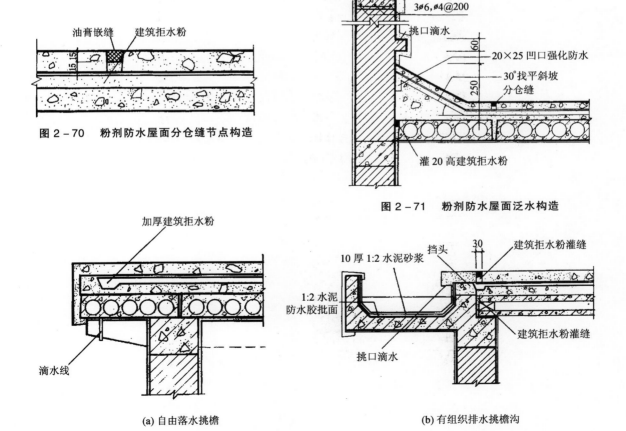

加厚建筑拒水粉

滴水线

(a) 自由落水挑檐

挡头
10 厚 1:2 水泥砂浆
建筑拒水粉灌缝
1:2 水泥防水胶批面
挑口滴水
建筑拒水粉灌缝

(b) 有组织排水挑檐沟

图 2-72　粉剂防水屋面挑檐构造

3)坡屋顶防水构造

(1)平瓦屋面基本构造

平瓦一般是采用黏土为原料,经机制成型、干燥、焙烧而成,因此又称黏土瓦或机平瓦。平瓦的外形是根据防水和排水的需要而设计的,如图2-73所示,一般尺寸为380~420 mm长,240 mm左右宽,50 mm厚,净厚约为20 mm。为了防止瓦的下滑,平瓦背面设有突出的挡头,可以挂在挂瓦条上。挡头上穿有小孔,在风速大的地区或屋面坡度较大时,可以用铅丝把平瓦系扎在挂瓦条上,防止被风吹起或下滑。其他还有水泥瓦、硅酸盐瓦,均属此类平瓦,但形状与尺寸稍有不同。

平瓦之间的搭接和排水方式如图2-74所示。

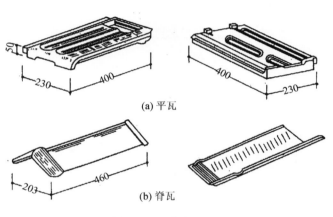

(a) 平瓦

(b) 脊瓦

图2-73 黏土瓦

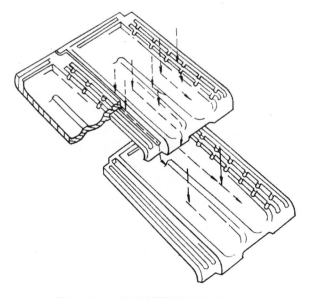

图2-74 平瓦的搭接及排水方式

根据使用要求和用材的不同,平瓦屋面一般有以下几种基本做法。

● 冷摊瓦平瓦屋面

冷摊瓦平瓦屋面是一种比较简单的瓦屋面做法。它是在椽子上钉挂瓦条后直接挂瓦,如图2-75所示。挂瓦条尺寸视椽子间距而定,椽子间距400 mm时,挂瓦条可用20 mm×25 mm立放;间距再大时则应适当加大。冷摊瓦平瓦屋面的房间一般也不再设置吊顶棚,所以,其构造简单、经济,但往往雨雪容易从平瓦的搭缝处少量飘入室内,且屋顶的保温效果也很差,一般多用在简易建筑或临时建筑中。

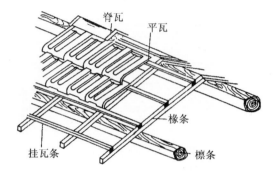

图2-75 冷摊瓦平瓦屋面

● 望板平瓦屋面(也称屋面板平瓦屋面)

一般平瓦屋面的防水主要靠瓦与瓦之间相互拼缝搭接,但在斜风带雨雪时,往往会使雨水或雪花飘入瓦缝,形成渗水现象。为避免这种渗水现象造成屋顶漏水,应在坡屋顶结构层(檩条或椽子)上部设置木望板,木望板上再满铺一层油毡,作为第二道防水层。油毡应平行于屋脊方向铺设,从檐口铺到屋脊,搭接不小于80 mm,并用板条(称顺水压毡条)钉牢。板条方向与檐口垂直,上面再钉挂瓦条,这样使挂瓦条与油毡之间留有空隙,以利排除从瓦缝飘落下来的雨水,如图2-76所示。一般木望板的厚度为15~20 mm,对于清水屋面(即底面露明的)要求密铺并在底面刨光;混水屋面(做吊顶等不露明的)则可稀铺,间隙不宜超过25 mm。为了节约木望板和油毡,也可以采用在结构层椽子之上直接顺水搭接铺钉硬质纤维板。其他杆状植物或它们的编织物如芦席、苇箔、高粱杆、荆笆等,也可以用来代替木望板,并在上面铺油纸或油毡,如图2-77(b)所示。在檐口处,为了求得第一皮瓦片与其它瓦片坡度一致,往往要钉双层挂瓦条,如图2-

77(a)、(d)所示;有时为了装钉封檐板,采用在第一皮瓦片下垫以三角木(一般尺寸为 50 mm× 70 mm 对开)的方式,这样既保证了第一皮瓦片与其他瓦片坡度一致,又不妨碍油毡上的雨水顺利地排出屋面,如图2-77(c)所示。

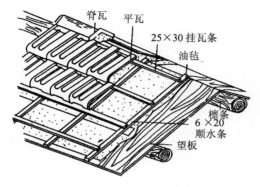

图 2-76 望板平瓦屋面

● 挂瓦板平瓦屋面

挂瓦板平瓦屋面属于板式坡屋顶的形式。挂瓦板是把坡屋顶的结构层和防水层的基层合而为一的一种倒 T 形钢筋混凝土预制构件。挂瓦板的基本形式有双 T 形、单 T 形和 F 形 3 种,如图 2-78 所示。

挂瓦板的肋距就是挂瓦条的间距,肋的高度是根据刚度条件按挂瓦板的跨度确定的。钢筋混凝土挂瓦板可直接搁置在横墙或屋架上,再在板肋间直接挂瓦即可。挂瓦板集檩条、椽子、望板、油毡、顺水条、挂瓦条和斜顶棚的多种功能于一身,这种屋顶构造简单、省工省料、造价经济,其缺点是瓦缝渗水不易处理,渗入的雨水易在挂瓦板的板缝处渗漏。

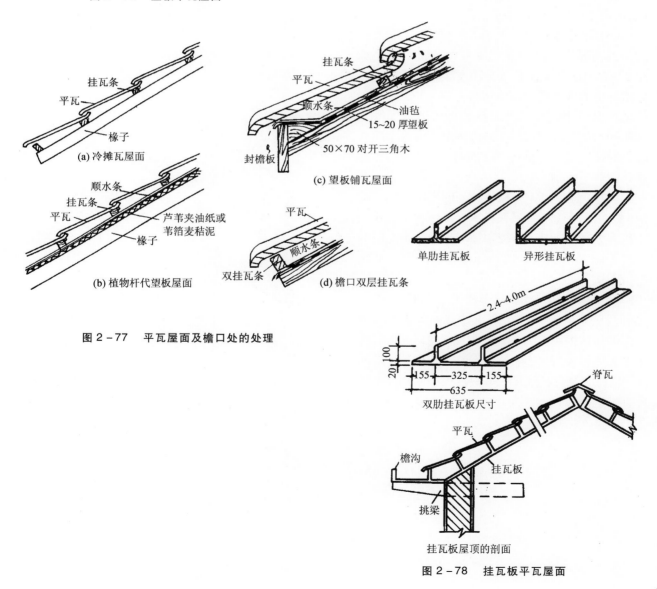

图 2-77 平瓦屋面及檐口处的处理

图 2-78 挂瓦板平瓦屋面

(2)平瓦屋面节点构造

平瓦屋面应做好檐口、天沟、出屋面烟囱等部位的防水处理。

● 纵墙檐口构造

坡屋顶的纵墙檐口一般有挑檐和包檐两种形式。

(A)挑檐

挑檐是屋面挑出外墙部分，对外墙起保护作用。一般在南方多雨地区出挑较大，北方少雨地区则出挑较小。挑檐的构造做法往往与出挑的大小有直接的关系。图 2－79 所示为平瓦屋面纵墙挑檐的几种常见做法。

(a)挑砖檐口。出挑较小时，比较方便的方法是用砖做挑檐，每步出挑 1/4 砖长即 60 mm，每步两皮砖厚即 120 mm，挑砖的总长度与墙的厚度有关，一般不得大于墙厚的 1/2，如图 2－79(a)所示。

(b)挑望板檐口。由于木望板一般较薄（约 15～20 mm），其出挑长度不宜大于 300mm，如图 2－79(b)所示。若能利用屋架托木或由横墙伸出的挑檐木之端头与木望板及封檐板结合，则挑檐可有较大刚度，其出挑长度可适当加大至 400 mm 左右，如图 2－79(c)所示。挑檐木压入墙内的长度应大于出挑长度的两倍，并应做好防腐处理。

(c)挑檩檐口。在檐墙外面的檐口下加一檩条（称为檐檩），利用屋架托木或横墙伸出的挑檐木作为檐檩的支托。檐檩与檐墙上沿游木之间的距离不应大于屋顶其他部分檩条的间距，如图 2－79(d)所示。

(d)挑椽檐口。当挑出长度大于 300 mm 时，可利用已有的椽子或在采用檩条承载的屋顶的檐部增加挑檐椽作为檐口的支托，檐口处可将椽子平头外露或钉封檐板，如图 2－79(e)、(f)所示。檐口的挑出长度尺寸可根据椽子的刚度条件计算确定。

以上挑檐均可做檐口顶棚。常见的檐口顶棚形式有露缝板条、硬质纤维板、板条抹灰等。檐口顶棚的基层做法一般是在靠外墙一侧墙内砌入的防腐木砖上钉一条顶棚龙骨；在靠封檐板一侧，可利用屋架托木、挑檐木或挑椽再钉另一条顶棚龙骨，在两条龙骨间钉横向板条或先钉横向小龙骨再钉纵向板条，就可形成露缝板条的檐口顶棚，或再在板条上进行抹灰处理，如图 2－80(a)、(b)所示。檐口顶棚一般常作为坡屋顶的通风口设置的部位，对于露缝板条顶棚，因其本身已具有缝隙，可直接进行屋顶的通风；而对于纤维板或板条抹灰顶棚，则需间隔一定距离设置通风口进行通风。挑椽檐口的顶棚形式如图 2－80(c)所示。

封檐板可挡住檐口木望板或椽子，以使檐口外形挺直，并可封闭檐口顶棚。需要安装排水檐沟时，也可利用封檐板做支承。平瓦在檐口处应挑出封檐板 40～60 mm，油毡应绕过三角木搭入镀锌铁皮檐沟内，如图 2－80(a)所示。

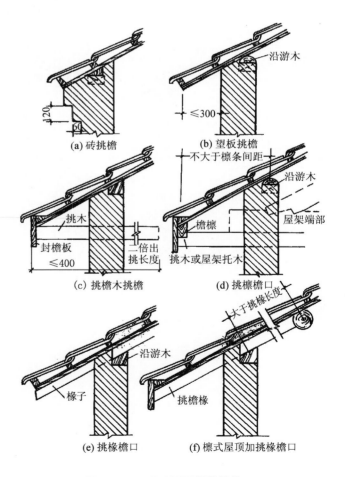

(a)砖挑檐　　(b)望板挑檐

(c)挑檐木挑檐　　(d)挑檩檐口

(e)挑椽檐口　　(f)檩式屋顶加挑椽檐口

图 2－79　平瓦屋面纵墙挑檐

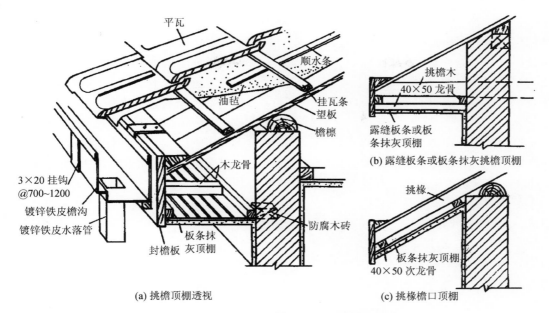

图 2－80　纵墙挑檐顶棚

（B）包檐

　　包檐檐口是在檐口外墙上部用砖砌成、高出屋面的压檐墙（即女儿墙）将檐口包住。在包檐内应很好地解决排水问题，一般均须做水平天沟。常见的做法是用镀锌铁皮放在木底板上，铁皮天沟一边应伸入木望板之上油毡层之下，另一边则在靠墙处做成泛水，如图 2－81 所示。也可采用钢筋混凝土预制檐沟构件，沟内做油毡防水层。泛水高度应不小于 250 mm，并在女儿墙上部做混凝土压顶。

●山墙檐口构造

　　山墙檐口可分为山墙挑檐和山墙封檐两种。

（A）山墙挑檐

　　山墙挑檐即悬山檐口，一般用檩条挑出山墙，如图 2－82（a）所示；椽式坡屋顶可另加挑檐木从椽架挑出山墙，如图 2－82（b）所示。在檩条或挑檐木端头一般钉以封檐板（也称博风板）。平瓦在山墙檐边须隔块锯成半块，并用 1∶2 水泥麻刀砂浆或其他纤维砂浆抹成高 80～100 mm、宽 100～120 mm 的转角封边，称"封山压边"或"瓦出线"。山墙挑檐处也可与纵墙挑檐处一样在檩条下钉顶棚龙骨做檐口顶棚，如图 2－82（c）所示。

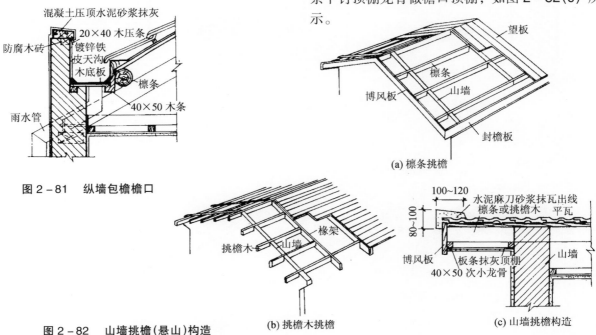

图 2－81　纵墙包檐檐口

图 2－82　山墙挑檐（悬山）构造

(B)山墙封檐

山墙封檐包括硬山檐口和出山檐口。

硬山檐口做法是屋面和山墙齐平，并用水泥砂浆抹压边瓦出线，如图2-83(a)所示；或出挑一两步砖，用砖压顶抹水泥砂浆封檐，如图2-83(b)所示。

出山檐口做法是将山墙砌出屋面，在山墙与屋面交界处进行泛水处理。泛水是容易漏水的关键部位，必须妥善处理。最常见的构造做法有挑砖(或女儿墙压顶)砂浆抹灰泛水、小青瓦坐浆泛水以及镀锌铁皮泛水三大类。

第一类挑砖(或女儿墙压顶)砂浆抹灰泛水，造价经济，施工方便，但砂浆容易开裂渗水，一般应在砂浆内填加麻刀或其他纤维材料，如图2-84(a)所示。

第二类小青瓦坐浆泛水，也是比较简便的一种泛水形式，瓦要用砂浆窝牢，如图2-84(b)所示。

第三类镀锌铁皮泛水，造价比较贵，铁皮应用油漆保护。镀锌铁皮泛水一边要压在瓦底并翻过顺水条，另一边则要钉在沿墙挑砖(或女儿墙压顶)下的木条上，再用防水砂浆封住，如图2-84(c)所示。

● 斜天沟

斜天沟一般用镀锌铁皮制成，并在铁皮下面附加一层油毡。为了达到良好的防水效果，镀锌铁皮天沟两边应包钉在木条上，在斜天沟两侧铺在木望板上的油毡也要包到木条上(油毡在上、铁皮在下)。木条的高度要使最下边的瓦片搁在上面时，能与其他瓦片平行，并起到防止溢水的作用。也可以用弧形瓦或缸瓦做斜天沟，搭接处要用麻刀灰浆窝牢，如图2-85所示。

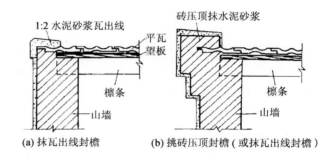

图2-83　硬山封檐构造

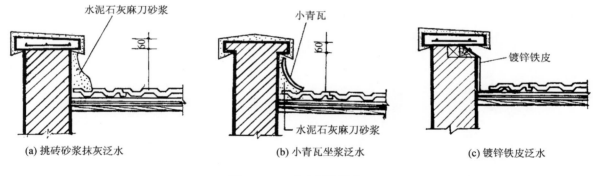

图2-84　出山封檐构造

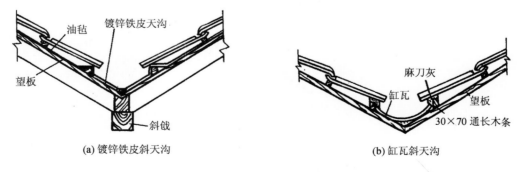

图2-85　斜天沟构造

• 烟囱泛水

烟囱泛水的构造除了满足一般的防水要求外，还有防火方面的要求。烟囱泛水的构造具有代表性，其他出屋面的结构物（如老虎窗等）的泛水构造做法，也可参照烟囱泛水的构造做法进行处理。

屋面与烟囱交接处的四周均须做泛水，一般为镀锌铁皮泛水。在烟囱的迎水面，铁皮应铺在瓦下；在烟囱的背水面，铁皮则应搭盖在瓦上；烟囱两侧则应注意铁皮与相邻瓦片之间的搭接关系。镀锌铁皮烟囱泛水的构造做法如图2-86(a)所示。有时为了节约铁皮，也可用水泥石灰麻刀砂浆抹灰做烟囱泛水，烟囱迎水面的泛水既要使砂浆抹灰做在上面的瓦片之下，又要使其承受的雨水能顺畅地流至两侧及下侧的瓦片之上，如图2-86(b)所示。

按照防火规范的要求，在烟囱四周的屋面木基层及其他易燃材料距烟囱应保持一定的距离，一般距烟囱内壁不少于370 mm，距烟囱外壁不少于50 mm，以避免因接触烟囱或距离过近而发生火灾。

为了保持出屋面烟囱四周的木望板的刚度，需在烟囱两侧的上、下檩条之间做斜向支木，俗称伏汤头，如图2-86(b)所示。

(3)波形瓦屋面基本构造

波形瓦可用石棉水泥、塑料、玻璃钢或金属等材料制成，多用于不需保温和隔热的一般建筑中，尤其在单层工业厂房中得到较广泛的应用。石棉水泥波形瓦具有自重轻、规格大、施工简便、造价较低、防火、耐腐蚀等优点，缺点是强度较低、较脆，温度变化较大时易碎裂；玻璃钢波形瓦和塑料波形瓦，不但自重轻，而且强度高，透光性好，可以兼做屋顶采光天窗；金属材料波形瓦具有自重轻、抗震性好、防水好等优点。在波形瓦防水屋面中应用较多的有石棉水泥波形瓦、镀锌铁皮波形瓦和压型钢板瓦等。

• 石棉水泥波形瓦防水屋面

石棉水泥波形瓦的规格有大波瓦、中波瓦、小波瓦3种，见表2-12所示。

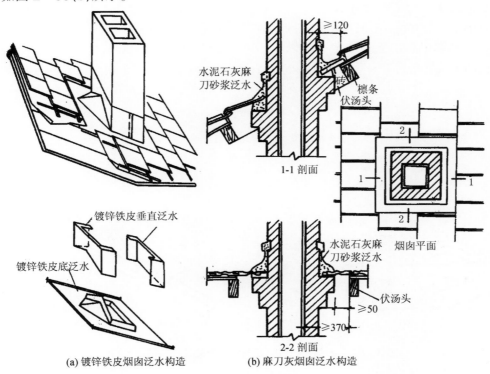

(a) 镀锌铁皮烟囱泛水构造   (b) 麻刀灰烟囱泛水构造

图2-86　出屋面烟囱泛水构造

表 2-12　石棉瓦规格

瓦材名称	规格(屋面坡度 1:2.5~1:3)						
	长(mm)	宽(mm)	厚(mm)	弧高(mm)	弧数(个)	角度(°)	重量(kg/块)
石棉水泥大波瓦	2 800	994	8	50	6		48
石棉水泥中波瓦	2 400	745	6.5	33	7.5		22
石棉水泥中波瓦	1 800	745	6	33	7.5		14.2
石棉水泥中波瓦	1 200	745	6	33	7.5		10
石棉水泥小波瓦	1 800	720	8	14~17	11.5		20
石棉水泥小波瓦	1 820	720	8	14~17			20
石棉水泥脊波瓦	850	180×2	8			120~130	4
石棉水泥脊波瓦	850	230×2	6			125	4
石棉水泥平波瓦	1 820	800	8			40~45	

　　石棉水泥波形瓦有一定的刚度,每张瓦的尺寸较大,可以直接铺钉在檩条上。檩条间距视瓦长而定,每张瓦至少有 3 个支承点。檩条有木檩条、钢筋混凝土檩条、钢檩条及轻钢檩条等。檩条的材料不同时,波形瓦与檩条的连接固定方法也不一样。

　　图 2-87 所示为石棉水泥波形瓦与木檩条的连接构造做法。此时,瓦与檩条的连接固定应考虑温度变化而引起的变形,故连接螺钉钉孔的直径应比螺钉直径大 2~3 mm。钉孔处应加设防水垫圈,钉孔应设在波峰上。石棉水泥波形瓦上、下搭接长度不应小于 100 mm,左、右两张瓦之间的搭接长度为,大波和中波瓦至少搭接一个波,小波瓦至少搭接两个波。搭接处只靠搭压,而不宜一钉二瓦。

　　图 2-88 所示为石棉水泥波形瓦与钢筋混凝土檩条、钢檩条、轻钢檩条的连接构造做法。此时,考虑到石棉水泥波形瓦性质较脆,对温、湿度变化及振动的适应性差,所以,其与檩条的连接固定既要方便可靠,又不能固定得太紧。要允许它有变位的余地。其做法是用镀锌钢筋挂钩保证固定,而用镀锌扁钢卡钩保证变位,同时,钢筋挂钩也是柔性连接,允许有小量位移。为了不限制石棉水泥波形瓦的变位,一块瓦上钢筋挂钩的数量不应超过两个。钢筋挂钩的位置应设在石棉水泥波形瓦的波峰上,以避免漏水。镀锌扁钢卡钩可免去在波形瓦上钻孔,避免了漏雨,瓦材的伸缩性也较好。一般情况下,除檐口、屋脊等部位外,其余部位多采用扁钢卡钩与檩条相连接。在檐口处,波形瓦的挑出长度不应大于 300 mm。

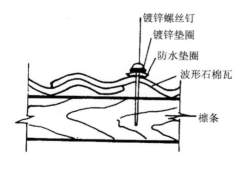

图 2-87　石棉水泥波形瓦与木檩条的连接构造

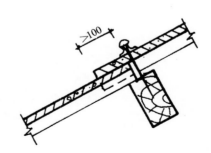

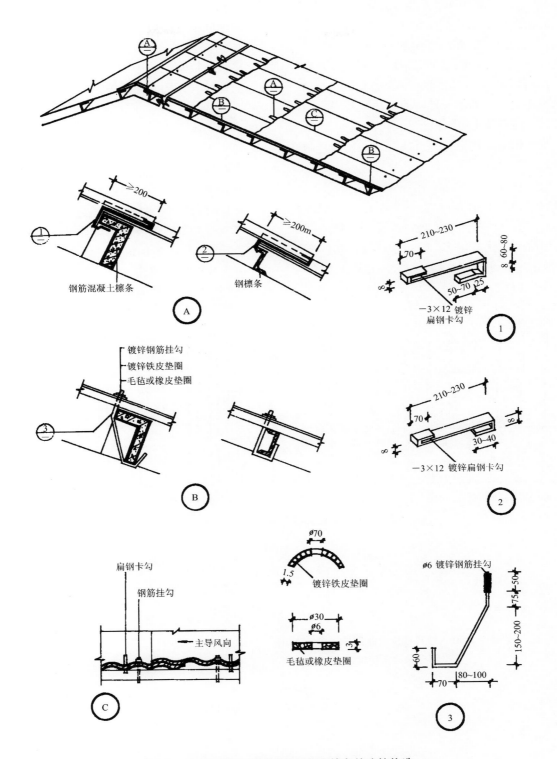

图 2-88　石棉水泥波形瓦与非木檩条的连接构造

钢筋混凝土檩条

钢檩条

镀锌钢筋挂勾
镀锌铁皮垫圈
毛毡或橡皮垫圈

—3×12 镀锌扁钢卡勾

—3×12 镀锌扁钢卡勾

扁钢卡勾
钢筋挂勾
主导风向

镀锌铁皮垫圈

毛毡或橡皮垫圈

ø6 镀锌钢筋挂勾

石棉水泥波形瓦的铺设搭接应顺主导风向，以防风、防雨水渗漏和保证瓦的稳定。在铺瓦时，四块瓦的搭接处会出现瓦角相叠现象，这样会产生瓦面翘起。解决的办法有两种：一种是在相邻四块瓦的搭接处，按照盖瓦方向的不同，事先将斜对的瓦角切割掉，对角缝隙不宜大于 5mm，如图 2－89(b)、(c) 所示；另一种方法是采用不割角的方式，但应将上、下两排瓦的长边搭接缝错开，大波瓦和中波瓦错开一个波，小波瓦错开两个波，如图 2－89(a) 所示。

● 镀锌铁皮波形瓦防水屋面

镀锌铁皮波形瓦屋面是一种较好的轻型屋面，抗震性能好，在高烈度地震区应用比钢筋混凝土大型屋面板优越得多。可用于高温厂房的屋面。但由于这种瓦材造价高、维修费用大，广泛的推广使用受到一定的限制。

镀锌铁皮波形瓦屋面的坡度比石棉水泥波形瓦层面的坡度小，一般为 1/7 左右。其铺设时的横向搭接一般为一个波，上、下搭接和固定方法基本上与石棉水泥波形瓦相同，但其与檩条连接较石棉水泥波形瓦紧密，多采用将瓦用镀锌弯钩螺栓直接固定在钢檩条上的方法，如图 2－90 所示。

● 压型钢板瓦防水屋面

压型钢板瓦分为单层板、多层复合板、金属夹芯板等类型，如图 2－91 所示。板的表面一般带有彩色涂层。压型钢板瓦具有重量轻、施工速度快、防锈、防腐、美观、适应性强等特点，金属夹芯板等类型的钢板瓦还具有保温、隔热及防结露等功能。但压型钢板瓦屋面造价高、维修复杂，目前在我国应用的比较少。图 2－92 所示为单层压型钢板瓦屋面的构造做法。

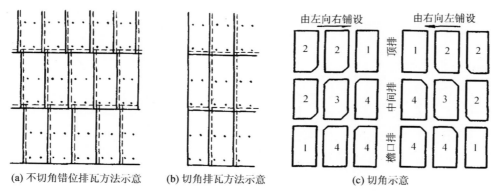

(a) 不切角错位排瓦方法示意　　(b) 切角排瓦方法示意　　(c) 切角示意

图 2－89　波形瓦屋面铺钉示意

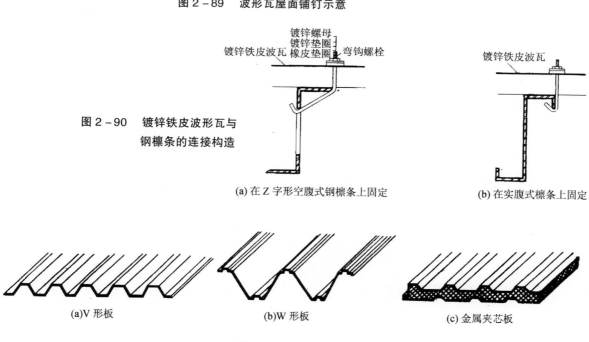

图 2－90　镀锌铁皮波形瓦与
钢檩条的连接构造

(a) 在 Z 字形空腹式钢檩条上固定　　　(b) 在实腹式檩条上固定

(a)V 形板　　　(b)W 形板　　　(c) 金属夹芯板

图 2－91　压型钢板瓦

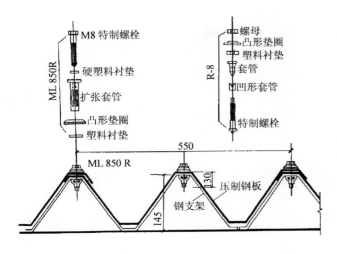

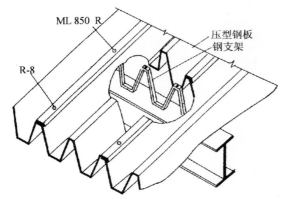

图 2-92　压型钢板瓦屋面构造

3 种类型。

• 嵌缝式防水构造

嵌缝式构件自防水屋面，是利用大型屋面板做防水构件，并在板缝内填嵌防水油膏,如图 2-93 所示。板缝有纵缝、横缝和脊缝。嵌缝前必须将板缝清扫干净，排除水分，并选择粘结力强、耐老化、适应当地气候特点的防水密封油膏，油膏填嵌要饱满。

• 脊带式防水构造

嵌缝后在接缝处再粘贴一层防水卷材，则成为脊带式防水，其防水性能比嵌缝式要好，如图 2-94 所示。

• 搭盖式防水构造

搭盖式构件自防水屋面的构造原理与瓦材防水屋面十分相近，板缝的防水处理是利用板与板的搭接以及利用盖缝构件（盖瓦）的搭盖来实现的。如图 2-95 所示的 F 形屋面板的方案，屋面板本身做防水构件，板的纵缝上、下搭接，横缝和脊缝用盖瓦覆盖。这种防水屋面湿作业少，安装简便，施工速度快，但板型复杂，生产制作麻烦，在运输过程中易损坏，盖瓦在振动影响下易滑脱，造成屋面渗漏，因此，盖瓦应采取固定措施。

（4）钢筋混凝土构件自防水屋面基本构造

钢筋混凝土构件自防水屋面是利用屋顶结构钢筋混凝土板本身的密实性，并对板缝进行局部防水处理而形成防水的屋面。其优点是：较卷材防水屋面轻，一般每平方米可减少 0.35kN 的面层荷载，相应地也减轻了各种结构构件的自重，从而节省了钢材和水泥的用量，可降低建筑的造价；施工方便，维修也容易。其缺点是，板面容易出现后期裂缝而引起渗漏；混凝土暴露在大气中容易引起风化和碳化等。克服这些缺点的措施是：提高施工质量，控制混凝土的水灰比，提高混凝土的密实度，从而增加混凝土的抗裂性和抗渗性。在构件表面涂以涂料（如乳化沥青），减少干湿交替的作用，也是提高防水性能和减缓混凝土碳化的一个十分重要的措施。钢筋混凝土构件自防水屋面在我国南方和中部地区应用比较多。

根据板缝采用防水措施的不同，钢筋混凝土构件自防水屋面主要有嵌缝式、脊带式和搭盖式

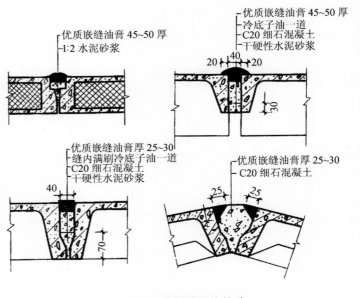

图 2-93　嵌缝式防水构造

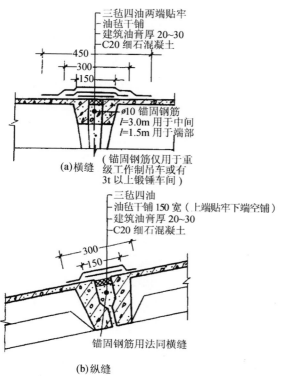

(a)横缝

三毡四油
油毡干铺 150 宽（上端贴牢下端空铺）
建筑油膏厚 20~30
C20 细石混凝土

锚固钢筋用法同横缝

(b)纵缝

三毡四油两端粘牢
三角形断面嵌入建筑油膏 25×25
C20 细石混凝土

(c)脊缝

图 2-94　脊带式防水构造

2.3.4.5　楼地面防水构造

对于一般建筑物中的大部分房间来说，其楼地面是不做防水处理的。但对于用水频繁、楼面积水机会多的房间，如厕所、盥洗室、淋浴室、实验室等房间，很容易发生渗漏水现象，因此，必须做好楼地面的排水和防水设计。

1）楼地面排水

为了使楼地面的积水能迅速及时地排走，应在有水房间设置排水地漏，地漏位置应远离门口，并将楼地面做出一定的坡度，引导积水流入地漏。排水坡度一般为 1%～1.5%。为防止室内积水外溢，对有水房间的楼面或地面标高应比其他房间或走廊低 20～30 mm；若有水房间的楼面或地面与走廊或其他房间楼、地面标高相同时，也可在门口做出高度为 20～30 mm 的门槛，如图 2-96 所示。

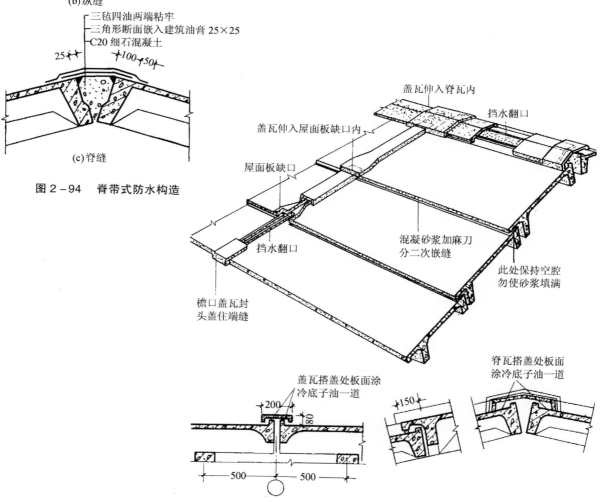

盖瓦伸入脊瓦内
挡水翻口
盖瓦伸入屋面板缺口内
屋面板缺口
混凝砂浆加麻刀分二次嵌缝
此处保持空腔勿使砂浆填满
挡水翻口
檐口盖瓦封头盖住端缝
盖瓦搭盖处板面涂冷底子油一道
脊瓦搭盖处板面涂冷底子油一道

图 2-95　搭盖式防水构造

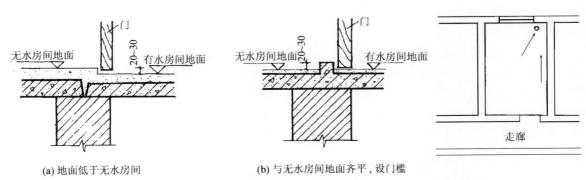

<table>
<tr><td>(a) 地面低于无水房间</td><td>(b) 与无水房间地面齐平, 设门槛</td></tr>
</table>

图 2－96 楼地面排水及防积水外溢措施

2）楼地面防水

楼地面的防水设计除了面层防水处理以外，还应解决好上、下水管道，暖气管等穿楼板时的防水处理，以及与楼地面相连淋水墙面的防水处理等问题。

（1）楼地面面层防水处理

有水房间的楼板结构层以现浇钢筋混凝土楼板比较理想，这样既有利于根据室内设施的分布情况灵活地处理楼板中的受力钢筋的布置问题，又可方便地预留出各种管道穿楼板的孔洞位置，避免了预制装配式楼板现场凿洞的麻烦。房间面层材料通常采用水泥砂浆整体式地面、水磨石地面、马塞克地面、地砖地面或缸砖地面等防水性能比较好的楼地面做法。对多水或防水要求高的房间，应在垫层或结构层与面层之间设置防水层。常见的防水层做法有卷材防水、防水砂浆防水或涂料防水等。为防止房间四周墙体受水，同时也避免房间四周墙脚处楼板漏水，应将楼地面防水层沿房间四周墙体向上做至 150 mm 高度以上，如图 2－97(c) 所示。当遇到门洞口处时，应将防水层做至门外至少 250 mm，如图 2－97(a)、(b) 所示。

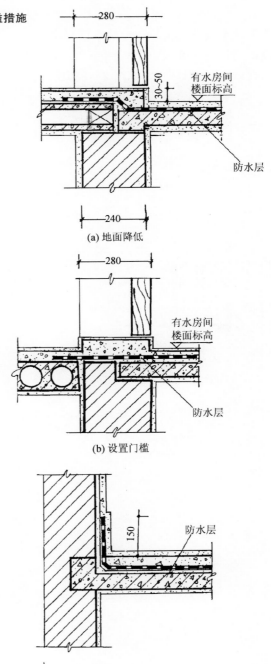

(a) 地面降低

(b) 设置门槛

(c) 墙身防水

图 2－97 有水房间楼板层的防水处理

(2)管道穿楼板的防水处理

各种管道竖向穿越楼板层的部位是楼板层防水的薄弱环节，一般采取两种处理办法：一是在一般立管穿越楼板时，在穿越楼板的管道四周用C20干硬性细石混凝土填实，再以卷材或涂料做密封处理，如图2-98(a)所示；二是当有热力暖气管道、热水管道等穿过楼板层时，为防止由于温度变化而出现胀缩变形，致使管壁周围漏水，故常在楼板走管的位置预先埋设一个比立管管径稍大的套管，以保证热水管或暖气管能自由伸缩而不致造成混凝土及防水层开裂。套管应比楼面高出30 mm以上，并在套管四周用卷材或涂料做防水密封处理，如图2-98(b)所示。

(3)对淋水墙面的处理

淋水墙面一般是指浴室、盥洗室和小便槽等处有水侵蚀的墙体墙面。对于这些部位如果防水处理不当，也会造成严重的后果。最常见的问题是小便槽的渗漏水，它不仅影响室内，严重的还会影响到室外或其他房间。对小便槽的处理首先是迅速排水，再有就是小便槽本身须用混凝土材料制作，内配构造钢筋（ø6@200～300 双向钢筋网片），槽壁厚40 mm以上。为提高防水效果，应在槽底加设防水层一道，并将其延伸到墙身，然后在槽表面做水磨石面层或贴瓷砖，如图2-99所示。水磨石面层由于经常受尿液侵蚀或水冲刷，使用时间一长，表面受到腐蚀致使面层呈粗糙状，变成水刷石，容易积脏。一般贴瓷砖或涂刷防水防腐蚀涂料效果较好。但贴瓷砖时拼缝要严，且须用酚醛树脂胶泥勾缝，否则，水和尿液仍能侵蚀墙体，致使瓷砖剥落。

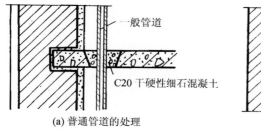

(a)普通管道的处理

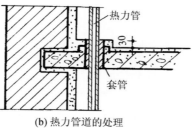

(b)热力管道的处理

图2-98　管道穿过楼板时的防水处理

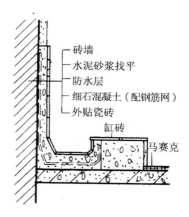

图2-99　小便槽的防水处理

2.4 建筑防潮构造

一般说来，建筑防潮构造所要防的潮主要指的是地潮，也就是存在于地下水位以上的透水土层中的毛细水。土层中的这种毛细水会沿着所有与土壤接触的建筑物的部位（基础、墙身、室内地坪、地下室等）进入建筑物，使墙体结构受到不利的影响，使墙面和地面的装修受到破坏，使建筑物的室内环境变得非常潮湿，无法满足人们对室内舒适、卫生、健康的要求。因此，必须对建筑物进行合理的防潮设计。

2.4.1 建筑防潮的部位

地基土壤中的毛细水会沿着基础进入地上部分的墙体，墙体受潮会影响结构墙体的承载功能和耐久性能，寒冷的冬季，受潮的墙体还会冻结而大大降低墙体的保温效果，墙内表面的装修（大多不具有防潮的特性）会因受潮而出现潮湿、霉变、墙面装修材料脱落等严重后果；地基土壤中的毛细水还会因毛细作用透过地面的构造层进入室内，使地面受潮，破坏地面的装修，严重影响房间的温湿度状况和卫生状况，雨季地下水位升高时，这种受潮现象会更加严重。

建筑防潮设计的目的就是要阻断所有这些地潮在毛细作用下的上行通道，具体的防潮部位有墙身、室内地坪以及地下室的侧墙和地坪。从系统的角度来分析的话，建筑防潮的部位应该是所有与地基土壤接触的建筑部位，所有这些部位连接起来，刚好覆盖了建筑物的整个下表面。也就是说，建筑防潮设计的基本原理和构造特征

是：在建筑物下部与地基土壤接触的所有部位建立一个连续封闭的、整体的防潮屏障。

2.4.2 建筑防潮的材料

建筑防潮常用的材料与建筑防水的材料是基本相同或相近的。由于土壤中的毛细水是无压水，相对地下水、屋面雨水等而言，其施加在建筑各部位的作用程度要小一些，一般的建筑防水材料基本上都具有防潮的功能。具体而言，建筑防潮的材料也可以分为柔性材料和刚性材料两大类：柔性材料主要有沥青涂料、油毡卷材以及各类新型防水卷材；刚性材料主要有防水砂浆、配筋密实混凝土等等。

2.4.3 部位防潮构造
2.4.3.1 地坪防潮构造

按构造方式的不同，室内地坪有实铺式和空铺式两大类。

1）实铺式地坪防潮

实铺式地坪的构造组成一般都是在夯实的地基土上做垫层（常见垫层做法有：100 mm 厚的 3:7 灰土，或 150 mm 厚卵石灌 M2.5 混合砂浆，或 100 mm 厚的碎砖三合土等），垫层上做不小于 50 mm 厚的 C10 混凝土结构层，有时也称混凝土垫层，最后再做各种不同材料的地面面层。在这类常见的地坪做法中的混凝土结构层，同时也是良好的地坪防潮层。混凝土结构层之下的卵石层也有切断毛细水的通路的作用。图 2-100 所示为几种实铺式地坪的防潮处理。

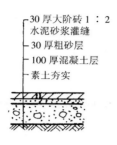

- 30厚大阶砖1:2
  水泥砂浆灌缝
- 30厚粗砂层
- 100厚混凝土层
- 素土夯实

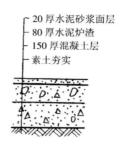

- 20厚水泥砂浆面层
- 80厚水泥炉渣
- 150厚混凝土层
- 素土夯实

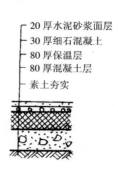

- 20厚水泥砂浆面层
- 30厚细石混凝土
- 80厚保温层
- 80厚混凝土层
- 素土夯实

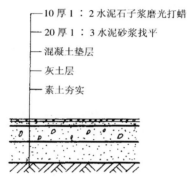

- 10厚1:2水泥石子浆磨光打蜡
- 20厚1:3水泥砂浆找平
- 混凝土垫层
- 灰土层
- 素土夯实

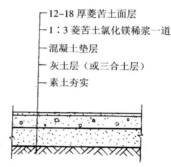

- 12~18厚菱苦土面层
- 1:3菱苦土氯化镁稀浆一道
- 混凝土垫层
- 灰土层（或三合土层）
- 素土夯实

图2－100　实铺式地坪防潮处理

2)空铺式地坪防潮

当首层房间地坪采用木地面做法时，考虑到使木地面下有足够的空间便于通风，以保持干燥，防止木地板受潮变形或腐烂，所以经常采用空铺地板的形式，将支承木地板的搁栅架空搁置。木搁栅可搁置于墙上，当房间尺寸较大时，也可搁置于地垄墙或砖墩上。无论哪一种搁置方式，搁栅下面都必须铺放沿橡木（也称垫木）。为了防止潮气上升及草木滋生，在地搁栅下的地面上，应铺以1:3:6～1:4:8满堂灰浆三合土或用2:8灰土夯实，厚度约100 mm，如图2－101所示。

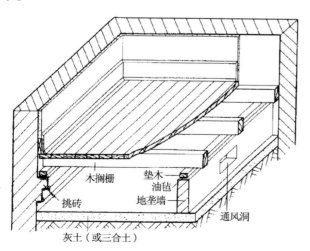

- 木搁栅
- 垫木
- 油毡
- 挑砖
- 地垄墙
- 通风洞
- 灰土（或三合土）

图2－101　空铺式木地面防潮处理

为了使室外与地板下空气流通，以及搁栅与地板不致因地下潮气而腐烂，故在外墙勒脚部位，每隔3～5 m开设一个180 mm×250 mm的通风洞。通风洞也应在内墙上开设，包括在地垄墙上也应开设，并应前后串通。外墙上的通风口应装置铁栅或铁丝网等，以防鼠类动物窜入地板下，并须装置开关设备，于冬季关闭，以利地板层的保温要求。

木地板层的防潮防腐措施还包括对木制构件本身的防护处理，凡搁栅两端及中间支承处以及沿橡木均须涂焦油。标准高的工程，地搁栅全部及地板背面，均须事先涂施防腐剂，以提高防潮的效果。

2.4.3.2　墙身防潮构造

墙身的防潮包括水平防潮和垂直防潮两种情况的防潮处理。

1)墙身水平防潮

墙身水平防潮是对建筑物所有的内、外结构墙体（即所有设置基础的墙体）在墙身一定的高度位置设置的水平方向的防潮层，以隔绝地下潮气对墙身的不利影响。

(1)墙身水平防潮层的位置

墙身水平防潮层的位置必须保证其与地坪防潮层相连。当地坪的结构垫层采用混凝土等不透水材料时，墙身水平防潮层的位置应设在室内地坪混凝土垫层上、下表面之间的墙身灰缝中；当地坪的结构垫层为碎石等透水材料时，墙身水平防潮层的位置应平齐或高于室内地坪面60 mm左右（即具有一定防潮防渗作用的地面及踢脚的高度位置内），如图2-102所示。

(2)墙身水平防潮层的做法

墙身水平防潮层一般有油毡防潮层、防水砂浆防潮层、防水砂浆砌砖防潮层和配筋细石混凝土防潮层等，如图2-103所示。

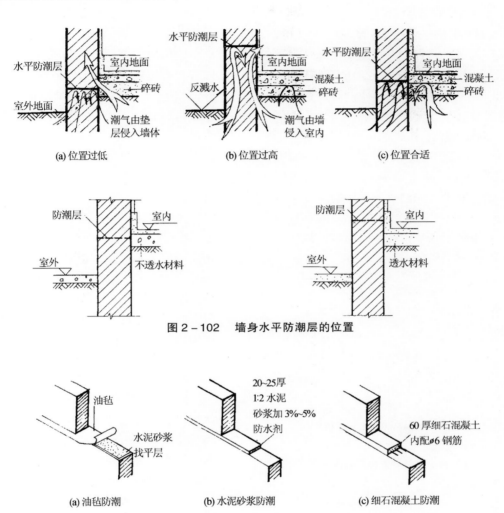

图2-102　墙身水平防潮层的位置

图2-103　墙身水平防潮层的做法

油毡防潮层具有一定的韧性、延伸性和良好的防潮性能。但由于油毡层降低了上、下砖砌体之间的粘结力，且降低了砖砌体的整体性，对抗震不利，故油毡防潮层不能用于有抗震设防要求的建筑墙体中。同时，由于油毡的老化使其耐久年限不长，长期使用将失去防潮作用，因此，目前已较少采用。

防水砂浆防潮层是在需要设置墙身防潮层的位置铺设一定厚度的一层防水砂浆。防水砂浆是在水泥砂浆中掺入水泥用量3%～5%的防水剂配制而成，其铺设厚度为20～25 mm。采用防水砂浆防潮层，砌体的整体性好，故较适用于抗震设防地区的建筑墙体、独立砖柱以及受振动较大的砌体中。但由于砂浆属于脆性材料，易开裂，故不适用于地基会产生一定变形的建筑中。

防水砂浆砌砖防潮层是在需要设置墙身防潮层的位置用防水砂浆砌筑3～5皮砖。其灰缝的厚度采用标准的砌体灰缝厚度（10 mm左右）即可。以防水砂浆砌筑3皮砖为例，共有4道水平灰缝及其中间垂直灰缝，其防潮效果是比较好的。

配筋细石混凝土防潮层是采用浇筑60 mm

厚的细石混凝土,并在其中设置 ø6 的钢筋网片
(纵向钢筋 2~3 根)以提高防潮层的抗裂性能。
由于它的抗裂性能好,且能与砌体结合为一体,
故适用于整体刚度和整体性要求均较高的建筑
墙体中。

2)墙身垂直防潮

当建筑物内墙两侧的室内地坪存在高差,或
室内地坪低于室外地坪时,不仅要求按地坪高差
的不同在墙身设两道水平防潮层,而且为了避免
高地坪房间(或室外地坪)填土中的潮气侵入墙
身,还必须对有高差部分的墙体表面采取垂直防
潮措施。其具体做法是,在高地坪房间(或室外地
坪)填土前,于两道墙身水平防潮层之间的垂直
墙面上,先用 20 mm 厚水泥砂浆做找平层,再涂
冷底子油一道、热沥青两道(或采用防水砂浆抹
灰的防潮处理),而在低地坪房间一边的垂直墙
面上,则以采用水泥砂浆打底的墙面装修做法比
较好,如图 2-104 所示。

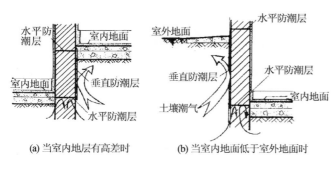

(a) 当室内地层有高差时 (b) 当室内地面低于室外地面时

图 2-104   墙身垂直防潮层的位置

2.4.3.3   地下室防潮构造

当设计最高地下水位低于地下室地坪标高,
又无形成上层滞水可能时,地下水不会直接侵入
室内,地下室的侧墙和地坪仅受到土壤中潮气
(如毛细水和地表水下渗而造成的无压水)的影
响,这时,地下室只需做防潮处理。

地下室的防潮处理包括地下室地坪的防潮、
地下室侧墙的墙身水平防潮(地下室地坪处)和
墙身垂直防潮(从地下室地坪处一直向上做至室
外散水处),在首层房间地板结构层处的墙体中
还应再设置一道墙身水平防潮层,如图 2-105
所示。

1)地下室墙身垂直防潮

地下室的黏土砖墙体必须采用水泥砂浆砌
筑,灰缝必须饱满。墙身垂直防潮层的做法仍是
在侧墙外表面先做 20 mm 厚的水泥砂浆找平
层,然后涂刷一道冷底子油和两道热沥青。**与前
述内墙墙身垂直防潮层略有不同的是,地下室侧
墙外表面的垂直防潮层外侧还应该采用黏土或
灰土等低渗透性的土进行回填,并逐层夯实,回填
夯实的低渗透性土层的宽度应不小于 500 mm。
这种做法的目的是要避免或减少地表水下渗对
地下室防潮层的不利影响。**

2)地下室墙身水平防潮

**地下室墙身水平防潮层的具体位置要求和
材料做法与前述首层房间地坪处的墙身水平防
潮层的位置要求和材料做法是完全一样的,即要
求保证墙身水平防潮层与墙身垂直防潮层和地
下室地坪防潮层或首层地板结构层相连。材料做**

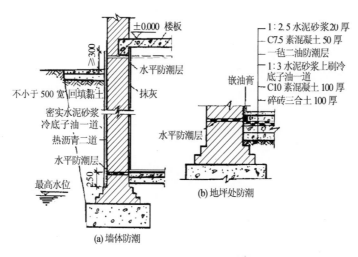

(a) 墙体防潮

(b) 地坪处防潮

图 2-105   地下室的防潮处理

法仍然是油毡防潮层、防水砂浆防潮层、防水砂浆砌砖防潮层、配筋细石混凝土防潮层等等。

3）地下室地坪防潮

对于地下室地坪的防潮，一般情况下，仍然可利用地坪结构层混凝土垫层的抗渗性能来达到防潮的目的。但当地下室的防潮要求比较高时，也可在其地坪处增设一道柔性卷材防潮层，如图2-105(b)所示。

通过以上建筑物各部位防潮构造原理和构造要求的内容介绍，我们已经可以将建筑物下部连续封闭的、整体的防潮屏障清晰地描绘出来了，如图2-106所示。从图2-106中我们可以看出，建筑物下部的防潮屏障（图中用连续的虚线表示）是这样形成的：（按从左到右的顺序）散水—勒脚—外墙墙身水平防潮层—室内地坪防潮层—内墙墙身水平防潮层—室内（高）地坪防潮层—内墙墙身水平防潮层（高地坪处）—内墙墙身垂直防潮层—内墙墙身水平防潮层（低地坪处）—室内低地坪防潮层—外墙墙身水平防潮层—勒脚—散水。显然，这一个整体的防潮屏障是不允许出现间断的。建筑物的整体防潮屏障的这种构造特征，应成为建筑防潮设计的依据，同时，也应成为检验建筑防潮构造是否合理的判断标准。

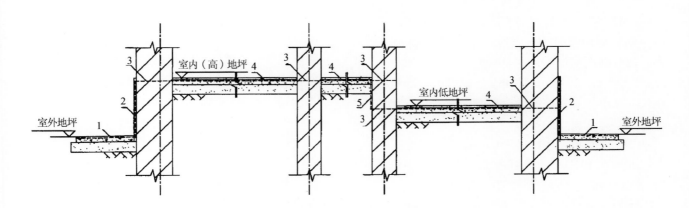

图2-106　建筑物下部的防潮屏障

1—散水；2—勒脚；3—墙身水平防潮层；4—室内地坪防潮层；5—墙身垂直防潮层

2.5 建筑隔声构造

保持建筑物室内安静的环境，对人们的工作、学习和休息非常重要。在城市中，交通噪声、施工噪声、工厂噪声、生活噪声等等，已成为城市环境公害中最突出的一个方面。因此，在建筑设计中，必须重视并处理好建筑物围护系统的隔声问题。

2.5.1 噪声的危害

噪声的危害是多方面的，对人们的健康和工作能力有很大的影响。噪声可以使人听力衰退，引起多种疾病；同时，噪声还会影响人们正常的工作与生活，降低劳动生产率。特别强烈的噪声还能损坏建筑，影响仪器设备的正常运行。

噪声的危害有以下几个方面。

①噪声对听觉器官的损害。当人们进入较强烈的噪声环境时，会感觉刺耳难受，进而产生耳鸣现象，听力亦有所下降，这就是听觉疲劳现象。如果长期处于强烈的噪声环境中，就会形成永久性的病症——噪声性耳聋。还有一种暴震性耳聋，即当人耳突然受到 140~150 dB 的极强烈噪声作用时，可使人耳发生急性外伤，一次作用就可使人耳聋。

②噪声可引起多种疾病。噪声作用于人的神经中枢时，会使人的大脑皮层的兴奋与抑制的平衡失调，导致条件反射异常，使脑血管受到损害。长时间的噪声作用，会影响到植物性神经系统，产生头疼、昏晕、失眠和全身疲乏无力等多种症状。噪声还可以使人的交感神经紧张，心跳加速，心律不齐，血压升高等。

③噪声对正常生活的影响。噪声不但会影响人们的睡眠和休息，而且还会干扰人们互相交谈、收听广播、电话通讯、听课与开会等。

④噪声降低劳动生产率。在嘈杂的环境中，人们心情烦燥，工作容易疲劳，反应也迟钝。噪声对于精密加工或脑力劳动的人影响更为明显。此外，由于噪声的心理作用，分散了人们的注意力，还容易引起工伤事故。

⑤噪声损坏建筑物，工厂中的机器与城市建设中的施工机械的噪声与振动，对建筑物也会有一定的破坏作用。如大型振动筛、冲床、空气锤、发动机试验站、打桩机等等，对附近的建筑物都有不同程度的影响。当噪声超过 160 dB 时，不仅

建筑物受损，发声体本身也会由于连续的振动而损坏。在极强的噪声作用下，灵敏的自控、遥控设备会失灵。

2.5.2 声音的传播方式

声音从室外传入室内，或从一个房间传到另一个房间，主要通过空气传声和固体传声两种方式。

2.5.2.1 空气传声

噪声自声源发生之后，借空气而传播的称为空气传声，例如人们的讲话、汽车喇叭所发出的声音。

空气传声又分为两种情况，一种是声音直接在空气中传递，称直接传声，如露天中声音的传播或室内声音通过构件中的缝隙传至另一空间，均属直接传声；另一种是由于声波振动，经空气传至结构，引起结构的强迫振动，致使结构向其他空间辐射声能，这种声音的传递称为振动传声。

2.5.2.2 固体传声

凡由于直接打击或冲撞建筑构件而受迫振动而发出声音并通过该物体传播的声音称固体传声或撞击传声，即由固体载声而传播的声音。在关门时产生的撞击声、在楼板上行走的脚步声、拖动家具产生的声音或装置在楼板上的机器的振动声均属固体传声。由于声音在固体中传递时，声能衰减很少，所以固体传声较空气传声的影响更大。虽然这种声音最后也都是以空气传声而传入人耳的，但是由于它在建筑中传播的条件不同，所采取的隔绝措施也就不同，因而在实际工作中必须注意到这两者的区别。

2.5.3 建筑隔声的部位

从前面的分析中我们看到，建筑物的隔声是非常重要的。那么，建筑中都有哪些部位需要做隔声处理呢？根据对声音传播方式的分析可以知道，在声音从室外传入室内以及室内声音传播的过程中所涉及的建筑物的各个部位，一般都应做隔声处理。具体地说，建筑隔声的部位应包括建筑物的屋顶、外墙、内墙、门窗、楼板层等。

另外，还有一点是十分重要的，即建筑物各隔声部位主要应隔哪一种传播方式的声音，这个问题的确定，对于建筑物各部位隔声构造的正确选择和实施，显然是非常重要的。一般情况下，

内、外墙体以及门窗的隔声构造，主要应考虑隔空气传声；楼板层的隔声构造，则应以隔固体传声为主；而屋顶部位的隔声构造，则要视屋顶是否上人来决定，上人屋顶应考虑隔固体传声和空气传声，而不上人屋顶一般只考虑隔空气传声即可。

2.5.4 建筑物隔声的基本措施

建筑隔声是一个很重要又很复杂的问题。为了创造出良好的工作、生活环境，根据建筑物的使用性质的不同，可以采取下列基本措施对建筑物进行噪声控制。

2.5.4.1 针对空气声的隔声基本措施

首先，应采取措施保证和加强建筑隔声部位（或构件）的密闭性。构配件本身应无开口或显著的裂缝，同时，对构配件之间的缝隙应进行密缝的处理。例如，墙体与楼板或屋顶板之间、墙体与门窗框之间、门窗框与扇之间、各种管线与其穿越的楼板或墙体之间等等，均应进行密缝的处理。

其次，采用增加构件的密实性及厚度的方法，以减少声波的穿透量，并减弱构件因在声波作用下受到激发而产生的振动。

还有，可以采用设置专门的隔声层（亦可同时兼作其他用途）的方法来解决隔声的问题。例如，在高层住宅建筑或其他公共建筑中的垂直井道式电梯的顶部机房与电梯井道之间设置隔声层；在电梯井道与卧室、起居厅之间设置有隔声作用的壁柜；在楼板层及屋顶结构层下边设置封闭式的吊顶等构造处理，都具有良好的隔声降噪效果。

另外，采用有空气间层或多孔弹性材料的夹层构造，也可以起到很好的减振和吸声的作用；同时，还可以通过铺设吸声材料的方法达到良好的声学效果。

2.5.4.2 针对固体声的隔声基本措施

首先，可以采用铺设弹性面层的构造方法，使撞击声能减弱，以降低结构（即弹性面层的刚性基层）本身的振动，从而减弱振动能量向四外传播。

其次，还可以采用在面层（一般为刚性材料）与刚性结构层之间进行减振（如设置中间弹性垫层等）从而减弱振动能量的传播，一般我们称这

种措施为"浮筑式"做法。

2.5.4.3 其他隔声措施

建筑隔声是一个很复杂的问题，除了上述基本隔声措施外，还可以从建筑物的总平面布局以及噪声声源处采取相应的措施，这样可以达到更有效也更经济的隔声效果。

在建筑总平面布局中考虑隔声的问题，可以通过适当加大前后排建筑物之间的距离，将隔声要求高的建筑布置在距噪声源较远的位置，增加并合理地进行绿化，以及必要的时候设置吸声屏障和吸声墙等等。

噪声的传播自声源发出，经各种介质的传播，最后到达人耳被接收。我们前面提到的各种隔声基本措施，一般都是针对在传播的过程中采用的。显然，在噪声声源、传播过程、人耳接收这3个环节中，如果条件允许，在声源处降低噪声才是最根本的（也是最经济的）措施。例如：降低交通噪声，会使沿街建筑物的隔声处理变得更为简单；施工现场的打桩机严重影响周围居民的生活和休息，若对每栋住宅采取隔声措施，势必会增加材料和成本，而如果能将打桩机由气锤式改为水压式，就可以解决噪声干扰的问题。这类从声源处采用积极措施以降低噪声的处理，在工业建筑设计中尤为重要。

在一些特殊情况下，噪声特别强烈，采用上述各种隔声降噪措施后，仍不能达到隔声标准的要求，或在工作过程中不可避免地要接触强噪声时，就需要采取个人防护措施了，如使用耳塞，佩戴耳罩、头盔等，不过，这已经不是本书要讨论的范围了。

2.5.5 部位隔声构造

2.5.5.1 楼板层隔声构造

楼板层的隔声构造主要是解决隔固体声的问题。

1）楼板层撞击声隔声标准

楼板层隔固体声（即撞击声）的隔声标准见表2-13。欲测试某楼板层的隔声状况，是采用在楼板层上面用标准打击器撞击，在楼下接收其声压级。

楼板层隔空气声的隔声标准参见表2-14。

表 2-13　撞击声隔声标准

建筑类别	楼板	计权标准化撞击声压级(dB)			
		特级	一级	二级	三级
住宅		—	≤65	≤75	≤75
学校		—	≤65	≤65	≤75
医院	病房/病房	—	≤65	≤75	≤75
	病房/手术室	—	—	≤75	≤75
	听力测听室上部楼板	—	≤65		
旅馆	客房/客房	≤55	≤65	≤75	≤75
	客房/振动室	≤55	≤55	≤65	≤65

注:确有困难时,可允许三级楼板计权标准化声压级小于或等于
85dB,但在构造上应预留改善条件。

表 2-14　民用建筑隔声标准及空气声隔声标准

建筑类别	间隔部位	计权隔声量(dB)			
		特级	一级	二级	三级
住宅学校	分户墙、楼板	—	≥50	≥45	≥40
	隔墙、楼板	—	≥50	≥45	≥40
医院	病房/病房	—	≥45	≥40	≥35
	病房/有噪声房间	—	≥50	≥50	≥45
	手术室/病房	—	≥50	≥45	≥40
	手术室/有噪声房间	—	≥50	≥50	≥45
	听力测听室围护结构	—	≥50		
旅馆	客房/客房	≥50	≥45	≥40	≥40
	客房/走廊(含门)	≥40	≥40	≥35	≥30
	客房外墙(含窗)	≥40	≥35	≥25	≥20

2)楼板层隔声构造做法

楼板层要达到基本的隔声要求,就要使其达到一定的厚度,这个要求不论对隔空气声还是撞击声都是一样的。所以,对有隔声要求的房间的楼板的选择,就要注意这个问题。一般情况下,选择实心楼板或空心楼板都能满足这一要求,但是,如果是槽形板(这种板多用于阳台板、雨篷板、通道板等)就不适宜选用,因为槽形板很难达到楼板层的隔声标准要求。

改善楼板层隔绝撞击声的性能的主要构造做法还有如下几种。

①设置弹性面层。即在楼板上铺设弹性较好的面层材料,如地毡、地毯、软木板等。当楼板层接受撞击时,由于面层较大的弹性变形,使撞击声能减弱,从而降低了楼板本身的振动。常见的这类做法见图 2-107。

②采用浮筑式楼面。即在楼板面层与结构层之间设置一层弹性材料的垫层或垫块,如刨花板、岩棉、泡沫塑料或软木片等。使楼板面层与结构层之间由弹性材料隔离开,从而达到减振和减弱振动的传播,并使振动不致传给其他刚性结构。由于这种做法是将楼板面层形成弹性浮筑层,所以称这种楼面做法为浮筑式楼面。这种做法的要点是要保证楼板面层与结构层(包括面层与墙体交接处)都要完全"浮筑",以防止产生"声桥"。浮筑式楼面的构造做法见图 2-108。

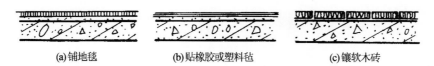

(a)铺地毯　　　(b)贴橡胶或塑料毡　　　(c)镶软木砖

图 2-107　楼板设置弹性面层的几种做法

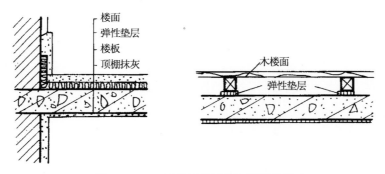

楼面
弹性垫层
楼板
顶棚抹灰

木楼面
弹性垫层

图 2-108　两种浮筑式楼面的构造做法

③在楼板下设置封闭式吊顶。即当楼板整体已被撞击而产生振动时，采用隔绝空气声的办法来降低楼板产生的固体声。这种做法的要点在于吊顶的封闭程度、吊顶单位面积的质量以及吊筋与楼板之间刚性连接的程度。吊顶封闭程度及材料质量（密实性及厚度）对隔绝空气声的作用已做过分析，弹性连接的重要性亦如前所述。图 2－109 所示为隔声吊顶的构造做法。

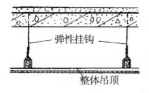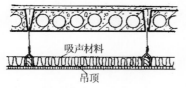

图 2－109　隔声吊顶的构造做法

2.5.5.2　墙体隔声构造

墙体的隔声构造主要是解决隔空气声的问题。

1）墙体（含楼板、门、窗等）空气声隔声标准

墙体（含楼板、门、窗等）空气声的隔声标准见表 2－14。

2）墙体隔声构造做法

（1）适当地增加墙体的厚度或选择单位面积质量大的墙体材料

我们知道，经过空气传播的声音遇到密实的墙体时，在声波的作用下，墙体将受到激发而产生振动，使声音透过墙体而传到另一侧去。从声波激发构件振动的原理可以知道：构件（如墙体）质量越小，越易引起振动；质量越大，越不易振动。墙体的单位面积质量每增加一倍，其隔声量约增加 6 dB。我们称这一规律为"质量定律"。也就是说，墙体的质量越大，隔声能力就越高。因此，可以选择单位面积质量（kg/m²）大的材料以提高墙体的隔声能力。例如，双面抹灰的 1/4 砖厚的黏土砖墙，其空气声隔声量为 32 dB，双面抹灰的 1/2 砖厚的黏土砖墙，其空气声隔声量为 45 dB，而双面抹灰的一砖厚的黏土砖墙，其空气声隔声量则为 48 dB。

（2）采用带空气层的双层墙体

从质量定律已知，墙体的单位面积质量每增加一倍，其隔声量约增加 6 dB。但是，单纯通过增加墙的厚度（亦即单位面积质量）来提高其隔声量是不合理的，也是不经济的。因此，当某些部位

的墙体有较高的隔声要求时，可以采用带空气间层（或在间层中填充吸声材料）的双层墙体。与单层墙体相比，同样单位面积质量的双层墙体具有更大的隔声量；而当达到相同隔声量的要求时，双层墙体的自身重量更轻一些。

双层墙体隔声效果好的原因主要在于空气间层的作用。空气间层可以看作是与两层墙体相连的"弹簧"，声波射到第一层墙体时，使其发生振动，此振动通过空气间层传至第二层墙体，再由第二层墙体向另一侧辐射声能。由于空气间层的弹性变形具有减振作用，传递给第二层墙体的振动大为减弱，从而提高了墙体总的隔声能力。由空气间层附加的隔声量与空气间层的厚度有关，空气间层的厚度应不小于 50 mm。双层墙体之间的连接应避免出现"声桥"，双层构造层之间、双层构造与基础之间宜彼此完全脱开。但在实际工程中，两层墙体之间常有刚性连接，它能较多地传播声音能量（即"声桥"的作用），使附加隔声量降低，若"声桥"过多，将使空气间层完全失去作用。因此，带空气间层的双层隔声墙体的构造做法重点是尽可能地减少"声桥"的出现或减弱其作用。另外，在双层墙体之间填充多孔吸声材料，也是解决这种类型墙体隔声的有效措施，其平均隔声量可增加 5 dB 左右。表 2－15 所示为骨架式纸面石膏板轻质隔墙几种不同构造做法的隔声量实测比较。其中，隔墙骨架有钢质墙筋（即骨架）和木质墙筋两种做法，纸面石膏板的厚度（层数）有墙筋两侧各为一层、一边一层一边两层、各为两层等 3 种情况，而双层墙体之间也有设为空气层、填充玻璃棉、填充矿棉板等 3 种处理。中间间层厚度为 75 mm，纸面石膏板每层厚度为 12 mm。从表中可以看出，每增加一层纸面石膏板，其隔声量可以提高 3～6 dB，空气间层中填充多孔吸声材料后，其隔声量可提高 3～8 dB。根据实验，钢质墙筋、两边均为双层纸面石膏板且内填超细玻璃棉毡的轻质墙体，其隔声量与 240 mm（一砖）厚的黏土砖墙相当，而其单位面积质量仅为黏土砖墙的 1/10。

表 2-15　不同构造的纸面石膏板
轻质墙隔声量比较　　　（dB）

墙筋两侧纸面石膏板的层数	板间材料	钢质墙筋	木质墙筋
1-1	空气层	36	37
	玻璃棉	44	39
	矿棉板	44	42
1-2	空气层	42	40
	玻璃棉	50	43
	矿棉板	48	45
2-3	空气层	48	43
	玻璃棉	53	46
	矿棉板	52	47

（3）采用多层组合墙体

多层组合墙体是利用声波在不同介质分界面上产生反射、吸收的原理来达到增加隔声量的目的的。多层组合墙体一般多为轻质墙体材料构造形成，可以大大减轻墙体的质量，从而减轻整个建筑物的自重。为了避免吻合效应引起结构的谐振，应使各层材料的质量不等而其厚度相同，也可以采用不同刚度或增加阻尼层等办法来处理。将多层密实材料用多孔弹性材料（如玻璃棉或泡沫塑料等）分隔，做成夹层结构，其隔声能力也会大大提高。

2.5.5.3　门窗隔声构造

门窗的隔声构造主要也是解决隔空气声的问题。由于门窗整体的厚度比较薄，自重较轻，同时还存在较多的缝隙，因此，门窗的隔声能力比密实墙体低得多。

一般民用建筑门窗的隔声标准不高。而对于

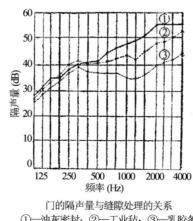

门的隔声量与缝隙处理的关系
①—油灰密封；②—工业毡；③—乳胶条

隔声要求较高的门窗，则可从加大门窗自重和加强缝隙的密闭性两个方面采取措施。

1）隔声门

对于隔声要求较高的门（30～45 dB），可以采用以下几种构造方式进行处理。

①钢筋混凝土门。这种门有足够的隔声能力，并具有良好的防水性能，构造也比较简单。其缺点是自重较大造成开启不便，需要经常开启的门不宜采用。

②复合结构门。这种形式的门由于各层结构阻抗的变化而使声波反射，从而达到提高隔声量的目的。

③严密堵塞缝隙。提高门的隔声能力的重要措施之一就是严密堵塞缝隙。门缝通常采用工业毡密封，也有采用乳胶密封条的，图 2-110 所示为两种隔声门的构造做法。

④设置"声闸"。对于需要经常开启的门，门扇的重量不宜过大，门的缝隙也较难密封。

上述隔声门的构造做法以及密缝处理并不适宜。此时，可以通过设置"声闸"来达到较高的隔声量，以提高其隔声能力，所谓"声闸"，即在两道门之间的门斗布置强吸声材料，其隔声效果是比较理想的，可达到 50～58 dB 的隔声能力。

图 2-111 为声闸示意图。

⑤采用狭缝消声的隔声门。有些建筑（如工厂或其他特殊建筑）的门，因需要经常开启而门缝又较难处理，此时，可采用一种狭缝消声的隔声门。

图 2-112 所示为狭缝消声的隔声门的构造示意图。

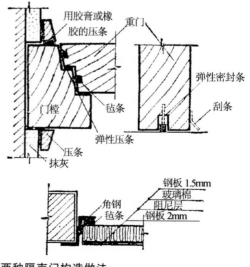

图 2-110　两种隔声门构造做法

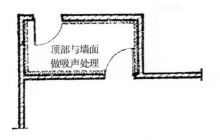

图 2-111　声闸示意图

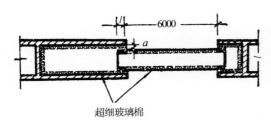

超细玻璃棉

a—狭缝宽度；　*l*—门的掩盖宽度

图 2-112　狭缝消声的隔声门示意图

2)隔声窗

为了达到比较高的隔声能力,隔声窗的设计可采取如下一些构造措施。

①窗玻璃应有足够的厚度。

②窗户层数应有两层以上。一般玻璃厚度为 3~8 mm 的单层窗的计权隔声量为 30~32 dB,双层窗的计权隔声量则为 45~49 dB,而三层玻璃窗的计权隔声量更可达到 60 dB。同时应该注意的是,两层玻璃不应平行,以免引起共振。两层玻璃之间的窗樘上,应布置强吸声材料,以提高窗户的隔声能力。

③为了避免隔声窗的吻合效应,双层玻璃的厚度应不相同。

④保证玻璃与窗扇、窗扇与窗框、窗框与墙体之间做到密封。

在构造上,则要注意考虑玻璃的清洗问题。

图 2-113 为几种隔声窗的构造做法示意图。

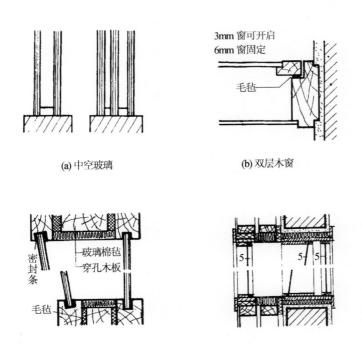

(a) 中空玻璃　　(b) 双层木窗　　(c) 铝框固定窗

(d) 双层玻璃木窗　　(e) 三层玻璃窗　　(f) 有机玻璃窗

图 2-113　几种隔声窗的构造做法示意图

2.5.5.4 屋顶隔声构造

屋顶的隔声构造应根据屋顶是否上人而有所区别。当为不上人屋顶时,其隔声构造的重点是隔绝空气声,构造做法可参照墙体隔声构造做法;当为上人屋顶时,其隔声构造的重点是隔绝固体声,其构造做法则可参照楼板层的隔声构造做法。

2.6 建筑保温构造

保温是建筑围护系统的重要功能之一，也是建筑构造设计的重要内容之一。严寒地区、寒冷地区的各类建筑以及非寒冷地区有空调要求的建筑（如宾馆、实验室、医疗用房等）都要进行保温构造设计。建筑保温构造设计是保证建筑物保温质量和合理使用建设投资的重要环节。合理的保温设计不仅能保证建筑的使用质量和耐久性，而且对于节约能源以及降低采暖、空调设备的投资和运行维持费用等也具有十分重要的意义。

2.6.1 建筑保温的部位

建筑需要考虑保温的部位主要有外墙（包括墙体上设置的门窗）和屋顶以及某些建筑中的特殊部位（如建筑中作为冷库用的房间和其他相邻房间之间的墙体、楼板等）。总之，在建筑的使用过程中其两侧存在较大温度差而又有保温要求的部位，都应进行保温设计。

2.6.2 建筑保温材料

在寒冷季节里，热量通过建筑外围护部位（外墙、屋顶、门窗等）由室内高温一侧向室外低温一侧传递，使热量损失，室内变冷。热量在传递过程中将遇到阻力，这种阻力称为热阻，其单位为 $m^2 \cdot K/W$。热阻越大，通过围护部位传出的热量越少，说明围护部位的保温性能越好；反之，热阻越小，保温性能就越差，热量损失就越多。显然，所谓保温材料，就是指热阻较大的材料。在建筑工程中，一般根据材料导热系数（单位为 $W/(m \cdot K)$）的大小来确定其保温的能力，通常将导热系数小于 $0.3W/(m \cdot K)$ 的材料称为保温材料。保温材料的容重一般不大于 1 000 kg/m^3，多为轻质多孔材料。表 2-16 列出了一些常用保温材料及其热工性能。

表 2-16 常用建筑保温材料的热工指标

材料名称	容重(kg/m^3)	导热系数($W/(m \cdot K)$)
珍珠岩混凝土	1 000	0.28
珍珠岩混凝土	800	0.22
珍珠岩混凝土	600	0.15
陶粒混凝土	1 000	0.30
陶粒混凝土	800	0.25
陶粒混凝土	600	0.20
陶粒混凝土	400	0.15
多孔混凝土(加气混凝土、加气硅酸盐、泡沫硅酸盐)	1 000	0.35
多孔混凝土(加气混凝土、加气硅酸盐、泡沫硅酸盐)	800	0.25
多孔混凝土(加气混凝土、加气硅酸盐、泡沫硅酸盐)	600	0.18
多孔混凝土(加气混凝土、加气硅酸盐、泡沫硅酸盐)	400	0.12
多孔混凝土(加气混凝土、加气硅酸盐、泡沫硅酸盐)	300	0.11
矿棉	150	0.06
玻璃棉	100	0.05
炉渣	1 000	0.25
炉渣	700	0.19
膨胀珍珠岩	250	0.08
膨胀蛭石	300	0.12
陶粒	900	0.35
陶粒	500	0.18
陶粒	300	0.13
稻草板	300	0.09
芦苇板	350	0.12
芦苇板	250	0.08
稻壳	250	0.18
聚苯乙烯泡沫塑料	30	0.04
白灰锯末	300	0.11
软木板	250	0.06
软木屑板	150	0.05
沥青蛭石板	150	0.075

建筑保温材料按其材质构造可分为多孔板块状的和松散状的两类，从化学成分上看，又可分为无机材料（如加气混凝土、矿渣、陶粒、膨胀珍珠岩、矿棉、玻璃棉等）和有机材料（如软木、木纤维板、稻壳等）两种。

恰当地选择保温材料是一件较为复杂的工作，一方面要考虑选择热阻高（导热系数小）的材料，同时又要考虑该材料是否有承载要求、施工的难易程度、材料的配比等方面的要求。因此，在选择建筑保温材料时，应充分考虑材料本身的物理性能、强度、耐久性、耐火性、耐腐蚀性等，同时还应结合建筑物的使用性质、构造特点、施工工艺、成本造价等多方面的因素进行综合分析、比较，以做出经济合理、切实可行的选择。

2.6.3 建筑围护系统保温构造方案的选择

为了达到建筑保温要求，常见的建筑构造方案如下。

2.6.3.1 单一材料的保温构造

这种构造方案是由导热系数很小的材料来做保温层起到主要的保温作用。这种做法的特点是，所选保温材料的保温性能比较高，保温材料不起承重作用，所以选择的灵活性比较大，不论是板块状、纤维状还是松散颗粒状材料均可采用，可用于屋顶及墙体的保温构造做法中。

2.6.3.2 保温材料与承载材料相结合的保温构造

空心板、各种空心砌块、轻质实心砌块等，既有承载功能，又能满足保温要求，可以选择用于保温与承载相结合的构造方案中。这种构造方案的特点是，构造比较简单，施工也很方便。在材料选择时，应注意既要导热系数比较小，又要材料强度满足承载要求，同时还要有足够的耐久性。

2.6.3.3 封闭空气间层保温构造

封闭的空气间层具有良好的保温作用。作为保温作用的空气层厚度，一般以 40 ~ 50 mm 为宜。为了提高空气层的保温能力，间层内表面应采用强反射材料，例如采用经过涂塑处理的铝箔材料进行涂贴，就是一种很好的办法。如果采用强反射遮热板来分隔成两个或多个空气层，其保温的效果会更好。这里，在铝箔上进行涂塑处理的目的，是为了避免铝箔材料被碱性物质腐蚀，以提高其耐久性。

2.6.3.4 混合做法的保温构造

当单独采用上述某一种构造做法不能满足保温要求时，或者为了达到保温要求而造成技术经济上不合理时，就可以采用混合做法的保温构造。例如，既有实体材料的保温层，又有封闭空气间层和承载结构的外墙或屋顶。混合做法的保温构造比较复杂，但保温性能好，在热工要求较高的房间得到较多的采用。

2.6.4 保温层与承载结构层的位置关系选择

保温层的位置对建筑围护系统的使用质量有着很大的影响。其具体的布置方式有 3 种：即在承载结构层外侧；在结构层的中间；在结构层的内侧。从保温效果以及对承载结构层施以保护的角度来看，保温层放置在承载结构层的外侧（即保温材料放在低温一侧）的做法更为有利，其理由是：ⓐ使墙体和屋顶的承载结构层等部位受到了良好的保护，大大降低了温度应力的起伏，使结构层在年周期内的温度变化幅度很小，由于温度变化而引起的结构变形减小，从而提高了结构的耐久性。ⓑ由于承载结构层材料的热容量一般都远比保温层材料的热容量要大，所以，将保温层放置在承载结构层的外侧，对房间的热稳定性有利。由于承载结构层材料的蓄热系数较保温层材料的蓄热系数要大，因而其表面温度的波动就比较小，当供热不均匀时，可保证外墙及屋顶内表面的温度不致急剧下降，避免因外界环境温度波动引起室内温度过快地下降。ⓒ保温层放在承载结构层外侧时，将减少保温层材料内部产生水蒸气凝结的机会。

正像任何事物都有两面性一样，保温层放在承载结构层的外侧的方案也不是在任何情况下都是最有利的，它也有一些不足之处。因为绝大多数保温材料不能防水，且强度都比较低，耐久性差，所以，当把保温层设于室外低温一侧时，就必须加设防水保护层。另外，对于间歇使用的房间，如影剧院、体育馆等建筑，要满足使用前临时供热且要求室温能很快上升到所需要的标准，采用将保温层设置在结构层的内侧的方案反而是合理的。

2.6.5 部位保温构造

2.6.5.1 墙体保温构造

墙体保温是建筑物保温系统的非常重要的一个部分，也是一般情况下面积最大的一个部分。前面我们已经了解了常见的建筑保温构造方案，下面，我们将具体介绍一些墙体保温的构造做法。

①钢筋混凝土墙体或砌体结构墙体（包括黏土砖及其他材料的空心承重砌块等），内侧粘贴矿棉板。这种做法适合墙承载结构建筑的墙体保温要求。

②钢筋混凝土墙体或砌体结构墙体，内侧做水泥珍珠岩砂浆保温层，然后做 2 mm 厚的纸筋灰罩面装饰层。这种做法同样适合墙承载结构建筑的墙体保温要求。

③加气混凝土砌块墙体或轻型空心砌块墙体，这种做法适合柱承载结构建筑中的非结构的填充墙的保温要求。

④钢筋混凝土墙体或砌体结构墙体，中间设置 40 mm 厚度以上的封闭的空气间层，并铺钉 4 mm 厚的经过涂塑处理的双层铝箔板，见图 2－114(d) 所示。这种构造做法适合有较高保温要求的建筑物以及严寒地区建筑物的保温要求。

图 2－114(a)、(b)、(c) 为几种墙体保温构造做法。

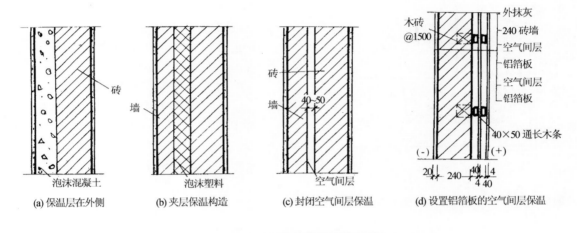

(a) 保温层在外侧　　(b) 夹层保温构造　　(c) 封闭空气间层保温　　(d) 设置铝箔板的空气间层保温

图 2－114　外围护墙体保温构造做法

2.6.5.2　墙体传热异常部位的保温构造

前述几种墙体保温的构造做法主要是针对外围护墙体的主体部分而言的。实际上，在外围护墙体中还有许多传热异常的部位以及一些常见的其保温性能远低于主体部分的嵌入构件，如外墙体中的钢或钢筋混凝土骨架、过梁及圈梁等。这些传热异常部位及嵌入构件的热损失比相同面积主体部分的热损失为多，所以，它们的内表面温度比主体部分低。一般我们把这种容易传热的部位称作"冷桥"（或"热桥"）。对这些热工性能薄弱的"冷桥"部位，必须采取相应的保温措施，才能保证建筑物的正常热工状况和整个房间的正常室内气候。下面介绍几种"冷桥"部位的保温构造做法。

1）大模建筑及大板建筑预制外墙板间连接节点的保温构造做法

大模建筑和大板建筑是高层住宅建筑常采用的建筑类型。考虑到外围护墙板的保温要求，其预制外墙板采用在钢筋混凝土板厚度的中部加设 50～100 mm 厚度的高热阻的保温材料（例如岩棉、珍珠岩、加气混凝土等）的复合外墙板。这样，外墙板的主体部分的保温问题就解决了。但是，在相邻两块预制外墙板的连接节点处，考虑到现场处理结构连接的需要，预制外墙板在此处做得比较薄，不可能做成具有保温功能的复合墙板形式，因此，这些节点连接处易形成"冷桥"，必须在现场对其进行特殊的保温构造处理。图 2－115、图 2－116 所示为大模建筑（以及大板建筑）预制外墙板间连接处的保温构造做法。

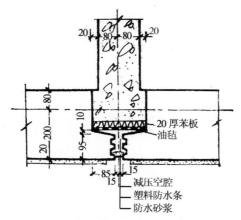

图 2-115　内外墙板丁字节点保温构造做法

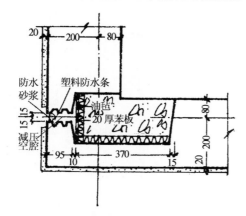

图 2-116　外墙板阳角节点保温构造做法

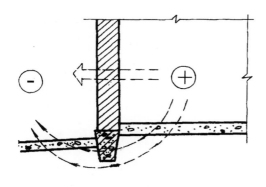

图 2-117　勒脚墙及基础梁处散热途径示意

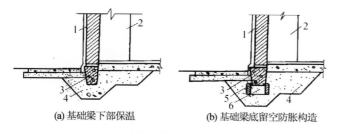

图 2-118　基础梁下部的保温构造做法

1-外墙；2-柱；3-基础梁；4-炉渣保温材料；5-立砌普通砖；6-空隙

2）排架结构单层厂房轻质填充墙基础梁下的保温构造做法

排架结构的单层工业厂房建筑，其轻质填充外墙（非结构墙体，北方寒冷地区多选用导热系数比较小的保温墙体材料）一般承托在设于室内外地坪附近的基础梁之上，为节约墙体材料等原因，基础梁下一般不再设置墙体。但是，这样做的结果是，在冬季，室内热量将通过勒脚和地坪经基础梁及其下部土层向外散失，影响厂房内的保温效果，如图 2-117 所示。

解决上述问题的方法是，在基础梁下部及周围采用保温性能比较好的炉渣等松散材料填充。这种做法的另外一个好处是，采用松散材料填充可以避免或减弱土层冻胀对基础梁及墙身产生不利的反拱影响，另外，冻胀严重时，还可以考虑在基础梁下预留空隙，如图 2-118 所示。

3）墙体常见传热异常部位的保温构造做法

在一般情况下，柱承载结构建筑中的钢筋混凝土柱、梁以及墙承载结构建筑中的钢筋混凝土梁、梁垫、过梁、圈梁等构件，较易形成"冷桥"。为了防止这些"冷桥"部位散失过多的室内热量以及其内表面可能出现的结露现象，应在这些部位采取局部保温构造措施。图 2-119 所示为容易形成"冷桥"的部位示意，图 2-120 所示为相应地采取了局部保温措施的构造处理。

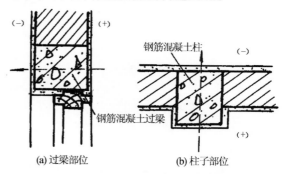

图 2-119　外墙体上的"冷桥"部位示意

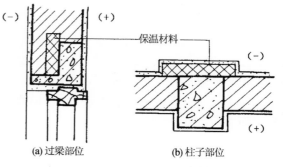

图 2-120　"冷桥"局部做保温处理的构造做法

2.6.5.3 门窗保温构造

门窗的设计是建筑设计中的重要部分,门窗的形式和大小与很多因素有关,如建筑的造型和立面设计要求、房间的采光和通风要求、保温和隔热要求、建筑的节能等等方面,因而,门窗的设计应综合考虑各种因素的要求和需要。本节仅从建筑保温的角度讨论门窗的基本构造要求。

试验表明,以双层木窗为例,在可开启的窗户的总热损失中,通过玻璃部分损失的热量约占35%,通过窗框扇等构件部分损失的热量约占5%,而因冷风渗透的热损失则达60%左右。显然,加强门窗缝隙的密闭处理,是门窗保温构造设计的重点;另外,相对围护系统中的墙体部位而言,门窗玻璃及框扇构件仍是热损失较大的部位。为改善和提高门窗的保温性能,可以从改善玻璃及门芯板等部分的保温能力、减少门窗框部分的热损失、增强门窗的密闭性等几个方面进行构造设计(以下内容主要以窗户为例进行介绍)。

1)改善玻璃部分的保温能力

(1)增加窗扇的层数

增加窗扇的层数是改善和提高窗户的保温能力的重要方法之一。单层窗户的热阻是很小的,一般适用于不太寒冷的地区。在寒冷和严寒地区,采用双层窗户甚至是三层窗户,可以有效地提高窗户的保温能力,因为每两层窗扇之间所形成的空气层增大了窗户的热阻。表2－17所示为不同窗扇层数的窗户的总传热阻和总导热系数的数值统计。

表2－17 玻璃窗的总传热阻和总导热系数值

窗户类型		总传热阻(m²·K/W)	总导热系数(W/(m·K))
木窗	单层	0.200	5.0
	双层	0.400	2.5
	三层	0.667	1.5
金属窗	单层	0.182	5.5
	双层	0.357	2.8
	三层	0.500	2.0

这里应该指出,当采用双层窗户时,内侧一层的窗户应尽可能做得密闭性好一些,而外侧一层的窗扇与窗框之间则不宜做得过分严密。这是因为在寒冷季节,水蒸气总是通过缝隙由室内向室外扩散的,如果内侧窗户密闭性不好而外侧窗户却很严密,则水蒸气渗透进入双层窗扇之间的

空气层之后,由于不易排出室外,就会在外层窗户玻璃的内表面形成大量结露结霜的现象。

(2)采用双层玻璃窗或中空玻璃窗

双层玻璃窗是指在单层窗扇上安装双层玻璃的窗户类型。双层玻璃窗的两层玻璃的间距大小对窗户的导热系数有较大的影响,一般以20～30 mm 为宜,此时的导热系数最小;若两层玻璃的间距小于10 mm 时,导热系数将变得很大;但若间距大于30 mm 时,其保温能力也不再提高,且这时由于窗框、窗扇的截面尺寸都要增加,材料消耗增加,还会使窗户的造价提高,不经济。双层玻璃窗的保温性能比一般双层窗户要好一些,但与双层窗户的要求一样,为避免外层玻璃内表面出现结露结霜的现象,在构造上必须保证双层玻璃窗空气层的绝对严密性。

中空玻璃窗是指用中空玻璃(也称空心玻璃砖)代替普通平板玻璃的窗户类型。中空玻璃窗的保温能力比较强,但其造价也比较高。

2)减少窗框部分的热损失

不同材料的窗框,其材料的导热系数不同,热损失也有差别。一般木窗框的导热系数比较小,塑钢窗框的导热系数(主要取决于塑料材料)也不大,但是,钢窗和铝合金窗等金属材料的窗框的导热系数就比较大了,因此,在窗户的总热损失当中,金属材料窗框所起的作用是比较大的。为了减少这部分热损失,金属构件最好采用空心截面,例如空腹型钢窗即是如此;还有一种是采用切断"冷桥"的方法,例如一种铝合金窗的窗框将框截面的内外两侧一分为二,然后利用导热系数较小的硬质尼龙(或硬质塑料)材料做成的连接板嵌压在内外两侧的铝合金窗框之间,使内外两侧铝合金窗框之间的传热途径被切断,起到了很好的保温作用。图2－121所示为一种采用硬质塑料做连接板的铝合金窗框的断面图。

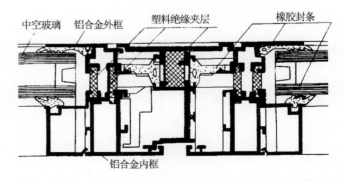

图2－121 采用硬质塑料夹层(连接板)的铝合金窗框断面

3）增强窗户的密闭性

一般窗户的构造，在窗框与窗扇之间都有缝隙，而这些缝隙的存在，恰恰是窗户热损失的主要原因。在可开启的双层木窗的总热损失中，经由窗户缝隙而造成的冷风渗透的热损失高达60%左右，而若采用固定的双层木窗时，由于窗户缝隙的减少，由冷风渗透造成的热损失大大减少，并下降到只占总热损失的20%左右。由此可见，增强窗户的密闭性在提高窗户的保温能力方面的重要作用。

增强窗户密闭性的措施主要有如下几种（如图2－122所示）。

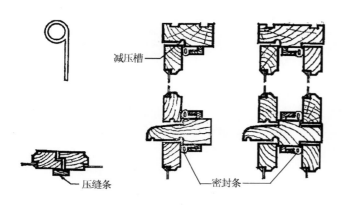

木窗窗缝密封处理示例

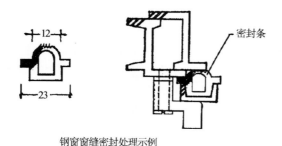

钢窗窗缝密封处理示例

图2－122　增强窗户密闭性的措施

（1）设置密封条

在窗框与窗扇的缝隙处设置由橡胶、泡沫塑料、毡片等制成的密封条。

（2）设置压缝条

在窗框与窗扇、窗扇与窗扇的接缝处设置压缝条。

在寒冷及严寒地区的冬季，用纸或塑料条粘贴窗缝，也能起到较好的保温作用。

（3）设置减压槽

在窗框和窗扇周边构件上，设置减压槽，也能收到较好的保温效果，当风吹进减压槽时，形成涡流，使冷风渗透减少。

实际上，上述增强窗户密闭性的各种措施，不仅对建筑的保温起到了重要的作用，而且对建筑的隔声、防尘也十分有利。

关于门的保温构造设计，其基本原理同窗的保温构造原理是一样的。例如，改善玻璃部分（对门而言，还应包括门芯板部分）的保温能力，减少门框部分的热损失，增强门的密闭性等等。而门的特殊性在于，它的开启比窗户要频繁得多，所以，加强门的密闭性的措施主要不是设置密封条和压缝条等，而是通过设置双道门、转门等形式，或者通过设置防风门斗、悬挂保温门帘等措施来达到提高保温能力的目的。

2.6.5.4　屋顶保温构造

根据屋顶保温层与防水层的相对位置及相互关系的不同，屋顶保温构造有以下几种主要类型。

1）保温层直接设置于防水层下面的做法

这种保温屋顶做法的特点是，屋顶防水层（包括不同材料防水层的基层）直接做在保温层之上，保温层与防水层之间没有空隙。在这种构造方式中，由于防水层直接接触保温层而受室内升温的影响，因而被称为"热屋顶保温体系"。热屋顶保温体系的优点是构造简单、施工方便；缺点是若室内的水蒸气渗透进入保温层，由于其上部密闭的防水层的阻挡，进入保温层内的水蒸气无法顺利排出，这样会使保温层的含水率增加，在一定程度上会降低屋顶保温的效果，有些情况下对保温材料的使用寿命也会产生一定的影响。

由于构造做法简单，施工方便，热屋顶保温体系的屋面做法非常普遍。下面根据坡屋顶与平屋顶的不同，分别做一些介绍。

(1)在坡屋顶上的做法

在各地方传统的坡屋顶民居建筑中,有许多很好的做法,其大多采用地方材料,造价低廉,构造简单,朴素大方,而且保温效果也比较好。例如草顶、麦秸泥窝瓦的屋顶、麦秸泥清灰顶等保温屋顶形式,见图2－123(a)、(b)、(c)。

(2)在平屋顶上的做法

用于平屋顶保温的材料一般有散料、现场浇筑的混合料、板块料三大类。

散料保温层的保温材料主要有炉渣、矿渣等工业废料。由于散料无法固结,对其上部设置的卷材防水层无法提供坚固平整的基层(这是卷材防水层必需的),因而工程上多采用石灰或水泥浆把炉渣或矿渣胶结成一个整体,以利其上部卷材防水层的施工制作。这种做法见图2－123

(d)、(e)。

现场浇筑混合料的保温层做法,一般是以炉渣、矿渣、陶粒、膨胀蛭石、膨胀珍珠岩等作为轻骨料,与水泥浆搅拌成轻质混凝土现场浇筑而成。这种做法见图2－123(f)。

以上两种保温层做法都可以与屋面排水需要的找坡层结合起来做,即把保温散料或轻质保温混凝土铺设浇筑成事先设计的不同厚度,以形成需要的屋面排水坡度。

板块料的屋面保温层做法,主要的板块保温材料有采用水泥、沥青、水玻璃等做胶结材料的预制膨胀珍珠岩板、预制膨胀蛭石板、加气混凝土砌块、聚苯板等块材或板材。这种做法见图2－123(g)。

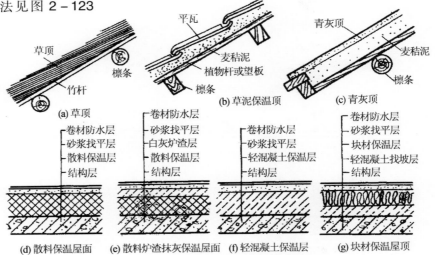

图2－123　热屋顶保温体系的保温构造

2)保温层与在其上的防水层之间设置非封闭的空气间层的做法

这种保温屋顶做法的特点是,在屋顶保温层与防水层之间设置非封闭的空气间层。在这种构造方式中,由于室内采暖的热量不能直接影响屋顶防水层,因而被称为"冷屋顶保温体系"。冷屋顶保温体系的优点是,由于设置于保温层之上的空气间层要求是非封闭式的,也就是说在这个空

气间层中应形成良好的空气流动(多利用屋脊及檐口处设置通风口)。因而,这将有助于带走由室内透过顶棚层及结构层渗透进入保温层的水蒸气,避免形成凝结水,保持保温层的干燥状态,达到良好的保温效果;缺点是构造比较复杂。图2－124所示为冷屋顶保温体系中的通风空气间层的作用示意。

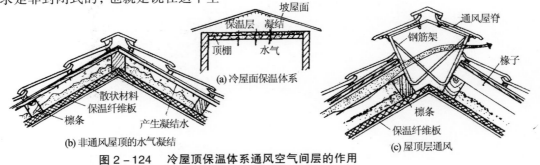

图2－124　冷屋顶保温体系通风空气间层的作用

冷屋顶保温体系的屋面做法，在坡屋顶做法中非常普遍，这与坡屋顶剖面中三角形的"闷顶"空间的存在有很大关系，在平屋顶做法中也能形成冷屋顶保温体系的做法形式，但较多见于南方地区。下面仍根据坡屋顶与平屋顶的不同，分别予以介绍。

（1）在坡屋顶上的做法

坡屋顶的保温层一般做在顶棚层的上面，可采用散料，比较经济，但不方便，见图2－125（a）、（c）。也可采用轻质纤维板或纤维毯成品铺在顶棚层的上面，见图2－125（b）。

在有些坡屋顶的建筑中，为了利用坡屋顶下的"闷顶"空间，也可把屋顶保温层设置在斜屋面的下部，这种做法可参看图2－124（b）、（c）。

（2）在平屋顶上的做法

在平屋顶上采用冷屋顶保温体系的做法，通常要在保温层上通过垫块垫起预制钢筋混凝土板的支承层（以便承托其上的屋面防水做法），来形成可使空气流通的空气间层，见图2－126所示。

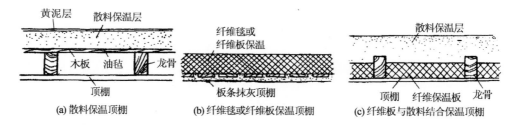

图2－125　坡屋顶冷屋顶保温体系的保温构造

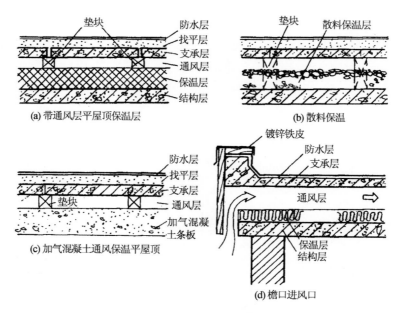

图2－126　平屋顶冷屋顶保温体系的保温构造

3）几种特殊构造形式的保温屋面

（1）保温层设置在屋顶结构层下面的保温屋面

保温层设置在屋顶结构层下面的做法也称"下保温屋面"，工程上不是很常见。主要用在采用槽形板做屋顶结构层的情况，一般是将板块形式的保温材料粘贴在槽形板朝下的凹槽内；在有些情况下，可能由于采用构件自防水屋面板或其他原因不得不将保温层设置在屋顶结构层下。如图 2-127 所示。这种做法的问题主要表现在：第一，屋顶的结构层不能得到充分的保护（这种保护作用主要由保温层来实现），保温层放在内侧，使其外侧的结构层常年经受冬夏季的很大温差（可达 80~90℃）的反复作用，结构层的温度变形会加大，不利于建筑结构的耐久性要求；第二，保温层更易受到室内水蒸气的渗透作用，极易在保温层内形成凝结水，从而导致保温层的保温效果降低；第三，由于没有下部结构层的支承作用，保温层的牢固程度会受到很大的影响。

（2）保温层夹设在屋顶结构板中间的保温屋面

保温层夹设在屋顶结构板中间的做法也称"夹心保温屋面板"做法，在我国部分地区的工业建筑中有所使用，图 2-128 所示为几种夹心保温屋面板。

夹心保温屋面板具有承载、保温、防水（即构件自防水）3 种功能，可大大减少高空作业，施工速度比较快；它的缺点是不同程度地存在着板面、板底裂缝，板的自重较大，温度变化引起板的起伏变形，还存在"冷桥"的问题。

（3）保温层设置在防水层上面的保温屋面

传统的屋顶做法构造顺序从上到下是防水层、保温层、结构层，而这种保温屋面的构造层次为保温层、防水层、结构层，由于它与传统的屋顶做法构造顺序相反，因此，也称"倒铺式保温屋面"或"倒置式保温屋面"。图 2-129 所示为倒铺式保温屋面的构造做法。

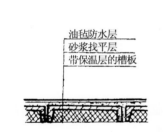

图 2-127　保温层设置在屋顶结构层下面的保温屋面

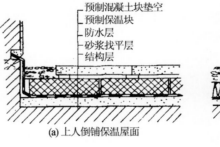 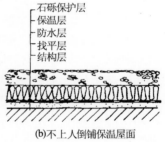

(a) 上人倒铺保温屋面　　　　(b) 不上人倒铺保温屋面

图 2-129　倒铺式保温屋面构造

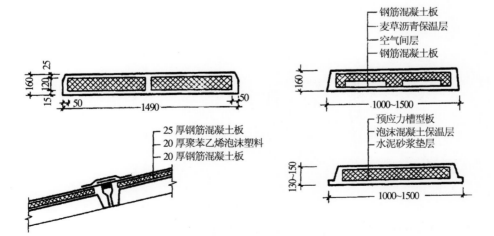

图 2-128　夹心保温屋面板

倒铺式保温屋面做法的最大优点是屋顶防水层得到了充分的保护,防水层不受太阳辐射和剧烈气候变化的直接影响,全年热温差小,不易受外界因素的损伤,这对于提高屋顶防水层的耐久性、延长其使用寿命、降低其漏水的几率都是非常有利的。图2-130所示为倒铺式保温屋面与传统做法屋面的防水层全年温度变化的比较。从图中曲线可以清楚地看到,传统做法屋面防水层表面的全年温度差高达85℃左右,而且变化幅度范围跨越冰点;而倒铺式保温屋面防水层表面的全年温度差只有十几摄氏度,而且其变化幅度范围是在20℃左右,也就是说,即使在寒冷的冬季,倒铺式保温屋面防水层表面也不会结冰,从而避免了因冻胀现象对防水层的不利影响。

当然,倒铺式保温屋面做法也带来了新的问题,最大的问题是大多数轻质多孔的保温材料的吸水率都比较高,倒铺式保温屋面做法将保温层设置在最上部,自然界的雨雪水极易渗入保温层,从而增大了含水率而降低了保温的效果。因此,选择吸湿性低、疏水性好、耐候性强的保温材料,是倒铺式保温屋面需要解决好的问题。一般应对这种保温材料进行耐日晒、雨雪、风力、温度变化和冻融循环的试验。经大量的试验和工程实践,目前在倒铺式保温屋面中多采用聚氨脂和聚苯乙烯发泡材料作为保温材料。由于这类保温材料都比较轻,一般都要铺设较重的覆盖层将保温材料压住,做法见图2-129所示。

2.6.6 围护系统的蒸汽渗透

我们知道,室内外空气中都含有一定量的水蒸气。空气中含汽量的多少,可以用水蒸气分压力来表示。当室内外空气中的水蒸气含量不等,也就是围护系统内外两侧存在着水蒸气分压力差时,水蒸气分子就会从分压力高的一侧通过围护系统向分压力低的一侧渗透扩散,我们称这种现象为蒸汽渗透。

在建筑构造设计时,如果围护系统设计处理不当,当水蒸气通过时,就会在围护系统表面或者在其内部材料的孔隙中冷凝成水分或冻结成冰。同时,当水蒸气接触围护系统表面,如果表面温度低于露点温度(空气中的水蒸气开始出现结露的温度),水蒸气就会在表面冷凝成水。表面凝水将有碍室内卫生,有时还可能直接影响房间内的生产、生活和正常使用。如果围护系统内部材料的孔隙中出现冷凝现象,其危害就更大。这实际上是一种隐患,内部出现过量的冷凝水,会使保温材料受潮,材料受潮后导热系数增大,保温能力就会降低;此外,由于内部冷凝水的冻融循环交替作用,抗冻性差的保温材料就会遭到破坏;如果是卷材防水屋面,就可能产生起鼓以致破裂,从而降低了防水层的防水性能和耐久性。因此,在对建筑的围护系统进行保温构造设计时,应分析所设计的构造方案是否会产生表面凝水和内部冷凝现象,以便采取措施加以消除,或控制其影响的程度。

2.6.6.1 避免和控制表面凝水的措施

分析围护系统内表面产生凝水的原因,主要是围护系统内表面的温度过低或是室内空气湿度过高造成的。一般可针对不同的原因采取相应的措施。

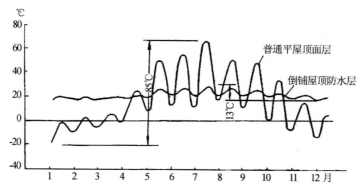

图2-130　倒铺式保温屋面与传统做法屋面的防水层全年温度变化的比较

1）针对正常湿度的房间的预防措施

各类建筑中绝大多数房间的湿度状况都属于正常湿度。对于这类房间，只要围护系统的设计热阻达到要求的话，一般情况下是不会出现表面凝水现象的。也就是说，只要房间内的设计温度达到保温标准要求的话，就可避免出现围护系统内表面温度过低的现象，那么，在正常温度的情况下，就可避免表面凝水现象的出现。

2）针对高湿度房间的预防措施

高湿度房间一般是指冬季相应的室内温度在 18～20℃ 以上时，其室内相对湿度高于 75% 的房间。

对于高湿度房间的建筑构造设计，应采取有效措施，尽量避免产生围护系统内表面凝水和滴水现象，以防止湿气作用造成建筑材料的锈蚀和腐蚀等不利的后果。有些高湿度房间，如浴室等房间，其室内空气温度已接近露点温度，即使加大围护系统的热阻，也无法避免内表面凝水现象，针对这种情况，则应尽量避免在表面形成水滴掉落下来从而影响房间的使用质量；同时，还应避免表面凝水渗入围护系统的内部而使保温材料受潮。

具体的处理措施则应根据房间使用性质的不同区别对待。例如，为避免围护系统内部保温材料受潮，高湿度房间围护系统的内表面应设防水层；对于一些间歇性处于高湿度条件下的房间，为避免表面凝水形成水滴，可在围护系统内表面敷设吸湿能力强且本身又耐潮湿的饰面层或涂层，这样，在湿气凝结期，水分被饰面层所吸收，待房间比较干燥时，水分则自行从饰面层中蒸发出去；对于一些处于连续性高湿度条件下，而又不允许屋顶内表面的凝水滴到室内物品上的房间，则可设置吊顶，将滴水有组织地引走，此时，吊顶空间应与室内空气流通，或者通过增强屋顶内表面处的通风，以避免内表面水滴的形成。

2.6.6.2 避免和控制内部冷凝的措施

避免和控制围护系统内部保温材料出现冷凝现象，是一个比较复杂的问题，一般的设计原则是，尽量使室内水蒸气在渗透的通路上做到"难进易出"。常见的构造措施主要有设置隔汽层以及设置通风间层等，现介绍如下。

1）设置隔汽层

为了防止室内水蒸气进入围护系统的保温层内，可在保温层高温一侧（也就是保温层水蒸气流入的一侧）采用涂沥青层、铺设防水卷材或涂刷其他隔汽涂料等方法，以形成隔汽层。例如，对于一般采暖房屋，隔汽层应布置在保温层内侧，而对于冷库等建筑，则应将隔汽层布置在隔热层的外侧。

房间设置了隔汽层以后，可能会出现一些不利的情况，例如，由于结构层的受力变形和开裂，铺设在其上的隔汽层材料会出现移位、裂隙、老化和腐烂等现象；保温层的高温一侧设置隔汽层以后，保温层的内外两个表面都被隔水（汽）层封住（例如屋顶保温层下面设隔汽层，上面设防水层），保温层内部的湿汽（由于施工期间保温材料受潮或使用期间保温层内渗入水蒸气造成）反而不能排泄出去，从而失去设置隔汽层的意义；设置了隔汽层后，还会造成室内湿度高的冬季采暖房间内的湿汽排不出去，从而造成结构层产生冷凝现象。针对以上这些不利的情况，可采取以下措施予以解决。

（1）隔汽层下设透气层

现以建筑屋顶的隔汽层为例，就是在结构层和隔汽层之间，设置一道透气层，使室内透过结构层的水蒸气得以流通疏散，并设置透气口，把水蒸气排泄出去。透气口一般可设在檐口或靠女儿墙根部处，当房屋的进深大于 10 m 时，在屋顶中部也应设置透气口，以保证通气的效果。但是，透气口的出口尺寸不能太大，否则会使过多的冷空气渗入，从而失去保温效果；还应注意的是，透气口的出口处应做好防雨设计。图 2-131（a）、（b）所示为屋顶隔汽层下设置透气层的做法；图 2-131（c）所示为透气层的屋顶檐口、靠女儿墙根部处以及屋顶中部设置透气口的做法。

(2)保温层内设透气层

在保温层内设置透气层的作用,是把进入保温层内的水蒸气排泄出去。这种透气层的做法有:当保温层采用现浇或块状材料时,可在保温层内留槽以形成透气层通道,当槽的深度较大时,可在其上部设置盖板(见图2-132(c))或在槽内填以炉渣或粗质玻璃纤维等材料(见图2-132(a)),既可保温又能透气;另一种做法是,在屋顶保温层上铺设一层陶粒或砾石以形成透气层(见图2-132(b))。需要注意的是,在保温层内设透气层也应留有通风透气口,其设置的位置要求与在隔汽层内侧设置透气层时的透气口位置要求是一样的,见图2-132。

2)设置通风间层

上述设置隔汽层的做法是让水蒸汽"难进",那么,设置通风间层的做法就是使水蒸汽"易出"。即在保温层上面设置一个有一定空间的架空的通风间层,以利于把保温层内以及室内透入保温层内的水蒸汽通过这层通风空气间层排泄出去。这种做法就是2.6.5.4节中所述"冷屋顶保温体系"的做法,见图2-124、图2-125、图2-126所示。

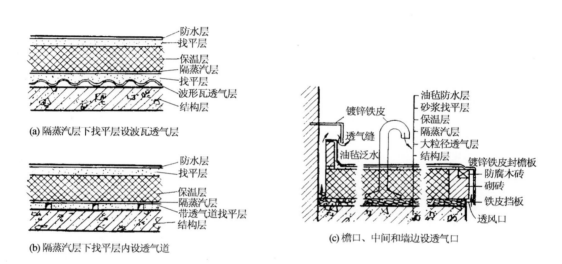

图2-131 屋顶隔汽层、透气层及透气口构造

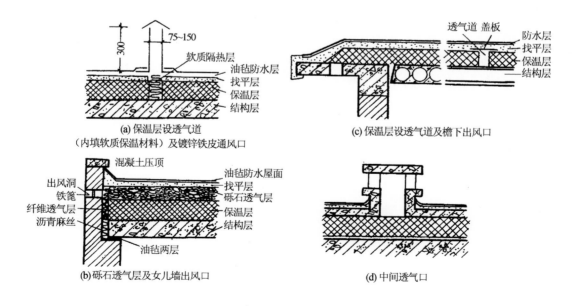

图2-132 屋顶保温层内设透气层及通风透气口构造

2.7 建筑隔热构造

夏季，特别是在炎热的地区，房屋在强烈的太阳辐射和较高气温的共同作用下，通过屋顶和外墙，特别是屋顶和东、西向外墙，把大量的热量传进室内；还有通过开敞的门窗口直接透进太阳辐射热和热空气；此外，还有生活余热或生产过程中所产生的热量。这些从室外传进来的和室内产生的热量，使室内气候条件发生变化而引起过热。图2-133所示为引起室内过热的原因。

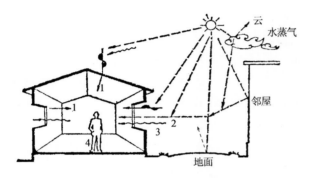

图2-133 室内过热原因
1—屋顶、外墙传热；2—窗口辐射；
3—热空气交换；4—室内余热(包括人体散热)

2.7.1 建筑隔热的部位

建筑需要考虑隔热构造的部位与需要考虑保温构造的部位是一样的，即主要包括外墙以及墙体上设置的门窗和建筑的屋顶，还有某些建筑中的特殊部位(如建筑中作为冷库用的房间和其他相邻房间之间的墙体、楼板等)。

2.7.2 建筑围护系统隔热构造方案的选择

建筑隔热构造的主要任务是改善热环境，减弱室外热作用，使室外热量尽量少传入室内，并使室内热量能很快地散发出去，以避免室内过热。在进行建筑隔热构造设计时，应根据地区气候特点、人们的生活习惯和要求以及房屋的使用情况等，采取包括隔热构造、窗口遮阳、自然通风以及加强绿化等综合的隔热措施，以创造出良好的室内气候条件。

建筑隔热的主要构造方案和措施如下。

2.7.2.1 减弱室外的热作用

减弱室外的热作用，主要的是正确地选择房屋的朝向和布局，防止日晒。同时，还要做好周围环境的绿化，以利于降低环境辐射和气温，并对热风起冷却的作用。对建筑围护系统的外表面，应尽量采用浅颜色的饰面材料，以利于减少对太阳辐射的吸收，从而减少建筑的传热量。

2.7.2.2 加强围护系统的隔热和散热

对建筑物的屋顶和外墙，特别是西向的外墙，要加强隔热处理，减少传入室内的热量和降低围护系统内表面的温度。因此，合理地选择围护系统的材料以及合理的构造设计是十分重要的。隔热构造方案要根据具体的情况来设计，但比较理想的设计应该是白天隔热好而夜间散热又快的构造方案。

2.7.2.3 形成房间的自然通风

自然通风是排除房间余热、提高人体舒适感的既有效又经济的主要途径。要通过设计，形成房间的自然通风，引风入室，带走室内的部分热量并形成一定的风速，以利于人体的散热。要组织好房间的自然通风，可以从如下几个方面采取措施：

①房间朝向应尽量与夏季主导风向一致，避免房间朝向与夏季主导风向垂直的情况出现。

②应合理设计房间的布局形式，正确选择房屋的平面和剖面，合理确定门、窗等房间开口的位置和面积。

③采用通风层等各种通风构造措施。

2.7.2.4 窗口遮阳

遮阳的作用主要是阻挡直射阳光从窗口透入，减少对人体的辐射，防止室内墙面、地面和家具表面被晒热而导致室温升高。遮阳的方式是多种多样的，应结合各地的具体情况和需要来进行选择。一般的做法，除采用专门的遮阳板设施等以外，还可以采用临时性的布篷、植物秆茎制成的遮阳帘、活动的合金百页；或者结合建筑构件(如出檐、雨篷、阳台、外廊等)的处理；或者利用种树或攀缘植物等绿化措施来加以解决。

2.7.3　部位隔热构造

2.7.3.1　屋顶隔热构造

1）实体材料隔热屋面

实体材料的隔热屋面构造做法如图2-134所示。

图2-134(a)为没有设置隔热层的屋顶构造，其热工性能是很差的，在炎热地区的夏季，其内表面的温度是很高的。为了达到比较合适的室内气候条件，屋顶可采取如下实体材料隔热构造。

(1)采用导热系数小的材料做屋顶隔热层

图2-134(b)所示为加了一层80 mm厚的泡沫混凝土隔热层的屋顶做法，其隔热效果是比较显著的，经测试，其内表面最高温度比未设隔热层时降低了19.8℃，平均温度则降低了7.6℃。

(2)在屋顶隔热材料上面加铺蓄热特性系数大的黏土方砖或混凝土板

为了适应炎热多雨地区的气候条件，在屋顶隔热材料的上面再加一层蓄热特性系数大的黏土方砖(或混凝土板)，以增强屋顶的热稳定性。尤其是在雨后，黏土方砖吸水，蓄热性增大，同时，由于水分的蒸发，要散发部分热量，从而提高了屋顶的隔热效果。这种做法的缺点是屋顶的自重比较大。见图2-134(c)。

(3)种植隔热屋面

在平屋顶上栽种植物，通过栽培介质层的隔热作用以及植物吸收阳光进行光合作用和遮挡阳光的作用来达到降温隔热的目的。

在屋顶上种植植物，与在地面上种植有许多不同，主要要考虑对屋顶增加的荷载以及对屋面防水层的影响。

①注意减轻屋顶荷载。由于泥土重量大、容易板结，需要经常松土，管理起来比较麻烦，所以，在屋顶上栽种植物需要采取一些特别的措施。可以在屋顶种植土壤中添加一定比例的陶粒或碎砖粒，既有利于减轻屋顶荷载，又可疏松土质。还可以采用无土载培技术，以蛭石、谷壳、炉渣等轻质材料作为栽培介质。蛭石是一种多结晶水的矿物，受热时迅速膨胀，具有良好的隔热、保温、保水、吸声等作用，是一种较理想的栽培介质。为了降低成本，还可以采用谷壳、蛭石、炉渣叠层法种植。栽培介质层的厚度一般取300 mm左右。苗床宜采用加气混凝土等轻型砌块来砌筑床埂，以利减轻屋顶荷载。

②注意做好屋面防水排水。种植隔热屋面多采用刚性防水做法，应做好防腐蚀的处理，对防水层上的裂缝可采用一布四油遮盖，避免水和肥料从裂缝处渗入侵蚀钢筋。若采用油毡条封盖刚性防水层的分仓缝时，则应采用耐腐蚀性好的油毡材料。屋面应形成适当的坡度，以利于及时排除积水。床埂下面对应雨水口的位置应设置排水孔和过水网，以利排水顺畅和避免杂物冲出堵塞雨水口。

种植隔热屋面的构造做法如图2-135所示。

10 厚卷材
15 厚水泥砂浆
30 厚钢筋混凝土板

(a) 未设隔热层的屋面

10 厚卷材
15 厚水泥砂浆
80 厚泡沫混凝土
30 厚钢筋混凝土板

(b) 泡沫混凝土屋面

35 厚黏土方砖
50 厚炉渣
25 厚钢筋混凝土板

(c) 黏土方砖屋面

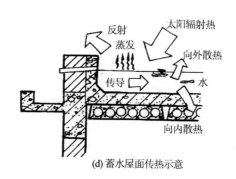

(d) 蓄水屋面传热示意

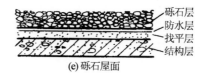

砾石层
防水层
找平层
结构层

(e) 砾石屋面

图2-134　实体材料隔热屋面构造

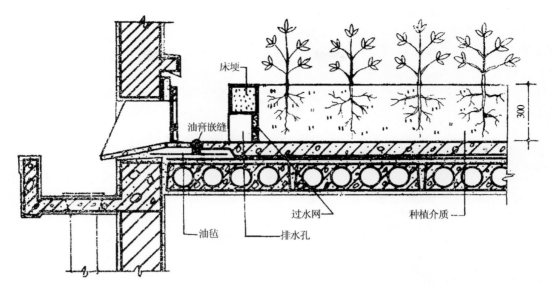

图 2-135　种植隔热屋面构造做法示意图

（4）砾石隔热屋面

砾石隔热屋面主要通过砾石层蓄热特性系数大和热稳定性强的特点来达到屋顶降温隔热的目的。这种做法的屋顶自重较大。

砾石隔热屋面的做法如图 2-134(e) 所示。

（5）蓄水隔热屋面

蓄水隔热屋面是在檐口形式为女儿墙的平屋顶上蓄积一定深度的水而形成的。在太阳辐射和室外气温的综合作用下，屋面蓄积的水吸收大量热量使水蒸发为气体，将热量带走，从而减少了屋顶吸收的热能，达到降温隔热的目的。同时，屋面蓄水还可以反射阳光，减少阳光辐射对屋面的热作用。蓄水隔热屋面传热示意如图 2-134(d)所示。如果在水面养殖水浮莲一类水生植物，利用植物有吸收阳光进行光合作用和植物叶片可以遮挡阳光的特点，其隔热降温效果将会更加显著。另外，水层在冬季还能起到保温作用。不仅如此，由于屋面蓄水可以长期将防水层淹没，从而对屋面防水层起到良好的保护作用，可以减轻刚性防水屋面由于温度胀缩引起的混凝土裂缝和防止混凝土的碳化，以及推迟嵌缝胶泥等材料的老化进程，延长刚性防水屋面的使用年限。因而，蓄水隔热屋面在我国南方地区，对隔热降温、提高屋面防水质量等方面，都能起到良好的作用。但是，蓄水隔热屋面不适宜在寒冷地区、地震区和震动较大的建筑物上使用。

为了保证蓄水隔热屋面的良好效果，其构造

上应做好以下几个方面的处理（如图 2-136 所示）。

①蓄水隔热屋面的坡度不宜大于 0.5%。

②蓄水隔热屋面应划分为边长不大于 10 m 的蓄水区，以便于分区检修屋面，蓄水区之间用混凝土做成分仓墙（壁）。分仓墙底部设过水孔，使各蓄水区的水层连通，如图 2-136(a)所示。

③一般情况下，蓄水隔热屋面的蓄水深度宜为 150~200 mm。

④蓄水隔热屋面溢水孔的上部应距分仓墙及女儿墙顶面 100 mm，泄水孔应与水落管连通。

⑤蓄水隔热屋面应设置人行通道，如带过水孔的门形预制走道板。

⑥长度超过 40 m 的蓄水屋面，应做横向伸缩缝一道，变形缝两侧应设计成互不联通的蓄水系统。

⑦蓄水隔热屋面四周的女儿墙兼做蓄水池的分仓墙，在女儿墙上应将混凝土防水层延伸到墙面形成泛水，泛水高度至少应高出水面（即溢水孔位置）100 mm。

⑧蓄水隔热屋面一般应设置给水管，以保证蓄水池的水源。也有的地区采用深蓄水隔热屋面方案的，即蓄水深度远远大于 150 mm，达到 600~700 mm 深。这种深蓄水隔热屋面的水源完全靠天然雨水补充，而不需要人工补充水，管理省事，池内还能养鱼，增加收入。深蓄水隔热屋面为了避免蓄水池中的水干涸，其蓄水深度应大

于当地气象资料统计的历年最大雨水蒸发量，也就是说，蓄水池中的水即使在连晴高温的季节，也能保证池内有水。深蓄水隔热屋面的主要问题是屋面的荷载很大，结构设计时必须给予充分的考虑，以确保结构的安全。

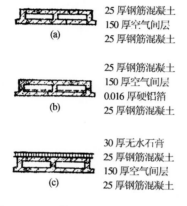

图2-137　带有封闭空气间层的隔热屋面

(a) 25厚钢筋混凝土／150厚空气间层／25厚钢筋混凝土

(b) 25厚钢筋混凝土／150厚空气间层／0.016厚硬铝箔／25厚钢筋混凝土

(c) 30厚无水石膏／25厚钢筋混凝土／150厚空气间层／25厚钢筋混凝土

2）封闭空气间层隔热屋面

前面提到的在屋顶隔热材料上面加铺蓄热特性系数大的黏土方砖或混凝土板的屋顶隔热构造做法的缺点是屋顶自重过大，为了减轻屋顶自重，可以采用空心大板屋面，利用其形成的封闭空气间层来达到隔热的目的。在封闭空气间层中的传热方式主要是辐射传热，而不像实体材料隔热屋面那样主要是导热。图2-137(a)为采用空心大板做封闭空气间层隔热屋面的做法。为了进一步提高封闭空气间层的隔热能力，可以在空气间层内铺设反射系数大、辐射系数小的材料（如铝箔），以减少辐射传热量，如图2-137(b)所示。铝箔质轻且隔热效果好，对隔热屋顶减轻自重很有利。经测试，空气间层内铺设铝箔后，空心大板内表面温度比没有铺设铝箔的降低了7℃，隔热效果是比较显著的。图2-137(c)所示为在空心大板外表面铺白色光滑的无水石膏的隔热屋面做法，测试结果其内表面温度比空气间层内铺设铝箔做法的降低了5℃，比未铺设铝箔做法的降低了12℃。这说明选择屋顶的面层材料和颜色的重要性。一般可选择对辐射热的反射系数比较大的材料（例如白色表面或磨光表面的材料），这样可以减少屋顶外表面对太阳辐射的吸收，并且增加了面层的热稳定性，使空心大板的上壁温度降低，辐射传热量减少，从而使屋顶内表面温度降低。

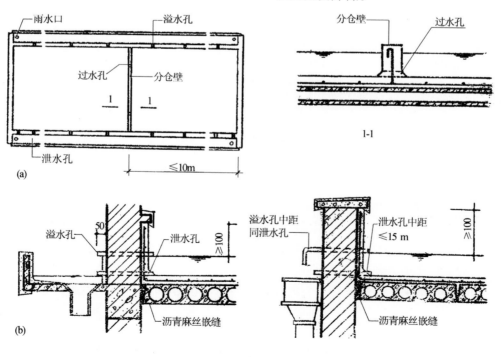

图2-136　蓄水隔热屋面构造

3)通风层降温隔热屋面

在屋顶中设置可形成空气流通的间层,利用间层通风,排走一部分热量,使屋顶形成两次传热,以降低传至屋顶内表面的温度,图2-138(a)所示为屋顶通风散热示意。经测试表明,通风层降温隔热屋面与无通风层的屋面相比,其降温效果有显著的提高。图2-138(c)所示为无通风层屋面的构造做法,图2-138(d)所示为有通风层降温的隔热屋面的构造做法,图2-138(b)则为两者的隔热效果比较曲线。

根据通风层的位置不同,可以把通风层降温隔热屋面分为以下两类。

(1)通风层设置在屋顶结构层的下面

这种做法即在屋顶结构层下面设置吊顶棚,并在檐墙处设置通风口。图2-139所示为平屋顶下和坡屋顶下设置通风层的做法示意。

(2)通风层设置在屋顶结构层的上面

这种做法可以通过以下几种构造方式形成。

①双层瓦通风降温隔热屋面。将坡屋顶的屋面瓦做成双层的形式,使屋檐处形成进风口,并在屋脊处设置出风口,如图2-140(a)所示。

②槽形板大瓦通风降温隔热屋面。采用钢筋混凝土槽形板上铺设弧形瓦,同样需要在屋檐处形成进风口,并在屋脊处设置出风口,同时,室内天棚可得到较平整的平面,如图2-140(b)所示。

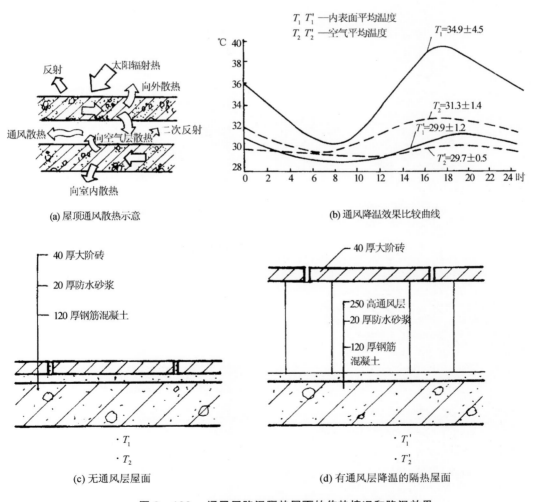

(a) 屋顶通风散热示意

(b) 通风降温效果比较曲线

(c) 无通风层屋面

(d) 有通风层降温的隔热屋面

图 2 - 138　通风层降温隔热屋面的传热情况和降温效果

③椽子或檩下钉纤维板通风降温隔热屋面。如图2－140(c)所示，采用在坡屋顶椽子或檩条下铺钉纤维板，以形成通风层来达到降温隔热的目的。

以上3种做法为坡屋顶通风降温隔热构造做法，为了达到较好的通风降温隔热效果，除了在屋檐处形成进风口外，均需做好通风屋脊。

以下两种做法为平屋顶通风降温隔热构造做法。

④预制水泥板架空通风降温隔热屋面。在平屋顶上，采用预制水泥板（大阶砖）架空铺设在防水层上，以形成通风层。架空用的垫块一般应铺砌成条状（而不是砌成点状，以避免架空层内空气纵横方向都可流通而形成紊流，影响通风风速和降温效果），使气流进出正、负压关系明显，气流可更为通畅，以达到较好的降温隔热的效果。但这样处理时，必须保证将进风口尽可能正对着夏季白天的主导风向，这样才能达到预期的通风效果。另外，当通风道的进深大于10m时，需在通风道中部设置通风口，以加强通风效果。如图2－141(a)、(b)所示。

⑤预制拱壳架空通风降温隔热屋面。如图2－141(c)、(d)、(e)所示，可以在平屋顶上用1/4砖砌拱形成通风降温隔热层；也可以采用水泥砂浆预制成弧形、三角形或槽形的构件，扣盖在平屋顶上，以形成通风降温隔热层，这种做法既省材料，又施工方便。

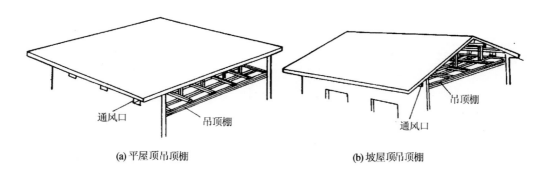

(a) 平屋顶吊顶棚   (b) 坡屋顶吊顶棚

图2－139　通风层设在屋顶结构层下面的降温隔热屋顶

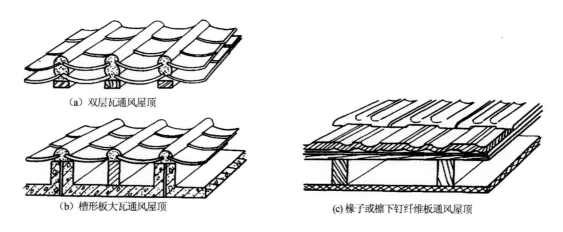

(a) 双层瓦通风屋顶

(b) 槽形板大瓦通风屋顶

(c) 椽子或檩下钉纤维板通风屋顶

图2－140　坡屋顶通风降温隔热构造

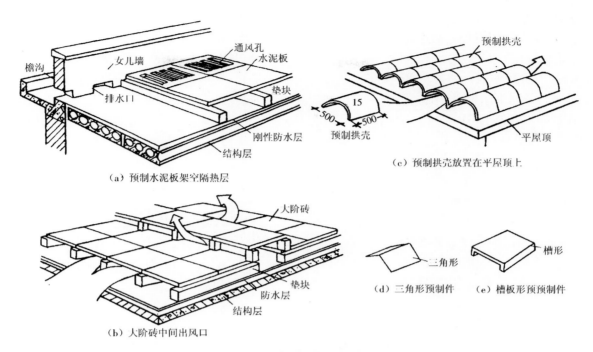

（a）预制水泥板架空隔热层

（c）预制拱壳放置在平屋顶上

（b）大阶砖中间出风口

（d）三角形预制件　（e）槽板形预制件

图2-141　平屋顶通风降温隔热构造

采用通风层降温隔热屋面，除了应保证形成合理的进风口和出风口外，还应保证通风空气间层一定的高度，以确保通风口必要的面积和良好的通风效果。经试验测试，通风空气间层的高度增高，对加大通风量是有利的，但增高到一定程度后，其通风效果渐趋缓慢。一般情况下，通风空气间层的高度以200~240 mm为宜（坡屋顶可取其下限，平屋顶可用其上限），此数值适用于矩形截面通风口的情况。如果是拱形或三角形截面的通风口，其通风空气间层的高度应适当加大，以使其平均高度不低于200 mm为宜。

4）反射降温隔热屋面

对于平屋顶来说，还可以利用屋面防水保护层材料的颜色和光滑度对热辐射的反射作用来达到降温隔热的目的。

图2-142列出了各种不同表面材料对太阳辐射热的反射程度。

从图中可以看出，造价低廉的石灰水刷白做法对太阳辐射热的反射程度可以达到80%。还有，采用浅色砾石在屋面铺设隔热保护层对反射降温也有一定的效果。

另外，如果在通风屋顶中的基层上加铺一层铝箔，在屋顶中形成第二次反射，其降温隔热的效果会得到进一步的改善。

图2-143为铝箔屋顶两次反射降温隔热示意。

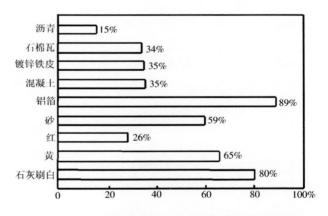

图2-142　不同屋面材料对太阳辐射热的反射程度

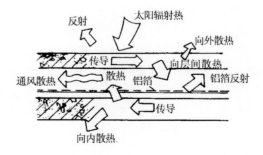

图2-143　铝箔屋顶两次反射降温隔热示意

5）淋水、喷雾屋面

淋水屋面是在屋脊处安装水管，在中午气温升高时向屋面上浇水，以形成流水层，利用流水层对热量的反射、吸收和蒸发，达到降温隔热的目的。同时，流水的排泄本身也会带走大量的热量，从而进一步降低了屋面温度。

喷雾屋面是在屋面上安装成排的水管和喷嘴，喷出的水在屋面上空形成了细小的水雾层，水雾下落时结成水滴，并最终在屋面形成一层流水层。这层流水层所起到的降温隔热效果与淋水屋面是一样的，同时，水雾在结成水滴下落的过程中，还能从周围的空气中吸收热量，并同时进行蒸发，且雾状水滴还能吸收和反射一些太阳辐射热。因此，喷雾屋面的降温隔热效果更好一些。

应该注意的是，淋水、喷雾屋面的降温隔热效果是以水资源大量消耗为代价的，因此，在不能解决水的循环利用之前，应采取慎重的态度。

2.7.3.2 外墙隔热构造

相对于屋顶来说，外墙的室外综合温度较低，因此，在建筑的隔热设计中，外墙的隔热问题不是第一位的。但是，要保持夏季炎热地区室内环境的舒适性，外墙的隔热仍然是很重要的，尤其是对东、西向外墙来说，更应给予充分的重视。

外墙隔热构造主要有如下几种方式。

1）采用热阻大的材料做墙体材料

传统的黏土砖墙，其隔热效果是比较好的，在南方炎热地区，采用两面抹灰的一砖厚的东、西向外墙，基本能满足一般建筑的热工要求；若采用一砖厚的空斗墙，其隔热效果要稍差一些。

近年来，为了减少与农业争地，黏土砖的使用逐渐受到了限制，而蒸压粉煤灰砖、混凝土小型空心砌块、大型板材和轻板结构墙等得到了广泛的应用。以混凝土小型空心砌块为例，其规格一般为190 mm×390 mm×190 mm，分单排孔和双排孔两种（见图2-144(a)）。其中，两面各抹灰20 mm的190 mm厚双排孔空心砌块墙的热工效果较好，相当于两面各抹灰20 mm的240 mm厚黏土砖墙的隔热性能。单排孔空心砌块的隔热效果要差一些。

2）采用钢筋混凝土空心大板加刷白及开通风孔的做法

我国南方部分地区采用钢筋混凝土空心大板做外墙板，其规格是3 000 mm×4 200 mm×160 mm（高×宽×厚），圆孔直径为110 mm，如图2-144(b)所示。这种板材墙的隔热效果是较差的，经过外加粉刷层和刷白灰水以及开通风孔等措施的处理后，其隔热效果得以明显改善。表2-18所示为这种空心大板墙体的隔热效果。

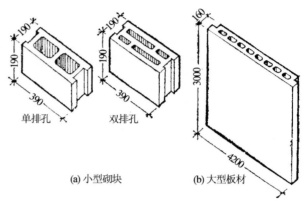

图2-144　混凝土空心砌块及板材（配筋）

表2-18　钢筋混凝土大板墙体隔热效果

墙体构造	外表温度（℃）		内表温度（℃）		室外气温（℃）	
	平均	最高	平均	最高	平均	最高
封闭空心大板	34.0	52.0	32.3	39.7	30.2	34.8
封闭空心板外加刷白	32.0	40.1	31.6	36.3		
通风空心板	32.9	41.0	31.1	37.7		
通风空心板外加刷白	31.4	38.0	31.0	35.0		

3）采用复合轻墙板

轻型墙板是用于柱承重结构的填充墙的一种常用墙体材料，轻型墙板虽然不是建筑承载系统的组成部分，但其本身仍然需要满足一定的强度和刚度的要求。同时，对于炎热地区夏季来说，墙体的隔热性能更是需要重点解决的问题。轻型墙板的类型主要有两类：一类是采用一种材料制成的单一材料墙板，如加气混凝土或轻骨料混凝土墙板；另一类是由不同材料或板材组合而成的复合墙板。单一材料墙板的生产工艺比较简单，但需要选用轻质、高强、多孔的材料，以满足强度与隔热的要求。复合墙板的构造复杂一些，但它将不同材料区别使用，因而可以采用高效的隔热材料，能充分地发挥各种材料的特长。图2-145为复合轻墙板的示意图。表2-19所示为复合轻墙板的隔热效果。

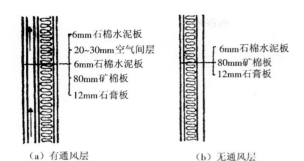

（a）有通风层　　（b）无通风层

图2-145　复合轻墙板

表2-19　复合轻墙板的隔热效果

名称	砖墙(内灰)	复合墙板有通风层	复合墙板无通风层
总厚度(mm)	260	124	98
重量(kg/m²)	464	55	50
内表面温度(℃) 平均	27.8	26.9	27.2
波幅	1.85	0.9	1.2
最高	29.7	27.8	28.4
热阻(m²·K/W)	0.468	1.942	1.959
室外气温(℃)	最高28.9,平均23.3		

2.7.3.3　外窗隔热构造

1）外窗遮阳

（1）遮阳的作用和要求

在夏季，阳光透过窗口照射房间，是造成室内过热的重要原因。在教室、实验室、阅览室、车间等房间中，直射阳光照射到工作面上，会造成较高的亮度而产生眩光，这种眩光会强烈地刺激眼睛，妨碍正常工作。在陈列室、商店橱窗、书库等房间中，直射阳光中的紫外线照射，会使物品、书刊等退色、变质以致损坏。

遮阳是为了防止直射阳光照入室内，以减少太阳辐射热，避免夏季室内过热，以及避免产生眩光和保护室内物品不受阳光照射而采取的一种建筑措施。

窗口的遮阳设计应满足以下要求：

①夏季遮挡日照，冬季则应不影响必要的房间日照；

②晴天遮挡直射阳光，阴天则应保证房间有足够的照度；

③减少遮阳构件的挡风作用，最好还能起到导风入室的作用；

④能兼做挡雨构件并避免雨天影响通风；

⑤不阻挡从窗口向外眺望的视野；

⑥构造简单，经济耐久；

⑦注意与建筑立面和造型处理的统一。

（2）窗户遮阳板的基本形式

窗户遮阳板的主要形式有：水平遮阳、垂直遮阳、混合遮阳、挡板遮阳。既可以是活动式的，也可以为固定式的。活动式遮阳板使用灵活，但构造复杂，成本高；固定式遮阳板坚固耐久，因而采用比较多。图2-146所示为以上4种遮阳板的形式。

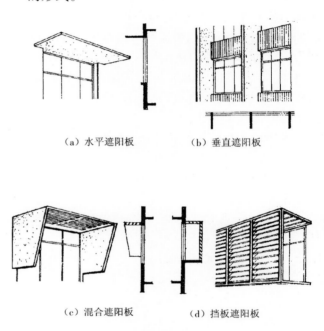

（a）水平遮阳板　　（b）垂直遮阳板

（c）混合遮阳板　　（d）挡板遮阳板

图2-146　窗遮阳板基本形式

①水平遮阳。在窗口上方设置一定挑出宽度的水平方向的遮阳板，能够遮挡高度角较大时从窗口上方照射下来的阳光。水平遮阳板适用于南向及其附近朝向的窗口或北回归线以南低纬度地区的北向及其附近朝向的窗口。固定式水平遮阳板可以是实心板、栅形板、百页板。水平状态的栅形板、百页板和离墙的实心板有利于室内通风和外墙面的散热。实心板多为钢筋混凝土预制构件，栅形板和百页板则主要采用金属型材制作。水平遮阳板有单层板和双层板之分，双层板主要适用于较高大的窗口，可在窗口的不同高度设置双层（或多层）水平遮阳板，以减小板的挑出宽度。

②垂直遮阳。在窗口两侧设置垂直方向的遮阳板，用以遮挡高度角较小的、从窗口两侧斜射过来的阳光，但对于高度角较大的，从窗口上方投射下来的阳光或接近日出、日落时平射窗口的

阳光,它则起不到遮挡作用。因此,垂直遮阳板主要适用于偏东、偏西的南向或北向及其附近朝向的窗口。垂直遮阳板所用材料和板型,与水平遮阳板基本相同。

③混合遮阳。混合遮阳是以上两种遮阳方式的综合,它能够有效地遮挡从窗口前上方和左、右侧照射来的阳光,遮阳效果比较均匀。混合遮阳板主要适用于南向、东南向或西南向的窗口。

④挡板遮阳。在窗口前方离开窗口一定距离设置与窗口平行方向的垂直挡板,形如垂直挂帘,称为挡板遮阳。挡板遮阳可以有效地遮挡高度角较小的、正射窗口的阳光,主要适用于东向、西向及其附近朝向的窗口。挡板遮阳可以做成板式挡板、栅式挡板或百页挡板。这种遮阳方式有利于通风,但影响了视线。

根据以上四种基本形式,还可以组合演变成各种各样的遮阳形式,如图2-147所示。设计时,可根据不同的使用要求、不同的纬度和建筑造型要求灵活地选用。

除了以上介绍的几种遮阳板式的遮阳设计以外,还有很多遮阳方法,如在窗口悬挂窗帘、设置百页窗,采用比较简易的芦席遮阳或布篷遮阳,利用雨篷、挑檐、阳台、外廊以及墙面花格等也能达到一定的遮阳效果,如图2-148所示。另外,在窗前进行绿化,也是一种行之有效的方法。

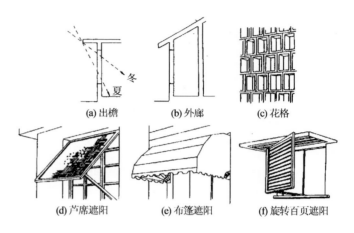

(a) 出檐　　(b) 外廊　　(c) 花格

(d) 芦席遮阳　　(e) 布篷遮阳　　(f) 旋转百页遮阳

图2-148　其他遮阳措施

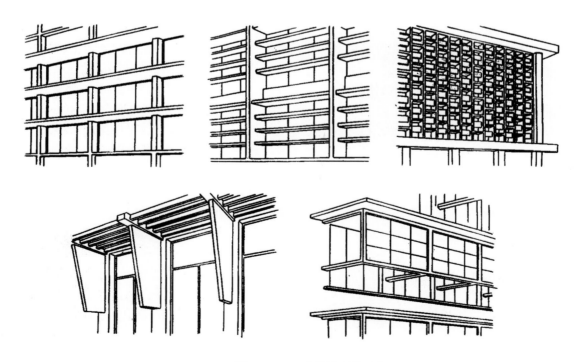

图2-147　连续遮阳的形式

2)特种玻璃制品

在炎热的夏季,空调房间的窗户是关闭的。这时,窗玻璃的隔热性能就显得尤为重要。以下几种特种玻璃就具有较高的隔热能力。

(1)吸热玻璃

吸热玻璃是一种吸收大量红外线辐射能而又保持良好可见光透过率的平板玻璃。这种玻璃适当加入某些成分从而提高了对太阳辐射的吸收率,对红外线的透射率很低,能减少阳光进入室内的热量,有利于降低夏季室内的温度。

根据配料加入色料的不同,吸热玻璃可以有不同的颜色,如蓝色、茶色、灰色、绿色、古铜色、青铜色等。

吸热玻璃有以下一些特点。

①吸收太阳的热辐射。吸热玻璃的厚度和色调不同,对太阳的辐射热的吸收程度也不同。表2－20所示为几种玻璃的透过热值和透热率的比较。

表2－20　普通玻璃与吸热玻璃太阳
能透过值及透热率

玻璃品种	透过热值[W/(m²·h)]	透热率(%)
空气(暴露空间)	879	100
普通玻璃(3mm厚)	726	82.55
普通玻璃(6mm厚)	663	75.53
蓝色吸热玻璃(3mm厚)	551	62.70
蓝色吸热玻璃(6mm厚)	433	49.21

②吸收太阳可见光。吸热玻璃比普通玻璃吸收可见光多,因而能使刺目的阳光变得柔和并起到防眩的作用。

③吸收紫外线。吸热玻璃除了能吸收红外线外,还可以显著减少紫外线的透过,可以防止紫外线对家具、日用器具、档案资料与书籍等因辐射而退色、变质。

④吸热玻璃透明度比普通平板玻璃略低,但能清晰地观察室外的景物。

(2)热反射玻璃

热反射玻璃是对玻璃进行镀(涂)膜处理,经处理后,透过的光线色调改变、光的透过率降低、反射率提高,对太阳或其他热源辐射的吸收率、反射率提高,透过率减少,从而起到遮阳、隔热、防眩光的作用。

热反射玻璃的颜色有灰色、青铜色、蓝绿色、金色、银色、古铜色等。

热反射玻璃对太阳辐射热的屏蔽率可达40%～80%。镀金属膜的热反射玻璃还具有单向透视的作用,即白天人在室内能看到室外景物,而室外的人却看不到室内的景象,对建筑物内部起遮掩及帷幕的作用。

表2－21所示为主要品种的热反射玻璃的性能与透明浮法玻璃的比较。

表2－21　热反射玻璃与浮法玻璃性能比较表

涂(镀)膜材料		可见光		太阳辐射				制法
		色泽	透过率(%)	反射率(%)	吸收率(%)	透过率(%)	反射率(%)	热屏蔽率(%)	制法
氧化物	Fe₂O₃ CO₂O₃ Cr₂O₃	青铜色	43	34	24	48	28	45.2	喷涂法;玻璃厚度6mm
	TiO₂	银色	64	33	13	62	25	34.5	喷涂法
	Fe₂O₃	青铜色	17	35	45	25	30	62.9	喷涂法;灰色着色玻璃为基体
	TiO₂	银色	40	32	27	48	25	44.7	喷涂法;灰色着色玻璃为基体
	TiO₂	银色	58	40	10	60	30	37.3	浸渍法;灰色着色玻璃为基体
金属	金	金黄色	35	22	55	22	33	73.2	真空法
	Cu+Ni	茶褐色	20	38	40	10	50	79.2	化学镀膜法
	Si	茶褐色(淡)	34	52	17	45	38	50.4	化学沉积法
	胶体铜铅	青铜色	34	27	34	50	16	40.8	离子扩散
浮法玻璃		无色	89	8	14	79	7	17.2	—

(3)中空玻璃

中空玻璃有双层和多层之分。可根据要求选用各种不同性能的玻璃原片，如透明浮法玻璃、压花玻璃、彩色玻璃、防阳光玻璃、镜面反射玻璃、夹丝玻璃、钢化玻璃等与边框（铝合金框架或玻璃条等）经胶接、焊接或熔结而制成。

中空玻璃具有优良的隔热、保温、隔声等性能，如在玻璃之间充以各种漫射材料或电介质等，则可以获得更好的隔热、声控、光控等效果。

表2－22所示为中空玻璃的绝热性能。

表2－22　中空玻璃的绝热性能

玻璃类型	间隔宽度（mm）	热传导系数 K [W/(m²·K)]
单层玻璃	—	5.9
普通双层中空玻璃	6	3.4
	9	3.1
	12	3.0
防阳光双层中空玻璃	6	2.5
	12	1.8
三层中空玻璃	2×9	2.2
	2×12	2.1
热反射中空玻璃	12	1.6
混凝土墙	150①	3.3
砖墙	240①	2.8

注：①150 mm、240 mm 指墙的厚度。

复习思考题

2.1. 建筑围护系统的功能是什么？

2.2. 如何理解建筑围护系统的"围"字？

2.3. 为什么说"结合部"的设计是建筑构造设计的关键？

2.4. 建筑防火设计主要包括哪些内容？

2.5. 如何对建筑物进行防火分区？

2.6. 防火分隔物的作用是什么?都有哪些防火分隔物的类型?它们各适用什么条件？

2.7. 对建筑结构构件和各种建筑装修材料都有哪些常见的防火措施或限制要求？

2.8. 楼梯设计应注意什么问题？

2.9. 楼梯的组成有哪几部分?每一组成部分都有哪些具体的部位和形式？

2.10. 楼梯有哪些常见的形式？

2.11. 楼梯的一般尺度和设计要求是什么？

2.12. 熟练掌握楼梯的设计步骤和方法，能结合具体的条件进行楼梯设计。

2.13. 台阶与坡道的设计要求有哪些?与楼梯设计比较,有哪些相同与不同之处？

2.14. 电梯与自动楼梯的组成和设计要求有哪些？

2.15. 建筑物中防水的部位都有哪些？

2.16. 建筑防水的材料都有哪些类型?它们各自都有什么特点？

2.17. 建筑防水的基本原理有哪些?它们各自有哪些特点？

2.18. 什么情况下应做地下室的防水？

2.19. 地下室常见的防水做法有哪些?具体构造做法如何？

2.20. 如何利用人工降、排水法消除地下水对地下室的不利影响？

2.21. 建筑物外墙的防水是如何进行的？

2.22. 常见的外墙防水做法有哪些类型?具体做法如何？

2.23. 预制外墙板连接节点处的防水原理和做法是什么？

2.24. 勒脚及散水（明沟）各自的作用、构造原理和具体做法是什么？

2.25. 建筑外门的防水构造是如何设计的？

2.26. 建筑外窗的防水构造是如何设计的？

2.27. 平屋顶与坡屋顶的防水原理与防水构造特点如何？

2.28. 建筑屋顶坡度的大小是如何确定的？

2.29. 屋顶坡度的形成方法有哪些？

2.30. 屋顶的排水方式有哪些？各自的适用情况如何？

2.31. 屋顶排水组织的设计原则是什么？

2.32. 限制屋面雨水口间距的要求和作用是什么？

2.33. 了解和掌握建筑屋面防水等级的划分以及设计要求。

2.34. 了解和掌握平屋顶柔性防水和刚性防水的适用条件和基本构造做法。

2.35. 掌握并能够进行平屋顶柔性防水和刚性防水节点构造做法设计，并掌握两者的相同点和差别。

2.36. 了解粉剂防水屋面的基本构造原理、组成和节点构造做法。

2.37. 了解和掌握坡屋顶各种类型平瓦屋面的基本构造做法。

2.38. 掌握并能够进行坡屋顶各种类型平瓦屋面的节点构造做法设计。

2.39. 了解坡屋顶波形瓦屋面的基本构造原理、组成和节点构造做法。

2.40. 了解坡屋顶钢筋混凝土构件自防水屋面的基本构造原理、组成和节点构造做法。

2.41. 用水房间楼地面的排水设计有哪些要求？

2.42. 了解和掌握用水房间楼地面防水的基本构造要求和节点构造做法。

2.43. 地潮的危害是什么？

2.44. 建筑防潮的部位有哪些？如何理解建立一个连续封闭的、整体的防潮屏障？

2.45. 建筑防潮材料有哪些？

2.46. 了解和掌握地坪防潮的构造原理和做法。

2.47. 了解和掌握墙身各部位防潮的构造原理和做法。

2.48. 了解和掌握地下室各部位防潮的构造原理和做法。

2.49. 选择一个建筑物（如你上课的教学楼），写出一份检查其建筑防潮设计的报告（画出建筑的首层平面图，并详细列出需检查的各个部位）。

2.50. 噪声的危害有哪些？

2.51. 声音在建筑中的传播方式有哪些？它们的特点和区别是什么？

2.52. 建筑的哪些部位需要进行隔声设计？各部位隔声的特点有什么不同？

2.53. 针对空气传声和固体传声分别有哪些基本的隔声措施？

2.54. 需要在进行隔声设计的建筑以外采取的隔声措施有哪些？

2.55. 了解建筑各部位的隔声标准。

2.56. 了解和掌握建筑各部位的隔声原理和隔声构造做法。

2.57. 建筑保温的部位有哪些？

2.58. 常见的建筑保温材料有哪些？

2.59. 建筑保温的构造方案有哪些？如何进行选择？

2.60. 了解和掌握建筑墙体、门窗及屋顶的保温构造原理。

2.61. 掌握并能进行建筑物墙体、门窗及屋顶的保温构造设计。

2.62. 了解和掌握"冷桥"的概念及其保温构造做法。

2.63. 什么是建筑围护系统的蒸汽渗透？它对建筑围护系统会产生什么影响？

2.64. 避免和控制建筑围护系统表面和其内部产生冷凝水的措施有哪些？

2.65. 建筑隔热的部位有哪些？

2.66. 建筑隔热的构造方案有哪些？它们与建筑保温的构造方案有哪些异同？

2.67. 了解和掌握建筑屋顶、外墙及门窗的隔热构造原理。

2.68. 掌握并能进行建筑屋顶、外墙及门窗的隔热构造设计。

3 建筑装修

3.1 概述

3.1.1 建筑装修的基本功能

建筑装修的基本功能,主要体现在以下 3 个方面。

①保护建筑结构承载系统,提高建筑结构的耐久性。由墙、柱、梁、楼板、楼梯、屋顶结构等承重构件组成的建筑物结构系统,承受着作用在建筑物上的各种荷载。必须保证整个建筑结构承载系统的安全性、适用性和耐久性。对建筑物结构表面进行的各种装修处理,可以使建筑结构承载系统免受风霜雨雪以及室内潮湿环境等的直接侵袭,提高建筑结构承载系统的防潮和抗风化的能力,从而增强建筑结构的坚固性和耐久性。

②改善和提高建筑围护系统的功能,满足建筑物的使用要求。对建筑物各个部位进行的装修处理,可以有效地改善和提高建筑围护系统的功能,满足建筑物的使用要求。例如,对于外墙的内外表面的装修、外墙上门窗的选择以及屋顶面层及其顶棚的装修,可以加强和改善建筑物的热工性能,提高建筑物的保温隔热效果;对于外墙面、屋顶面层以及外墙上门窗的装修,对用水及潮湿房间的楼、地面以及墙面、顶棚的装修,可以提高建筑物的防潮、防水性能;对室内墙面、顶棚、楼、地面的装修,可以使建筑物的室内增加光线的反射,提高室内的照度;对建筑物中的墙体、屋顶、门窗、楼板层的装修,可以提高建筑物的隔声能力;对电影院、剧场、音乐厅等建筑的内墙面及顶棚的装修,可以改善其室内的音质效果;对建筑物各个部位进行的装修处理,还可以改善建筑物内、外的整洁卫生条件,满足人们的使用要求。

③美化建筑物的室内、外环境,提高建筑的艺术效果。建筑装修是建筑空间艺术处理的重要手段之一。建筑装修的色彩、表面质感、线脚和纹样形式等都在一定程度上改善和创造了建筑物的内外形象和气氛。建筑装修的处理再配合建筑空间、体型、比例、尺度等设计手法的合理运用,创造出优美、和谐、统一、丰富的空间环境,满足人们在精神方面对美的要求。

3.1.2 建筑装修的分类

建筑装修的类型很多,具体的分类方法可以按需要装修的部位不同分类,也可以按装修的材料不同分类,还可以按装修的构造方法的不同分类。

3.1.2.1 按装修的部位分类

①室内装修。室内装修的部位包括楼面、地面、踢脚、墙裙、内墙面、顶棚、楼梯栏杆扶手以及门窗套等细部做法等。

②室外装修。室外装修的部位包括外墙面、散水、勒脚、台阶、坡道、窗台、窗楣、阳台、雨篷、壁柱、腰线、挑檐、女儿墙以及屋面做法等。

3.1.2.2 按装修的材料分类

可用做建筑装修的材料非常多,从普通的各种灰浆材料,到各种新型建筑装修材料,种类繁多,其中比较常见的有如下几种。

①各种灰浆材料。如水泥砂浆、混合砂浆、白灰砂浆、石膏砂浆、石灰浆等。这类材料分别可用于内墙面、外墙面、楼地面、顶棚等部位的装修。

②水泥石渣材料。即以各种不同颜色、质感的石渣做骨料,以水泥做胶凝剂的装修材料,如水刷石、水刷砂、干粘石、剁斧石(斩假石)、水磨石等。这类材料中,除水磨石主要用于楼地面以及一些局部装修外,其他材料做法则主要用于外墙面的装修。

③各种天然或人造石材。如天然大理石、天然花岗石、青石板、人造大理石、人造花岗石、预制水磨石、釉面砖、外墙面砖、陶瓷锦砖(俗称"马赛克")、玻璃马赛克等。石材又可以分为较小规格的块材以及较大规格的板材,根据石材的质地、特性,可分别用于外墙面、内墙面、楼地面等部位的装修。

④各种卷材。如纸面纸基壁纸、塑料壁纸、玻璃纤维贴墙布、无纺贴墙布、织锦缎等,主要用于内墙面的装修,有时也会用于顶棚的装修;另外,还有一类主要用于楼地面装修的卷材,如塑料地板革、塑胶地板、纯毛地毯、化纤地毯、橡胶绒地毯等。

⑤各种涂料。如各种溶剂涂料、乳液型涂料,水溶性涂料、无机高分子系涂料等,各种不同的涂料可分别用于外墙面、内墙面、顶棚以及楼地面的装修。

⑥各种罩面板材。这里所指的罩面板材,是指除天然石材和人造石材之外的各种材料制成

的装修用板材,如各种木质胶合板、铝合金板、钢板、铜板、搪瓷板、镀锌板、铝塑板、塑料板、纸面石膏板、水泥石棉板、矿棉板、玻璃以及各种复合贴面板材等。这类罩面板材的类型有很多,可分别用于外墙面、内墙面以及吊顶棚的装修,有些还可以作为活动地板的面层材料。

3.1.2.3 按装修的构造方法分类

①灰浆整体式做法。灰浆整体式做法是采用各种灰浆材料或水泥石渣材料,以湿作业的方式,分2~3层在现场制作完成。分层制作的目的是保证做法的质量要求,加强装修层与基体粘结的牢固程度,避免脱落和出现裂缝。为此,各分层的材料成分、组合比例以及材料厚度均不相同。以20~25 mm厚的三层做法为例:第一层为10~12 mm厚的打底层,其作用是使装修层与基体(墙体、楼板等)粘结牢固并初步找平;第二层为5~8 mm厚的找平层,其作用主要是进一步找平,以减少打底层砂浆干缩导致面层开裂的可能性;第三层为2~5 mm厚的罩面层,其主要的作用就是要达到基本的使用要求和美观的要求。打底层的材料以水泥砂浆(用于室内潮湿部位及室外)和混合砂浆、石灰砂浆(用于室内)为主,找平层和罩面层的材料则根据所处部位的具体装修要求而定。另外,灰浆整体式做法面积较大时,还常常进行分格处理,以避免和减少因材料干缩或热胀冷缩引起的裂缝。灰浆整体式做法是一种传统的墙面、楼地面、顶棚等部位的装修方法,其主要特点是,材料来源广泛,施工方法简单方便,成本低廉;缺点是饰面的耐久性差,易开裂、易变色、工效比较低,因为其基本上都是手工操作。

②块材铺贴式做法。块材铺贴式做法是采用各种天然石材或人造石材(也包括少量非石材类材料),利用水泥砂浆或其他胶结材料粘贴于基体之上。基体要做基层的处理,基层处理的方法一般仍采用10~15 mm厚的水泥砂浆打底找平,其上再用5~8 mm厚的水泥砂浆粘贴面层块材。面层块材的种类非常多,可根据内墙面、外墙面、楼地面等不同部位的特定要求进行选择。块材铺贴式做法的主要特点是,耐久性比较好,施工方便,装修的质量和效果好,用于室内时较易保持清洁;缺点是造价较高,且工效仍然不高,仍为手工操作。

③骨架铺装式做法。对于较大规格的各种天

然石材或人造石材饰面材料来说,简单的以水泥砂浆粘贴是无法保证其装修的坚固程度的;还有像非石材类的各种材料制成的装修用板材,也不是靠水泥砂浆作为粘贴层的材料。对于以上这些装修材料来说,其构造方法是,先以金属型材或木材(木方子)在基体上形成骨架(俗称"立筋"、做"龙骨"等),然后将上述各类板材以钉、卡、压、胶粘、铺放等方法,铺装固定在骨架基层上,以达到装修的效果。如墙面装修中的木墙裙、金属饰板墙(柱)面、玻璃镶贴墙面、干挂石材墙面、隔墙(指立筋式隔墙)等;还有像楼地面装修中的架空木地面、龙骨实铺木地面、架空活动地面以及顶棚装修中的吊顶棚等做法,均属于这一类。骨架铺装式做法的主要特点是,避免了其他类型装修做法中的湿法作业,制作安装简便,耐久性能好,装修效果好,但一般说来造价也都较高。

④卷材粘铺式做法。卷材粘铺式做法是,首先在基体上进行基层处理,基层处理的做法有水泥砂浆或混合砂浆抹面,纸面石膏板或石棉水泥板等预制板材,钢筋混凝土预制构件表面腻子刮平处理等。对基层处理的要求是,要有一定强度,表面平整光洁、不疏松掉粉;然后,在经过处理的平整基层上直接粘铺各种卷材装修材料,如各类壁纸、墙布以及塑料地毡、橡胶地毡和各类地毯等。卷材粘铺式做法的特点是,装饰性比较好,造价比较经济,施工简便。这类做法仅限于室内的装修处理(如果我们把屋面卷材防水做法也算在内的话,卷材铺贴式做法也同样适用于室外的装修处理)。

⑤涂料涂刷式做法。涂料涂刷式做法也是在对基体进行基层处理并达到一定的坚固平整程度之后,采用各种建筑涂料进行涂刷或采用机械进行喷涂。涂料涂刷式做法几乎适用于室内、室外各个部位的装修。涂料涂刷式做法的主要特点是,省工省料,施工简便,便于采用施工机械,因而工效较高,便于维修更新;缺点是其有效使用年限相比其他装修做法来说较短。由于涂料涂刷式做法的经济性较好,因此具有良好的应用前景。

⑥清水做法。清水做法包括清水砖墙(柱)、清水砌块墙和清水混凝土墙(柱)等。清水做法是在砖砌体或砌块砌体砌筑完成、混凝土墙或柱浇筑完成之后,在其表面仅做水泥砂浆(或原浆)勾缝或涂刷透明色浆,以保持砖砌体、砌块砌体或

混凝土结构材料所特有的装修效果。清水做法历史悠久、装修效果独特，且材料成本低廉，在外墙面及内墙面（多为局部采用）的装修中，仍不失为一种很好的方法。

以上从几个常用角度对建筑装修的分类做了介绍，其他还有一些分类的方法，这里不再一一列举。

我们看到，对于一个具体部位的装修做法，按材料不同，它可能用石材来做，也可能用涂料或其他材料来做；按构造方法的不同，它可以采用灰浆整体式做法，也可以采用块材铺贴式做法、骨架铺装式做法或卷材粘铺式做法等。反过来说，对于不同部位的装修做法，如果由于它们的环境条件以及具体使用要求一致（比如内墙面与顶棚、楼地面与踢脚、外墙面与勒脚等等），也可能会采用同一种材料且同样构造方式的装修做法。我们了解建筑装修分类的目的，是要了解各种不同装修做法之间各自不同的特点，以便更好地为建筑装修的设计和施工服务。

3.1.3 装修构造设计应注意的问题

3.1.3.1 注意满足装修的功能要求

建筑装修的基本功能，除了保护建筑结构、美化建筑物的室内外环境以外，最主要的就是改善和提高建筑围护系统的功能，满足建筑物的使用要求。由于需要进行装修的建筑物各个部位所处的环境条件不同，使用要求也不尽一致，因此，在进行建筑装修构造设计的时候，应分析了解建筑物各个部位的使用要求，以进行合理的设计，满足功能要求。具体地讲，外墙装修主要应满足保温隔热以及防水的要求；内墙及顶棚装修主要应考虑满足室内照度、卫生以及舒适性等方面的要求，顶棚装修有时还要考虑满足对楼板层隔声的要求；楼地面装修则重点要满足行走舒适、安全、保暖以及对楼板层隔声的要求。另外，一些特殊房间或特殊部位还应注意满足其特殊的使用要求，如：首层房间的墙体和地坪要处理好防潮的要求；用水房间的相应部位要做好防水构造等等。在建筑装修的设计中，还要特别注意满足建筑防火的要求。

3.1.3.2 掌握建筑装修标准

按照国家的有关规定，建筑装修的等级可分为三级，划分的依据是建筑物的类型、建筑物等级以及建筑物的性质。一般来说，建筑物的等级越高，建筑装修的等级也就越高，具体的划分方法见表3-1。

表3-1 建筑装修等级

建筑装修等级	建筑物类型
一	高级宾馆，别墅，纪念性建筑，大型博览、观演、交通、体育建筑，一级行政机关办公楼，市级商场
二	科研建筑，高教建筑，普通博览建筑，普通观演建筑，普通交通建筑，普通体育建筑，广播通讯建筑，医疗建筑，商业建筑，旅馆建筑，局级以上行政办公楼
三	中小学和托幼建筑，生活服务建筑，普通行政办公楼，普通居住建筑

建筑装修的等级确定之后，不同装修等级的建筑物应分别选用不同标准的装修材料和做法，不得超越建筑装修等级任意选用高档装修材料。为此，国家规定了不同装修等级建筑内外装饰用材料标准，具体规定见表3-2。

表 3-2　建筑内外装饰用材料标准

建筑装修等级	房间名称	部位	内装饰材料及设备	外装饰材料	附注
一	全部房间	楼面、地面	软木橡胶地板、各种塑料地板、大理石、彩色水磨石、地毯、木地板		1. 材料根据国标或企业标准按优等品验收 2. 高级标准施工
		墙面	塑料墙纸(布)、织物墙面、大理石、装饰板、木墙裙、各种面砖、内墙涂料	大理石、花岗石(少用)、面砖、无机涂料、金属墙板、玻璃幕墙	
		顶棚	金属装饰板、塑料装饰板、金属墙纸、塑料墙纸、装饰吸音板、玻璃顶棚、灯具顶棚	室外雨篷下、悬挑部分的楼板下，可参照内装修顶棚	
		门窗	夹板门、推拉门、带木镶边板或大理石镶边、设窗帘盒	各种颜色玻璃铝合金门窗、特制木门窗、钢窗、光电感应门、遮阳板、卷帘门窗	
		其他设施	各种金属及竹木花格、自动扶梯、有机玻璃栏板、各种花饰、灯具、空调、防火设备、暖气罩、高档卫生设备	局部屋檐、屋顶可用各种瓦件、各种金属装饰物(可少用)	
二	门厅楼梯走道普通房间	楼面、地面	彩色水磨石、地毯、各种塑料地板、卷材地毯、碎大理石地面		1. 功能上有特殊要求者 2. 材料根据国标或企业标准按局部为优等品、一般为一级品验收 3. 按部分为高级、一般为中级标准施工
		墙面	各种内墙涂料、装饰抹灰、窗帘盒、暖气罩	主要立面可用面砖、局部大理石、无机涂料	
		顶棚	混合砂浆、石灰膏罩面板材、顶棚(钙型板、胶合板)吸音板		
		门窗		普通钢木门窗，主要入口可用铝合金门	
	厕所盥洗	楼面、地面	普通水磨石、陶瓷锦砖		
		墙面	水泥砂浆、1.4~1.7m高度内瓷砖墙裙		
		顶棚	混合砂浆、石灰膏罩面		
		门窗			
三	一般房间	楼面、地面	局部水磨石、水泥砂浆		1. 材料根据国标或企业标准按局部为一级品、一般为合格品验收 2. 按部分为中级、一般为普通标准施工
		墙面	混合砂浆色浆粉刷、可赛银或乳胶漆、局部油漆墙裙，柱子不作特殊装饰	局部可用面砖，大部用水刷石、干粘石、无机涂料、色浆粉刷、清水砖	
		顶棚	混合砂浆、石灰膏罩面	混合砂浆、石灰膏罩面	
		其他	文体用房、托幼小班可用木地板、窗帘棍。除托幼外，不设暖气罩，不准做钢饰件，不用白水泥、大理石、铝合金门窗。不贴墙纸	禁用大理石及金属外墙板	
	门厅楼梯走道		除门厅可局部吊顶外，其他同一般房间。楼梯用金属栏杆、木扶手或抹灰栏板		
	厕所盥洗		水泥砂浆抹面、水泥砂浆墙裙		

在根据建筑物的装修等级和标准进行装修构造设计的时候，还应考虑到建筑物的规划位置和总平面位置以及建筑物的不同使用空间和不同部位，选择不同的装修方案和不同的质量标准。

建筑装修设计还应考虑经济因素、材料供应因素、施工技术条件因素等，做到既经济合理又切实可行。

3.1.4　对装修基层的基本要求

装修是施于结构物表面的，称这种结构物为装修的基层。装修的基层可分为实体基层和骨架基层两类。实体基层也称为基体，建筑承载系统的构件多属于这种类型，如砌筑墙体、钢筋混凝土墙板、钢筋混凝土楼板、地坪混凝土结构层等等；骨架基层是采用木制材料、金属材料或玻璃材料等制成铺装装修层材料的受力骨架，可以附着在结构构件的表面，也可以独立设置。骨架基层虽然不属于建筑结构承载系统的组成部分，但仍需要有一定的强度和刚度要求。

建筑装修的基层应满足如下的基本要求。

①装修基层应具有足够的坚固性。装修基层的坚固性要求主要体现在强度要求、刚度要求和稳定性要求3个方面。强度要求是指装修基层要有足够的承载能力，足以承受装修层的荷载；刚度要求是指装修基层不能产生过大的变形；稳定性要求在这里主要指的是地基和基础的稳定性，也就是说应该避免不均匀沉降。不均匀沉降不但会直接影响地面下陷，从而造成首层地面的凹陷、开裂等破坏，还可造成地上结构的过大变形，从而使墙面、楼地面、顶棚等部位的装修受到破坏。装修层破坏的主要表现是开裂、起壳、脱落等。

②装修基层表面必须平整。装修基层表面的平整要求指的是基层表面整体上的平整均匀，因为它是装修面层表面平整、均匀、美观的前提。如果装修基层存在过大的高差，会使找平材料增厚，不均匀，既浪费材料，还可能因材料的胀缩不一而引起饰面层开裂、起壳、脱落。

③装修基层的处理应确保装修面层材料附着牢固。要确保装修面层材料附着牢固，除了材料选择恰当、构造方法合理外，还要注意施工操作的正确。材料选择和构造方法将在下一节中介绍，这里主要介绍装修基层的施工处理方法。

对于砖石、加气混凝土等块体材料的基层，装修前应清理基层，除去浮土、灰舌、油污并用水淋透；对于钢筋混凝土材料的基层，装修前要清理基层，除去浮土、油污、脱膜剂等，表面打毛；对于木骨架基层，应在基体内正确位置预埋好防腐木砖，并对所有木构件进行防腐、防潮、防蛀的处理；对于金属骨架基层，则应做好基体内的预埋铁件，并进行防锈和防腐蚀的处理。

3.2 室外装修构造

室外装修也称外檐装修。室外装修除了可满足保护结构系统免受外界各种环境因素的不利影响,改善和提高建筑的防水、保温、隔热、隔声等围护功能要求外,同时还可利用装修材料的色彩、质感的选择来进行建筑外观的处理。因此,室外装修构造的设计应引起足够的重视。

3.2.1 外墙装修构造做法

3.2.1.1 灰浆整体式做法

灰浆整体式做法在墙面装修中也常称为抹灰或粉面。在外墙装修中,考虑到防水方面的要求,其胶结材料主要采用水泥(有时也加入一些石灰),再加入砂或石渣等用水拌和成砂浆或石渣浆,是一种传统的墙面装修做法。

为了保证墙面灰浆整体式做法的平整、牢固,避免龟裂、脱落,在构造做法上须分层处理。常见的做法一般分为两层或三层(也有个别临时或简易做法只做一层即不分层的),由打底层、找平层、罩面层组成,两层做法则把打底层和找平层合二为一。

三层做法的示意见图 3-1。

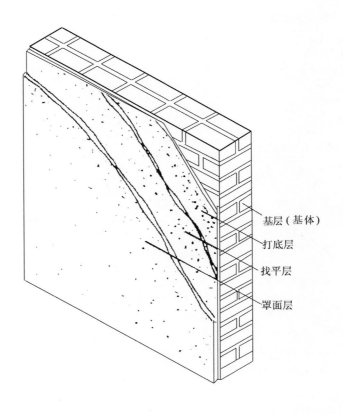

基层(基体)
打底层
找平层
罩面层

图 3-1 灰浆整体式墙面分层做法示意

灰浆整体式墙面做法的总厚度一般为 14～25 mm，过厚则除了造成材料的浪费外，对装修做法的防裂和牢固性也是不利的。

打底层的作用主要是与基层粘结，同时进行初步找平，其厚度大约为 6～12 mm。打底层灰浆用料根据基层材料和罩面层材料而定：普通砖墙常采用水泥砂浆或水泥石灰砂浆；混凝土墙则采用水泥砂浆或水泥石灰膏砂浆；加气混凝土墙体多采用水泥石灰膏砂浆或 TG 砂浆（掺入适当比例 TG 胶的水泥砂浆）。

找平层主要起进一步找平的作用，其所用的材料基本与打底层材料相同，厚度一般为 5～6 mm。

罩面层的主要作用是保证墙体的使用质量和美观的要求。厚度一般为 6～10 mm。作为面层，要求表面平整、色彩均匀、无裂纹。

表 3-3 所列为主要用于外墙面装修的灰浆整体式做法。

通常，外墙面的装修面积都比较大，对于灰浆整体式做法来说，由于材料干缩和温度变化的原因，极易产生裂缝。为避免面层产生裂纹且方便操作，以及立面处理的需要，常对面层做分格处理。面层施工前设置不同断面形状的木引条，待面层做法完成后取出木引条，并采用防水砂浆或防水涂料做勾缝处理。面层分格的图案形式由设计人员根据建筑立面设计的需要确定。

图 3-2 所示为灰浆整体式外墙面做法面层分格的示意图。

表 3-3　灰浆整体式外墙常用做法举例

名称	构造及材料配比举例	适用范围
水泥砂浆	12 厚 1:3 水泥砂浆打底 8 厚 1:2.5 水泥砂浆罩面	外墙或内墙受水部位
混合砂浆	12 厚 1:1:6 水泥石灰砂浆 8 厚 1:1:4 水泥石灰砂浆	外墙、内墙
水刷石	15 厚 1:3 水泥砂浆 素水泥浆一道 10 厚 1:1.5 水泥石子,后用水刷	外墙
干粘石	12 厚 1:3 水泥砂浆 6 厚 1:3 水泥砂浆 粘石碴、拍平压实	外墙
水磨石	12 厚 1:3 水泥砂浆 素水泥浆一道 10 厚水泥石渣罩面、磨光	勒脚、墙裙
剁斧石 （斩假石）	12 厚 1:3 水泥砂浆 素水泥浆一道 10 厚水泥石屑罩面、赶平压实剁斧斩毛	外墙
砂浆拉毛	15 厚 1:1:6 水泥石灰砂浆 5 厚 1:0.5:5 水泥石灰砂浆 拉毛	外墙、内墙

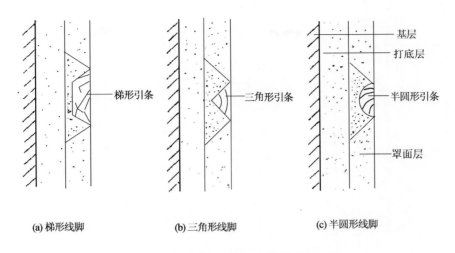

(a) 梯形线脚　　　　　(b) 三角形线脚　　　　　(c) 半圆形线脚

图3-2　灰浆整体式外墙面分格做法示意

3.2.1.2　块材铺贴式做法

块材铺贴式做法在墙面装修中一般称为石材贴面，它是利用各种天然石板或人造石板、石块作为墙面装修面层的一种装修做法，具有耐久性强、装饰效果好、容易清洗等优点。

常用的墙面贴面材料有各种墙面砖、瓷砖、锦砖等陶瓷和玻璃制品以及水磨石板、人造大理石板等水泥制品和花岗石板、大理石板等天然石板。这其中以质感粗犷、耐候性好的外墙贴面砖、锦砖以及花岗石板等更适合于外墙面的装修。

根据贴面材料规格的不同和自重的差别，其构造连接方法也完全不同。规格小、自重轻的石材采用水泥砂浆做胶结材料直接进行粘贴；规格大、自重重的石材，为了保证石材面层的牢固和耐久，仅靠水泥砂浆的粘贴是远远不够的，必须采用金属连接件进行连接予以加强。

金属连接件的形式有钢筋网上金属丝拴挂与水泥砂浆灌缝结合的湿挂法，也有用金属型钢骨架直接固定石材而无水泥砂浆灌缝的干挂法。由于干挂法属于骨架铺装式做法，我们将其放在3.2.1.3节中进行介绍。

1) 水泥砂浆粘贴法

规格较小的面砖、陶瓷锦砖和玻璃锦砖通常的做法是用水泥砂浆粘贴。

面砖一般是以陶土为原料，压制成型并经煅烧而成，分挂釉和不挂釉、平滑和有一定纹理质感等不同类型，色彩和规格多种多样。面砖质地坚固、防冻、耐蚀、色彩多样，主要用于外墙面的装修。

陶瓷锦砖是用优质陶土烧制成的，有挂釉和不挂釉之分，常用规格有18.5 mm×18.5 mm×5 mm、39 mm×39 mm×5 mm、39 mm×18.5 mm×5 mm等，有方形、长方形和其他多边形等。陶瓷锦砖一般用于内墙面，也可用于外墙面装修。与陶瓷锦砖相似的玻璃锦砖是半透明的玻璃质饰面材料，质地坚硬、色泽柔和，具有耐热、耐蚀、不龟裂、不退色等优点，在外墙面装修中应用较多。锦砖能拼铺出丰富多彩的墙面图案，图3-3所示为常见几种锦砖墙面拼合图案。

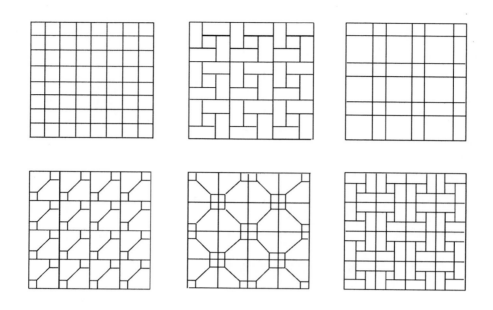

图 3-3　锦砖墙面拼合图案示例

面砖和锦砖的粘贴构造方法是，一般将墙面清理干净后，先用砂浆打底找平，再用砂浆粘贴面层制品。打底层和粘贴面层的结合层的砂浆成分和厚度随基层材料和面层材料的不同而有所差异，表 3-4 列举了一些常见做法。镶贴面砖需留出缝隙，面砖的排列方式和接缝大小对建筑立面效果有一定的影响，通常有横排、竖排、错开排列等几种方式。缝宽有均匀的和规则不均匀的，以形成具有明显节奏感的墙面效果。锦砖一般按设计图案要求，在工厂反贴在标准尺寸为 325 mm×325 mm 的牛皮纸上，施工时将纸面朝外整块粘贴在砂浆结合层上，用木板压平，待砂浆硬结后，洗去牛皮纸即可。

表 3-4　外墙面砖、锦砖常用做法举例

面层\基层	面　砖	锦　砖
砖墙	8厚1:3水泥砂浆打底 素水泥浆一道 12厚1:0.2:2水泥石灰膏砂浆结合层 贴6~12厚面砖 1:1水泥砂浆(细砂)勾缝	12厚1:3水泥砂浆打底 素水泥浆一道 3厚1:1:2纸筋石灰膏水泥混合灰粘结层 贴5厚锦砖水泥擦缝 水泥擦缝
混凝土墙	素水泥浆一道 5厚1:0.5:3水泥石灰膏砂浆打底 素水泥浆一道 12厚1:0.2:2水泥石灰膏砂浆结合层 贴6~12厚面砖 1:1水泥砂浆(细砂)勾缝	素水泥浆一道 10厚1:2.5水泥砂浆打底 素水泥浆一道 3厚1:1:2纸筋石灰膏水泥混合灰粘结层 贴5厚锦砖 水泥擦缝
加气混凝土墙	TG胶浆一道 6厚1:6:0.2TG砂浆打底 素水泥浆一道 12厚1:0.2:2水泥石灰膏砂浆结合层 贴6~12厚面砖 1:1水泥砂浆(细砂)勾缝	TG胶浆一道 6厚1:6:0.2TG砂浆打底 6厚1:2.5水泥砂浆刮平 素水泥浆一道 3厚1:1:2纸筋石灰膏水泥混合灰粘结层 贴5厚锦砖 水泥擦缝

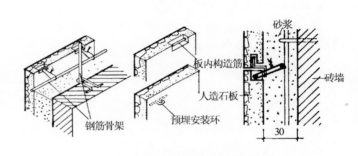

2）钢筋网湿挂法

规格较大的天然花岗石板、大理石板以及各种人造石板等应采用钢筋网湿挂法。

天然花岗石板和大理石板等具有强度高、结构致密、色彩丰富和不易被污染的优点，一般加工比较复杂、价格昂贵，多用于高级装修。

人造石板一般由白水泥、彩色石子、颜料等配合而成，具有强度高、表面光洁、色彩多样、造价较低等优点，常见的有水磨石板、仿大理石板等。

为了保证比较厚重的石板面层的坚固耐久、不致脱落，必须在构造连接方法上采取可靠的措施。常见的做法是，在墙体结构中预埋 ∅6 钢筋环或 U 形铁件，中距 500 mm 左右，上绑 ∅6 或 ∅8 纵横向钢筋，形成钢筋网，网格大小按石板规格尺寸确定，用 18 号铜丝（或 ∅4 不锈钢挂钩）穿过石板上下边预凿的小孔（天然石板）或板块背面预留的钢筋挂钩（人造石板），将石板绑于钢筋网架上。上下石板用 Z 形铜钩或 ∅6 钢筋锚件钩牢。石板与墙体之间保持有 30 mm 宽的缝隙，缝中灌注 1∶3 水泥砂浆，使石板与基层连接紧密，最后在石板间的接缝处用水泥砂浆擦缝。图 3－4 和图 3－5 分别为天然石板和人造石板墙面湿挂法的做法示意。

3.2.1.3　骨架铺装式做法

骨架铺装式做法是指采用木材（主要用于室内装修）、玻璃、金属、石材等块材或板材，不使用砂浆作为胶结材料，而是用钉、卡、压、粘等干作业的方式进行墙面装修的一种方法。外墙装修做法中，玻璃幕墙、干挂石材墙以及金属彩板墙等都属于这一类做法。

骨架铺装式做法由骨架和面板两部分组成。

图 3－5　人造石板墙面装修

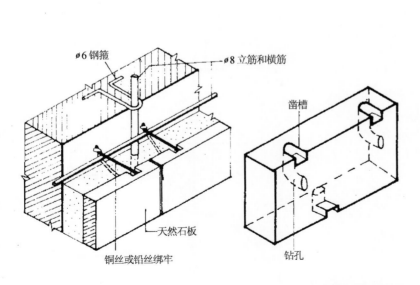

图 3－4　天然石板墙面装修

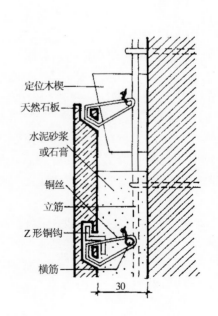

1）骨架

骨架有木骨架（只用于室内装修）和金属骨架之分。外墙装修用的金属骨架多用各种型钢（角钢、槽钢等）制作，以利承载和固定较厚重的外墙面层材料。型钢骨架通过建筑结构骨架(柱、梁、墙等)上的预埋铁件或膨胀螺栓连接固定在结构上，再通过金属连接件和调节板等将面层板材固定在型钢骨架上。

目前，工程上还有一种采用金属柔性材料制作幕墙骨架的做法。所谓金属柔性材料骨架一般是采用钢绞线和钢杆等来制作，通过将这些柔性材料进行张拉绷紧以形成起连接承载作用的刚性骨架。这种金属柔性材料的连接骨架的优点是，比起各种型钢等刚性金属材料骨架能更好地适应结构变形的需要；同时还能有效地弱化连接骨架的体积感，使建筑的外观更加轻盈美观。

2）面板

用于外墙面装修的面板材料，考虑防水的要求，主要有玻璃、金属板及石板等。

利用型钢骨架安装石材面板的方法就称为干挂石材法，这种方法与 3.2.1.2 节所述钢筋网湿挂法最大的不同点在于，干挂法在面层石板与基层之间没有水泥砂浆灌缝，石板面层的整体平整性要求以及石板的连接固定完全靠型钢骨架来完成，因此，其型钢骨架的耗钢量比湿挂法的钢筋网要大得多。由于耗钢量较大，干挂法的造价成本比较高，但这种做法的优点也非常突出。采用湿挂法由于要在石板与基层之间灌注水泥砂浆，而水泥砂浆会透过石材析出"白碱"，极大地影响墙面装修的美观，尤其是采用较为深暗色的花岗石或大理石材料时，白碱的污染更为明显。采用干挂石材做法时，石板间的接缝处也不得用水泥砂浆擦缝，而是先用泡沫塑料条嵌入，然后用密封胶填实，这样处理后，既满足了石板间接缝处防水的要求，也避免了石材墙面的"析白"现象。

图 3－6 所示为一种干挂石材墙面的连接构造方法。

图 3－7 至图 3－8 所示为几种玻璃幕墙的连接构造方法。

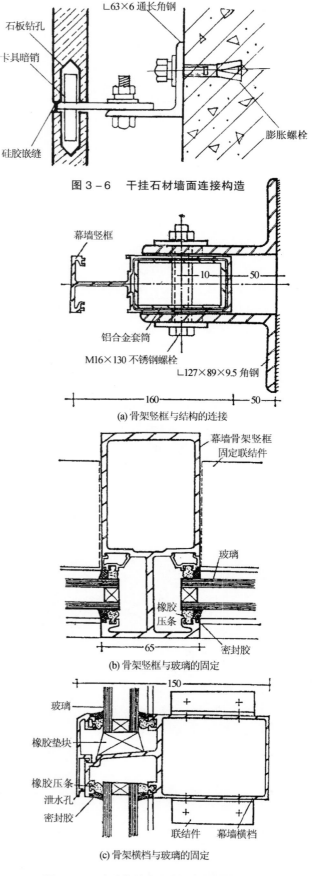

图 3－6　干挂石材墙面连接构造

(a) 骨架竖框与结构的连接

(b) 骨架竖框与玻璃的固定

(c) 骨架横档与玻璃的固定

图 3－7　玻璃幕墙(刚性材料金属骨架)节点构造

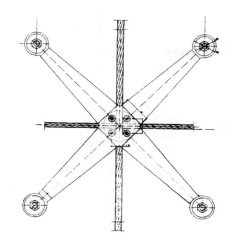

(a) 蛙爪式节点

(b) 上海大剧院玻璃幕墙实景

图 3-8 玻璃幕墙(柔性材料金属骨架)节点构造及实景

3.2.1.4 涂料涂刷式做法

涂料涂刷式外墙装修做法是将各种涂料涂敷于基层表面而形成牢固的膜层，从而起到保护墙面和装饰墙面的作用。

与传统的灰浆整体式做法和块材铺贴式做法等相比，采用涂料涂刷是装修做法中最简便的一种方式，除了有效使用年限较短以外，其省工、省料、工期短、工效高、自重轻、更新方便、造价低廉的优点，使其成为一种极有前途的装修类型。

墙面采用涂料涂刷装修多以抹灰层为基层，也可以直接涂刷在砖、混凝土、木材等基层上。根据设计要求，可以采用刷涂、滚涂、弹涂、喷涂等施工方法以形成不同的质感效果。

建筑涂料品种繁多，应根据建筑物的使用功能、建筑环境等，尽量选择附着力强、耐久、无毒、耐污染、装饰效果好的涂料。具体对外墙装修来讲，则要求涂料具有足够的耐久性、耐候性、耐污

染性和耐冻融性等。

建筑涂料按其主要成膜物的不同，主要分为无机涂料和有机涂料两大类。

1) 无机涂料

无机涂料的使用具有悠久的历史，传统的无机涂料有石灰水(浆)、大白浆、可赛银等，是以生石灰、碳酸钙、滑石粉等主要原料，适量加入动物胶而配制的墙面涂刷材料。但这类涂料由于涂膜质地疏松、易起粉且耐水性差，已逐步被以合成树脂为基料的各类涂料所取代。目前，主要采用以硅酸钾为主要胶结剂的 JH80-1 系列和以硅溶胶为主要胶结剂的 JH80-2 系列的无机高分子涂料。

JH80-1 型涂料具有硬度高、附着力强、耐水性好以及耐酸、耐碱、耐污染、耐冻融及耐候性好等特点，更适合做外墙装修涂料。

JH80-2 型涂料具有光滑、细腻、粘结好、耐酸、耐碱、耐高温、耐冻融及耐污染等特点，多用做外墙装修和要求耐擦洗的内墙面装修。

无机涂料具有资源丰富、生产工艺简单、价格便宜、节约能源、减少污染环境等特点，是一种有发展前途的建筑涂料。

2) 有机涂料

有机涂料依其主要成膜物质和稀释剂的不同，分为溶剂型涂料、水溶型涂料和乳胶涂料。

① 溶剂型涂料。溶剂型涂料是指以合成树脂为主要成膜物质、有机溶剂为稀释剂，经研磨而成的涂料。它形成的涂膜细腻、光洁而坚韧，有较好的硬度、光泽和耐水性、耐候性，气密性好。但有机溶剂在施工时会挥发有害气体，污染环境。同时，如果在潮湿的基层上施工，会引起脱皮现象。

② 水溶型涂料。水溶型涂料是指以水溶性合成树脂为主要成膜物质，以水为稀释剂，经研磨而成的涂料。它的耐水性差、耐候性不强、耐洗刷性亦差，故只适用做内墙涂料。水溶型涂料价格便宜，无毒无怪味，并具有一定透气性，在较潮湿基层上亦可操作，但由于系水溶性材料，施工时温度不宜太低。

③ 乳胶涂料。乳胶涂料又称乳胶漆，它是由合成树脂借助乳化剂的作用，以极细微粒子溶于水中构成乳液为主要成膜物而研磨成的涂料，它以水为稀释剂，价格便宜，具有无毒、无味、不易燃烧、不污染环境等特点，同时还具有一定的透

气性,可在潮湿基层上施工,是目前广为采用的内外墙装修涂料。为克服乳胶漆大面积使用装饰效果不够理想、不能掩盖基层表面缺陷等不足,近年来发展一种乳液厚涂料,由于有粗填料,涂层厚实,装饰性强。涂料中掺入石黄砂、彩色石屑、玻璃细屑及云母粉等填料的彩砂涂料做住宅、公共建筑外墙饰面材料,可以取代水刷石、干粘石等传统装修。

3.2.1.5 清水做法

清水做法是墙面装修(特别是外墙面装修)的一种特殊形式,主要是利用自然地暴露结构墙体表面来达到墙面装饰的目的。黏土砖、天然毛石、混凝土砌块、混凝土等墙体材料耐久性好、不易变色并具有独特的线条和质感,有较好的装饰效果,如果选材得当,保证砌筑(或混凝土墙的浇筑或制作)质量,墙体表面只需勾缝,不必再做其他装修,这种墙就称为清水墙(对应地,需对结构墙体表面做各种遮盖式装修处理的做法统称为混水墙)。勾缝的作用是防止雨水侵入,且使墙面整齐美观。勾缝用 1:1~1:2 水泥砂浆,砂浆中可加颜料,也可用砌墙砂浆随砌随勾,称为原浆勾缝。勾缝形式有平缝、平凹缝、斜缝、弧形缝等,见图 3-9。

另外,有一种毛石砌筑的墙面则采用平凸缝的形式,采用 1:1.5 水泥砂浆勾缝,缝宽 20~25 mm,缝凸出石面 3~4 mm,此种做法称为虎皮墙。

3.2.2 屋面装修构造做法

屋面大多数情况下是按不上人进行设计的,而且屋面构造的主要问题是解决屋面防水排水的问题,所以,屋面装修构造做法可参见第 2 章中建筑防水构造的内容。对于上人屋面的构造做法,除了满足防水等屋面基本构造要求以外,其面层做法的处理原则主要是把屋面防水层的保护层与面层做法结合起来。

3.2.3 台阶、坡道的装修构造做法

台阶、坡道实际上是室外有坡度的地面(也有室内的台阶、坡道),所以,台阶、坡道的构造做法可以参见室内地面及楼梯踏步的各种装修构造做法。

但是,有一点需要特别强调一下,在北方寒冷地区,冬季室外土层会产生冻胀现象,严重时会使室外台阶、坡道产生胀裂现象,因此,需对这种情况下的台阶、坡道采取防冻胀的措施。一般的防冻胀措施有两种:一种是在经过夯实处理的地基土上铺一定厚度的高密实性土的垫层(如北京地区常采用的 300 mm 厚的 3:7 或 2:8 灰土);另一种方法是,在土层冰冻线深度的范围内,采用粗砂或卵石等高孔隙率的材料做垫层。两种方法都有比较好的防冻胀效果,可根据当地的条件选择采用。

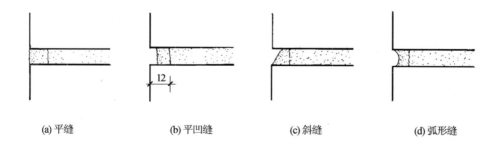

(a) 平缝　　　　(b) 平凹缝　　　　(c) 斜缝　　　　(d) 弧形缝

图 3-9　清水墙勾缝形式

图 3-10 所示为室外台阶、坡道以及防冻胀
构造做法及防滑措施。

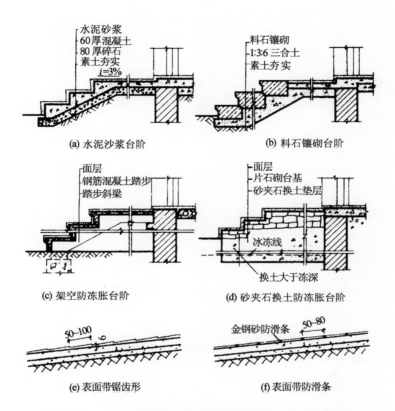

(a) 水泥沙浆台阶

(b) 料石镶砌台阶

(c) 架空防冻胀台阶

(d) 砂夹石换土防冻胀台阶

(e) 表面带锯齿形

(f) 表面带防滑条

图 3-10   室外台阶、坡道以及防冻胀构造做法及防滑措施

3.3 室内装修构造

室内装修的做法类型与室外装修基本相同，但不同的是，由于室内装修的部位所处的环境条件与室外装修的部位完全不同，对装修部位的使用功能要求不同，所以，虽然两者的装修做法类型相同，但对装修材料的种类、性能要求却有着很大的差异。还有一点需要强调的是，室外装修的部位主要集中在墙面，而室内装修的部位除了墙面外，还有楼地面以及顶棚。

3.3.1 灰浆整体式做法

灰浆整体式做法在室内装修的各个部位都有采用，但由于各部位的使用要求不同，装修材料上会有一些差异。

3.3.1.1 内墙做法

内墙做法中，除了也适用于外墙做法的水泥砂浆墙面、混合砂浆墙面、砂浆拉毛墙面等以外，最主要的做法是纸筋（麻刀）灰墙面，其在不同基层上的具体材料和做法见表3-5。从表3-5所显示的做法中，我们可以看到，在三种不同基层上的材料和做法，由于都是纸筋（麻刀）灰墙面，其罩面层的材料做法是完全一样的，找平层的做法也基本相同，但是，三种做法的打底层却有着很大的差异，显然与它们不同的基层类型有着密切的关系。

在灰浆整体式做法中，还有一些有特殊功能的砂浆材料，如膨胀珍珠岩砂浆、膨胀蛭石砂浆、钡砂砂浆等。

表3-5 内墙纸筋（麻刀）灰做法举例

基层类型	用料及分层做法
砖墙	10~13厚1:3石灰膏砂浆打底
	6~8厚1:3石灰膏砂浆
	2厚纸筋（麻刀）灰罩面
	（面层可喷涂内墙涂料）
混凝土墙	素水泥浆一道
	7~11厚1:3:9水泥石灰膏砂浆打底
	7~8厚1:3石灰膏砂浆
	2厚纸筋（麻刀）灰罩面
	（面层可喷涂内墙涂料）
加气混凝土砌块	TG胶浆一道
	6厚1:6:0.2TG砂浆打底
	8厚1:3石灰膏砂浆
	2厚纸筋（麻刀）灰罩面
	（面层可喷涂内墙涂料）

膨胀珍珠岩是珍珠岩矿石经破碎、筛分、预热，在高温（1 260℃左右）中悬浮瞬间烤烧，体积骤然膨胀而成。膨胀珍珠岩是白色或灰白色的颗粒结构，具有保温、隔热、吸声、无毒、不燃、无臭等特性。膨胀珍珠岩砂浆可用于外墙内表面的装修，具有良好的保温隔热性能。

膨胀蛭石是由蛭石经过晾干、破碎、筛选、锻烧膨胀而成。膨胀蛭石密度小、耐火、耐腐、导热系数低。采用膨胀蛭石配制的砂浆多用于厨房、浴室、地下室及湿度较大的车间的内墙面和顶棚等部位。

钡砂（重晶石）砂浆是采用钡砂与水泥、普通砂调制的砂浆。钡砂是天然硫酸钡，呈银白色。钡砂砂浆是一种放射性防护材料，对于X和γ射线有阻隔作用，常用于需进行X射线防护的房间及同位素实验室的墙面及顶棚的抹灰。

3.3.1.2 顶棚做法

在顶棚做法中，灰浆整体式做法的类型与内墙做法基本上是相同的。这类做法多用于现浇的钢筋混凝土板底的顶棚。表3-6为几种灰浆整体式（抹灰）顶棚材料做法。

表3-6 抹灰顶棚材料做法举例

做法名称及顶棚基面	用料及分层做法
板底抹灰顶棚（现浇混凝土楼板）	素水泥浆一道甩毛（内掺建筑胶）
	3厚1:0.5:1水泥石灰膏砂浆打底
	5厚1:0.5:3水泥石灰膏砂浆
	2厚纸筋灰罩面
	喷（刷、辊）涂料面层
板底粉刷石膏顶棚（现浇混凝土楼板）	素水泥浆一道甩毛（内掺建筑胶）
	6厚粉刷石膏打底找平，木抹子抹毛面
	2厚粉刷石膏罩面压实赶光
	（也可再加做一层）喷（刷、辊）涂料面层
板底抹水泥砂浆顶棚（预制混凝土楼板）	钢筋混凝土预制板用水加10%火碱清洗油渍，并用1:0.5:1水泥石灰膏砂浆将板缝嵌实抹平
	素水泥浆一道甩毛（内掺建筑胶）
	5厚1:3水泥砂浆打底扫毛或划出纹道
	3厚1:2.5水泥砂浆找平
	喷（刷、辊）涂料面层

3.3.1.3 楼地面做法

灰浆整体式的楼地面做法，主要包括水泥砂浆地面、细石混凝土地面、现浇水磨石地面等。

1）水泥砂浆地面

水泥砂浆地面简称水泥地面，一般采用普通硅酸盐水泥为胶结材料，中砂或粗砂作骨料，在现场配制后经抹压而成。水泥砂浆地面构造简单、施工方便、价格低廉、原料来源广泛，是应用最广的一种低档地面类型。水泥砂浆地面的不足是在空气湿度大的黄霉天时容易结露，施工质量不好时易起灰、起砂以及弹性差、导热系数大等。

水泥砂浆地面做法有时会做分格处理，以减少由于材料干缩产生裂缝的可能性。

水泥砂浆地面做法和楼面做法举例见表3-7、表3-8。

表3-7 水泥砂浆地面做法举例

适用地面类型	用料及分层做法
一般房间地面	素土夯实，压实系数0.90
	150厚5-32卵石灌M2.5混合砂浆，平板振捣器振捣密实（或100厚3:7灰土）
	50(70)厚C10混凝土
	素水泥浆一道（内掺建筑胶）
	20厚1:2.5水泥砂浆抹面压实赶光
浴室、卫生间、盥洗室等有防水要求的地面	素土夯实，压实系数0.90
	150厚5-32卵石灌M2.5混合砂浆，平板振捣器振捣密实（或100厚3:7灰土）
	最薄处30厚C15细石混凝土，从门口处向地漏找1%坡
	3厚高聚物改性沥青涂膜防水层（或其他防水材料层）
	35厚C15细石混凝土随打随抹
	素水泥浆一道（内掺建筑胶）
	20厚1:2.5水泥砂浆抹面压实赶光

表3-8 水泥砂浆（楼）地面做法举例

适用楼面类型及基层	用料及分层做法
一般房间楼面、现浇钢筋混凝土楼板	现浇钢筋混凝土楼板（或钢筋混凝土叠合层）
	素水泥浆一道（内掺建筑胶）
	20厚1:2.5水泥砂浆压实赶光
一般房间楼面、预制钢筋混凝土楼板	预制钢筋混凝土楼板
	素水泥浆一道（内掺建筑胶）
	20厚1:3水泥砂浆找平层
	素水泥浆一道（内掺建筑胶）
	5厚1:2.5水泥砂浆压实赶光
浴室、卫生间、盥洗室等有一般防水要求的楼面	钢筋混凝土楼板
	最薄处30厚C15细石混凝土，从门口处向地漏找1%坡
	3厚高聚物改性沥青涂膜防水层（或其他防水材料层）
	30厚C15细石混凝土随打随抹平
	素水泥浆一道（内掺建筑胶）
	20厚1:2.5水泥砂浆压实赶光

2）细石混凝土地面

细石混凝土地面强度高、干缩值小、地面的整体性好，克服了水泥砂浆地面干缩较大、易起砂的不足。但细石混凝土地面厚度较大，一般为40 mm或以上。常见做法举例见表3-9。

表3-9 细石混凝土楼地面做法举例

做法名称	用料及分层做法
细石混凝土地面	素土夯实，压实系数0.90
	150厚5-32卵石灌M2.5混合砂浆，平板振捣器振捣密实（或100厚3:7灰土）
	40厚C20细石混凝土上随打随抹撒1:1水泥砂子压实赶光
细石混凝土楼面	钢筋混凝土楼板
	素水泥浆一道（内掺建筑胶）
	35(50)厚C20细石混凝土上随打随抹撒水泥砂子压实赶光

3）现浇水磨石地面

现浇水磨石地面的特点是平整光洁、整体性好、不起尘、不起砂、防水、易于清洁，适用于洁度高求高、经常用水清洗的场所，如门厅、营业厅、医疗用房、厕所、盥洗室等，但施工较水泥地面复杂、造价高，且弹性更差。

现浇水磨石地面的做法是，在处理好的基层上用20厚1:3水泥砂浆找平，找平层干后按设计图案用1:1水泥砂浆卧铜分格条（或铝条、玻璃条等），再刷内掺建筑胶的素水泥浆一道后，用10厚1:2.5水泥彩色石碴浆抹面，浇水养护约一周后用磨石机磨光，打腊保护。现浇水磨石地面分格的作用：首先是将地面划分成面积较小的区格，以减少开裂的可能；其次是由于分块，万一局部损坏，维修也比较方便，不致影响整体；三是可按设计图案划分区格，确定不同颜色，以利美观。石碴应选择色彩美观、中等硬度、易磨光的石屑，如白云石、大理石屑等。彩色水磨石系采用白水泥加颜料或彩色水泥制成，色彩明快，图案美观，装饰效果好。

图3-11为现浇水磨石地面构造示意。

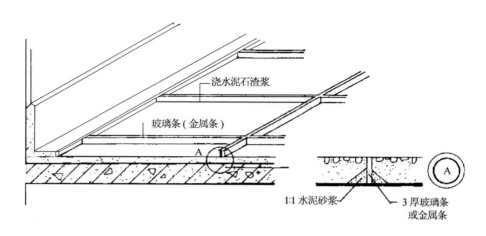

图 3-11　现浇水磨石地面构造

3.3.2　块材铺贴式做法

采用缸砖、瓷砖、陶瓷锦砖、水泥砖以及预制水磨石板、大理石板、花岗石板等块材进行铺贴的室内装修做法。与在室外装修时采用这类方法一样，是一种历史悠久的传统做法。这类室内装修做法，其花色品种繁多，经久耐用，易保持清洁，但其造价偏高、工效低，属于中高档装修。主要用于人流量大、易磨损、清洁要求高或经常有水、比较潮湿的房间和部位。

3.3.2.1　内墙做法

如果把内墙与外墙在采用块材铺贴式做法时的异同做一个比较，其所采用的块材以及构造连接方法基本上是一样的，块材在上面已经介绍，而构造连接方法还是根据块材规格的不同和自重的差别，规格小、自重轻的块材采用水泥砂浆做胶结材料直接进行粘贴，而规格大、自重重的块材，则采用钢筋网拴挂与水泥砂浆灌缝相结合的湿挂法。

内墙与外墙在采用块材铺贴式做法时，两者的做法差异主要体现在水泥砂浆等胶结材料的成分以及块材间勾缝材料的不同。造成这种差异的原因主要是内墙面装修与外墙面装修所处的环境条件的不同，了解这一点对于学习掌握建筑构造的原理和方法十分重要。

表 3-10 所列是彩釉面砖和仿石砖用于以混凝土墙或混凝土空心砌块墙为基体的内墙装修做法与外墙装修做法的比较。

表 3-10　彩釉面砖和仿石砖用于内墙装修与外墙装修做法差异比较

装修部位	外　墙	内　墙
用料及分层做法	1. 刷一道 YJ-302 型混凝土界面处理剂(随刷随抹底灰)或 YJ-303 拉毛处理一道	1. 素水泥浆一道甩毛(内掺建筑胶)
	2.10 厚 1:3 水泥砂浆打底扫毛或划出纹道	2.10 厚 1:3 水泥砂浆打底压实抹平
	3.6 厚 1:0.2:2.5 水泥石灰膏砂浆刮平扫毛或划出纹道	3. 素水泥浆一道　8 厚 1:2 建筑胶水泥砂浆粘结层
	4. 贴 6~10 厚彩釉面砖/仿石砖,在砖粘贴面上涂抹 5 厚粘结剂	4. 贴 6~12 厚彩釉面砖/仿石砖,粘贴前先将面砖用水浸湿
	5. 1:1 水泥(或白水泥掺色)细砂砂浆勾缝	5. 白水泥擦缝(或 1:1 彩色水泥细砂砂浆勾缝)

3.3.2.2 顶棚做法

在顶棚做法中，采用石材做铺贴材料的情况很少见。为了改善顶棚的吸声功能，常采用矿棉吸声板做顶棚装修的铺贴材料。其具体做法是，对预制钢筋混凝土楼板需先在板底用水加10%火碱清洗油渍，并用1:0.5:1水泥白灰膏砂浆将板缝嵌实抹平（对现浇钢筋混凝土楼板则无此工序），然后用内掺建筑胶的素水泥浆涂刷一道甩毛，用5 mm厚1:3水泥砂浆打底扫毛或划出纹道，用5 mm厚1:0.5:2.5水泥砂浆找平压光，最后用建筑胶粘贴12 mm厚矿棉吸声板面层。

3.3.2.3 楼地面做法

用于楼地面铺贴的块材主要有缸砖、瓷砖、陶瓷锦砖、水泥砖、黏土砖、预制水磨石板、人造大理石板、人造花岗石板、天然大理石板、天然花岗石板等。

从楼地面铺贴用块材的类型上看，与墙面铺贴用的块材基本相同，但是，在楼地面做法中，更应重视块材的防滑要求。

1）黏土砖地面

这种地面是由普通黏土砖或大阶砖（也为黏土烧制而成，规格一般为30 mm×350 mm×350 mm）铺砌而成的。当砖块的规格较大时，可直接铺在素土夯实的地基上，但为了铺砌方便和易于找平，常用砂做结合层。普通黏土砖可以平铺，也可以侧铺，砖缝之间则以水泥砂浆或石灰砂浆嵌缝。砖材造价低廉，能吸潮，对黄霉天返潮地区有利，但不耐磨，多用于一般性民用建筑中。

图3-12所示为黏土砖地面做法。

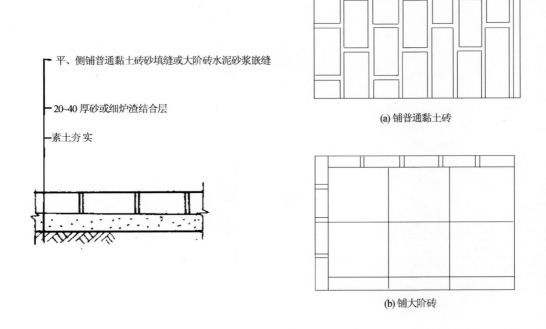

(a) 铺普通黏土砖

(b) 铺大阶砖

图3-12　黏土砖铺砌地面

2）缸砖、瓷砖、陶瓷锦砖、水泥砖地面

缸砖、瓷砖、陶瓷锦砖均为高温烧成的小型块材，其共同特点是表面致密光洁、耐磨、吸水率低、不易变色。水泥砖系经压制成型、养护而成，密实度比一般水泥制品高，但日久会褪色。

这类块材的铺贴方式是，在钢筋混凝土楼板或地坪混凝土垫层上经过找平层处理后，用 5 ~ 8 mm 厚的建筑胶水泥砂浆(适用于铺地砖、金属瓷砖、钒钛瓷砖等)或 20 mm 厚 1:3 干硬性水泥砂浆（适用于陶瓷锦砖等）或建筑胶粘剂等其他胶结材料做粘结层，铺贴各种块材，并用稀水泥浆或彩色水泥浆擦缝。

图 3－13 所示为缸砖及马赛克（陶瓷锦砖）铺贴地面做法。

3）人造石板和天然石板地面

人造石板有水泥花砖、水磨石板和人造大理石板等，规格有 200 mm × 200 mm、300 mm × 300 mm、500 mm × 500 mm 等，厚 20 ~ 50 mm。

天然石板包括大理石、花岗石板磨光，其质地坚硬，色泽艳丽、美观，但价格比较昂贵，是高级的地面装修材料。常用的规格有 600 mm × 600 mm × 20 mm 等，特种需要时常专门定制加工。

人造石板和天然石板的规格尺寸一般比较大，其铺贴做法是在其基层进行找平层处理后，采用 20 ~ 30 mm 厚的 1:3 干硬性水泥砂浆做粘结层材料，铺贴面层石材，并灌稀水泥浆或彩色水泥浆擦缝。铺贴时，对天然大理石和天然花岗石板材，应在其正、背面及四周边满涂防污剂进行处理。

4）无龙骨木地板楼(地)面

木地板楼（地）面是一种比较常见的装修做法，它具有弹性好、导热系数小、不起尘、易清洁等特点，是比较理想的楼（地）面装修材料，适合于住宅居室、宾馆客房及一些有特殊功能的房间，如体育馆比赛厅、剧场舞台、舞厅等。

木地板楼(地)面按其材料分有松木地板、硬木地板、硬实木复合地板、强化复合木地板、软木

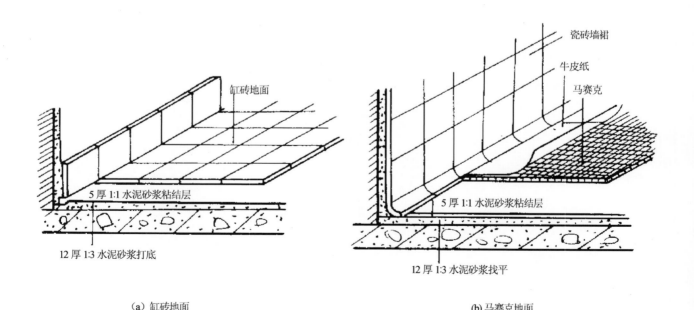

（a）缸砖地面   (b) 马赛克地面

图 3－13　缸砖、马赛克(陶瓷锦砖)铺贴地面

复合弹性地板、橡胶软木地板、软木地板等；按木地板组拼的图案分有长条木地板（20 mm 厚、50～150 mm 宽）、拼花木地板（由长度 200～300 mm 窄条硬木地板纵横穿插镶铺而成，有席纹和人字纹之分）；按木地板组成的层数分有单层木地板、双层木地板；按木地板的构造方式分有无龙骨木地板、有龙骨木地板、有地垄墙木地板、无地垄墙木地板等。

其中，有龙骨木地板属于骨架铺装式的构造做法，将在 3.3.3.3 节介绍。

无龙骨木地板楼（地）面一般采用粘贴式做法，长条形、席纹、人字纹以及单层、双层木地板，都有采用这种做法的。在对基层做了找平层处理后，再分别对不同层数、不同材料、不同部位（楼面或地面）采用不同的处理方法。

木地板地面由于直接与地层接触，地潮的影响较大，所以，在做基层找平时，应加设一层防潮层，工程上常采用 1.5 mm 厚聚氨脂涂膜防潮层做法。木地板楼面则一般无此防潮层。

双层木地板的第一层称为毛板（或毛底板、铺底板），一般在其背面满刷氟化钠防腐剂后，用水泥钉固定在找平后的基层上，然后铺装同样在其背面刷氟化纳防腐剂的长条硬木企口地板或席纹拼花地板、人字拼花地板等。

单层木地板一般采用膏状建筑胶粘剂粘铺在找平后的基层上。工程上也有采用沥青做胶粘剂的，此种做法的找平层宜采用沥青砂浆来做，但由于沥青材料有污染环境的问题，此种做法一般少用。图 3－14 所示为单层长条木地板楼面的一种做法。

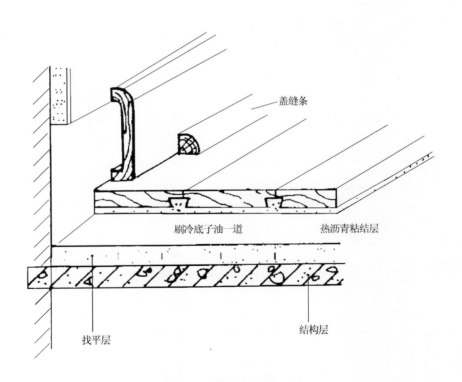

图 3－14　单层长条木地板楼面

硬实木复合地板和强化复合木地板,一般不需采用胶粘剂粘铺在基层上,而是在经过找平处理后的基层上或固定好的毛底板上,铺 3~5 mm 厚的泡沫塑料衬垫,然后在复合木地板的榫槽榫舌及尾部满涂与地板配套生产的专用胶后粘铺。

3.3.3 骨架铺装式做法

骨架铺装式做法在室内装修的各个部位都有广泛的采用。内墙做法中的胶合板墙面、金属饰面板墙面、石材饰面板墙面、塑铝板墙面、塑料装饰板墙面、皮革软包墙面、锦缎软包墙面等,顶棚做法中的各种面层材料的吊顶,以及楼(地)面做法中的有龙骨木地板楼(地)面、活动地板楼(地)面等,都属于这种做法。

3.3.3.1 内墙做法

骨架铺装式的内墙做法,是采用各种材质的装饰板材,利用钉钉子、胶粘、自攻螺丝、螺栓连接等固定方式对墙面进行的装修处理。骨架铺装式装修所采用的材料或质感细腻,或美观大方,所以有很好的装饰效果。同时由于材料多系薄板结构或软质或多孔性材料,对改善室内音质效果,也有一定的作用。一般多用做宾馆、大型公共建筑大厅如候机室、候车室及商场等处的墙面或墙裙的装修。

1)骨架

骨架有木骨架和金属骨架之分。

木骨架由立筋和横档组成平面框架,借预埋在墙上的木砖固定到墙身上。立筋和横档的截面一般为 50 mm × 50 mm。立筋和横档的间距应与装饰面板的长度和宽度尺寸相配合。

金属骨架一般采用冷轧薄钢板构成槽形截面,截面尺寸与木质骨架相近。

为了防止骨架以及装饰面板因受潮而损坏,应在立骨架之前,在修补抹平后的墙基上,涂刷高聚物改性沥青涂膜防潮层或其他材料的防潮层。

2)装饰面板

装饰面板的材质种类很多,铺装固定也有不同的方法。

硬木条或硬木板装修是指将装饰性木条或凹凸型木板竖直铺钉在墙筋(立筋或横档)上,并在背面衬以胶合板,使墙面产生凹凸感,以丰富墙面。图 3-15 所示为硬木条装饰墙面做法。

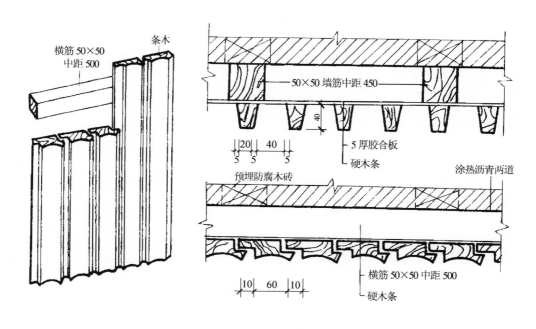

图 3-15 硬木条装饰墙面

纸面石膏板、胶合板等则直接用钉子钉固在木龙骨上。图 3－16 所示为纸面石膏板与木质墙筋的钉固方法。图 3－17 所示为胶合板、纤维板等的接缝处理。

纸面石膏板、软质纤维板等与金属骨架的连接主要靠自攻螺丝或预先用电钻打孔后用镀锌螺丝固定。而胶合板、纤维板等与金属骨架的连接主要靠自攻螺丝和膨胀铆钉进行固定。

锦缎或装饰布软包墙面做法，是在固定好的纸面石膏板上点粘 10 ~ 15 mm 厚的聚氨酯泡沫塑料，然后钉铺锦缎或装饰布及装饰条。

皮革或人造革软包墙面做法，是在固定好的胶合板上满涂氟化钠防腐剂，点粘 10 ~ 15 mm 厚聚氨酯泡沫塑料或玻璃棉毡，然后铺钉皮革或人造革面层及装饰条。

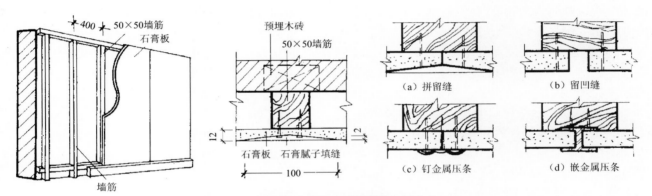

图 3－16　纸面石膏板与木质墙筋的钉固方法

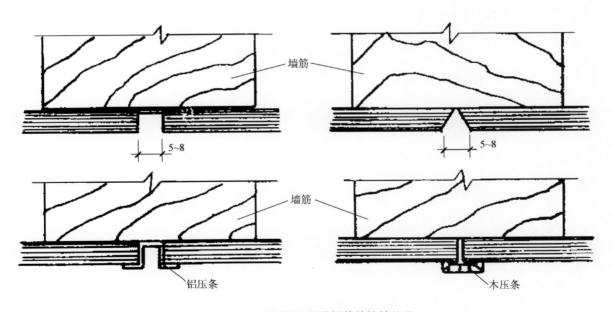

图 3－17　胶合板、纤维板等的接缝处理

石材墙面做法,与3.2.1.3节中外墙干挂石材的做法基本相同,惟一不同的是,作为室内装修做法,没有防水的要求,可以不进行石材接缝处密封胶填缝的处理。

3.3.3.2 顶棚做法

骨架铺装式的顶棚做法系指各种面层材料的吊顶棚。

作为顶棚,要求表面光洁、美观,且能起反射光照的作用,以改善室内的照度。要达到这样的目的,采用一般的灰浆整体式做法或块材铺贴式做法等就能做到。

但是,对于某些有特殊要求的房间,还要求顶棚具有隔声、保温、隔热等功能;有的房间楼板下悬吊的管线较多,需要覆盖;还有的房间的顶棚需要有很强的装饰效果。这些特殊的要求采用骨架铺装式的吊顶棚都能很好地满足。

吊顶棚一般也是由骨架(纵、横交叉形式的龙骨)和装饰面板组成的。为了与楼板结构层连接,还需设置吊筋。

吊顶棚按骨架的材料分有木质骨架和金属骨架,按装饰面板的材料分有木板条抹灰、木板条钢板网抹灰、硬质纤维装饰板、穿孔硬质纤维装饰板、胶合板、穿孔胶合板、装饰玻璃板、纸面石膏板、装饰石膏板、矿棉吸声板、硅酸钙板、水泥加压板、PVC板、PS板、铝条板、铝合金条板、铝合金方板、长幅金属条板等,还有一些立体形状的吊顶装饰材料,如金属条形(直立放置)格片、金属挂片、铝方格栅、金属花格栅、金属筒形(格栅)、金属格栅式吸声板等。

1)木龙骨吊顶

木龙骨吊顶主要是利用预埋于楼板结构层(或屋架下弦)内的金属吊件或锚栓将吊筋固定在其下部,吊筋间距一般为900～1 200 mm,吊筋下固定主龙骨(主要起承受整个吊顶棚荷载的作用),其截面尺寸一般为50 mm×70 mm。主龙骨下钉固次龙骨(起安装面层装饰板的骨架作用),次龙骨的截面尺寸一般为50 mm×50 mm,其间距的确定视其上面装饰面板的规格而定,一般为400～600 mm。

木龙骨吊顶使用大量木材,不利防火,目前已很少采用。

图3-18所示为木龙骨吊顶示意图。

2)金属龙骨吊顶

根据防火规范的要求,吊顶棚的材料在一、二、三级耐火等级的建筑物中应采用非燃烧体或难燃烧体。在一般大型公共建筑中,金属龙骨吊顶已被广泛采用。

金属龙骨吊顶也是由吊筋、龙骨骨架及装饰面板组成,由于各组件之间连接的需要,还有各种形式的吊挂件。金属龙骨骨架包括主龙骨、次龙骨、横撑龙骨等。

吊筋一般采用 ø6钢筋或 ø8钢筋或8号镀锌低碳钢丝,双向中距900～1 200 mm,固定在楼板结构层下。吊筋头与楼板的固结方式分为吊钩式、钉入式和预埋件式等,如图3-19所示。然后在吊筋的下端悬吊主龙骨。当主龙骨系"["形截面时,吊筋通过吊挂件悬吊主龙骨,如图3-20所示。如果主龙骨为"⊥"形截面时,则吊筋可直接钩在主龙骨上,如图3-21所示。然后再于主龙骨下悬吊吊顶次龙骨。为铺、钉装饰面板,还应在次龙骨之间增设横撑龙骨,次龙骨与横撑龙骨的间距视装饰面板的规格尺寸而定。最后在次龙骨与横撑龙骨上铺、钉、卡各类装饰面板,如图3-20、图3-21所示。

一般装饰面板可通过沉头自攻螺钉固定在"⌴"形次龙骨和"⌴"形横撑龙骨的下表面,也可放置在"⊥"形次龙骨和"⊥"形横撑龙骨的翼缘上,金属装饰面板则靠螺钉、自攻螺钉、膨胀铆钉或专用卡具固定于次龙骨和横撑龙骨上。

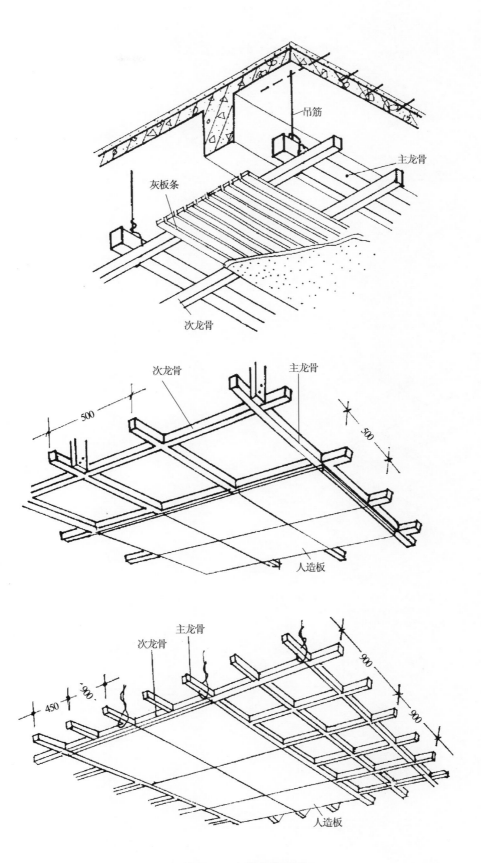

图 3－18　木龙骨吊顶

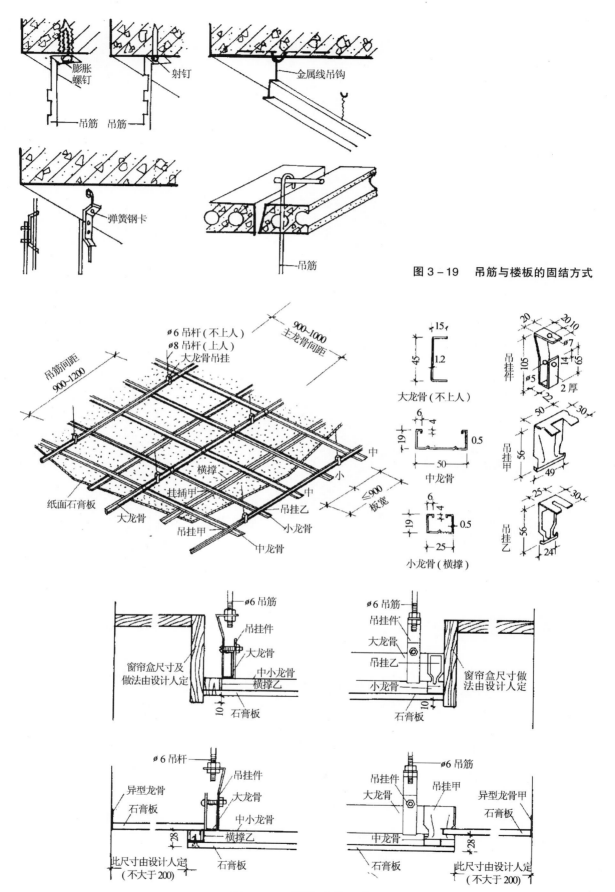

图 3-19　吊筋与楼板的固结方式

图 3-20　"["形金属龙骨吊顶

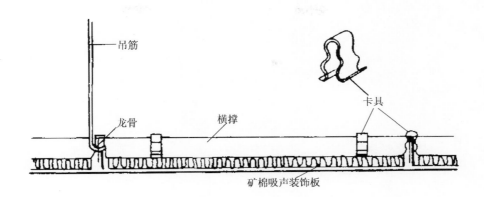

吊筋

龙骨

横撑

卡具

矿棉吸声装饰板

图 3-21 "⊥"形金属龙骨吊顶

3.3.3.3 楼(地)面做法

骨架铺装式的楼(地)面做法主要有龙骨木地板楼(地)面、活动地板楼(地)面等。其中,龙骨木地板地面又分为有地垄墙和无地垄墙两种情况。龙骨木地板楼面只有无地垄墙的情况。

1)有地垄墙有龙骨木地板地面(空铺木地板地面)

为了避免建筑物底层受潮,影响地坪层的耐久性和房间的使用质量,或者为满足某种特定的使用要求(如剧场舞台、体育馆比赛场地等要求地坪层有较好的弹性等),这时,将木地板地面架空,形成空铺木地板地面。利用架空的木地板地面与下部土壤之间形成的空间组织通风(在外墙、内墙、地垄墙的对应位置预留通风口),带走地潮。

空铺木地板地面的做法是,在夯实的地基土上做 100~150 mm 厚的 3:7 灰土或混凝土垫层,然后砌筑中距为 800 mm 的地垄墙,在地垄墙顶面抹 20 mm 厚的 1:3 水泥砂浆找平层,将截面尺寸为 70 mm×50 mm、满刷防腐剂的压沿木用双股 8 号镀锌低碳钢丝绑牢于地垄墙上,并在压沿木上架设截面尺寸为 50 mm×50 mm、满刷防腐剂的木龙骨和横撑,最后铺设单层或双层木地板(背面刷氟化钠防腐剂)。

寒冷地区采暖房间的空铺木地板地面,须有保温措施,防止室温由地坪层散失。

空铺木地板地面的示意图见图 3-22。

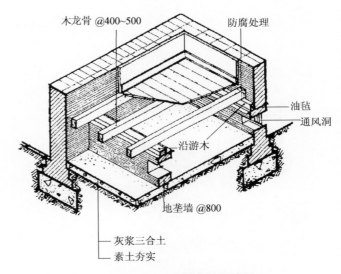

木龙骨 @400~500

防腐处理

油毡

通风洞

沿游木

地垄墙 @800

灰浆三合土

素土夯实

图 3-22 空铺木地板地面

2)无地垄墙有龙骨木地板楼(地)面

在楼面和地面的木地板装修做法中,直接在经过找平层处理后的基层上,铺设截面尺寸为 50 mm×50 mm、中距为 400 mm 的木龙骨,在木龙骨上铺装背面刷氟化钠防腐剂的单层或双层木地板。木龙骨的安装固定方法常见的有两种:一种方法是,在混凝土基层内埋设"U"形铁件,然后将龙骨嵌固在铁件内(见图 3-23(a))。另一种方法是,在混凝土基层内预留"Ω"形 ⌀6 铁鼻子(其行距 400 mm 与木龙骨一致,环距则为 800 mm),用双股 15 号低碳镀锌钢丝将木龙骨绑牢在铁鼻子上。为了保证木龙骨的刚度和稳定,在木龙骨下按中距 400 mm 设置 20 mm 厚、40 mm×40 mm 的木垫块与木龙骨钉牢(见

图 3-23(c)),并在相邻木龙骨之间设置中距为 800 mm、截面尺寸为 50 mm×50 mm 的横撑。木龙骨、垫块、横撑均应满刷防腐剂。

为了保证木龙骨及整个木地板层的通风干燥,一般在踢脚板上开设通风口解决,如图 3-23 所示。

关于踢脚板的作用和要求,见 3.3.6 节的相关内容。

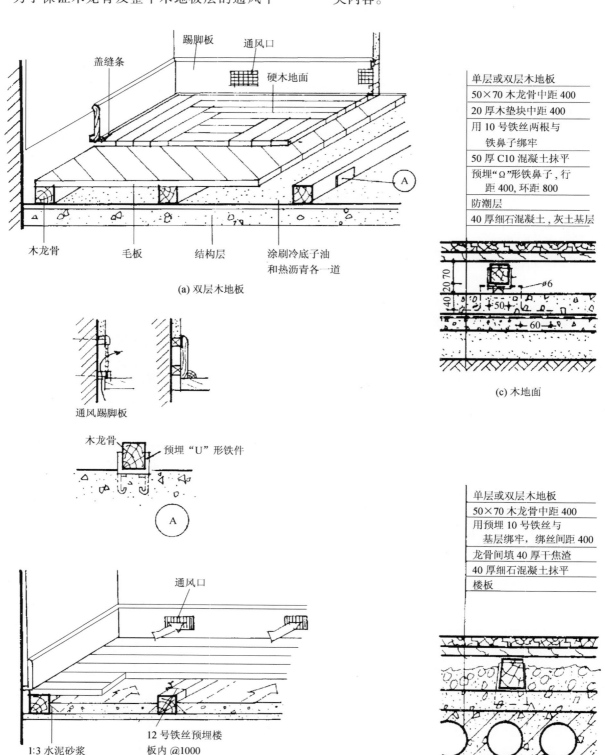

(a) 双层木地板

(b) 单层木地板

(c) 木地面

(d) 木楼面

图 3-23　无地垄墙有龙骨木地板楼(地)面

3）活动地板楼(地)面

活动地板楼(地)面一般是在水泥砂浆抹面基层或水磨石基层上，安装由厂家专门生产的 50～360mm 高的金属支架架空活动地板，形成楼(地)面。

3.3.4 涂料涂刷式做法

涂料涂刷式做法在室内装修中也有广泛的应用，而且由于各类涂料的材料来源广泛，装饰效果好，造价低，操作简单，工期短，工效高，自重轻，维修及更新方便等特点，是一种极有发展前途的装修做法。

建筑涂料的种类介绍见 3.2.1.4 节的相关内容。涂料涂刷式做法主要有以下几种。

1）内墙做法

内墙涂料涂刷式做法，一般是在各种找平处理后的墙面基层上涂刷各种建筑涂料，如一般的大白浆、可赛银、水性耐擦洗涂料。合成树脂乳液涂料(乳胶漆)、功能性(如防霉型、防水型、防火型、耐酸碱型、抗静电型等)合成树脂乳液涂料(乳胶漆)、彩色花纹涂料、聚氨酯液体瓷、彩(真)石漆、浮雕花纹涂料、无光油漆等等。

2）顶棚做法

以上内墙做法中采用的各种建筑涂料均可以在顶棚装修中使用。

3）楼(地)面做法

楼(地)面采用涂料涂刷式进行装修的做法主要有：彩色水泥自流平涂料楼(地)面、环氧地面漆自流平楼(地)面、聚氨酯彩色楼(地)面等以及聚乙烯醇缩丁醛耐油地面，适用于有耐酸碱要求的过氯乙烯油漆地面等特殊功能地面。

3.3.5 卷材粘铺式做法

卷材粘铺式装修做法一般只在室内装修中采用。

3.3.5.1 内墙做法

内墙装修用的卷材主要有各种装饰性的墙纸、墙布。

1）墙纸

墙纸又称壁纸。利用各种彩色花纸装修墙面，在我国具有悠久的历史，且具有一定的艺术效果。但花纸不仅怕潮、怕火、不耐久，而且脏了不能洗刷，故应用受到限制。现在在建筑装修中使用的都是各种新型复合壁纸，其种类繁多，依其构成材料和生产方式不同，墙纸可有以下几类。

(1)PVC 塑料墙纸

塑料墙纸具有色彩艳丽、图案雅致、美观大方的装饰效果，在使用上还具有不怕水、抗油污、耐擦洗、易清洁等优点。

塑料墙纸由面层和衬底层在高温下复合而成。面层以聚氯乙烯塑料或发泡塑料为原料，经配色、喷花或压花等工序制成。发泡工艺又有低发泡和高发泡塑料之分，形成浮雕型、凹凸图案型，其表面丰满厚实，花纹起伏，立体感强，且富有弹性，美观豪华。

塑料墙纸的衬底一般分为纸基和布基两类。纸基成型简单，价格低廉，但抗拉性能较差；布基有密织纱布和稀织网纹之分，它具有较好的抗拉能力，较适宜于可能出现微小裂隙的基层上，受到撞击时不易破损，经久耐用。

(2)纺织物面墙纸

纺织物面墙纸是采用各种动、植物纤维(如羊毛、兔毛、棉、麻、丝等纺织物)以及人造纤维等纺织物做面料复合于纸质衬底而制成的墙纸。

(3)金属面墙纸

金属面墙纸也是由面层和底层组成。面层是以铝箔、金粉、金银线等为原料，制成各种花纹图案，并同时用以衬托金属效果的漆面(或油墨)相间配制而成，然后将面层与纸质衬底复合压制而成。它的生产工艺要求较高，墙纸表面呈金色、银色和古铜色等多种颜色，构成色泽鲜艳、金壁辉煌、古色古香、别有风味的图案。同时它还具有防酸、防油污的特点。

(4)天然木纹面墙纸

天然木纹面墙纸是采用名贵木材剥出极薄的木皮，贴于布质衬底上面制成的墙纸。它类似胶合板，色调沉着、雅致，富有人情味、亲切感，具有特殊的装饰效果。

2）墙布

墙布是指以纤维织物直接作为墙面装饰材料的总称。它包括玻璃纤维装饰布和织锦等材料。

(1)玻璃纤维装饰墙布

玻璃纤维装饰墙布是以玻璃纤维织物为基材，表面涂布合成树脂，经印花而成的一种装饰材料。由于玻璃纤维织物的布纹感强，经套色后的花纹装饰效果好，且具有耐水、防火、抗拉力强、可以擦洗以及价格低廉等优点。其缺点是易泛色,当基层颜色较深时,容易显露出来。

(2)织锦墙布

这是一种直接采用织锦缎裱糊于墙面的一种装修做法。锦缎是丝绸织物,它颜色艳丽,色调柔和,古朴雅致,且对室内吸声有利。由于锦缎柔软易变形,可以先裱糊在人造板上再进行装配,但施工较麻烦,且造价很高。

各种墙纸和墙布的粘贴主要在抹灰找平的基层上进行,也可以在其他材料平整的基层表面进行粘贴。

3.3.5.2 顶棚做法

以上内墙做法中采用的各种墙纸和墙布材料均可以在顶棚装修中使用。

3.3.5.3 楼(地)面做法

卷材粘铺式的楼(地)面做法类型主要有,卷装塑料地板、卷装环保亚麻地板,以及浮铺单层地毯、粘贴单层地毯、浮铺弹性垫层地毯、粘贴弹性垫层地毯等。

卷装塑料(或环保亚麻)地板,一般是采用与地板配套生产的专用建筑胶粘剂直接粘铺在水泥砂浆抹面找平的楼(地)面基层上。

地毯铺装是一种高档的楼(地)面装修做法。地毯的品种、规格等有很多种,常见的品种主要有化纤无纺织针刺地毯、黄洋麻纤维针刺地毯、纯羊毛无纺织地毯等。各类地毯加工精细,平整丰满,具有柔软舒适、清洁吸声、美观适用等优点。可局部铺装,也可以满铺;可浮铺,也可以粘铺;可单层直接铺装,也可以在地毯下铺5mm厚的橡胶海锦地毯衬垫以加强使用效果。

浮铺地毯的方法是将地毯块间进行拼缝粘结,拼缝处用烫带或狭条麻袋布条粘结,门口处用铝合金(或铜)压边条收口,局部铺装时一般无拼缝粘结及收口条的做法。

粘贴地毯的方法是,除地毯块间拼缝粘结及收口条做法以外,单层地毯应在找平基层上每隔200 mm 涂 150 mm 宽的建筑胶一条进行粘贴;弹性垫层地毯则在墙脚四周距立墙或踢脚板8~10 mm 处用"刺猬木条"固定。

3.3.6 踢脚

在室内装修时,一般要对楼(地)面与墙面的交接处(即内墙脚处)进行处理,这个部位称为踢脚(也称踢脚板或踢脚线)。

踢脚的主要功能是加强楼(地)面与墙面连接处的整体效果,保护该处的墙面,避免在清洁楼(地)面时脏污墙面。

踢脚的做法一般按楼(地)面的做法进行处理,即作为楼(地)面在墙面上的延伸部分,其材料选用基本上与楼(地)面一致。构造做法上也需分层制作,一般比墙面装修层突出 4~6 mm。

踢脚的高度通常为 100~150 mm。

图 3-24 所示为几种常见的踢脚做法。

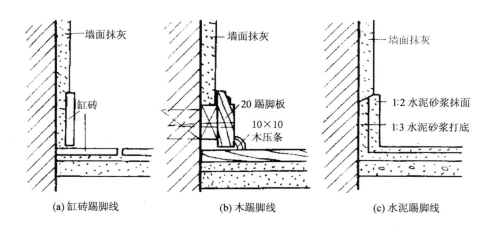

(a) 缸砖踢脚线　　　　(b) 木踢脚线　　　　(c) 水泥踢脚线

图 3-24　踢脚做法

3.3.7 楼梯踏步

楼梯踏步的构造做法在原理及材料上与楼地面的做法是完全一样的。需要强调的一点是，楼梯作为建筑中重要的疏散通道，又有较大的坡度，为了平时行走和紧急疏散时的可靠和安全，除了应满足一般楼地面面层材料的平整、耐磨、美观等要求外，**更应强调面层材料的防滑要求。**通常的防滑措施是在踏步的踏口做防滑条。防滑条的长度一般按踏步长度每边减去 **150 mm**。防滑材料可采用铁屑水泥、金刚砂、塑料条、橡胶条、金属条、马赛克材料等。

图 3－25 所示为楼梯踏步防滑构造做法。

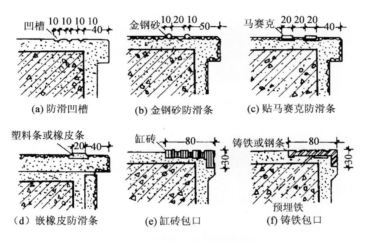

图 3－25 楼梯踏步防滑构造做法

3.4　隔墙与隔断构造

3.4.1　隔墙

隔墙属于非结构墙体，也就是说，隔墙不是建筑承载系统的组成部分，它既不承受建筑结构水平分系统传来的各种竖向荷载，也不承受风荷载、地震荷载等水平荷载，甚至连隔墙本身的自重荷载也不承受，而是由水平分系统的结构构件（楼板、梁、地坪结构层等）来承担。

隔墙的主要作用是分隔室内空间。

在墙承载结构体系的建筑中，隔墙都是内墙，不可能成为外墙；而在柱承载结构体系的建筑（如纯框架结构建筑、刚架结构建筑、排架结构建筑等）中，由于结构竖向分系统的组成都是柱子，分隔室内空间和室外空间的墙体不是承载系统的组成部分，这些墙体（既有内墙、也有外墙）的结构性能与隔墙是完全一样的，即也属于非结构墙体。我们称这些墙体为填充墙。

对于隔墙（包括填充墙）的要求，根据其所处位置的不同，除了要满足与结构墙体一样的保温、隔热、隔声、防火、防潮、防水等要求外，还应具有自重轻（以减轻对承受其自重荷载的楼板、梁等构件的弯矩作用）以及与建筑结构系统的构件有良好的连接（以保证在各种荷载特别是水平荷载作用下建筑的整体性要求）的特征。

常见的隔墙（包括填充墙）按其构造方式可分为砌筑隔墙、骨架隔墙和条板隔墙等。

3.4.1.1　砌筑隔墙

砌筑隔墙是指利用普通黏土砖、多孔砖、陶粒混凝土空心砌块、加气混凝土砌块以及其他各种轻质砌块等砌筑的墙体。

砖隔墙通常是采用普通黏土实心砖或空心砖顺砌或实心砖侧砌而成的半砖墙或 1/4 砖墙，砌筑砂浆一般采用 M7.5 或 M5 强度等级。半砖隔墙墙体较薄，墙体的稳定性比较差，一般沿墙高每隔 500 mm 设 2 ∅6 钢筋与主体结构墙体进行拉结。砌筑砂浆的强度等级越高，对其稳定性越有利，且墙体上尽量不开洞。当采用 M7.5 级砂浆砌筑时，其长度不宜超过 4.5 m，否则，应采取加强构造措施。1/4 砖隔墙是利用普通黏土砖侧砌形成，其稳定性更差，一般很少采用。

空心砌块隔墙厚度一般在 90 mm 或以上，

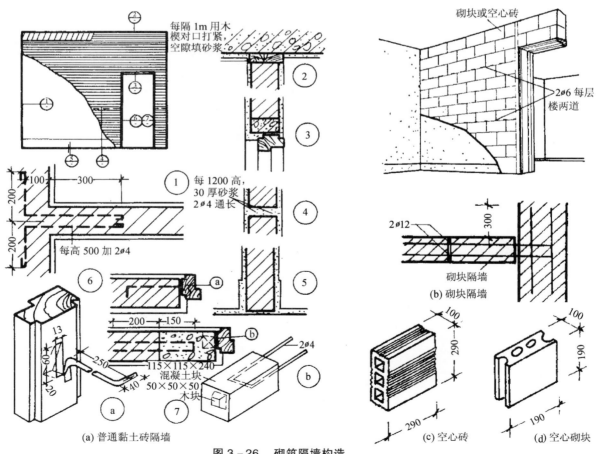

图 3-26　砌筑隔墙构造

其加固措施可以参照半砖隔墙的构造进行。

隔墙的上部与楼板或梁的交接处,不宜过于填实或使砖及砌块直接顶住楼板或梁。应留有约30mm的空隙,并沿墙长度方向每隔1m用一组木楔对口打紧,其余空隙处用砂浆填充;或者将最上两皮砖斜砌,以避免因楼板结构产生的挠度将隔墙压坏。

各种轻质砌块的防潮性能比较差,一般可在墙身下部改砌3~5皮普通黏土砖,以避免直接受潮。

图3-26所示为砌筑隔墙构造。

3.4.1.2 骨架隔墙

骨架隔墙有木骨架隔墙和金属骨架隔墙两种。

1)木骨架隔墙

木骨架隔墙具有重量轻、厚度小、施工方便等优点,但其防水、防潮、隔声较差,且耗费较多的木材。

木骨架是由上槛、下槛、立柱、斜撑或横撑等构件组成。上槛、下槛和边立柱组成边框,中间每隔400 mm或600 mm设一截面尺寸为50 mm×70 mm或50 mm×100 mm的立柱。在高度方向每隔1 500 mm左右设一斜撑或横撑以减少骨架的变形。木骨架用钉子钉固在两侧墙体内预埋的防腐木砖上。隔墙上需设门窗时,应将门窗框固定在两侧截面加大的立柱上或采用直顶上、下槛的长脚门窗框形式。

木骨架隔墙可采用木板条抹灰、钢丝网抹灰或钢板网抹灰以及铺钉各种薄型面板来做两侧的装饰面层。

(1)木板条抹灰隔墙

先在木骨架两侧横钉1 200 mm×24 mm×6 mm或者1 200 mm×38 mm×9 mm的木板条,视立柱间距而定,立柱中距为400 mm时采用前者,立柱中距为600 mm时采用后者。木板条间留缝,缝宽9 mm左右,以方便抹灰层挤入,增强抹灰层与木板条之间的握裹力。木板条的接缝应错开,避免形成过长的通缝,以防抹灰层开裂或脱落。为使抹灰层与木板条粘结牢固和避免墙面开裂,通常采用纸筋灰或麻刀灰抹面。隔墙下一般加砌2~3皮砖,并做出踢脚。

图3-27所示为木板条抹灰隔墙构造。

(2)钢丝(板)网抹灰隔墙

为了提高隔墙的防火、防潮能力与节约木材,可在木骨架两侧钉以钢丝网或钢板网,然后再做抹灰面层。由于钢丝(板)网变形小,强度高,因而抹灰层开裂的可能性小,有利于防潮、防火。

(3)钉面板隔墙

在木骨架两侧镶钉胶合板、纤维板、纸面石膏板或其他轻质薄板以形成隔墙,其施工简便,便于拆装,且没有抹灰湿作业。为提高隔声能力,可在板间填以岩棉等轻质材料或铺钉双层面板。

图3-28所示为钉面板隔墙构造。

2)金属骨架隔墙

这是一种在金属骨架两侧铺钉各种装饰面板构成的隔墙。骨架通常由厚度为0.6~1.5 mm的薄钢板经冷轧成型为槽形截面,其尺寸为100 mm×50 mm或75 mm×45 mm,因此也称

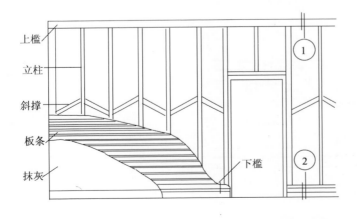
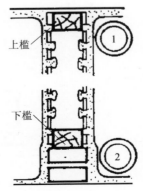

上槛
立柱
斜撑
板条
抹灰
下槛
①
②

上槛
下槛
①
②

图3-27 木板条抹灰隔墙

轻钢龙骨。

与木骨架一样,金属骨架也由上槛、下槛、立柱和横撑组成。装饰面板一般采用胶合板、纤维板、纸面石膏板和其他薄型装饰板,其中以纸面石膏板应用得最普遍。纸面石膏板借自攻螺丝固定于金属骨架上,纸面石膏板之间接缝处除用石膏胶泥堵塞刮平外,须粘贴接缝带。接缝带应选用玻璃纤维织带,粘贴在两遍胶泥之间。

图3-29所示为金属骨架纸面石膏板隔墙构造。

金属骨架隔墙自重轻、厚度小、防火、防潮、易拆装,且均为干作业,施工方便,速度快。为提高其隔声能力,可采用铺钉双层面板、错开骨架或在骨架间填以岩棉、泡沫塑料等弹性材料等措施。

图3-30所示为金属骨架隔墙隔声构造。

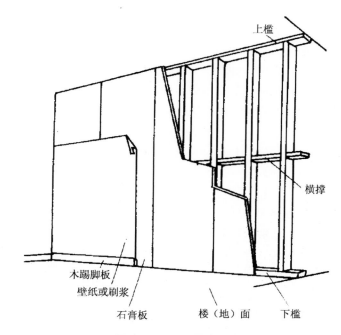

图3-28　钉面板隔墙

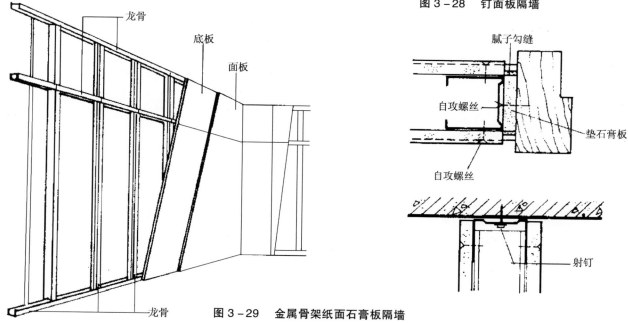

图3-29　金属骨架纸面石膏板隔墙

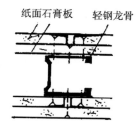

(a) 双层面板

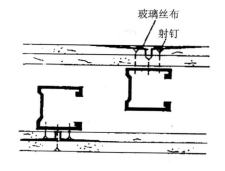

(b) 错开骨架

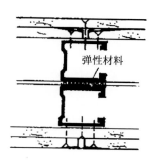

(c) 骨架间填弹性材料

图3-30　金属骨架隔墙隔声构造措施

了解了骨架隔墙的构造做法之后，我们再看一看 3.2.1.3 节以及 3.3.3.1 节中外墙和内墙骨架铺装式做法，并把它们（墙面装修与隔墙）做一个比较，你会发现，它们之间有很多共同点。建议读者从中总结出它们在建筑构造做法上的异同点，这是学好纷繁复杂的建筑构造的一种很有效率的方法。

3.4.1.3　条板隔墙

条板隔墙是采用将各种轻质竖向通长条板用各类粘结剂拼合在一起形成的隔墙，一般有加气混凝土条板隔墙、石膏条板隔墙、碳化石灰条板隔墙和蜂窝纸板隔墙等。为了减轻自重，常制成空心板，且以圆孔居多。条板隔墙自重轻、安装方便、施工速度快、工业化程度高。为改善隔声可采用双层条板隔墙。如用于卫生间等有水房间，应采用防水条板，其构造与饰面做法也应考虑防水要求，隔墙下端应做高出地面 50 mm 以上的混凝土墙垫。条板厚度大多为 60 ~ 100 mm，宽度为 600 ~ 1 200 mm。为了便于安装，条板高度应略小于房间净高。安装时，条板下留 20 ~ 30 mm 的缝隙，用小木楔顶紧，条板下缝隙用细石混凝土堵严。条板之间用建筑胶粘剂胶结，板缝处采用胶泥刮平后即可做饰面处理。

图 3-31 所示为石膏空心条板隔墙构造。

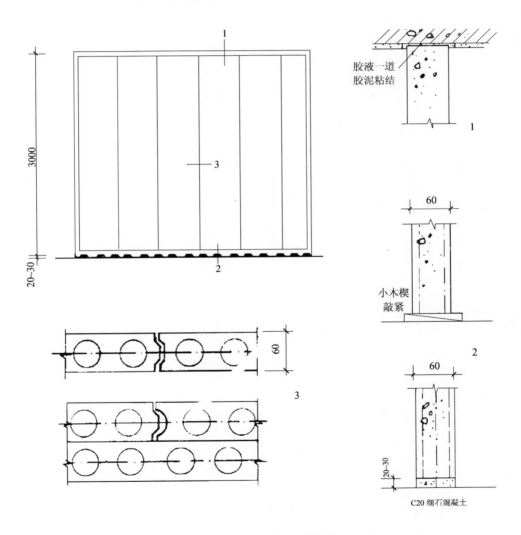

图 3-31　石膏空心条板隔墙

3.4.2 隔断

顾名思义，隔断也是起分隔空间作用的。与隔墙相比，它们之间既有相同之处，又有很大的不同。隔断的基本作用之一是分隔室内空间（少数情况下，也有设于建筑物出入口等处的隔断形式，一般称为花格墙），隔断的结构性能与隔墙也是一样的，即也属于非结构构件。隔断的另一个主要作用在于变化空间和遮挡视线。利用隔断分隔室内空间，在空间的变化上，可以产生丰富的意境效果，增加室内空间的层次和深度，使空间即分又合，且能互相连通。利用隔断能创造一种似隔非隔、似断非断、虚虚实实的景象，是住宅、办公室、旅馆、展览馆、餐厅、门诊部等建筑设计中常用的一种处理手法。

隔断的形式有很多，常见的有屏风式隔断、漏空式隔断、玻璃隔断、移动式隔断以及家具式隔断等。

3.4.2.1 屏风式隔断

屏风式隔断是不隔到顶的一种隔断形式，其空间的通透性较强。屏风式隔断与顶棚之间保持一段较大的距离，起到分隔空间和遮挡视线的作用，形成大空间中的小空间，常用于办公室、餐厅、展览馆以及医院的诊室等公共建筑中。另外，厕所、淋浴间等也多采用这种形式进行分隔。屏风式隔断的高度一般在 1 050 ~ 1 800 mm 之间，可根据不同使用要求进行确定。

屏风式隔断的安装有固定式和活动式两种。固定式做法又有立筋骨架式和预制板式之分。预制板式隔断借预埋铁件与周围结构墙体、楼(地)层固定。而立筋骨架式隔断则与骨架隔墙相似，它可以在骨架两侧铺钉面板，也可以镶嵌玻璃。玻璃可以采用磨砂玻璃、彩色玻璃、棱花玻璃等。

图 3-32 所示为固定式立筋骨架屏风隔断构造。

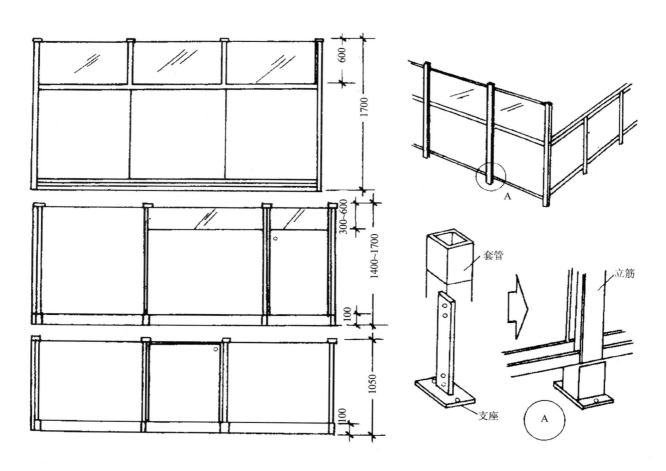

图 3-32　固定式立筋骨架屏风隔断

活动式屏风隔断可以随意移动放置。最常见的构造方式是在屏风隔断下安装一金属支架，支架可以直接放在地面上，也可以在支架下安装橡胶滚动轮或滑动轮，这样，移动起来更加方便。

图3-33所示为屏风式隔断活动式支架示意图。

3.4.2.2 漏空式隔断

漏空花格式隔断是公共建筑门厅、客厅等处分隔空间常用的一种形式。从材料上分，有竹制的、木制的，也有钢筋混凝土预制构件的，形式多种多样，且一般都是隔到顶的。

漏空式隔断与周围结构墙体以及上、下楼(地)层的连接固定，根据隔断材料的不同可以采用钉、粘及埋件焊接等方式进行。

图3-34所示为漏空式隔断示意图。

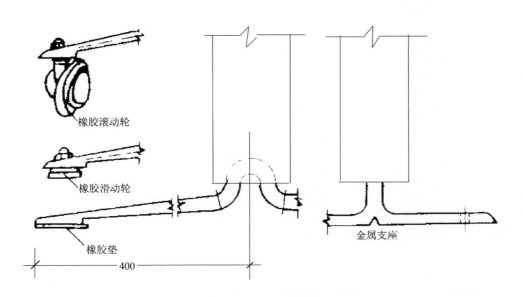

图3-33　屏风式隔断活动式支架

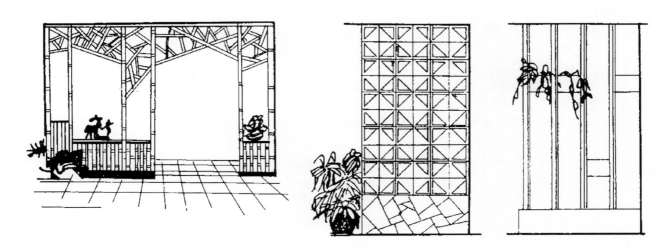

图3-34　漏空式隔断

3.4.2.3 玻璃隔断

玻璃隔断有透空玻璃隔断和玻璃砖隔断两种。一般也是隔到顶的。

透空玻璃隔断是采用普通平板玻璃、磨砂玻璃、刻花玻璃、压花玻璃、彩色玻璃以及各种颜色的有机玻璃等嵌入木制或金属的骨架中，具有透光性。当采用普通玻璃时，还具有可视性。透空玻璃隔断主要用于幼儿园、医院病房、精密车间走廊以及仪器仪表控制室等处。对采用彩色玻璃、压花玻璃或彩色有机玻璃者，除能遮挡视线外，还具有丰富的装饰性，可用于餐厅、会客厅、会议室等处。

图 3-35 所示为透空玻璃隔断构造。

玻璃砖隔断是采用玻璃砖砌筑而成（从构造方式上看，它也可以看成是砌筑隔墙）。玻璃砖隔断既能分隔空间，又可透光，常用于公共建筑的接待室、会议室等处。

图 3-36 所示为玻璃砖隔断。

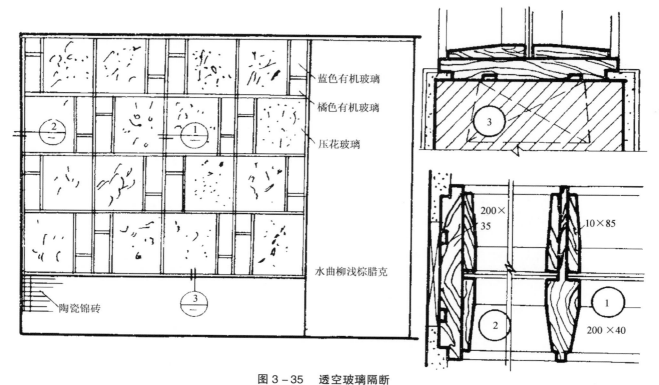

图 3-35　透空玻璃隔断

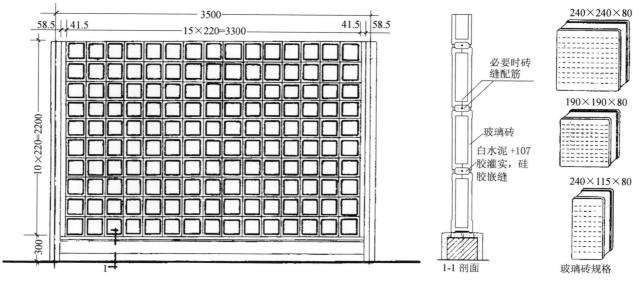

图 3-36　玻璃砖隔断

3.4.2.4 其他隔断

除了前面介绍的几种常见的隔断形式外,还有移动式隔断和家具式隔断。

移动式隔断是一种可以随意闭合、开启,使相邻的空间随之变化成各自独立或合而为一的空间的一种隔断形式,具有使用灵活多变的特点。移动式隔断可以分为拼装式、滑动式、折叠式、悬吊式、卷帘式和起落式等多种形式。多用于宾馆饭店的餐厅、宴会厅、会议中心、展览中心的会议室和活动室等。

家具式隔断是利用各种适用的室内家具来分隔空间的一种设计处理方式。这种处理方式把室内空间分隔与功能使用以及家具配套巧妙地结合起来,既节约费用,又节省面积;既提高了空间组合的灵活性,又使家具布置与空间相协调。这种形式多用于住宅的室内设计以及办公室的分隔等。

3.5 门窗构造

3.5.1 概述

3.5.1.1 门和窗的功能与设计要求

门和窗是建筑物围护系统中重要的组成部分。门的主要功能是供交通出入，分隔联系建筑空间，有时也兼起通风和采光的作用。窗的主要功能是采光和通风，同时还有眺望的作用。门和窗又是建筑造型重要的组成部分，它们的形状、尺寸、比例、排列、色彩、造型等对建筑内外的整体造型都有很大的影响，是建筑造型设计和立面装修设计的重要手法之一。

门和窗是在墙体上开洞后设置的，门和窗位置原有的墙体功能中，承载功能由门窗洞口周围的结构墙体或柱、梁组成的框架来承担，而围护功能则要由门和窗本身来承担了。所以，应根据门和窗所在的不同位置，使其分别具有保温、隔热、隔声、防水、防火等功能。在寒冷地区和严寒地区的供热采暖期内，由门窗缝隙渗透而损失的热量占全部采暖耗热量的 25% 左右，所以，门窗密闭性的要求是这些地区建筑保温节能设计中极其重要的内容。

在保证门和窗的主要功能以及满足经济要求的前提下，还要求门窗坚固、耐久，开启灵活、方便，便于维修和清洗。

由于门窗的需求量非常大，所以，很多地区都建有按工业化生产方式生产加工定型门窗产品的生产企业。

3.5.1.2 门和窗的类型

1）按门窗的材料分类

门和窗按制造材料分，有木、钢、铝合金、塑料、玻璃钢等。此外还有钢塑、木塑、铝塑等复合材料制作的门窗。

木门窗制作加工简单方便，适于手工加工，是历史最悠久的一种门窗材料。普通木门窗多采用变形较少的松木和杉木，在一些高级装修中，多采用经过技术处理的硬杂木作为制作门窗的材料。由于木材不防火，而且大量采用木门窗会耗费大量的优质木材，这对于我们这个人均森林资源占有量非常低的国家来说是非常不利的。所以，开发生产更具优势的替代材料的门窗产品，应该是一个发展方向。

钢门窗断面小、挡光少、强度高、能防火。钢门窗所采用的型材经不断改进，已形成多种规格系列的型材，是被广泛采用的材料之一。但普通钢门窗易生锈、导热系数大，在严寒地区易结露结霜，且密闭性较差。表 3–11 列出了钢窗与木窗的透光率以做比较。

表 3–11　钢窗与木窗的透光率

材料	窗洞	钢窗		木窗	
式样					
采光面积	100%	77%	74%	60%~64%	56%~60%

铝合金门窗精致，密闭性优于钢门窗。铝的导热系数比钢更大，保温差且成本偏高。铝材在各行业中用量很大，产量受限，尚不能在一般大量性建筑中广泛采用。

塑料门窗热工性能好，其保温性能接近于木门窗，而其外观又接近于铝合金门窗，精致美观。塑料门窗的不足是其成本偏高，强度、刚度及耐老化性能还不能达到理想的要求。但是，随着塑料工业的发展，高强、耐老化的塑料门窗也在不断地研制开发，塑料门窗也将获得越来越广泛的应用。

复合材料门窗是集不同材料的性能之长、避其短的新型门窗，很有发展前途。采用绝热性能较好的材料，如塑料做隔离层制成的塑铝门窗则能大大地提高铝合金门窗的热工性能。给塑料门窗做一个提高其刚度的铝合金材料的框芯，也可以有效地改善塑料门窗易变形的问题。

2）按门窗的开启方式分类

门和窗的开启方式有很多种，而且门和窗都有一些特殊独用的开启方式，但是，门和窗采用最多的还是两种共用的开启方式——平开式和推拉式。

图 3–37 所示为窗的开启方式。

图 3–38 所示为门的开启方式。

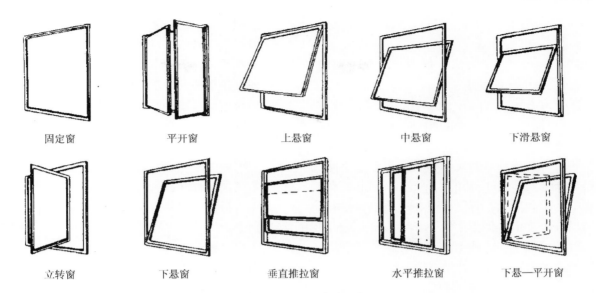

固定窗　　　平开窗　　　上悬窗　　　中悬窗　　　下滑悬窗

立转窗　　　下悬窗　　　垂直推拉窗　　水平推拉窗　　下悬—平开窗

图 3-37　窗的开启方式

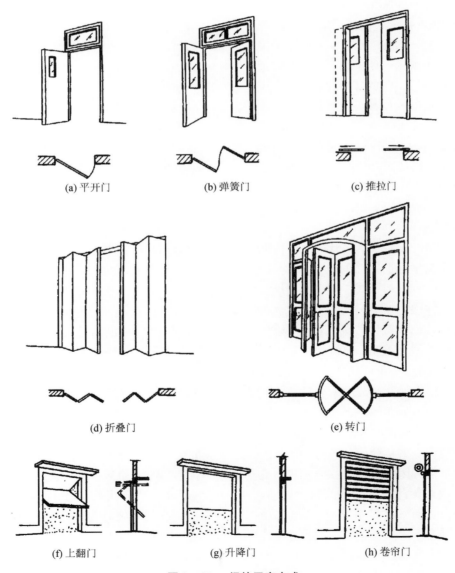

(a) 平开门　　　(b) 弹簧门　　　(c) 推拉门

(d) 折叠门　　　(e) 转门

(f) 上翻门　　　(g) 升降门　　　(h) 卷帘门

图 3-38　门的开启方式

为了叙述问题的方便,我们分别做一介绍。

(1)窗的开启方式

固定窗——不能开启,仅做采光和眺望之用,没有通风的功能。

平开窗——可以内开,也可以外开。平开窗构造简单,制作、安装、使用、维修都很方便,是应用最广泛的一种开启方式。

悬窗——按开启时转动横轴的位置的不同,悬窗又分为上悬窗、中悬窗、下悬窗。外开的上悬窗和中悬窗(指的下部外开)便于防雨,可用于外墙。悬窗也可用于内墙作为高侧窗或门上部的亮子窗,以利于通风。下悬窗不利于防雨,所以很少在外墙上采用。另一种新型的下悬平开窗,是在窗边框中安装复杂的金属配件,既可以下悬开启,也可以平开开启,根据使用者的需要,随手改换开启方式,由于这种特殊开启方式的金属配件比较复杂,其制作成本也比较高。

立转窗——这是一种开启时的转动竖轴设于窗扇中心或略偏于窗扇一侧的窗型。立转窗通风效果好,但不够严密,防雨的效果比较差。

推拉窗——分水平推拉和垂直推拉两种。水平推拉窗需在上、下设滑轨槽。垂直推拉窗除需在左、右设滑轨槽外,还要设置使窗扇开启后能够定位的卡位措施。推拉窗开启时不占室内外空间,且由于窗扇的受力比较均匀,可以将窗扇的尺寸做得比较大,有利于室内的采光和眺望。

(2)门的开启方式

平开门——与平开窗一样,平开门也有内开和外开之分。由于与平开窗同样的原因,平开门也是应用最广泛的一种开启方式。在平开门这种开启方式中,有一种称为弹簧门的特殊形式,也就是利用弹簧合页或地弹簧代替普通合页,以使门能够在开启后自动回弹关闭。弹簧门既有单向开启的,也有双向都能开启的。单向弹簧门的合页设在门的侧面,单向弹动,常用于有自动关闭要求的房间,如公共卫生间的门,或住宅中阳台的纱门等。双向弹簧门须用内外双向弹动的弹簧合页或采用设于地面上的地弹簧,多用于出入人流量较大和需要自动关闭的门,如各类公共建筑门厅的门等。双向弹簧门应安装透明的大玻璃,以便于出入的人们互相察觉和礼让。

推拉门——推拉门的开启关闭是通过安装在上方或地面上的水平轨道左右滑行完成的。滑动的门扇或靠在墙的内、外,或藏于夹层墙内。推拉门不占空间,受力合理,不易变形,因此,门扇可以做得大些,以增加人流量。门内、外两侧的地面相平,不设任何障碍性的配件,行走通行方便。用于公共建筑中的推拉门多采用玻璃门,并设有电动自动控制开关,通常是在门扇内、外的正上方安置光电管,或触动式设施进行控制。推拉门的配件较多,较平开门复杂,造价较高,且关闭不够严密,在寒冷地区,常在外门的内侧,于两道门之间(即门斗处)设暖风幕。

折叠门——当两个空间相连的洞口较大,或一个大房间需要临时分隔成两个小房间时,可用多扇折叠门,并折叠推移到洞口的一侧或两侧。当每侧均为双扇折叠门时,在两个门扇侧边用合页连接在一起,开启可同普通平开门一样。两侧均为多扇折叠门时,除在相邻各扇的侧面安装合页之外,还需要在门顶或门底装滑轮和导轨以及可转动的五金配件。当这种折叠门的扇数足够多的时候,实际上已经演变成3.4.2.4节中所介绍的移动式隔断了。

转门——这是一种装设在同一竖轴上的三扇或四扇互相间夹角相等、组合成风车形、在两个弧形门套内旋转的门。转门的装置与配件较为复杂,造价较高。转门可作为公共建筑中人员出入频繁、且有采暖或空调要求的外门,对减弱或防止室内、外空气的对流有一定的作用,门在转动时,各门扇之间形成的封闭空间起着门斗的作用。转门的通行速度较慢,因此,一般应在转门的两旁同时设置平开门,以增强大量人流时或紧急疏散时出入口的通行能力。

上翻门——这种门在门的两侧装有导轨,开启时,门扇随水平轴沿导轨上翻到门顶过梁下面,不占房间面积,还可避免门扇被碰损。

升降门——这种门开启时门扇沿两侧的导轨上升,不占使用空间,惟要求在门洞上部要留有足够的上升空间,开启的方式有手动和电动两种。

卷帘门——这种门是采用多片经冲压成型的金属页片连接而成的。开启时,由安装在门洞口上部的转动轴将页片卷起。卷帘门有手动和电动两种,当采用电动时,必须考虑停电时手动开启的备用设施。卷帘门适用于非频繁开启的大门。这种门制作复杂,造价较高。

3.5.1.3 门和窗的层数

我国幅员辽阔,各地的气候和环境条件差别

很大,门窗扇要求的层数也不相同。一般情况下,单层的门或窗已可满足基本的使用要求。而夏季蚊蝇多的地区,可在门、窗扇的一侧增设一层纱扇,成为一玻一纱的双层窗和双层门。在寒冷地区和严寒地区,为了满足保温和节能的需要,必须设双层窗和双层门,甚至三层玻璃的窗和门,例如单层扇双层玻璃、双层扇三层玻璃的窗和门。

3.5.2 木门窗构造

门和窗的功能作用各异（有时也有相同之处,如在有些情况下,门也兼有采光和通风的功能）,但两者在组成、安装方法、与墙的位置关系、框及扇断面形状尺寸等方面却基本相同或相近。

3.5.2.1 木门窗的组成和一般尺寸

木门窗的组成主要由框、扇、五金件及附件组成。

图 3 – 39 所示为平开木窗的组成及各部分的名称。

图 3 – 40 所示为平开木门的组成及各部分的名称。

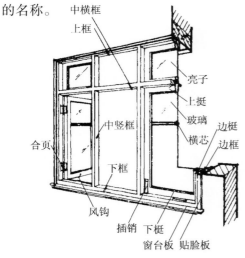

框由上框、中横框(腰框)、下框、边框、中竖框组成。其中,水平的上框、中横框(腰框)、下框也可以分别称为上槛、中横档(腰槛)、下槛。为了通行的方便,门框一般不设下槛。

扇由上梃、中梃、下梃、边梃、中竖梃组成。其中,水平的上梃、中梃、下梃也可以分别称为上冒头、中冒头(比较小截面的亦可称为窗芯或窗棂子)、下冒头。另外,有一种称为夹板门的门扇形式具有与此不同的构造方式,将在后面的相关部分进行介绍。

五金件主要包括各种合页、铰链、风钩、插销、拉手、门锁、停门器、导轨、转轴、滑轮等。

附件主要包括窗台板、窗帘盒、贴脸板、筒子板、门蹬等。

窗的尺寸一般应根据采光通风要求、结构构造要求和建筑造型等因素决定;门的尺寸确定则主要考虑交通联系、安全疏散的需要。同时,为了使门窗的设计与建筑设计、工业化和商品化生产以及施工安装相协调,门窗洞口的高度及宽度的标志尺寸应符合国家标准《建筑门窗洞口尺寸系列(GB5824 – 86)》的要求,即应取扩大模数3M的整数倍数。但考虑到某些建筑的特殊情况和需要,如住宅建筑因层高较小等因素的影响,也可根据实际需要采用 1 400 mm、1 600 mm 的窗高以及 700 mm、800 mm、1 000 mm 的门宽等非3M 模数系列的洞口尺寸。

从构造要求看,门窗扇的高度和宽度尺寸都

⇐图 3 – 39　平开木窗的组成

⇓ 图 3 – 40　平开木门的组成

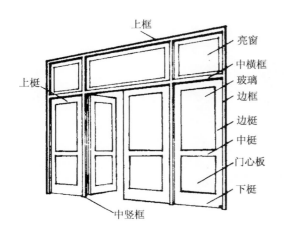

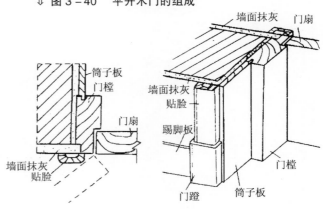

会由于用料、自身刚度、是否影响其他使用要求等原因而受到一定的限制。

一般平开窗的窗扇宽度尺寸（指标志尺寸，下同）不宜超过 600 mm，高度尺寸不宜超过 1 500 mm。当整樘窗的面积较大时，为了减少可开窗扇的尺寸，可在窗的上部或下部设亮子窗。北方地区的亮子窗采用固定式的比较多，而南方地区为了扩大通风面积，窗的上亮子常做成可以开启的形式。亮子窗的高度一般不超过 600 mm。

固定窗和推拉窗的尺寸一般可以大一些。但也不宜过大，否则，窗玻璃的厚度要加厚，推拉窗的开启灵活性也会受到影响。

一般平开门的门扇宽度尺寸不宜超过 1 000 mm，高度尺寸不宜超过 2 100 mm。整樘门的高度超过 2 100 mm 时，一般也是采用在门的上部设亮子窗的方式进行调整。

3.5.2.2 木门窗框

1）木门窗框的安装

木门窗框的安装有塞口安装和立口安装两种方法。

塞口安装方法又称后塞口或塞樘子。塞口安装就是在砌墙时先留出门窗洞口，以后再安装木门窗框。为了保证木门窗框与墙体的连接牢固，砌墙时需在门窗洞口两侧每隔 500～700 mm 砌入一块半砖大小的防腐木砖，且洞口每侧不应少于两块，安装木门窗框时，用长钉或螺钉将其钉在木砖上。

图 3-41 所示为塞口安装木窗框的构造。

立口安装方法又称先立口或立樘子。立口安装就是在施工时先将木门窗框立好（并做临时支撑），然后再砌框两侧的墙体。为了保证木门窗框与墙体的连接牢固，应在木门窗框的上槛和下槛各伸出约半砖长的木段（俗称槛出头或羊角），同时在边框外侧每隔 500～700 mm 设一木拉砖（或铁脚）砌入墙身。

图 3-42 所示为立口安装木窗框的构造。

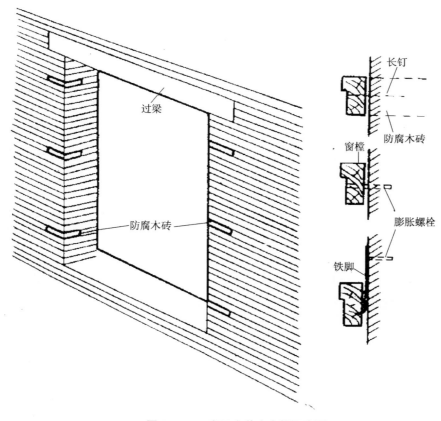

过梁

防腐木砖

长钉

防腐木砖

窗樘

膨胀螺栓

铁脚

图 3-41　塞口安装木窗框示意图

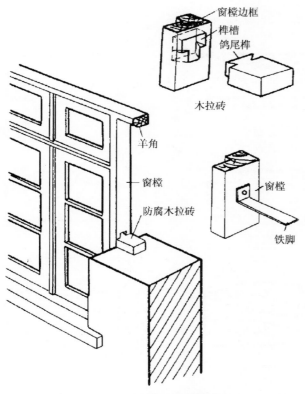

图 3 - 42 立口安装木窗框示意图

立口安装木门窗框的优点是框与墙体的连接较为紧密,缺点是施工不便,木门窗框及其临时支撑易被碰撞,有时还会产生移位和破损;而塞口安装木门窗框时,为了在向预留门窗洞口内塞入木门窗框时不被卡住,一般应将框的外形尺寸做得比预留门窗洞口小一些,即在框的四周各留 10～20 mm 的安装缝。因此,塞口安装方法时的木门窗框与墙体连接的紧密程度不及立口安装方法,但其施工方便,安装门窗工序的灵活性很大。一般门窗厂大批量生产的标准门窗都是按塞口安装方法进行加工制作的。

2)木门窗框断面形状尺寸及与墙体的关系

(1)木门窗框的断面形状及尺寸

木门窗框的断面形状尺寸的确定主要应考虑以下一些因素:横、竖框之间接榫和受力的需要;框与墙结合的需要;框与扇结合密闭的需要;防止变形和防止最小厚度处劈裂的需要等。

图 3 - 43 所示为木窗框的断面形状和参考尺寸。

图 3 - 44 所示为木门框的断面形状和参考尺寸。

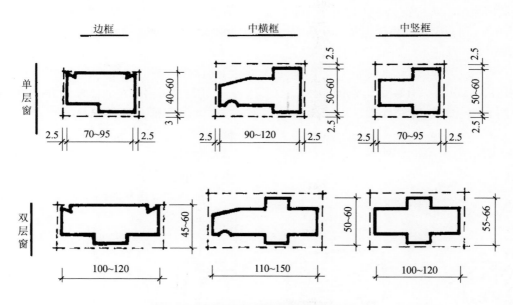

图 3 - 43 木窗框的断面形状和参考尺寸

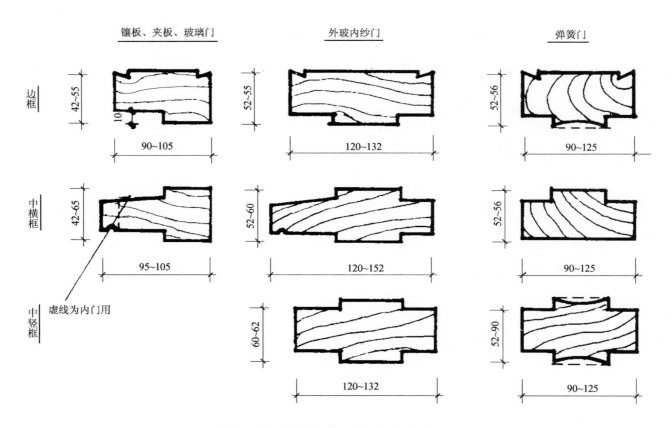

图 3－44 木门框的断面形状和参考尺寸

木门窗框断面的里侧一般要铲去深约 10 mm、宽与门窗扇料厚度相等的铲口（也称裁口），以便安装门窗扇。木门窗框断面的外侧（即框与墙体接触的一面）应在两角铲出灰口，墙面抹灰时用灰浆填塞，以使木门窗框与墙面抹灰的连接严密。

另外，木门窗框靠墙一面易受潮变形，因此，常在框的外侧开槽，并做防腐处理，以减少变形。

图 3－45 所示为木门窗框外侧开槽的示意图。

木门窗框断面的尺寸一般为经验数据，根据门窗整樘面积的大小以及门窗的层数不同而略有差异。通常单层窗框断面尺寸为 (40～60) mm×(70～95) mm，双层窗单窗框断面尺寸为 (45～60) mm×(100～120) mm，门樘的面积一般比窗樘大些，其框的断面尺寸一般也大些。

(2) 木门窗框在墙体厚度方向的位置

木门窗框在墙体厚度方向的位置一般有 3 种，见图 3－46 所示。一是框与墙外表面平(外平口)，这种做法在外墙上采用的比较少；二是框位于墙厚的中部 (中口)；三是框与墙内表面平 (里平口)，这时，内开的门窗扇可开至内墙面，因而不占室内空间。

图 3－45 木门窗框靠墙一面开槽示意图

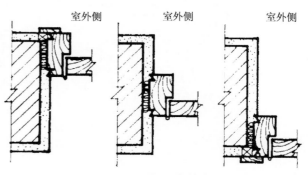

图 3－46 木门窗框在墙体厚度方向的位置

（3）木门窗框与墙体间的接缝处理

木门窗框与墙体间的接缝处主要应解决好密闭的问题。为了防风雨，墙外侧须用水泥砂浆嵌缝，也可采用油膏嵌缝；寒冷地区，为了保温和节能，框与墙体之间的缝隙应采用纤维或毡类如毛毡、矿棉、麻丝或泡沫塑料绳等填塞，如图3－47(a)、(b) 所示；而有些寒冷地区还有在门窗洞口两侧外缘做高低口，以增强密闭效果，如图3－47(b) 所示；当木门窗框采用里平口或外平口时，需在墙面抹灰与框的接缝处设置盖缝板（俗称贴脸板），木门窗框厚度一般小于墙厚，因此，比较高级的装修还可做筒子板，贴脸板和筒子板的背面一般也应开槽以防止变形，如图3－47(c)、(d)所示。

3.5.2.3　木门窗扇

1）木窗扇

（1）平开玻璃窗窗扇

平开玻璃窗的窗扇一般由上冒头、下冒头和两边的边梃榫接而成，有的中间还设窗芯（窗棂）。

窗扇的厚度约为35～42mm，一般为40mm，上、下冒头及边梃的宽度视木料的材质和窗扇的大小而定，一般为50～60mm，下冒头加做滴水槽或披水板时，可较上冒头适当加宽10～25mm，窗芯的宽度约为27～40mm。

披水板是内开窗扇必设的附件，以防止雨水流入室内。披水板下侧要做滴水槽。

图3－48所示为木窗扇的组成和用料。

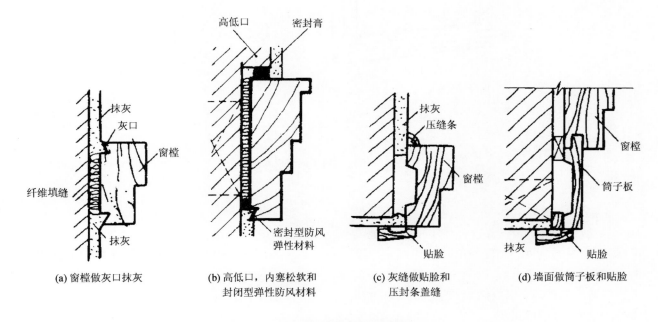

(a) 窗樘做灰口抹灰　　(b) 高低口，内塞松软和封闭型弹性防风材料　　(c) 灰缝做贴脸和压封条盖缝　　(d) 墙面做筒子板和贴脸

图3－47　木门窗框与墙体间的接缝处理

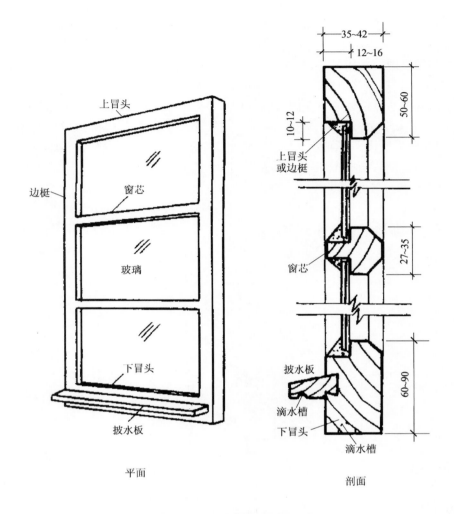

上冒头

边梃

窗芯

玻璃

下冒头

披水板

平面

35~42

12~16

50~60

10~12

上冒头
或边梃

窗芯

27~35

披水板

滴水槽

下冒头

滴水槽

60~90

剖面

图 3–48　木窗扇的组成和用料

为镶嵌玻璃，在冒头、边梃和窗芯上，做 10～12 mm 宽的铲口（裁口），铲口深度视玻璃厚度而定，一般为 12～15 mm，不超过窗扇厚度的 1/3。铲口通常设在窗扇外侧，以利防水。在窗扇铲口对应的一侧，一般做装饰性线脚，既减少木料的挡光，又增加美观。

图 3–49 所示为木窗扇线脚示例。

两个窗扇的接缝处可做高低缝或者加设盖缝条，以提高防风雨的能力和减少冷空气的渗透。

图 3–50 所示为木窗扇接缝处的加强密闭性措施。

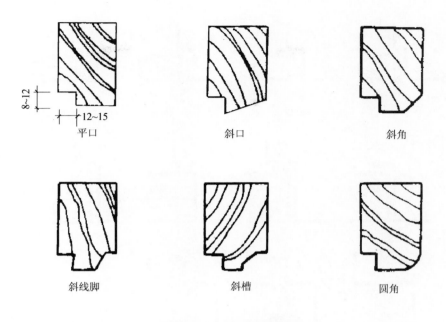

8~12
12~15

平口 　　　　　斜口 　　　　　斜角

斜线脚 　　　　　斜槽 　　　　　圆角

图 3-49　木窗扇线脚示例

盖缝条 　　　　　盖缝条

图 3-50　木窗扇接缝处加强密闭性措施

窗玻璃的选择首先要确定厚度，玻璃的厚度与窗扇分格的大小有关，一般常用窗玻璃的厚度为 3 mm，如果单块玻璃面积较大时，可采用 5 mm 和 6 mm 的玻璃。一般情况下选用普通平板玻璃即可，但有时也会根据不同的要求，选用一些特种玻璃。如为了加强保温、隔声的功能，可采用双层中空玻璃。需遮挡或模糊视线的，可选用磨砂玻璃或压花玻璃；为了安全和避免玻璃碎裂后落下伤人，还可以采用夹丝玻璃、钢化玻璃以及有机玻璃，为了增强隔热和防晒功能，可以采用有色玻璃、吸热玻璃、反射玻璃等。

木窗上的玻璃一般先用小钉固定，然后采用油灰（俗称腻子）镶嵌成斜角形，以利排除雨水和防止渗漏；要求较高的窗，也可采用具有良好弹性的玻璃密封膏进行密封，效果更好；在内墙上没有防雨要求的窗玻璃也可以采用小木条镶钉，既可固定，又很美观。

窗扇需经常开启，是渗漏风雨的主要部位。为了增强窗扇与窗框之间的密闭性，可在窗框的铲口（裁口）处做出回风槽，以减少风压和渗风量；也可以在窗扇与窗框接触的一侧做成斜面，以使窗扇与窗框外表面接口处的缝隙最小；还可以采用各种橡胶或塑料密封条进行处理。

图 3-51 所示为窗扇与窗框间的各种密闭防渗措施。

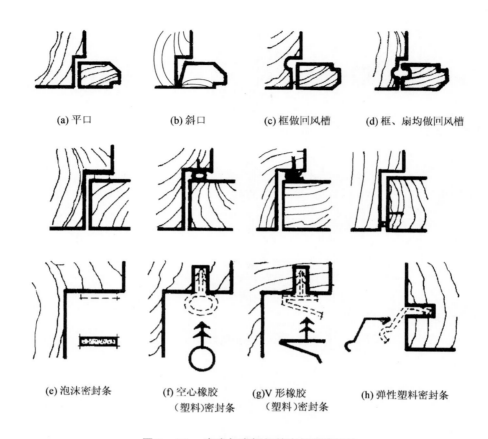

(a) 平口   (b) 斜口   (c) 框做回风槽   (d) 框、扇均做回风槽

(e) 泡沫密封条   (f) 空心橡胶（塑料）密封条   (g)V 形橡胶（塑料）密封条   (h) 弹性塑料密封条

图 3 - 51   窗扇与窗框间的密闭防渗措施

　　平开木窗的开启转动靠装设在框、扇之间的合页（铰链）来完成。窗用合页多用双袖式（双袖合页），窗扇可以自由摘下，便于维修和擦试。还有一种抽芯合页，其合页轴可以抽出，当摘卸窗扇时，先将合页轴抽出，窗扇自然脱离。抽芯合页比较精确，窗扇就位后晃动小，摘卸窗扇时，不需抬高窗扇便可取下，这对于窗扇开启后其上空隙较小的情况更为有利。当窗扇需要开启 180°时，或为了外开窗扇的维修和擦试玻璃外表面时的方便，可以选用长脚合页。

　　图 3 - 52 所示为各种常用木窗合页。

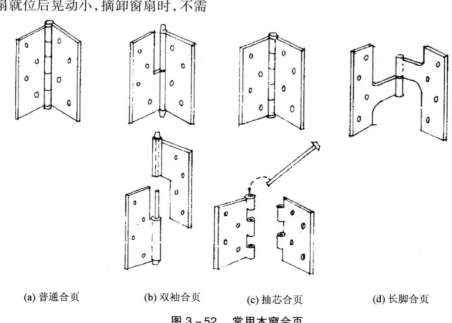

(a) 普通合页   (b) 双袖合页   (c) 抽芯合页   (d) 长脚合页

图 3 - 52   常用木窗合页

(2)双层窗

为了提高房间的保温、隔声要求,需设置双层窗。为了在开窗通风的同时防止蚊蝇等进入室内,也需要设置一玻一纱的双层窗。双层窗根据窗扇和窗框构造的不同,可以分为以下几种。

内外开窗——可以单框内外双裁口,内外各一层窗扇,分别开向内外。内、外扇均为玻璃扇时,其形式、尺寸完全相同,构造简单,也称为共框式双层窗。一玻一纱窗也是双层窗的一种,多为内外开。由于纱窗扇重量轻,窗料可以小一些。严寒地区一般墙体较厚,可以采用双框窗,也称为分框式双层窗。双框之间留有较宽的距离,便于擦洗玻璃。这对于寒冷地区有固定窗扇的双层窗很重要,所以应用较多。共框式双层窗由于框料尺寸不便太大,当有固定扇时,内外扇间距离常不能满足擦洗玻璃的要求。当然,对于非严寒地区全部为可开扇的一玻一纱窗,不存在这个问题。分框式双层窗内、外两层玻璃扇的净距离为 100 mm 左右,不宜过大,以免造成空气对流从而影响保温效果,且需在内、外扇中缝处分别设压缝条。这种内外开双层窗的外扇擦洗不便,因此,不宜用于中小学校。

图 3-53 所示为单框内外开保温窗。

双内开窗——内、外窗扇均向室内开启。这种双内开窗在我国寒冷地区采用较多,它的优点是擦洗和维修方便,安全可靠,窗扇不易受室外风雨损害和剥蚀,因而窗的使用寿命比较长。但这种窗的外扇尺寸要比内扇略小,构造复杂,遮光较重。严寒地区冬季房间密闭,因此,常在窗上装设内开通风换气窗。

图 3-54 所示为装有通风换气窗的双框双内开保温窗。

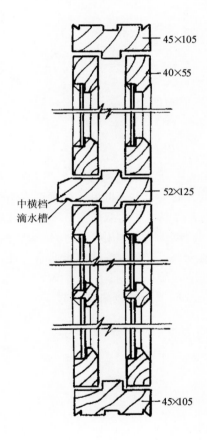

图 3-53　单框内外开保温窗

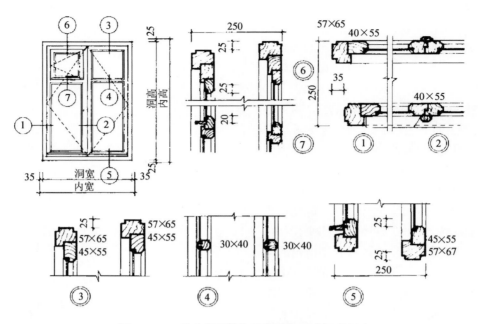

图 3-54　装有通风换气窗的双框双内开保温窗

子母扇窗——子扇附在母扇上，以合页镶在母扇上可以开启与合并。再将母扇用合页与窗框相连，形成夹有空气层的双层扇。子扇尺寸略小于母扇，但两者玻璃面积相同。子母扇窗为内开，母扇和子扇全部打开后，擦洗窗扇非常方便。子母扇窗较其他双层窗省料，透光面积大。

图 3-55 所示为子母扇窗构造。

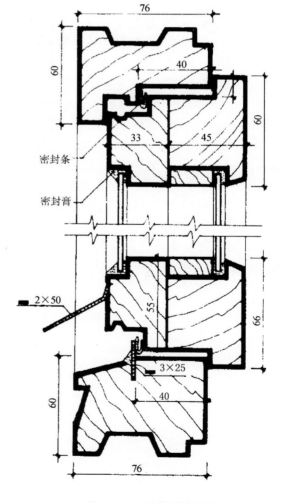

图 3-55　子母扇窗构造

双层玻璃扇和中空玻璃——在同一个窗扇上安装两层玻璃甚至三层玻璃的窗。玻璃的导热系数很大，很薄，从热工角度看，其本身仅起着隔断气流的防风作用，保温的作用较差。增加玻璃层数的目的，主要是利用它们形成的空气间层来提高保温性能。双层玻璃扇的扇形与普通单层玻璃扇基本一样，但其保温能力却有很大提高。三层玻璃的窗扇保温效果更好，但窗扇重量大，一般很少采用。当必须设置三层玻璃时，可采用双层窗扇三层玻璃的方式，即其中一层窗扇为双层玻璃扇。双层玻璃扇应注意空气间层的密封与内部蒸汽凝结和积灰的可能。双层玻璃的间隙一般控制在 10～15 mm 之间，过大会增大扇料尺寸和构造难度，过小则会影响空气间层热阻值的提高。双层玻璃的四周应采用橡塑或橡胶密封条和密封膏进行密封处理。

普通玻璃扇改用中空玻璃，相当于两层玻璃窗扇。使用中空玻璃，将简化窗的构造，节省窗料。中空玻璃是由两层或三层平板玻璃四周用夹条粘接密封而成，中间抽换干燥空气或惰性气体，形成中空密封玻璃。为保证低温下不产生蒸汽凝结，需要在边缘夹条内侧敷以干燥剂或混合于夹条粘接材料中。中空玻璃所用平板玻璃的厚度，视玻璃面积大小而定，多为 3～5 mm，其间层厚度多为 10～15 mm。成品中空玻璃均为系列的规格尺寸，其工艺复杂，成本较高，但其保温效果很好。图 3－56 所示为在单层窗扇中采用中空玻璃的构造。其中，中空玻璃与窗扇之间用密封膏粘接，扇与框之间采用了两道密封措施，第一道是采用弹性硬质塑料密封条安装在窗扇四周，另一道是采用橡胶空心密封条安装在框的裁口竖边上。框与扇之间的密闭方式是多种多样的，要视密闭要求、客观条件及技术经济水平而定。

2）木门扇

按构造方式的不同，木门扇常见的有框樘门和夹板门两种类型。还有一种采用特殊的铰链形式安装的弹簧门形式。

（1）框樘门

框樘门的构造方法与木窗扇相同，即由上冒头、下冒头、左右两侧边梃组成门扇的骨架，根据需要，有时还有一条或几条中冒头、中梃等。根据在门扇骨架中安设的材料的不同，又可分为镶板门（镶门心板，可以是木板或胶合板等）、镶玻璃门（安装平板玻璃或磨砂玻璃、压花玻璃等）、纱门（装设纱网）、百页门（安装百页）等。还有一种很常见的上部安装玻璃、下部安装门心板的门扇形式。

门扇的边梃和上冒头尺寸一般可取（40～50）mm ×（75～120）mm，中冒头、下冒头为了装锁和坚固要求，一般取（40～50）mm ×（150～200）mm。纱门自重较轻，用料可以小些。公共建筑的外门为了防止损坏、污染，或为装饰起见，可在下冒头外侧钉设铜或铝合金等金属面板。

图 3－57 所示为各种框樘门扇的立面形式。

图 3－58 所示为镶板（玻璃）门的构造。

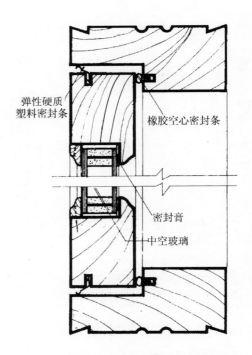

弹性硬质塑料密封条

橡胶空心密封条

密封膏

中空玻璃

图 3－56　单层扇中空玻璃保温木窗构造

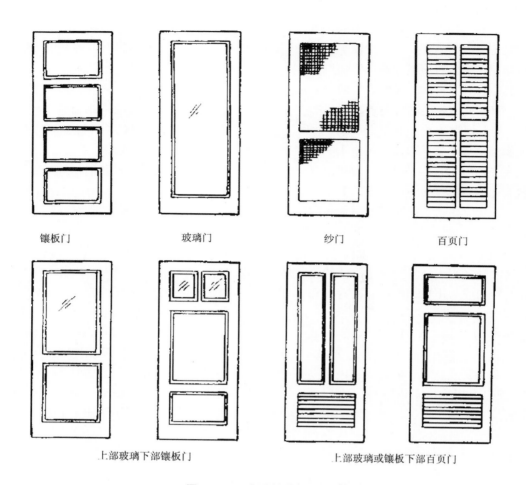

镶板门　　　　　玻璃门　　　　　纱门　　　　　百页门

上部玻璃下部镶板门　　　　　上部玻璃或镶板下部百页门

图 3-57　各种框樘门的立面形式

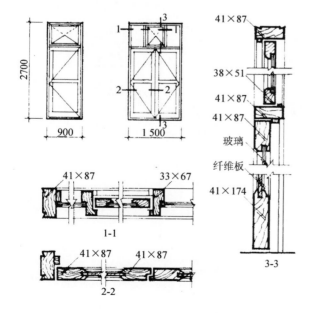

图 3-58　镶板(玻璃)门构造

(2)夹板门

夹板门是一种在小断面轻型骨架两侧粘贴各种薄型面材的门扇形式。这种门用料省、自重轻、外形简洁，便于工业化生产。夹板门能利用木材的边角余料制作骨架，因此非常经济，但其不如框樘门坚固，防潮、防变形性能较差，因此，主要用于内门。

夹板门的骨架一般用厚 32~35 mm、宽 34~60 mm 的木料做外框，内为格形纵横肋条，肋的断面尺寸一般比外框稍小，且与肋距和面板材料的厚度有关，肋距一般在 100~400 mm 之间，装锁处需另设附加木。为了保持门扇内的干燥，一般应在骨架间设置透气孔贯穿上下框格。

为了节约木材和减轻自重,还可用浸塑纸粘成蜂窝形网格,作为内肋填在外框内,两面用胶料贴板,成为蜂窝纸夹板门。

图 3-59 所示为夹板门的各种骨架形式。

夹板门的面板一般为胶合板、硬质纤维板或塑料板,用胶结材料双面胶结。面板一般不能胶至外框边,因为经常会受到碰撞而使面板撕裂,常采用的办法是在夹板门的四周用 15~20 mm 厚的木条进行镶边。

根据使用功能上的需要,夹板门上也可以做局部玻璃或百页,一般在镶玻璃及百页处,用木条框出范围安装。

图 3-60 所示为夹板门的构造。

(3)弹簧门

弹簧门门扇的构造方式与普通框樘门是完全一样的,所不同的是它的特殊的铰链形式。为使门扇能够自动关闭的弹簧铰链有单面弹簧、双面弹簧、地弹簧等。单面弹簧门多为单扇,常用于需要温度调节或视线及气味需要遮挡的房间,如厨房、厕所以及用做纱门等。双向弹簧门和地弹簧门通常都为双扇门,适用于公共建筑人流量较大的门。为避免人流出入互撞,应在门扇上装设玻璃。

双向弹簧门一般使用比较频繁,为了坚固的要求,其用料尺寸比普通框樘门要稍大一些,门扇厚度一般为 42~50 mm,上冒头及边梃的宽度为 100~120 mm,下冒头的宽度为 200~300 mm,中冒头的宽度根据需要确定。

双向弹簧门为了门扇双向的自由开启,门框不能做限制门扇开启的裁口,门扇上、下与门框间通常做成平缝,门扇左、右两侧与门框间以及门扇之间则应做成圆弧缝。

图 3-61 所示为弹簧门的局部构造。

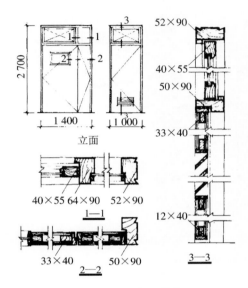

图 3-60　夹板门的构造

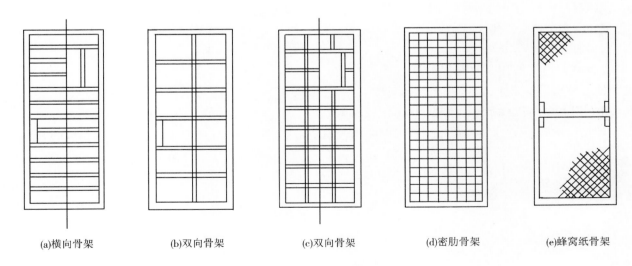

(a)横向骨架　　　(b)双向骨架　　　(c)双向骨架　　　(d)密肋骨架　　　(e)蜂窝纸骨架

图 3-59　夹板门骨架形式

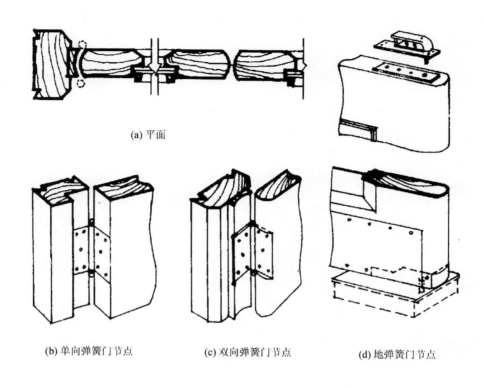

(a) 平面

(b) 单向弹簧门节点 (c) 双向弹簧门节点 (d) 地弹簧门节点

图 3 - 61 弹簧门的局部构造

3.5.3 钢门窗构造

3.5.3.1 钢门窗的类型

按照钢门窗所采用的型材的不同，可以分为实腹型和空腹型两大类型。

1）实腹型钢门窗

实腹型钢门窗所用型材是经热轧生产的专用型钢。目前我国钢门窗采用的实腹型钢有25 mm、32 mm、40 mm 三种规格（指型钢截面高度，即钢门窗的厚度）。一般根据门窗扇的面积大小来选择型钢的规格，通常窗料以 25 mm 和 32 mm 规格为主，门料则采用 32 mm 和 40 mm 规格的较多。

图 3-62 所示为实腹钢窗料型与规格举例。

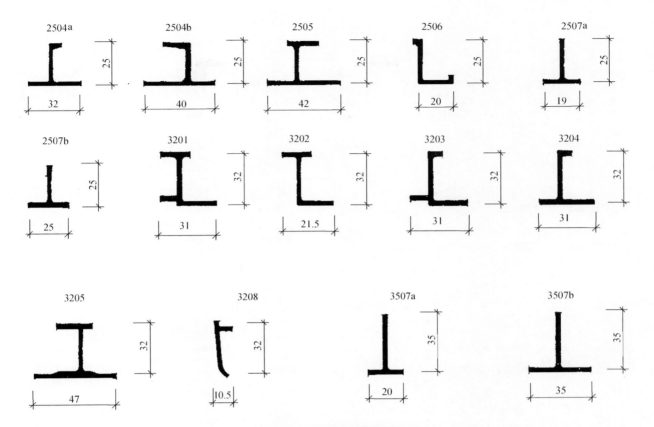

图 3-62　实腹钢窗料型与规格举例

2) 空腹型钢门窗

空腹型钢门窗所用型材是采用低碳带钢经冷轧、焊接而成的异型管状薄壁型材，壁厚为 1.2~2.5 mm。空腹型钢门窗用钢量比实腹型的少 40% 左右，且刚度较大，自重较轻。但空腹型壁薄不耐锈蚀。一般应在钢门窗成型后，对其内、外表面进行防锈处理，以增强其抗锈蚀能力。

空腹型钢的规格也分为 25 mm、32 mm、40 mm 三种规格。

目前我国空腹型钢门窗钢料分京式和沪式两个系列，断面形式略有差异。

图 3-63 为京 66 型空腹钢窗料型与规格举例。

图 3-64 为沪 68 型空腹钢窗料型与规格举例。

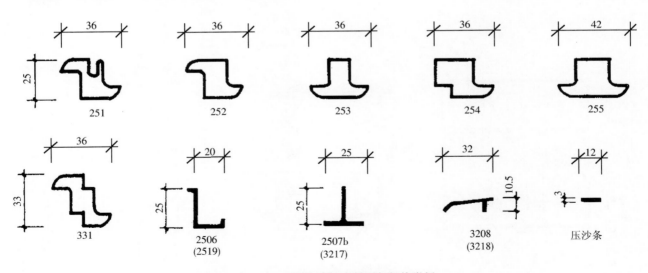

图 3-63　京 66 型空腹钢窗料型与规格举例

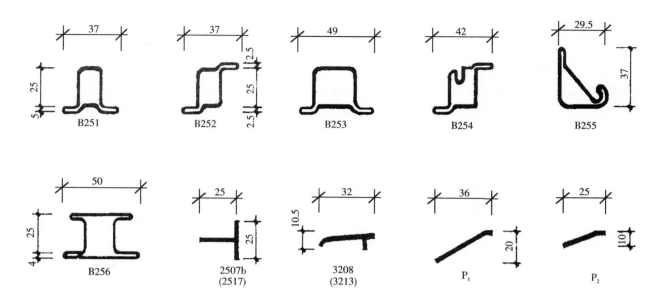

图 3-64　沪 68 型空腹钢窗料型与规格举例

3.5.3.2　钢门窗的基本形式和构造

钢门窗的工厂化生产一般都以标准化的系列门窗规格作为基本型。除了可以直接选用这些基本的门窗形式外,建筑中常见的带形窗和大面积窗还可以基本型钢窗为基础进行组合。

表 3-12 所示为实腹式基本钢门窗举例。

图 3-65 所示为实腹钢窗构造形式。

图 3-66 所示为京式空腹钢窗的构造形式。

图 3-67 所示为沪式空腹钢窗的构造形式。

表 3-12　实腹式基本钢门窗举例

高(mm) ＼ 宽(mm)		600	900 1 200	1 500 1 800
平开窗	600			
	900 1 200 1 500			
	1 500 1 800 2 100			
中悬窗	600 900 1 200			
	1 500 1 800			
高(mm) ＼ 宽(mm)		900	1 200	1 500 1 800
门	2 100 2 400			

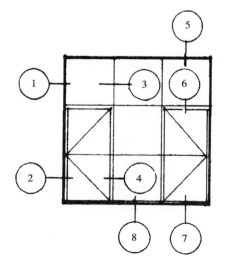

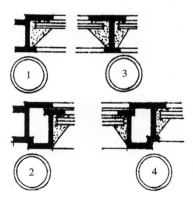

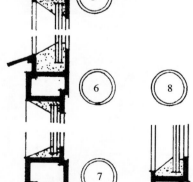

图 3-65　实腹钢窗构造形式

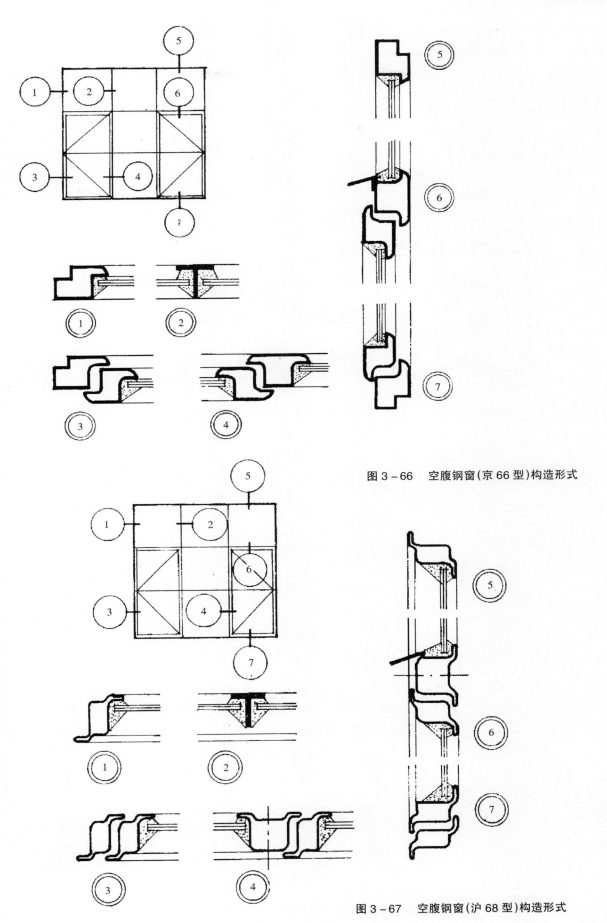

图 3－66　空腹钢窗(京 66 型)构造形式

图 3－67　空腹钢窗(沪 68 型)构造形式

钢门窗的安装均采用后塞口的方法。与木门窗塞口安装方法一样，在门窗洞口尺寸（应符合建筑模数的要求）的基础上，钢门窗框外形的设计尺寸应小于洞口尺寸 15～20 mm。

钢门窗框一般采用燕尾形铁脚或"Z"字形铁件等连接件与墙体连接固定。连接件的一端与钢门窗框之间进行焊接或用螺钉连接，另一端则用水泥砂浆将燕尾形铁脚嵌固于墙上预留孔中，或将"Z"字形铁件焊接于洞口两侧墙上的预埋铁件

上。框与洞口间的缝隙则在墙体表面装修时，用水泥砂浆填实密封。

图 3-68 所示为钢门窗与墙体的连接构造。

由于材料的不同，在钢门窗上安装玻璃的方法与木门窗有所不同，一般是先垫油灰（腻子），然后用钢弹簧卡子或钢夹将玻璃镶嵌在钢门窗扇上，最后用油灰封闭。

图 3-69 所示为钢门窗的玻璃安装方法。

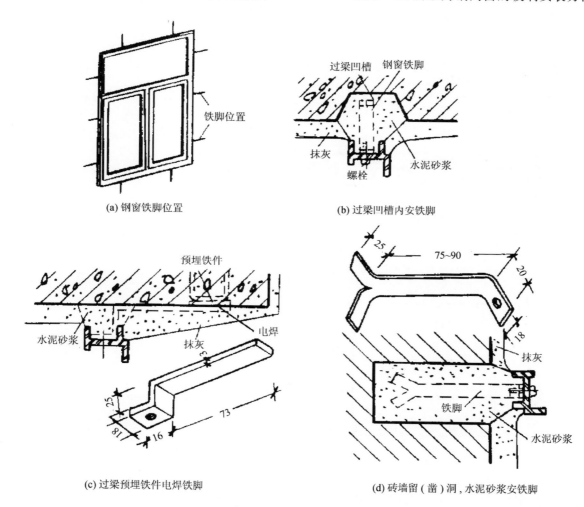

(a) 钢窗铁脚位置

(b) 过梁凹槽内安铁脚

(c) 过梁预埋铁件电焊铁脚

(d) 砖墙留（凿）洞，水泥砂浆安铁脚

图 3-68　钢门窗与墙体的连接构造

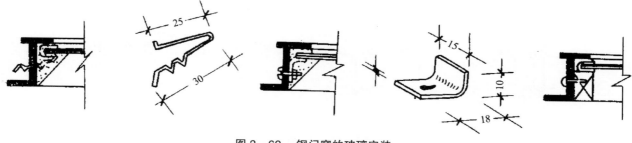

图 3-69　钢门窗的玻璃安装

3.5.3.3 钢窗的组合

钢窗的组合就是采用标准的基本钢窗进行组拼而形成大面积窗的一种方法。

组合钢窗时，首先用拼樘料（各种型钢或异型钢）纵横拼接以形成骨架并与墙体进行连接固定，然后将基本钢窗安装于骨架上。基本钢窗框与拼樘料之间用油灰嵌实。

图3－70所示为基本钢窗与拼樘料之间的连接构造。

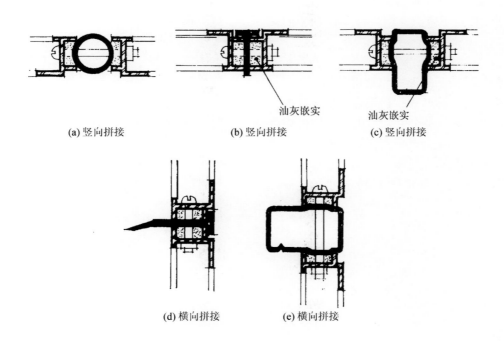

(a) 竖向拼接   (b) 竖向拼接   (c) 竖向拼接

(d) 横向拼接   (e) 横向拼接

图3－70　基本钢窗与拼樘料的连接

3.6 栏杆扶手构造

栏杆（有时采用栏板的形式）扶手是建筑中经常采用的一种设施，如楼梯段上、步数较多的台阶上、阳台上、上人的屋顶檐口处、临空的平台、通廊、外廊处等等，为了保证人的行走和活动的安全，必须要设置具有足够强度、坚固的栏杆（板）扶手。栏杆（板）扶手的设置要求在相关的部分已经做了介绍，这里重点介绍栏杆（板）扶手的构造做法。

3.6.1 栏杆(板)扶手的形式和常用材料

栏杆（板）扶手的形式常常是建筑师设计的一个重点，特别是在一些公共建筑的共享空间中的栏杆（板）扶手以及会影响到建筑立面效果的住宅阳台的栏杆(板)扶手等处。

图 3–71 所示为一些栏杆（板）扶手的立面效果图。

栏杆（板）扶手常采用的材料有硬木、钢、金属板材、玻璃、有机玻璃、钢筋水泥板等，由于材料的不同，其连接构造方法也不尽相同。

3.6.2 栏杆(板)扶手的构造做法
3.6.2.1 栏杆(板)与扶手的连接构造做法

栏杆（板）及扶手的材料不同，其连接构造方法也不一样；另外，在室内或室外设置栏杆（板）扶手，其材料也会有所不同。

室内楼梯的扶手采用硬木制品的较多，也有采用合金或不锈钢等金属材料以及工程塑料或石料的。室外楼梯考虑环境条件，采用木料的比较少，金属和塑料的比较常见，也有用石料及钢筋混凝土预制构件的做法。

金属扶手与金属栏杆可直接焊接连接；塑料扶手则通过插入并卡在焊于金属栏杆顶端的通长扁钢上与金属栏杆连接；采用硬木扶手时，也是先在金属栏杆顶端焊接一根通长扁钢，并在扁钢上每隔 300～500 mm 钻一小孔，然后用木螺钉通过小孔将硬木扶手固定；天然石材或人造石材的扶手，一般采用栏板式栏杆，用水泥砂浆粘结即可。

图 3–72 所示为一些常见的扶手与栏杆连接的构造做法。

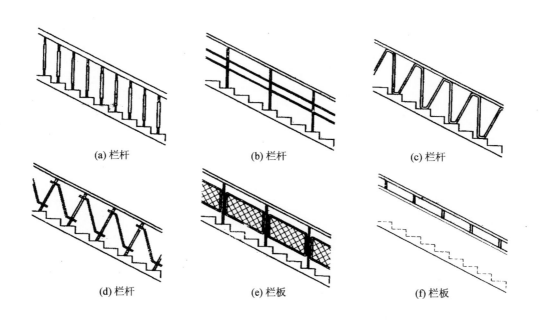

(a) 栏杆　　　(b) 栏杆　　　(c) 栏杆

(d) 栏杆　　　(e) 栏板　　　(f) 栏板

图 3–71　栏杆(板)扶手的立面效果

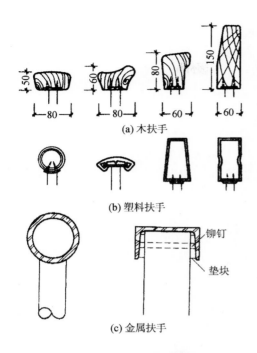

(a) 木扶手

(b) 塑料扶手

铆钉
垫块

(c) 金属扶手

图 3-72　扶手与栏杆的连接构造做法

3.6.2.2　栏杆与下部支承结构的连接构造做法

所谓下部支承结构是指楼梯段、台阶、阳台板、楼板等结构构件。栏杆与下部支承结构的连接有两种常见的方式：一种是在下部支承结构中预埋铁件，然后将金属栏杆焊于铁件上；另一种方式是，在下部支承结构上预留不浅于 100 mm 深的孔洞，将尾部做成燕尾形(以利锚固)的栏杆插入孔洞中，然后用细石混凝土或高强度等级水泥砂浆填实固定。

图 3-73 所示为栏杆与下部支承结构的连接构造做法。

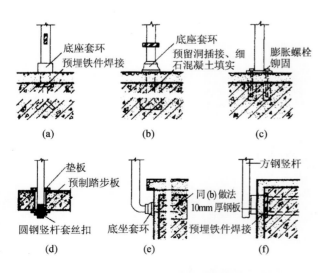

图 3-73　栏杆与下部支承结构的连接构造做法

3.6.2.3　栏杆扶手进墙(或柱)及靠墙楼梯扶手的连接构造做法

一般楼梯栏杆扶手到达顶层时，需与墙体或柱连接固定，以加强栏杆扶手的坚固安全。楼梯段较宽时，也会设置靠墙扶手。这时的连接构造做法也有两种常见的方式：一种是在墙或柱的相应位置预埋铁件，然后将栏杆扶手上的铁件(如栏杆顶端的通长扁钢)与预埋铁件焊牢；另一种方式是，在墙或柱上预留不浅于 100 mm 的孔洞，然后将栏杆扶手的铁件插入洞中，再用细石混凝土或高强度等级水泥砂浆填实固定。

图 3-74 所示为栏杆扶手进墙(或柱)及靠墙楼梯扶手的连接构造做法。

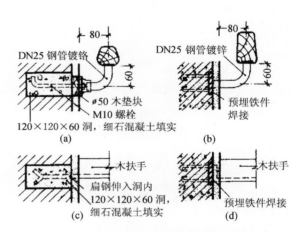

图 3-74　栏杆扶手进墙(或柱)及靠墙楼梯扶手的连接构造做法

对照图 3-73 和图 3-74 的做法比较一下，看看它们构造做法的共性是什么？从中你能得到什么学习建筑构造的方法？

复习思考题

3.1. 建筑装修的基本功能是什么？

3.2. 了解和掌握建筑装修的各种分类方法。重点掌握按构造方法不同区分的装修类型。

3.3. 建筑装修构造设计应注意哪些问题？

3.4. 对建筑装修的基层有哪些基本要求？

3.5. 建筑的室内和室外装修构造做法有什么相同和不同之处？

3.6. 了解和掌握灰浆整体式装修在外墙、内墙、楼地面、顶棚等部位的构造原理、基本构造要求和具体构造做法，能进行相应的装修构造设计。

3.7. 了解和掌握块材铺贴式装修在外墙、内墙、楼地面、顶棚等部位的构造原理、基本构造要求和具体构造做法，能进行相应的装修构造设计。

3.8. 了解和掌握骨架铺装式装修在外墙、内墙、楼地面、顶棚等部位的构造原理、基本构造要求和具体构造做法，能进行相应的装修构造设计。

3.9. 了解和掌握涂料涂刷式装修在外墙、内墙、楼地面、顶棚等部位的构造原理、基本构造要求和具体构造做法，能进行相应的装修构造设计。

3.10. 了解和掌握卷材铺贴式装修在屋顶、内墙、楼地面、顶棚等部位的构造原理、基本构造要求和具体构造做法，能进行相应的装修构造设计。

3.11. 了解和掌握清水式装修在外墙、内墙等部位的构造原理、基本构造要求和具体构造做法，能进行相应的装修构造设计。

3.12. 台阶、坡道构造设计时应注意哪些问题？

3.13. 把楼板层、地坪层、楼梯、台阶(坡道)放在一起做一个分析比较，看看它们之间有什么相同点和不同点？

3.14. 踢脚的功能作用有哪些？

3.15. 踢脚的构造有哪些要求和做法？

3.16. 隔墙和隔断的特点是什么？

3.17. 隔墙和隔断的设计要求有哪些？

3.18. 隔墙与隔断的相同点和不同点有哪些？

3.19. 了解和掌握隔墙的构造类型、原理和做法，能进行隔墙的构造设计。

3.20. 了解和掌握隔断的构造类型、原理和做法，能进行隔断的构造设计。

3.21. 门的功能作用是什么？

3.22. 窗的功能作用是什么？

3.23. 门窗的设计要求有哪些？

3.24. 门窗的常用材料有哪些？各自有哪些优缺点？

3.25. 门窗各有哪些常见的开启方式？其适用条件和优缺点各是什么？

3.26. 门窗的组成有哪几部分？各部位的具体名称是什么？

3.27. 门窗框的安装方法有哪些？具体的安装方法是什么？它们各有什么优缺点？

3.28. 门窗框的断面形状和尺寸如何？确定这些断面形状和尺寸的依据是什么？

3.29. 门窗框在墙厚度方向的位置有哪几种？它们各有什么特点和要求？

3.30. 门窗框与墙体之间的接缝处在设计时应注意什么问题？

3.31. 窗扇有哪些常见的类型？它们的适用条件和优缺点是什么？

3.32. 窗扇各部位的断面形状和尺寸如何？确定这些断面形状和尺寸的依据是什么？

3.33. 门扇有哪些常见的形式？它们各有什么优缺点？

3.34. 门扇（各种形式）各部位的断面形状和尺寸如何？确定这些断面形状和尺寸的依据是什么？

3.35. 钢门窗有哪些类型？各有什么优缺点？

3.36. 钢窗的组合有哪些构造要求？

3.37. 建筑的哪些部位会设置栏杆（板）扶手?栏杆(板)扶手设置的要求是什么？

3.38. 掌握各种不同材料及不同部位的栏杆(板)扶手的连接构造做法。

4 建筑变形缝

当一个建筑物的规模很大，特别是平面尺寸很大时；或者是当建筑物的体型比较复杂，建筑平面有较大的凸出凹进的变化、建筑立面有较大的高度尺寸差距时；或者是建筑物各部分的结构类型不同，因而其质量和刚度也明显不同时；或者是建筑物的建造场地的地基土质比较复杂、各部分土质软硬不匀、承载能力差别比较大时，如果不采取正确的处理措施的话，就可能由于环境温度的变化、建筑物的沉降和地震作用等原因，造成建筑物从结构到装修各个部位不同程度的破坏，影响建筑物的正常使用，严重的还可能引起整个建筑物的倾斜、倒塌，造成彻底的破坏。为避免出现上述严重的后果，常常采用的解决办法就是在建筑物的相应部位设置变形缝。

所谓变形缝，实际上就是把一个整体的建筑物从结构上断开，划分成两个或两个以上的独立的结构单元，两个独立的结构单元之间的缝隙就形成了建筑的变形缝。设置了变形缝之后，建筑物从结构的角度看，其独立单元的平面尺寸变小了，复杂的结构体型变得简单了，不同类型的结构之间相对独立了，每个独立的结构单元下的地基土质的承载能力差距不大了。这样，当环境温度的变化、建筑物的沉降、地震作用等情形出现时，建筑物不能正常使用甚至结构遭到严重破坏等后果就可以避免了。当然，建筑物设置变形缝使其从结构上断开、被划分成两个或两个以上的独立的结构单元之后，在变形缝处还要进行必要的构造处理，以保证建筑物从建筑的角度（例如建筑空间的连续性，建筑保温、防水、隔声等围护功能的实现）上仍然是一个整体。

4.1 变形缝的类型和设置条件

根据建筑变形缝设置原因的不同，一般将其分为 3 种类型，即温度伸缩缝（简称伸缩缝）、沉降缝、防震缝。下面分别对这 3 种变形缝设置的条件进行介绍。

4.1.1 温度伸缩缝

各种材料一般都有热胀冷缩的性质，建筑材料也不例外。当一个建筑所处的环境温度发生变化时，特别是当建筑物的规模和平面尺寸过大时，其由于热胀冷缩性质引起的绝对变形量会非常大。由于建筑各构件之间的相互约束作用，会引起结构产生附加应力，当这种附加应力值超过建筑结构材料的极限强度值时，结构就会出现裂缝或更严重的破坏，如墙体或楼盖、屋盖开裂，结构表面的装修层破裂，门窗洞口变形引起门窗开启受限制，屋顶防水层断裂、漏水等。为了避免这种现象出现而设置的变形缝就称为温度伸缩缝。

表 4-1 为砌体房屋温度伸缩缝的最大间距允许值；表 4-2 为钢筋混凝土结构伸缩缝最大间距允许值。

表 4-2　混凝土结构伸缩缝最大间距　（m）

结构类别		室内或土中	露天
排架结构	装配式	100	70
框架结构	装配式	75	50
	现浇式	55	35
剪力墙结构	装配式	65	40
	现浇式	45	30
挡土墙、地下室墙壁等类结构	装配式	40	30
	现浇式	30	20

注：1. 装配整体式结构房屋的伸缩缝间距宜按表中现浇式的数值取用。

　2. 框架-剪力墙结构或框架-核心筒结构房屋的伸缩缝间距可根据结构的具体布置情况取表中框架结构与剪力墙结构之间的数值。

　3. 当屋面无保温或隔热措施时，框架结构、剪力墙结构的伸缩缝间距宜按表中露天栏的数值取用。

　4. 现浇挑檐、雨篷等外露结构的伸缩缝间距不宜大于 12 m。

　5. 对下列情况，本表中的伸缩缝最大间距宜适当减小：

　　1）柱高（从基础顶面算起）低于 8 m 的排架结构；

　　2）屋面无保温或隔热措施的排架结构；

　　3）位于气候干燥地区、夏季炎热且暴雨频繁地区的结构或经常处于高温作用下的结构；

　　4）采用滑模类施工工艺的剪力墙结构；

　　5）材料收缩较大、室内结构因施工外露时间较长等。

　6. 对下列情况，如有充分依据和可靠措施，本表中的伸缩缝最大间距可适当增大：

　　1）混凝土浇筑采用后浇带分段施工；

　　2）采用专门的预加应力措施；

　　3）采取能减小混凝土温度变化或收缩的措施。

　　当增大伸缩缝间距时，尚应考虑温度变化和混凝土收缩对结构的影响。

表 4-1　砌体房屋温度伸缩缝的最大间距　　　　　（m）

屋盖或楼盖类别		间距
整体式或装配整体式钢筋混凝土结构	有保温层或隔热层的屋盖、楼盖	50
	无保温层或隔热层的屋盖	40
装配式无檩体系钢筋混凝土结构	有保温层或隔热层的屋盖、楼盖	60
	无保温层或隔热层的屋盖	50
装配式有檩体系钢筋混凝土结构	有保温层或隔热层的屋盖、楼盖	75
	无保温层或隔热层的屋盖	60
瓦材屋盖、木屋盖或楼盖、轻钢屋盖		100

注：1. 对烧结普通砖、多孔砖、配筋砌块砌体房屋取表中数值；对石砌体、蒸压灰砂砖、蒸压粉煤灰砖和混凝土砌块房屋取表中数值乘以 0.8 的系数。当有实践经验并采取有效措施时，可不遵守本表规定。

　2. 在钢筋混凝土屋面上挂瓦的屋盖应按钢筋混凝土屋盖采用。

　3. 按本表设置的墙体伸缩缝，一般不能同时防止由于钢筋混凝土屋盖的温度变形和砌体干缩变形引起的墙体局部裂缝。

　4. 层高大于 5 m 的烧结普通砖、多孔砖、配筋砌块砌体结构单层房屋，其伸缩缝间距可按表中数值乘以 1.3。

　5. 温差较大且变化频繁地区和严寒地区不采暖的房屋及构筑物墙体的伸缩缝的最大间距，应按表中数值予以适当减小。

　6. 墙体的伸缩缝应与结构的其他变形缝相重合，在进行立面处理时，必须保证缝隙的伸缩作用。

从表4-1和表4-2中可以看出,各种类型建筑物设置温度伸缩缝的限制条件有很大的差别,小到平面尺寸超过20 m就应设缝,大到平面尺寸达到100 m时才要设缝。造成这种差别的原因:首先是结构材料的不同,其材料的伸缩率以及材料的极限强度(主要是抗拉极限强度)也就不同,如砖、石、混凝土砌块等形成的砌体与钢筋混凝土材料的差别,钢筋混凝土材料与木材的差别等;其次是结构构造整体程度上的差别,也会造成其抵抗由附加应力引起的变形的能力上的差异,如现浇整体式结构对附加应力的敏感程度比预制装配式结构的就大得多;再有就是建筑物的屋顶是否设有保温层或隔热层等,其结构系统对温度变化而引起的附加应力的敏感程度显然也会明显的不同。理解这些形成设缝条件差别的原因,对掌握温度伸缩缝的设计原理和构造做法将十分有利,比只记住表格中的枯燥数据更有意义。

4.1.2 沉降缝

地基土层在受到外界压力 (如建筑物的竖向荷载)时会产生压缩变形,当外界压力的大小差别较大或地基土层的软硬程度不均匀、承载能力差别较大时,就会造成地基土层被压缩的程度上的差别,从而引起建筑物整体上的不均匀沉降,使建筑物的结构系统产生附加应力,致使某些薄弱部位被破坏。沉降缝就是为了避免出现这种后果而设置的一种变形缝。凡是遇到下列情况的,均应考虑设置沉降缝:

①当建筑物建造在不同地基上,且难以保证不出现不均匀沉降时;

②当建筑物各部分相邻基础的形式、基础宽度及其埋置深度相差较大,造成基础底部压力有很大差异,易形成不均匀沉降时;

③同一建筑物相邻部分的高度相差较大或荷载大小相差悬殊或结构形式截然不同,易导致不均匀沉降时,如图4-1(a)所示;

④建筑物体型比较复杂,连接部位又比较薄弱时,如图4-1(b)所示;

⑤新建建筑物与原有建筑物紧相毗连时,如图4-1(c)所示。

4.1.3 防震缝

在抗震设防地区,当建筑物体型比较复杂或建筑物各部分的结构刚度、高度以及竖向荷载相差较悬殊时,为了防止建筑物各部分在地震时由于整体刚度不同、变形差异过大而引起的相互牵拉和撞击破坏,应在变形敏感部位设置变形缝,将建筑物分割成若干规整的结构单元,每个单元的体型规则、平面规整、结构体系单一,以防止在地震作用下建筑物各部分相互挤压、拉抻,造成破坏,这种变形缝就称为防震缝。对于多层砌体房屋的结构体系来说,在设计烈度为8度和9度且有下列情况之一时,宜设置防震缝,缝两侧均应设置墙体:

①房屋立面高差在6 m以上时;

②房屋有错层,且楼板错开高差较大时;

③各部分结构刚度、质量截然不同时。

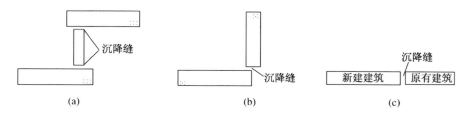

(a)　　　　　　　　　(b)　　　　　　　　　(c)

图4-1 沉降缝的设置部位示意

以上 3 种变形缝的设置，解决了建筑物由于受温度变化、地基不均匀沉降以及地震作用的影响而可能造成的各种破坏；但是，由于变形缝的构造复杂，也给建筑物的设计和施工带来了一定的难度。因此，设置变形缝不是解决此类问题的惟一办法，可以通过加强建筑物的整体性和整体刚度来抵抗各种因素引起的附加应力的破坏作用，也可通过改变引起结构附加应力的影响因素的状态的方式达到同样的目的。例如：可以采用附加应力钢筋加强建筑物的整体性，来抵抗可能产生的温度应力，使之少设或不设温度伸缩缝；在工程设计时，应尽可能通过合理的选址、地基处理、建筑物体型的优化、结构类型的选择和计算方法的调整以及施工程序上的配合（如高层建筑与裙房之间采用钢筋混凝土后浇带的办法）来

避免或克服不均匀沉降，从而达到不设或尽量少设沉降缝的目的；对于多层和高层钢筋混凝土房屋来说，宜通过选用合理的建筑结构方案而不设防震缝。总之，变形缝的设置与否，应综合分析各种影响因素，根据不同情况区别对待。

4.2 变形缝的构造

变形缝的设置，实际上是将一个建筑物从结构上划分成了两个或两个以上的独立单元。但是，从建筑的角度来看，它们仍然是一个整体。为了防止风、雨、冷热空气、灰尘等侵入室内，影响建筑物的正常使用和耐久性，同时也为了建筑物的美观，必须对变形缝处予以覆盖和装修。这些覆盖和装修，必须保证其在充分发挥自身功能的同时，使变形缝两侧结构单元的水平或竖向相对位移和变形不受限制。

4.2.1 变形缝构造的基本要求

4.2.1.1 变形缝的宽度要求

由于 3 种变形缝两侧的结构单元之间的相对位移和变形的方式不同，3 种变形缝对其缝隙宽度的要求也不一样。

温度伸缩缝的宽度一般在 20～40 mm。

沉降缝的宽度与地基的性质和建筑物的高度有关，具体缝宽要求见表 4－3。

表 4－3 沉降缝宽度

地基性质	建筑物高度（H）或层数	缝宽（mm）
一般地基	$H < 5$ m	30
	$H = 5 \sim 10$ m	50
	$H > 10 \sim 15$ m	70
软弱地基	2～3 层	50～80
	4～5 层	80～120
	≥6 层	>120
湿陷性黄土地基		≥30～70

注：沉降缝两侧结构单元层数不同时，其缝宽应按高层部分的高度确定。

防震缝的宽度应根据建筑物的高度和抗震设计烈度来确定。

在多层砌体房屋的结构体系中，防震缝的缝宽可采用 50～100 mm。

在钢筋混凝土房屋的结构体系中设置的防震缝的缝宽应符合下列要求。

①框架房屋和框架－剪力墙房屋，当高度不超过 15 m 时，可采用 70 mm。当高度超过 15 m 时，按如下不同设防烈度增加缝宽：

6 度地区，每增加高度 5 m，缝宽宜增加 20 mm；

7 度地区，每增加高度 4 m，缝宽宜增加 20 mm；

8 度地区，每增加高度 3 m，缝宽宜增加 20 mm；

9 度地区，每增加高度 2 m，缝宽宜增加 20 mm。

②剪力墙房屋的防震缝宽度，可采用框架房屋和框架－剪力墙房屋防震缝宽度数值的 70%。

4.2.1.2 变形缝的结构处理

变形缝是将一个建筑物从结构上断开，但由于 3 种变形缝两侧的结构单元之间的相对位移和变形的方式不同，3 种变形缝的结构处理是有一些差异的。

1）温度伸缩缝的结构处理

温度伸缩缝要求将建筑物的墙体、楼层、屋顶等地面以上的结构构件全部断开，但基础部分因受温度变化影响较小，不必断开。这样做可保证温度伸缩缝两侧的建筑构件能在水平方向自由伸缩。

在砌体结构中，墙和楼板及屋顶结构布置时，在温度伸缩缝处可采用单墙方案，也可以采用双墙方案，如图 4－2(a)所示。

在框架结构中，温度伸缩缝处的结构一般可采用悬臂梁方案，如图 4－2(b)所示；也可以采用双梁双柱方案，如图 4－2(c)所示。

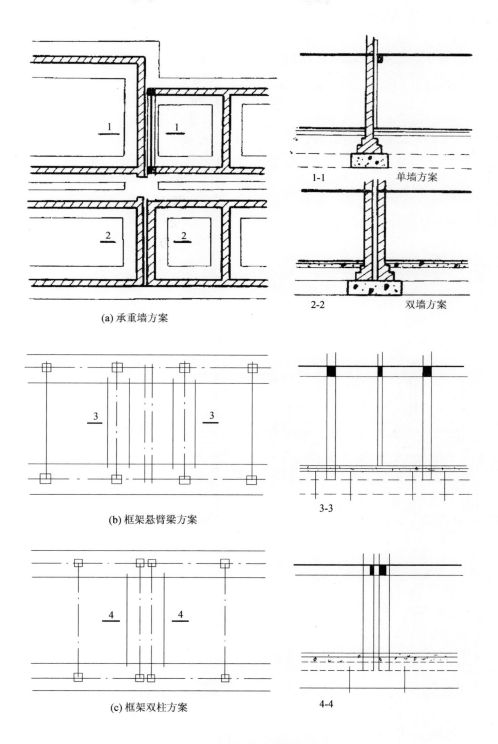

(a) 承重墙方案

1-1　单墙方案

2-2　双墙方案

(b) 框架悬臂梁方案

3-3

(c) 框架双柱方案

4-4

图 4-2　伸缩缝两侧结构布置

2）沉降缝的结构处理

沉降缝与温度伸缩缝最大的区别在于温度伸缩缝只需保证建筑物在水平方向的自由伸缩变形，而沉降缝主要应满足建筑物各部分在垂直方向的自由沉降变形，故应将建筑物从基础到屋顶全部断开。同时，沉降缝也应兼顾温度伸缩缝的作用，故应在构造设计时满足伸缩和沉降的双重要求。

基础沉降缝应避免因不均匀沉降造成的相互干扰。常见的砖墙条形基础处理方法有双墙偏心基础、挑梁基础和交叉式基础等 3 种方案，如图 4 - 3 所示。

双墙偏心基础整体刚度大，但基础偏心受力，并在沉降时产生一定的挤压力，如图 4 - 3(a)所示。

采用双墙交叉式基础方案，地基受力将有所改善，如图 4 - 3(c)所示。

挑梁基础方案能使沉降缝两侧基础分开较大距离，相互影响较少。当沉降缝两侧基础埋深相差较大或新建筑与原有建筑毗连时，宜采用挑梁方案，如图 4 - 3(b)所示。

3）防震缝的结构处理

防震缝应沿建筑物全高设置，通常基础可不断开，但对于平面形状和体型复杂的建筑物，或与沉降缝合并设置时，基础也应断开。

防震缝的两侧应布置墙或柱，形成双墙、双柱或一墙一柱，使各部分结构封闭，以提高其整体刚度，如图 4 - 4 所示。

防震缝应尽量与温度伸缩缝、沉降缝结合布置，并应同时满足 3 种变形缝的设计要求。

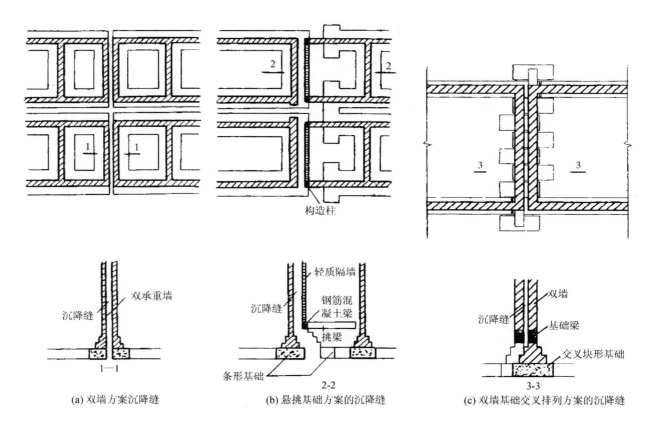

(a) 双墙方案沉降缝   (b) 悬挑基础方案的沉降缝   (c) 双墙基础交叉排列方案的沉降缝

图 4 - 3　基础沉降缝两侧结构布置

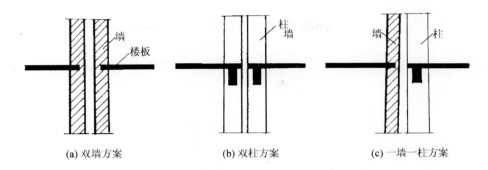

(a) 双墙方案　　　　(b) 双柱方案　　　　(c) 一墙一柱方案

图 4 – 4　　防震缝两侧结构布置

4.2.2　变形缝的缝口形式及盖缝构造

为了防止外界自然条件对建筑物的室内环境的侵袭，避免因设置了变形缝而出现房屋的保温、隔热、防水、隔声等基本功能降低的现象，也为了变形缝处的外形美观，应采用合理的缝口形式，并做盖缝和其他一些必要的缝口处理。

3 种变形缝的盖缝构造做法是有差别的。在变形缝盖缝材料的选择时，应注意根据室内、外环境条件的不同以及使用要求区别对待。3 种变形缝各自不同的变形特征则是导致其盖缝形式产生差异的原因。

建筑物外侧表面的盖缝处理（如外墙外表面以及屋面）必须考虑防水要求，因此，盖缝材料必须具有良好的防水能力，一般多采用镀锌铁皮、防水油膏等材料；建筑物内侧表面的盖缝处理（如墙内表面，楼、地面上表面以及楼板层下表面）则更多地考虑满足适用性、舒适性、美观性等方面的要求，因此，墙面及顶棚部位的盖缝材料多以木制盖缝板（条）、铝塑板、铝合金装饰板等为主，楼、地面处的盖缝材料则常采用各种石质板材、钢板、橡胶带、油膏等材料。

4.2.2.1　墙体变形缝的节点构造

1）墙体伸缩缝构造

墙体伸缩缝一般可做平缝、错口缝和企口缝等形式，如图 4 – 5 所示，缝口形式主要根据墙体材料、厚度以及施工条件而定。

为避免外界自然因素对室内的影响，外墙外侧缝口应填塞或覆盖具有防水、保温和防腐性能的弹性材料，如沥青麻丝、泡沫塑料条、橡胶条、油膏等。当缝口较宽时，还应采用镀锌铁皮、铝片等金属调节片覆盖。如墙面做抹灰处理时，为防止抹灰脱落，应在金属片上加钉钢丝网后再抹灰。填缝或盖缝材料及其盖缝构造应保证伸缩缝两侧的结构在水平方向的自由伸缩，如图 4 – 6 所示。

外墙内侧及内墙缝口通常用具有一定装饰效果的木质盖缝（板）条遮盖，木板（条）固定在缝口的一侧，也可采用铝塑板或铝合金装饰板做盖缝处理，如图 4 – 7 所示。

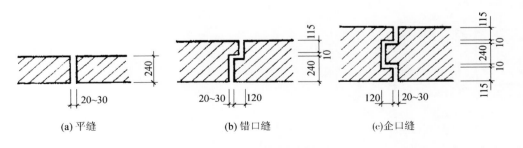

(a) 平缝　　　　(b) 错口缝　　　　(c) 企口缝

图 4 – 5　　砖墙伸缩缝缝口截面形式

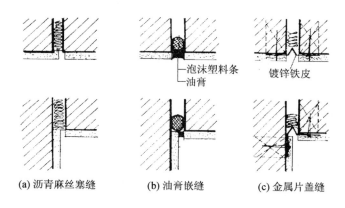

(a) 沥青麻丝塞缝　　　(b) 油膏嵌缝　　　(c) 金属片盖缝

图 4-6　外墙外侧伸缩缝缝口构造

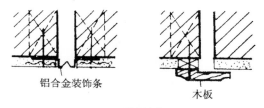

(a) 平直墙体

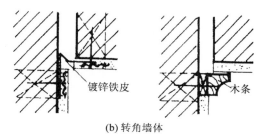

(b) 转角墙体

图 4-7　外墙内侧及内墙伸缩缝缝口构造

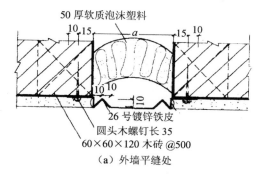

（a）外墙平缝处

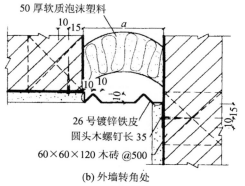

(b) 外墙转角处

图 4-9　墙体防震缝外侧缝口构造

2）墙体沉降缝构造

沉降缝一般兼起伸缩缝的作用。墙体沉降缝构造与伸缩缝构造基本相同，只是金属调节片或盖缝板在构造上应能保证两侧结构在竖向的相对变形不受约束。墙体沉降缝外缝口构造如图4-8所示，读者应注意其盖缝用的金属调节片与图4-6所示的伸缩缝缝口处盖缝用的镀锌铁皮在适应缝两侧结构自由变形方式上的不同。墙体沉降缝内缝口的构造，当采用木质或塑料盖缝板时，与墙体伸缩缝内缝口的构造基本相同，而采用镀锌铁皮等金属板材盖缝时，则应与墙体沉降缝外缝口构造相同。

另外，沉降缝两侧一般均采用双墙处理的方式，缝口截面形式只有平缝的形式，而不采用错口缝和企口缝的形式。

3）墙体防震缝构造

墙体防震缝构造与伸缩缝和沉降缝构造基本相同，只是防震缝一般较宽，构造上更应注意盖缝的牢固、防风、防水等措施，且不应做成错口缝或企口缝的缝口形式。**外缝口一般用镀锌铁皮覆盖，且应注意其与沉降缝盖缝镀锌铁皮在形式上的不同，如图4-9所示；** 内缝口常用木质盖缝板遮盖，如图4-10所示。寒冷地区的墙体防震缝缝口内尚须用具有弹性的软质聚氯乙烯泡沫塑料、聚苯乙烯泡沫塑料等保温材料填嵌，见图4-9、图4-10。

考虑到变形缝对建筑立面的影响，通常将变形缝布置在外墙转折部位，或利用雨水管遮挡住，做隐蔽处理，如图4-8所示。

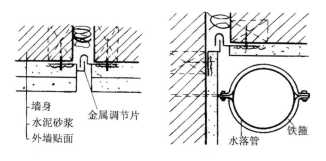

图 4-8　墙体沉降缝外侧缝口构造

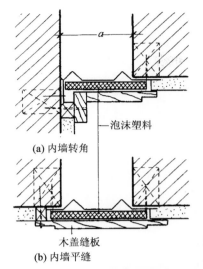

图 4-10　墙体防震缝内侧缝口构造

4.2.2.2　楼地层变形缝的节点构造

楼地层变形缝的位置与缝宽应与墙体变形缝一致。变形缝缝口内也常以具有弹性的油膏（兼有防潮、防水作用）、沥青麻丝、金属或塑料调节片等材料做填缝或盖缝处理，上表面铺以活动盖板，活动盖板的材料常采用与地面材料相同的板材（如水磨石板、大理石板等），也有采用橡胶带或铁板的。图 4-11 所示为楼地面变形缝缝口构造。下表面（即顶棚部位）的盖缝材料及做法，与内墙变形缝的盖缝做法一样，盖缝板（条）固定于缝口的一侧，以保证变形缝两侧的结构能自由伸缩和沉降变形。图 4-12 所示为顶棚变形缝缝口构造。

4.2.2.3　屋顶变形缝的节点构造

屋顶变形缝的位置和缝宽应与墙体、楼地层的变形缝一致。缝内用沥青麻丝、金属调节片等材料填缝和盖缝。屋顶变形缝一般设于建筑物高度不同的变化处（如沉降缝和防震缝的情况），也有设于两侧屋面处于同一标高处（如温度伸缩缝的情况）。不上人屋顶通常在缝的两侧加砌矮墙，按屋面泛水构造要求将防水层材料沿矮墙上做至矮墙顶部，然后用镀锌铁皮、铝片、钢筋混凝土板或瓦片等在矮墙顶部变形缝处覆盖。**屋顶变形缝盖缝做法应在保证变形缝两侧结构自由伸缩或沉降变形的同时而不造成屋顶渗漏雨水**。寒冷地区在变形缝缝口处应填以岩棉、泡沫塑料或沥青麻丝等具有一定弹性的保温材料。上人屋顶因使用要求一般不设置矮墙，变形缝缝口处一般采用防水油膏填嵌，以防雨水渗漏并适应缝两侧结构变形的需要。屋顶变形缝的节点构造如图 4-13、图 4-14、图 4-15 所示。

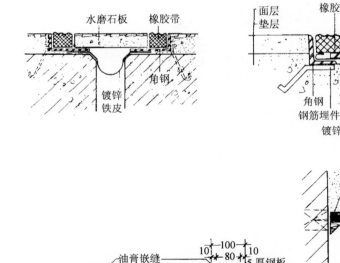

图 4-11　楼地面变形缝缝口构造

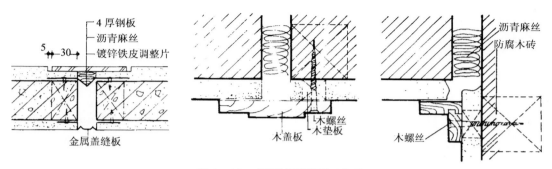

图 4 – 12   顶棚变形缝缝口构造

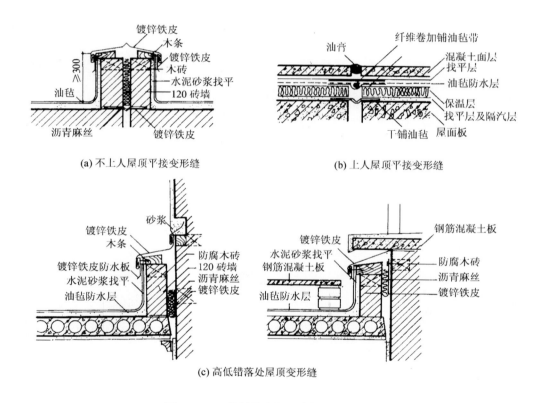

(a) 不上人屋顶平接变形缝

(b) 上人屋顶平接变形缝

(c) 高低错落处屋顶变形缝

图 4 – 13   卷材防水屋面变形缝构造

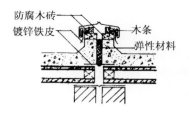

(a) 不上人屋顶平接变形缝

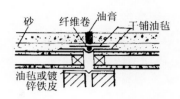

(b) 上人屋顶平接变形缝

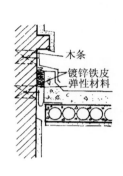

(c) 高低错落处屋顶变形缝

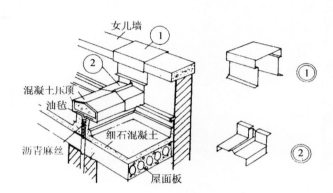

(d) 变形缝立体图

图 4 - 14　刚性防水屋面变形缝构造

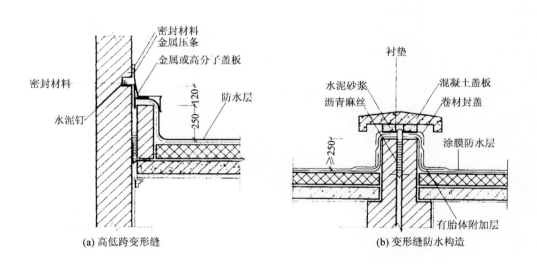

(a) 高低跨变形缝

(b) 变形缝防水构造

图 4 - 15　涂膜防水屋顶变形缝构造

4.2.2.4 地下室变形缝的节点构造

当建筑物的地下室出现变形缝时,为使变形缝缝口处能保持良好的防水性,必须做好地下室墙体及底板的防水构造,具体的防水构造措施是在地下室结构施工时,在变形缝处预埋止水带。止水带有橡胶止水带、塑料止水带及金属止水带等,其构造做法有内埋式和可卸式两种。无论采用哪种构造形式,止水带中间空心圆或弯曲部分必须对准变形缝,以适应变形需要,如图4—16所示。

复习思考题

4.1. 什么叫建筑变形缝?它的作用是什么?

4.2. 建筑变形缝有哪些类型?它们设置的原因和具体的条件各是什么?

4.3. 总结一下影响建筑设置温度伸缩缝间距的因素是什么?

4.4. 各种变形缝的宽度根据什么条件确定?一般情况下取值多少?

4.5. 各种变形缝的结构处理是不同的。这些不同之处具体体现在哪里?造成这种不同的原因是什么?

4.6. 变形缝有哪些缝口形式?其适用条件是什么?

4.7. 各种变形缝的盖缝构造做法的原则是什么?

4.8. 各种变形缝的盖缝构造做法在室内和室外有什么不同?

4.9. 相同部位不同类型的变形缝有哪些构造做法上的差别?

4.10. 了解和掌握各种变形缝在屋顶、外墙、内墙、楼地面、顶棚等部位盖缝做法的构造原理、基本构造要求和具体构造做法,能进行相应的构造设计。

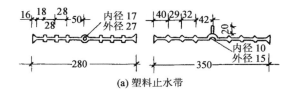

(a) 塑料止水带

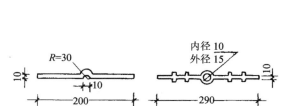

(b) 橡胶止水带

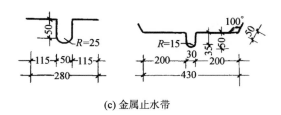

(c) 金属止水带

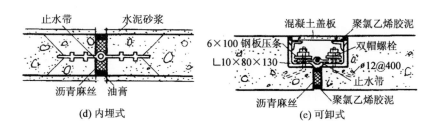

(d) 内埋式   (e) 可卸式

图 4 – 16　地下室变形缝构造

附录 复习思考题要点分析

0 绪论

0-1. 建筑构造是研究什么内容的学科？这门学科有什么特点？

● 首先要搞清楚什么是构造。构造简单地说就是"组成"和"连接"。一个物体，它由哪些部分组成，各组成部分如何连接成一个具有一定功能的整体。实际上，不仅建筑有构造的问题，任何物体都有构造的问题，比如，一支笔、一本书、一套桌椅，以至于一个人体，都有构造的问题。只不过建筑的构造相对复杂一些就是了。

建筑构造的内容非常庞杂，是人类千百年来建筑技术科学的结晶。但是，建筑构造又有它自身的规律，而且又很直观，只要你有心，随时随地都可以看到生动的建筑构造做法。我们提倡在生活中随时随地地学习。

对于一个准建筑师来说，你还应该知道，建筑构造是建筑学专业（而不是结构专业）的一门专业技术学科，是建筑师所必须掌握的一门专业基础，是你将来有可能成为建筑大师的一个不可或缺的技术平台。

0-2. 熟悉和掌握建筑物分类的方法，并理解建筑物分类与建筑构造的关系。

● 建筑物的分类可以从建筑物的使用功能、建筑物的高度（或层数）、建筑物结构系统采用的材料、建筑结构的承载方式以及建筑物的施工建造方法等方面进行。每一种不同的建筑分类，都有其特殊性，而这种特殊性在建筑构造上的具体体现，正是一个建筑师要熟练掌握的内容。

0-3. 建筑物的设计使用年限（耐久等级）是如何确定和划分的？

● 建筑物的耐久等级与建筑物的重要性有关。

同时，你要注意这里的经济因素。

0-4. 建筑物的耐火等级是如何确定和划分的？

● 建筑物耐火等级的划分主要应考虑的依据是，一旦火灾发生时，如何使建筑物中的人员迅速安全地疏散，能够迅速扑灭火灾，最大限度地减少人员的伤亡和财产的损失。应该引起注意的是：建筑构件材料的燃烧性能和耐火极限的规定是建筑物耐火等级的保障措施。

0-5. 什么是建筑构件的耐火极限？它是如何定义的？

● 这里应该注意的是：确定耐火极限的标准试验条件一定不能忽略。

0-6. 建筑物的基本功能和系统组成有哪些？

● 与建筑物的使用功能无关，任一建筑物都由要实现的那些最基本的功能以及相对应的系统组成。

0-7. 建筑物的基本功能与使用功能的区别是什么？

● 同时了解建筑师在设计的不同阶段（建筑方案阶段、初步设计阶段、施工图设计阶段）所考虑的侧重点是什么。

0-8. 建筑物的施工建造方法有哪些？这些方法各有什么特点？

● 把施工方法和结构材料的选择结合起来。而且要知道，施工方法和结构材料在建筑师做方案的时候就应该考虑。

0-9. 什么叫建筑工业化？你如何理解建筑工业化？

● 关于建筑工业化的答案你可以看看书；而如何理解建筑工业化，就得听你的了。

0-10. 了解工业化建筑的两种体系和它们各自的特点。

● 你能对两种体系各举出一些例子来吗？从对两种工业化建筑体系的认识中，我们应该能够学到一些认识问题、处理问题、解决问题的思路和方法。

0-11. 实现建筑工业化的方式和途径有哪些？各有什么特点？各有哪些代表性的建筑类型？

● 目前国内外建筑业主要采用的方式和途径是哪种？造成这种结果的原因是什么？问题里面又是问题，希望引起你的一些思考。

0-12. 熟悉和掌握建筑模数协调统一标准。

● 这个标准对建筑设计的意义是什么？我们如何在建筑设计中运用建筑模数协调统一标准？另外，作为一个建筑师，M 和 m 的含义是完全不一样的，你能做到今后每一次都正确地运用它们吗？

0-13. 熟悉和掌握标志尺寸、构造尺寸等4种尺寸的概念。

● 4种尺寸包括标志尺寸、构造尺寸、实际尺寸、技术尺寸，其中，重点要掌握好标志尺寸和构造尺寸的概念。

0-14. 建筑构造的影响因素和设计原则有哪些？

● 对于影响建筑构造的因素而言，知道了问题所在，才能有目的地去解决它；

对于建筑构造的设计原则而言，你可以联系建筑方针去体会和理解。

1 建筑承载系统

1-1. 建筑承载系统的基本功能是什么？

● 这是一个既简单又复杂的问题。说简单，建筑承载系统的基本功能就是承受作用在建筑物上的各种荷载；而作用在建筑物上的荷载有很多不同的作用方式，它们会随时间的不同而变化，会随空间位置的不同而变化，其施加给建筑物的方向会有所不同，会随建筑结构对其反应的不同而有所不同。关键要搞清楚的是，作用在建筑物上的这些不同方式的荷载对建筑设计的影响是什么？

1-2. 什么叫直接作用？什么叫间接作用？它们各包含哪些不同的内容？

● 同样重要的是，要搞清楚两者对建筑设计的影响是什么？

1-3. 建筑承载系统可以划分为哪两个分系统？各分系统分别包括哪些部分？各分系统的工作状况如何？

● 关键要搞清楚的是，划分这两个分系统的依据是什么？不能简单地从形式上去区分，而要从两者不同的受力状态去辨别。

1-4. 常见的建筑结构材料有哪些？它们的物理力学性能如何？建筑设计时，如何选择和确定建筑结构的材料？

● 重点要搞清楚材料的拉、压性能。拉、压性能是建筑结构材料的基本力学性能，在这个基础上，又有弯、剪、扭等受力状态。这些搞清楚了，建筑设计时，建筑结构材料的选择才能有可靠的依据。

1-5. 对建筑承载系统有哪些基本要求？

● 足够的承载能力、良好的抗变形能力和抗震能力，这些是最基本的要求，因而也是最重要的要求。

更重要的是，你要很好地掌握满足建筑承载

系统这些基本要求的方法和措施。

1-6. 如何理解对建筑承载系统的基本要求既是对结构局部的要求，也是对结构整体的要求？

● 就像一个身体机能健康的人，他身体的整体和各个局部的机能和比例同样重要。

1-7. 常用的建筑结构有哪两大体系？它们各有哪些常见的结构类型？各有什么优缺点？

● 体系的划分主要从结构竖向分系统的不同来考虑。

1-8. 分别对墙承载结构和柱承载结构在承受各种荷载（主要按竖向荷载和水平荷载划分）时的荷载传递路线做一个归纳整理，以期对各种建筑结构体系有一个完整清晰的认识和理解。

● 荷载传递路线实际是按照构件之间的支承（或支撑）关系确定的。

这里想强调一点的是，"支承"和"支撑"是完全不同的两个结构概念，作为一个建筑师来说，搞清楚两者的区别是十分重要的。

1-9. 了解和掌握各种建筑结构体系的基本构造要求，并在建筑设计的学习和实践中能够自觉和熟练地运用这些知识。

● 各种建筑结构体系的基本构造要求的内容很多，也很具体。掌握它们的关键是，你要知道，各种建筑结构体系的基本构造要求是为了满足建筑结构的基本功能。所以，你首先要搞清楚建筑结构的基本功能。

1-10. 如何理解建筑物中需要设置圈梁和构造柱（芯柱）的要求？

● 圈梁和构造柱（芯柱）的设置是针对砌体结构以及预制装配式钢筋混凝土结构的，对整体现浇的钢筋混凝土结构不存在这个问题。知道为什么吗？

1-11. 为什么说圈梁不是梁、构造柱（芯柱）不是柱？圈梁和构造柱（芯柱）的作用是什么？如何设置圈梁和构造柱（芯柱）？

● 上一题涉及的是基本原理，这一题就是要在基本原理的基础上解决具体的问题了。

1-12. 建筑结构水平分系统都有哪些类型？其各自适用的条件是什么？

● 建筑结构水平分系统涉及的类型很多，但是归纳一下，就是梁和板两种构件，如果再进一步归纳的话，就只有受弯构件一种了。这样理解和分析建筑结构水平分系统，问题是不是简单一些了呢?

这里应该重点掌握的是,什么条件下采用什么结构类型。

1-13. 什么叫单向板?什么叫双向板?能否把单向板和双向板的概念引申到整个建筑结构水平分系统中(比如主次梁结构与井字梁结构的关系)?谈谈你的理解。

● 单向板、双向板的概念是人们对建筑结构工作状态规律的一种归纳和总结。能不能把单向板、双向板的概念引申到整个建筑结构水平分系统中,听听你的理解吧。

1-14. 了解和掌握建筑结构水平分系统各构件的基本构造要求,并在建筑设计的学习和实践中能够自觉和熟练地运用这些知识。

● 梁板等受弯构件的高跨比要求以及结构的空间工作性能,既非常简单又十分重要。关键是你有没有这种结构意识。

1-15. 板式楼梯与梁板式楼梯有什么不同?梁板式楼梯与梁板式楼板有什么相同之处?屋架(桁架)与梁有什么相同点和不同点?

● 看清楚了!几个主语有点像绕口令。

重点是搞清楚它们之间的相同点和不同点。真搞清楚了,你会发现,其实问题很简单。

1-16. 坡屋顶结构系统有哪三大体系?

● 看透了,其实就是建筑结构水平分系统的几种类型在坡屋顶中的应用。

1-17. 檩式坡屋顶的结构类型有哪些?它们各有什么特点?

● 第一问实际问的是檩式坡屋顶的结构支承方式。

它们各自的特点与常用建筑结构的两大体系的特点其实是一样的。

1-18. 如何理解密肋板结构?它的主要适用范围是什么?

● 联系一下梁板式楼板的几种结构类型来考虑。仔细分析一下,它们之间的差异是不是主要体现在尺度上的不同呢?

1-19. 可以把建筑结构水平分系统的类型运用到竖向分系统中去吗?为什么?

● 板与墙、梁与柱,可以互换吗?
给出你的答案时,说明你的理由。

1-20. 建筑结构水平分系统都有哪些结构布置形式?它们各自的优缺点和适用范围如何?

● 这个问题实际也涉及到了建筑结构竖向分系统的问题,它是整个建筑结构系统的问题,对整个建筑结构系统的抗变形能力和抗震能力都至关重要。

1-21. 钢筋混凝土结构主要有哪些施工建造方法?它们各自有哪些优缺点?

● 把几种不同施工方法的优缺点横着比较一下。

1-22. 了解和掌握各种不同施工建造方法的钢筋混凝土结构的连接构造要求。

● 主要还是通过了解掌握这些构造要求来认识对建筑结构系统的基本要求。

1-23. 对于悬臂式水平分系统结构应注意什么特殊的问题?有哪些解决这些问题的措施和方法?

● 你要理解和掌握的是,悬臂式水平分系统结构在满足对所有建筑结构构件的基本要求之后,还要解决什么特殊问题?以及解决这些特殊问题的措施和方法。

1-24. 建筑结构竖向分系统的工作特点是什么?这些特点在建筑物高度发生变化时会有哪些影响?

● 任何一个建筑物,不论其高度如何,都要受到竖向荷载和水平荷载的共同作用。而建筑物高度发生变化时,水平荷载的作用是关键的问题。

把一个高耸的建筑结构去和一个水平悬臂结构作一个认真的比较,你会发现很多的一致性。

1-25. 建筑结构竖向分系统都有哪些类型?其各自适用的条件是什么?

● 比较一下两种结构类型的优缺点,并且应该从建筑和结构的角度都进行比较。

1-26. 砌体结构的优缺点是什么?

● 别忘了把经济的因素也考虑进去。

1-27. 砌体(实体砖墙、空斗砖墙、空心砌块墙等)的组砌方式有哪些?组砌的基本要求是什么?

● 重点搞清楚组砌基本要求的目的是什么,这是关键。

1-28. 总结一下砌体结构都有哪些加固措施?

● 同时看看各种措施的经济性。

1-29. 砌体结构墙体中的门窗洞口过梁的作用是什么?有哪些常见的过梁形式?它们是如

何构造的?

● 在建筑设计当中,要十分注意避免的一种情况是,把楼板层或屋盖的结构大梁设置在洞口过梁上。

知道为什么吗?

1-30. 如何区分地基与基础?

● 搞清楚谁在上、谁在下。

1-31. 如何理解地基、基础与荷载三者之间的关系?

● 定量的分析是结构工程师的工作;对于建筑师来说,定性的分析即可。

1-32. 什么是天然地基?什么是人工地基?它们是可以互相转换的吗?什么情况下可以互相转换?

● 对于既定的一个建筑物,就无法转换了。

1-33. 人工加固地基有哪些常见的方法?各种方法的适用条件是什么?

● 地基的稳固对建筑物的安全至关重要,这里重点要搞清楚各种人工加固地基方法的适用条件。

1-34. 对地基基础设计有哪些基本要求?

● 地基基础是建筑物的根基,对这些部位设计的基本要求要很好地理解和掌握。

1-35. 什么叫基础埋置深度?影响基础埋置深度的因素有哪些?

● 这些因素有外因也有内因,还有地理位置不同的影响。

1-36. 什么是深基础?什么是浅基础?

● 关键是以什么来区分这两者,不是简单地以一个尺寸数据来区分。

1-37. 基础与地下结构都有哪些不同的类型?各种基础类型的特点、设计要求、适用条件如何?

● 对这个问题,重点掌握两点。第一,搞清楚刚性基础材料和柔性基础材料的特性以及它们对基础构造的影响;第二,把基础与地下结构的这些不同类型与建筑结构水平分系统的结构类型以及建筑结构竖向分系统的结构类型做一个对比,你会发现它们之间有很多的共同点。

1-38. 各种类型基础的构造做法和设计要求如何?

● 重点理解和掌握刚性基础与柔性基础的差别和设计要求。

2　建筑围护系统

2-1. 建筑围护系统的功能是什么?

● 人们通过对建筑物承载系统的功能实现了对建筑空间坚固安全的要求之后,会进一步提出什么样的要求?这些要求都可以归入围护系统的功能。

2-2. 如何理解建筑围护系统的"围"字?

● 对于建筑物的每一种基本功能要求,我们都要从系统的角度去认识它。建筑物的围护系统涉及到它的每一种具体的基本功能要求,例如保温、隔热、防水、防潮、隔声、防火等等,都是如此。它们各自都是一个系统,要整体地去分析和考虑这些具体的基本功能要求,不要把眼光只局限在某一个局部,而是要从建筑物整体的角度去观察和分析它们。

2-3. 为什么说"结合部"的设计是建筑构造设计的关键?

● "结合部"往往有其自身的特殊性,它除了要解决一般位置的基本问题外,还要协调与"结合部"有关的各个不同部位的关系,处理不好的话,极易出现问题,这决定了"结合部"的建筑构造设计的复杂性和特殊性,也就成为建筑构造设计的重点部位。对这一点,一个建筑师要有清醒的认识。

2-4. 建筑防火设计主要包括哪些内容?

● 除了看教学参考书以外,建议认真地看看有关建筑设计的各种防火规范,这是建筑师的一门必修课。而且,越早越好。

2-5. 如何对建筑物进行防火分区?

● 掌握对建筑物进行防火分区的方法,这和建筑物的使用功能、重要程度、耐火等级都有关系,并通过限制每个防火分区的最大长度和最大建筑面积来保证。同时搞清楚为什么要对建筑物进行防火分区,这一点其实更重要。

2-6. 防火分隔物的作用是什么?都有哪些防火分隔物的类型?它们各适用什么条件?

● 把防火分隔物与防火分区的概念联系起来,并注意不同的防火分隔物有不同的耐火极限。

2-7. 对建筑结构构件和各种建筑装修材料都有哪些常见的防火措施或限制要求?

● 不同材料的建筑结构构件有不同的燃烧

性能，有些还有其特殊性；对于各种建筑装修材料，主要也是要搞清楚它们的燃烧性能。

2-8. 楼梯设计应注意什么问题？

● 楼梯是建筑物中的垂直交通设施，也是发生火灾等事故时惟一的基本疏散通道，其重要性不言而喻。

2-9. 楼梯的组成有哪几部分？每一组成部分都有哪些具体的部位和形式？

● 在掌握这部分内容时，必须注意到：楼梯不同的部位和不同的形式的同一组成部分，在设计上是有不同要求的。例如，开敞式楼梯与封闭式楼梯的不同，水平栏杆与倾斜栏杆高度的不同，梯段上与平台上通行净高的不同，中间休息平台与楼层休息平台的不同，等等。

2-10. 楼梯有哪些常见的形式？

● 在认识了楼梯的各种常见形式的同时，最重要的是要搞清楚各种不同形式楼梯共性的东西。认识了一种事物共性的东西，就认识了它们本质的东西，而各自的特性的东西，就成了辨别它们的一种符号。

2-11. 楼梯的一般尺度和设计要求是什么？

● 这些尺度和设计要求都是有关人体的尺度和有关方便交通和安全疏散的问题，是楼梯设计中要认真解决好的基本问题。

2-12. 熟练掌握楼梯的设计步骤和方法，能结合具体的条件进行楼梯设计。

● 认真地做几个楼梯的设计，真正地认识和理解楼梯。

2-13. 台阶与坡道的设计要求有哪些？与楼梯设计比较，有哪些相同与不同之处？

● 这里应该注意的是，楼梯与台阶的含义是不同的，而它们的功能又是相近的。在做比较时，应该从两者的建筑功能、结构特征、构造做法等各个方面进行分析。

2-14. 电梯与自动楼梯的组成和设计要求有哪些？

● 在回答这个问题的同时考虑一下，电梯与自动楼梯能取代楼梯吗？为什么？

2-15. 建筑物中防水的部位都有哪些？

● 首先分析一下在建筑物的整个寿命周期内都有哪些部分会受到水的作用，这个问题也就迎刃而解了。

2-16. 建筑防水的材料都有哪些类型？它

们各自都有什么特点？

● 应该注意的是，有些建筑防水材料是有地域性限制的。其实，不只是建筑的防水材料有这样的问题，很多建筑材料以至于建筑构造的做法，都有这种地域性的问题。

2-17. 建筑防水的基本原理有哪些？它们各自有哪些特点？

● 水与人类的关系非常密切。看看这些建筑防水的原理，认真地分析一下，你会发现，它们与人类治水的方法有很多的相同之处。

2-18. 什么情况下应做地下室的防水？

● 主要是看地下室与地下水位的位置关系。

2-19. 地下室常见的防水做法有哪些？具体构造做法如何？

● 可以从防水材料的不同、防水层位置的不同、防水原理的不同等各种角度进行分析。在考虑具体的防水做法时，重点检查是否有防水的漏洞。

2-20. 如何利用人工降、排水法消除地下水对地下室的不利影响？

● 可以考虑一下能否只采用降、排水法而不做地下室的防水？为什么？

2-21. 建筑物外墙的防水是如何进行的？

● 外墙防水与屋面防水的差别是什么？这种差别的原因是什么？

2-22. 常见的外墙防水做法有哪些类型？具体做法如何？

● 搞清楚不同外墙防水做法的原理是什么。原理搞清楚了，你就能够自己来判断一个外墙的防水设计是否合理了。

2-23. 预制外墙板连接节点处的防水原理和做法是什么？

● 做法有多种，其原理也不尽相同。注意其中每一个构造层次和每一种处理的作用是什么。

2-24. 勒脚及散水（明沟）各自的作用、构造原理和具体做法是什么？

● 这些涉及外墙根部的构造问题，重点应注意两个方面：第一，勒脚与一般位置外墙在做法上有什么不同；第二，注意勒脚及散水结合部的处理，这是一个容易出问题的部位。

2-25. 建筑外门的防水构造是如何设计的？

● 建筑外门的防水设计,不能只把眼光放在外门本身。分析一下影响外门防水问题的各种因素,注意从多方面来考虑外门的防水构造设计。

2－26. 建筑外窗的防水构造是如何设计的?

● 建筑外窗防水也是一个涉及多种因素的构造问题。例如,窗扇与窗框之间、窗框与墙体之间,都要处理好。这里,窗台的构造设计是外窗防水设计的重点。

2－27. 平屋顶与坡屋顶的防水原理与防水构造特点如何?

● 你注意到了吗,两种屋顶不同的防水原理恰好是区分平屋顶和坡屋顶的主要依据。

2－28. 建筑屋顶坡度的大小是如何确定的?

● 这里应该有气候的因素,也有建筑自身的因素。

2－29. 屋顶坡度的形成方法有哪些?

● 把平屋顶和坡屋顶的坡度形成方法放在一起分析。

2－30. 屋顶的排水方式有哪些?各自的适用情况如何?

● 屋顶的排水方式不仅对屋顶的防水有影响,还对建筑的外观和造型以及使用建筑物的人都有影响。

2－31. 屋顶排水组织的设计原则是什么?

● 简单地说,进行屋顶排水组织,就是要简捷、高效地排除屋面雨水,防止屋面漏水。可以具体考察、调研一些屋顶排水组织,特别是复杂的屋顶平面,以此来印证、检验屋顶排水组织的这些设计原则。

2－32. 限制屋面雨水口间距的要求和作用是什么?

● 这里要重点理解和掌握限制屋面雨水口间距的作用是什么,也就是要搞清楚限制屋面雨水口间距这些要求的基本原理。

2－33. 了解和掌握建筑屋面防水等级的划分以及设计要求。

● 同时理解建筑屋面防水等级的划分以及设计要求中的经济因素。

2－34. 了解和掌握平屋顶柔性防水和刚性防水的适用条件和基本构造做法。

● 重点要理解和掌握是什么原因导致有了这些适用条件的限制。

2－35. 掌握并能够进行平屋顶柔性防水和

刚性防水节点构造做法设计,并掌握两者的相同点和差别。

● 学会比较和分析,比单纯地记住知识本身更重要。

2－36. 了解粉剂防水屋面的基本构造原理、组成和节点构造做法。

● 了解的重点是粉剂防水屋面的基本构造原理。

2－37. 了解和掌握坡屋顶各种类型平瓦屋面的基本构造做法。

● 常见的望板平瓦屋面、冷摊瓦平瓦屋面、挂瓦板平瓦屋面等做法,适用不同的情况。重点要掌握每种做法中每一构造层次的做法原理。

2－38. 掌握并能够进行坡屋顶各种类型平瓦屋面的节点构造做法设计。

● 坡屋顶纵墙檐口节点、山墙檐口节点、斜天沟节点、各种突出屋面的设施节点等,节点的类型非常多,找到它们的共性与特殊性是掌握并进行坡屋顶平瓦屋面的节点构造做法设计最事半功倍的方法。

2－39. 了解坡屋顶波形瓦屋面的基本构造原理、组成和节点构造做法。

● 了解后仍然别忘了与平瓦屋面的做法作一个比较,看看两者的相同点和不同点是什么。

2－40. 了解坡屋顶钢筋混凝土构件自防水屋面的基本构造原理、组成和节点构造做法。

● 注意这种防水屋面的适用条件。

2－41. 用水房间楼地面的排水设计有哪些要求?

● 可与屋面排水做法做一比较,并注意楼地面排水的特殊性。

2－42. 了解和掌握用水房间楼地面防水的基本构造要求和节点构造做法。

● 仍然与屋面防水的基本构造要求和节点构造做法做一个对比,两者的共同点更多一些。在楼地面防水做法中,特别注意管线等穿楼板处的防水做法。

2－43. 地潮的危害是什么?

● 在讨论地潮的危害时,应从其对室内地坪、墙等部位的结构、装修、围护功能等各方面以及对人的影响等进行全面的分析。

2－44. 建筑防潮的部位有哪些?如何理解建立一个连续封闭的、整体的防潮屏障?

● 首先要知道潮湿是从哪里来的,这样,也就知道了应在哪些部位做防潮处理。建立一个连续封闭的、整体的防潮屏障的思想，仍然是一个"围"的思想。

2-45. 建筑防潮材料有哪些？

● 对建筑防潮材料，可以与建筑防水材料一起了解掌握。

2-46. 了解和掌握地坪防潮的构造原理和做法。

● 注意不同地坪做法中地坪防潮层的材料和它们的位置要求。

2-47. 了解和掌握墙身各部位防潮的构造原理和做法。

● 注意哪些墙体应做防潮层、哪些墙体利用了其他部位达到了防潮的目的。哪些墙体做水平防潮，而哪些部位需要做墙体垂直防潮。

2-48. 了解和掌握地下室各部位防潮的构造原理和做法。

● 同时比较一下地下室防潮做法与内墙两侧地坪标高不同时防潮做法的区别及其原因。

2-49. 选择一个建筑物（如你上课的教学楼），写出一份检查其建筑防潮设计的报告（画出建筑的首层平面图，并详细列出需检查的各个部位）。

● 检查建筑的防潮设计，其检查的依据只有一条：是否形成了一个连续封闭的、整体的防潮屏障。

2-50. 噪声的危害有哪些？

● 噪声不仅对人有危害，对建筑也有非常不利的影响。

2-51. 声音在建筑中的传播方式有哪些？它们的特点和区别是什么？

● 需要注意的是，噪声传播方式的不同，其隔声的原理和方法也不一样。

2-52. 建筑的哪些部位需要进行隔声设计？各部位隔声的特点有什么不同？

● 应该注意的是，不同的建筑部位，需要隔不同传播方式的噪声；而有些部位会由于条件的变化而使隔声设计的侧重点发生变化，如上人或不上人的屋顶。

2-53. 针对空气传声和固体传声分别有哪些基本的隔声措施？

● 能否用两个词概括一下针对空气传声和固体传声的不同的隔声方法。

2-54. 需要在进行隔声设计的建筑以外采取的隔声措施有哪些？

● 也许针对建筑物以外采取的隔声措施才是更经济的方法。

2-55. 了解建筑各部位的隔声标准。

● 注意：针对不同传播方式的噪声的隔声标准值的含义的差别。

2-56. 了解和掌握建筑各部位的隔声原理和隔声构造做法。

● 首先应掌握建筑各部位的隔声原理，隔声构造的设计就有依据了。

2-57. 建筑保温的部位有哪些？

● 首先看看建筑的哪些部位两侧存在着温度差。

2-58. 常见的建筑保温材料有哪些？

● 在了解了常见建筑保温材料之后，看看这些保温材料有哪些基本的特性。

2-59. 建筑保温的构造方案有哪些？如何进行选择？

● 影响建筑物保温构造方案选择的因素很多，要综合比较后做出选择。

2-60. 了解和掌握建筑墙体、门窗及屋顶的保温构造原理。

● 应该注意的是，针对在建筑使用周期内保温层含水率的变化的不同处理方法。

2-61. 掌握并能进行建筑物墙体、门窗及屋顶的保温构造设计。

● 在做建筑保温构造设计时，应注意设计的部位是否结构墙体、门窗材料的不同、平屋顶还是坡屋顶，其保温设计是有差别的。

2-62. 了解和掌握"冷桥"的概念及其保温构造做法。

● 减少冷桥与处理冷桥同样重要。

2-63. 什么是建筑围护系统的蒸汽渗透？它对建筑围护系统会产生什么影响？

● 应该注意的是，有时，蒸汽渗透对建筑结构系统都会产生不利的影响。

2-64. 避免和控制建筑围护系统表面和其内部产生冷凝水的措施有哪些？

● 避免和控制建筑围护系统表面和其内部产生冷凝水的措施有很多，注意不同措施的适用情况。

2-65. 建筑隔热的部位有哪些？

● 结合建筑保温的部位一起考虑。

2-66. 建筑隔热的构造方案有哪些？它们与建筑保温的构造方案有哪些异同？

● 建筑保温与建筑隔热都是建筑热工问题，两者有很多相同的地方。但是两者也有完全不同的地方，这里，掌握建筑保温与建筑隔热的原理尤为重要。

2-67. 了解和掌握建筑屋顶、外墙及门窗的隔热构造原理。

● 应该注意的是，建筑中这3个部位的隔热构造原理和方法是有差别的。

2-68. 掌握并能进行建筑屋顶、外墙及门窗的隔热构造设计。

● 建筑屋顶、外墙及门窗的隔热设计应结合这些部位的保温构造设计一同考虑。

3 建筑装修

3-1. 建筑装修的基本功能是什么？

● 建筑通过装修可以保护建筑结构、改善建筑的围护功能、美化室内外环境，仔细想想，是不是与人穿衣服的功能有极多的相似性。

3-2. 了解和掌握建筑装修的各种分类方法。重点掌握按构造方法不同区分的装修类型。

● 建筑装修可以有很多的分类方法，例如，按装修材料的不同分，或者按装修的部位分，也可以按装修构造方法的不同分。不同的装修材料可以有相同的装修构造方式，区别在于材料不同时，会有具体方法的不同，而其装修构造的原理是一样的。

3-3. 建筑装修构造设计应注意哪些问题？

● 除了满足建筑装修的基本功能外，技术、经济、环保等方面都要考虑。

3-4. 对建筑装修的基层有哪些基本要求？

● 对建筑装修的基层的这些基本要求的目的，都是为了确保建筑装修的质量。

3-5. 建筑的室内和室外装修构造做法有什么相同和不同之处？

● 对比建筑的室内装修构造做法和室外装修构造做法，其相同之处的原因在于装修构造方法的一致，而不同之处的原因在于环境条件的不同。

3-6. 了解和掌握灰浆整体式装修在外墙、内墙、楼地面、顶棚等部位的构造原理、基本构造要求和具体构造做法，能进行相应的装修构造设计。

● 灰浆整体式装修构造类型在不同的部位的构造原理和构造要求是一样的，装修层的牢固和避免裂缝是设计的重点。当然，部位的不同也

会有一些做法上的差别，而造成这些差别的原因就是部位的不同。

3-7. 了解和掌握块材铺贴式装修在外墙、内墙、楼地面、顶棚等部位的构造原理、基本构造要求和具体构造做法，能进行相应的装修构造设计。

● 块材铺贴式装修构造类型在不同的部位的构造原理和构造要求是一样的，重点要掌握的是，不同规格的块材，其与基体的连接方法有所不同。当然，部位的不同也会有一些做法上的差别，例如，大规格块材在墙面上铺贴时要有"挂"的措施，而在楼地面上却没有"挂"的必要。

3-8. 了解和掌握骨架铺装式装修在外墙、内墙、楼地面、顶棚等部位的构造原理、基本构造要求和具体构造做法，能进行相应的装修构造设计。

● 骨架铺装式装修构造类型在不同的部位的构造原理和构造要求是一样的，重点要掌握的是，不同材料的骨架与基体如何进行连接，以及如何与装饰面材进行连接。当然，部位的不同也会有一些做法上的差别，例如，在顶棚部位上，主要通过"吊挂"进行连接，而在楼地面上，则主要通过"支承"解决问题。这两者的一"拉"一"压"，还有一个连接杆件的长细比的问题。

3-9. 了解和掌握涂料涂刷式装修在外墙、内墙、楼地面、顶棚等部位的构造原理、基本构造要求和具体构造做法，能进行相应的装修构造设计。

● 涂料涂刷式装修构造类型在不同的部位的构造原理和构造要求是一样的，而且，其基层要进行找平处理，找平层的要求可参照灰浆整体式的做法要求进行。

3-10. 了解和掌握卷材铺贴式装修在屋顶、内墙、楼地面、顶棚等部位的构造原理、基本构造要求和具体构造做法，能进行相应的装修构造设计。

● 卷材铺贴式装修构造类型在不同的部位的构造原理和构造要求是一样的，其中重点要掌握的是，室内与室外的功能要求的不同，以及楼地面与内墙及顶棚的材料的差别。

3-11. 了解和掌握清水式装修在外墙、内墙等部位的构造原理、基本构造要求和具体构造做法，能进行相应的装修构造设计。

● 清水式装修是一种比较独特的装修做法，包括清水砖墙、清水砌块墙、清水混凝土等。清水

式做法的独特性表现在它将装修做法以"不装修"的形式来体现。这里,关键的问题是,如何通过"不装修"来解决所有的装修功能的问题。

3-12. 台阶、坡道构造设计时应注意哪些问题?

● 台阶、坡道的使用功能与楼梯、电梯一样,都是建筑物中的垂直交通;而其构造的原理和做法与地坪层的原理和做法是完全一样的。在进行台阶、坡道的构造设计时,一方面与地坪层做法联系起来分析,一方面注意室内、外做法的区别。

3-13. 把楼板层、地坪层、楼梯、台阶(坡道)放在一起做一个分析比较,看看它们之间有什么相同点和不同点?

● 可以从以下几个角度做比较:功能作用、结构受力特点、构造方式、环境条件等。

3-14. 踢脚的功能作用有哪些?

● 解答这个问题时,需注意踢脚所处的部位的特点:内墙脚与楼地面的交接处。

3-15. 踢脚的构造有哪些要求和做法?

● 注意踢脚做法中,其材料与楼地面材料的一致性或相近性。

3-16. 隔墙和隔断的特点是什么?

● 隔墙与隔断在使用功能上有相同点也有不同点。两者的结构特征以及两者之间的区别是解答这个问题的关键。

3-17. 隔墙和隔断的设计要求有哪些?

● 隔墙与隔断的这些设计要求同样适用于框架填充墙等所有非结构墙体等。

3-18. 隔墙与隔断的相同点和不同点有哪些?

● 隔墙、隔断这两个词的两个字中,前一个字代表着相同点,后一个字象征着不同点。

3-19. 了解和掌握隔墙的构造类型、原理和做法,能进行隔墙的构造设计。

● 解答这个问题的同时分析一下,隔墙的构造类型、原理和做法与框架填充墙的构造类型、原理和做法,有什么相同的地方和不同的地方。

3-20. 了解和掌握隔断的构造类型、原理和做法,能进行隔断的构造设计。

● 注意其中有些隔断类型是"虚"的,还有什么其他的"虚隔断"的例子吗。

3-21. 门的功能作用是什么?

● 除了门的基本功能作用以外,还要注意门在有些情况下对窗的协助作用。

3-22. 窗的功能作用是什么?

● 除了窗的基本功能作用以外,还要注意窗取代了墙后,原本应由被取代的墙所起的功能作用。

3-23. 门窗的设计要求有哪些?

● 对门窗的这些设计要求是不是也是对所有产品设计的要求呢。

3-24. 门窗的常用材料有哪些?各自有哪些优缺点?

● 任何事情都是有利有弊,分析其利弊是为了最终做出取舍的选择。门和窗常用的材料也有差别,例如,木窗已经不太常见了,但是,木门却采用的比较普遍,考虑一下是为什么。

3-25. 门窗各有哪些常见的开启方式?其适用条件和优缺点各是什么?

● 可以做一个调查研究,看看每种开启方式的门、窗的采用率,并分析一下其中的原因。

3-26. 门窗的组成有哪几部分?各部位的具体名称是什么?

● 除了了解掌握框樘形式的门、窗以外,还要注意夹板门和拼板门的特殊性。

3-27. 门窗框的安装方法有哪些?具体的安装方法是什么?它们各有什么优缺点?

● 回答这个问题的同时,看看这两种安装方法中的门窗框在外形和尺寸上有什么不同,哪一种安装方法采用的更多呢,为什么。

3-28. 门窗框的断面形状和尺寸如何?确定这些断面形状和尺寸的依据是什么?

● 确定门窗框断面形状和尺寸的依据与确定建筑结构构件的截面形状和尺寸有什么相同之处吗。

3-29. 门窗框在墙厚度方向的位置有哪几种?它们各有什么特点和要求?

● 回答这个问题的同时,考虑一下,如果门窗框与外墙外表面平齐的话,有什么特别的问题吗。

3-30. 门窗框与墙体之间的接缝处在设计时应注意什么问题?

● 这些应注意的问题主要与建筑的围护功能有关。

3-31. 窗扇有哪些常见的类型?它们的适用条件和优缺点是什么?

● 尽可能多地搜集窗扇的不同类型,做一些整理分析。

3-32. 窗扇各部位的断面形状和尺寸如

何？确定这些断面形状和尺寸的依据是什么？

● 首先看看确定窗扇的断面形状和尺寸与确定窗框的断面形状和尺寸有什么相同之处，另外看一看，确定窗扇的断面形状和尺寸时，有没有考虑透光率的因素。

3-33. 门扇有哪些常见的形式？它们各有什么优缺点？

● 不同形式的门扇，有没有它们的位置属性呢。

3-34. 门扇（各种形式）各部位的断面形状和尺寸如何？确定这些断面形状和尺寸的依据是什么？

● 确定门扇（各种形式）各部位的断面形状和尺寸的依据，仍然可以与确定建筑结构构件断面形状和尺寸的依据做一些比较。

3-35. 钢门窗有哪些类型？各有什么优缺点？

● 同时考虑一下，钢门窗的使用有什么限制吗。

3-36. 钢窗的组合有哪些构造要求？

● 把钢窗组合的构造要求与隔墙隔断的构造要求做一些比较，从中找出一些一致性的东西来。

3-37. 建筑的哪些部位会设置栏杆（板）扶手？栏杆（板）扶手设置的要求是什么？

● 同样是栏杆（板）扶手，设置在不同的部位，会有不同的要求；同时，也应该注意那些没有"栏杆"的扶手的设置问题。

3-38. 掌握各种不同材料及不同部位的栏杆（板）扶手的连接构造做法。

● 材料的不同对连接构造做法的影响最大，对不同部位相同材料的连接构造做法归一下类，你会发现很多共性的东西。

4 建筑变形缝

4-1. 什么叫建筑变形缝？它的作用是什么？

● 分别从建筑和结构的角度看一下变形缝，它们有什么不同。

4-2. 建筑变形缝有哪些类型？它们设置的原因和具体的条件各是什么？

● 对设置变形缝的原因，应该重点理解；对设置变形缝的具体条件，应该总结出其规律性的东西。

4-3. 总结一下影响建筑设置温度伸缩缝间距的因素是什么？

● 归纳总结出影响建筑设置温度伸缩缝间距的影响因素，比记住那些枯燥的数据更有意义。

4-4. 各种变形缝的宽度根据什么条件确定？一般情况下取值多少？

● 还是要在理解变形缝宽度的原理的基础上去记这些数据。

4-5. 各种变形缝的结构处理是不同的。这些不同之处具体体现在哪？造成这种不同的原因是什么？

● 知道三种建筑变形缝的各自的变形特征吗，这就是造成三种建筑变形缝的结构处理不同的关键原因。

4-6. 变形缝有哪些缝口形式？其适用条件是什么？

● 回答这个问题的同时，看看哪种变形缝的缝口形式最多，为什么。

4-7. 各种变形缝的盖缝构造做法的原则是什么？

● 这个问题问的是针对三种变形缝都适用的盖缝构造做法的基本原则。

4-8. 各种变形缝的盖缝构造做法在室内和室外有什么不同？

● 这个问题的关键是，要记住造成各种变形缝在室内和室外的盖缝构造做法不同的原因是什么。

4-9. 相同部位不同类型的变形缝有哪些构造做法上的差别？

● 除了掌握建筑相同部位不同类型的变形缝在构造做法上的具体差别外，重点是要理解和掌握造成这种差别的原因，关键的原因仍然是三种变形缝的变形特征的不同。

4-10. 了解和掌握各种变形缝在屋顶、外墙、内墙、楼地面、顶棚等部位盖缝做法的构造原理、基本构造要求和具体构造做法，能进行相应的构造设计。

● 在做设计的时候，首先掌握变形缝的盖缝原则，第二要注意室内做法与室外做法的差别，第三则要分清楚三种变形缝之间的差别，最后就是一些细节的处理了。

参 考 书 目

1 南京工学院建筑系《建筑构造》编写小组．建筑构造(第一册)．北京:中国建筑工业出版社,1979

2 南京工学院建筑系《建筑构造》编写小组．建筑构造(第二册)．北京:中国建筑工业出版社,1982

3 刘建荣,刘岑编．建筑构造(第一册)．成都:四川科学技术出版社,1990

4 刘建荣主编．建筑构造(第二册)．成都:四川科学技术出版社,1991

5 同济大学,西安建筑科技大学,东南大学,重庆建筑大学编．房屋建筑学(第3版)．北京:中国建筑工业出版社,1997

6 郑忱主编．房屋建筑学．北京:中央广播电视大学出版社,1994

7 王崇杰主编．房屋建筑学．北京:中国建筑工业出版社,1997

8 西安冶金建筑学院,华南工学院,重庆建筑工程学院,清华大学编．建筑物理(第二版)．北京:中国建筑工业出版社,1987

9 杨永祥,赵素芳编．建筑概论(第2版)．北京:中国建筑工业出版社,1990

10 清华大学建筑系制图组编．建筑制图与识图(第2版)．北京:中国建筑工业出版社,1982

11 华南理工大学,东南大学,浙江大学,湖南大学编．地基与基础(第2版)．北京:中国建筑工业出版社,1991

12 中国建筑业协会建筑节能专业委员会编著．建筑节能技术．北京:中国计划出版社,1996

13 杨金铎,许炳权编．现代建筑装饰构造与材料．北京:中国建筑工业出版社,1994

14 《建筑设计资料集》编委会．建筑设计资料集(第2版)．北京:中国建筑工业出版社,1998

15 杨维菊主编．建筑构造设计(上册)．北京:中国建筑工业出版社,2005